Bosl
Einführung in MATLAB/Simulink

 Bleiben Sie auf dem Laufenden!

Hanser Newsletter informieren Sie regelmäßig über neue Bücher und Termine aus den verschiedenen Bereichen der Technik. Profitieren Sie auch von Gewinnspielen und exklusiven Leseproben. Gleich anmelden unter
www.hanser-fachbuch.de/newsletter

Angelika Bosl

Einführung in MATLAB/Simulink

Berechnung, Programmierung, Simulation

2., neu bearbeitete Auflage

Mit 151 Bildern, 45 Tabellen sowie
zahlreichen praktischen Hinweisen und Beispielen

Fachbuchverlag Leipzig
im Carl Hanser Verlag

Dipl.-Ing. (FH) Angelika Bosl
Hochschule Ravensburg-Weingarten

Alle in diesem Buch enthaltenen Programme, Verfahren und elektronischen Schaltungen wurden nach bestem Wissen erstellt und mit Sorgfalt getestet. Dennoch sind Fehler nicht ganz auszuschließen. Aus diesem Grund ist das im vorliegenden Buch enthaltene Programm-Material mit keiner Verpflichtung oder Garantie irgendeiner Art verbunden. Autor und Verlag übernehmen infolgedessen keine Verantwortung und werden keine daraus folgende oder sonstige Haftung übernehmen, die auf irgendeine Art aus der Benutzung dieses Programm-Materials oder Teilen davon entsteht.

Die Wiedergabe von Gebrauchsnamen, Handelsnamen, Warenbezeichnungen usw. in diesem Werk berechtigt auch ohne besondere Kennzeichnung nicht zu der Annahme, dass solche Namen im Sinne der Warenzeichen- und Markenschutz-Gesetzgebung als frei zu betrachten wären und daher von jedermann benutzt werden dürften.

Bibliografische Information der Deutschen Nationalbibliothek
Die Deutsche Nationalbibliothek verzeichnet diese Publikation in der Deutschen Nationalbibliografie; detaillierte bibliografische Daten sind im Internet über http://dnb.d-nb.de abrufbar.

ISBN: 978-3-446-44269-6
E-Book-ISBN: 978-3-446-44770-7

Dieses Werk ist urheberrechtlich geschützt.
Alle Rechte, auch die der Übersetzung, des Nachdruckes und der Vervielfältigung des Buches, oder Teilen daraus, vorbehalten. Kein Teil des Werkes darf ohne schriftliche Genehmigung des Verlages in irgendeiner Form (Fotokopie, Mikrofilm oder ein anderes Verfahren), auch nicht für Zwecke der Unterrichtsgestaltung – mit Ausnahme der in den §§ 53, 54 URG genannten Sonderfälle –, reproduziert oder unter Verwendung elektronischer Systeme verarbeitet, vervielfältigt oder verbreitet werden.

© 2017 Carl Hanser Verlag München
Internet: http://www.hanser-fachbuch.de

Lektorat: Franziska Jacob, M.A.
Herstellung: Dipl.-Ing. (FH) Franziska Kaufmann
Satz: le-tex publishing services GmbH, Leipzig
Coverconcept: Marc Müller-Bremer, www.rebranding.de, München
Coverrealisierung: Stephan Rönigk
Druck und Bindung: Hubert & Co., Göttingen
Printed in Germany

Vorwort

MATLAB/SIMULINK ist ein äußerst leistungsfähiges interaktives Programmpaket für vorwiegend numerische Berechnungen im Ingenieurbereich. Diese Software ist weltweit verbreitet und in Fachkreisen bekannt für die Berechnung, Modellierung und Simulation technischer Systeme, sowohl an den Hochschulen als auch in der Industrie.

Hinter MATLAB verbirgt sich ein sehr umfangreiches Softwarepaket, gebündelt aus verschiedenen so genannten „Toolboxen", Werkzeugen, die jeweils bestimmte Bereiche der Ingenieurwissenschaften abdecken. Die bekannteste Toolbox dürfte SIMULINK sein, ein unschlagbares Werkzeug zur grafischen Simulation technischer Abläufe und mathematischer Modelle. Weitere Toolboxen sind zum Beispiel die „Control System Toolbox" mit spezifischen Befehlen für regelungstechnische Aufgaben oder die „Signal Processing Toolbox" zur Signaldatenverarbeitung.

Des Weiteren gibt es für Toolboxen zu Berechnungen im Finanzwesen genauso wie in der Biologie, Messtechnik und Datenerfassung, Bilddatenverarbeitung und viele mehr. Eine aktuelle Liste ist auf der Homepage von MathWorks, dem Herausgeber von MATLAB unter www.mathworks.de zu finden.

Wie viele umfangreiche Softwarepakete, kann auch MATLAB den unerfahrenen Benutzer bei den ersten Versuchen, die Software zu bedienen, regelrecht „erschlagen". Die zugehörige Hilfe und ein Großteil der Fachliteratur sind auf Englisch und sehr spezialisiert in verschiedenen Bereichen. Das erklärte Ziel der vorliegenden Einführung in MATLAB/SIMULINK ist es deshalb, den Leser mit einer anschaulichen Anleitung, hilfreichen Hinweisen und Tipps für die Anwendung sowie mit praxisnahen Beispielen zu unterstützen.

Dem Erstbenutzer von MATLAB soll der Einstieg in die Software erleichtert werden, damit kein Frust beim ersten Programmstart aufkommt, sondern sofort erfolgreich mit der Bedienung der Software gestartet werden kann. Jeder sollte gleich in der Lage sein, sich auf dem Startbildschirm zu orientieren, verschiedene Befehle auszuführen und einfache Aufgaben zu lösen. Das Buch will ermutigen, sich näher mit der Software auseinanderzusetzen, und so ein erfolgreiches Arbeiten gewährleisten.

Dieses Lehrbuch kann und will nur eine Einführung sein, die zwar die wichtigsten, aber natürlich nicht alle Aspekte berücksichtigen kann. Die Syntax der Befehle, Grundlagen zum Verständnis von MATLAB und bestimmter Toolboxen sollen Hilfe zur Selbsthilfe geben, sodass auch spezifische eigene Aufgaben anschließend deutlich leichter in Eigenregie erarbeitet und gelöst werden können.

Weiterführende Literatur, auch für spezielle Fachgebiete, wird dem Interessierten, der die Anfänge hinter sich lassen und in die Tiefe einsteigen möchte, empfohlen, zum Beispiel der „Einstieg in das Programmieren mit MATLAB" des Hanser Verlags[1].

---

[1] Ulrich Stein: Einstieg in das Programmieren mit MATLAB, Hanser Verlag, 2009

Bevor es richtig losgeht, möchte ich mich bei allen ganz herzlich bedanken, die zum Entstehen dieses Buches beigetragen haben:

- Herrn Prof. Dipl.-Math. Wolfgang Georgi, durch dessen Buch „Einführung in LabVIEW" des Hanser Verlags erst die Idee zu dieser MATLAB Einführung entstand und der mir immer mit Rat und Tat behilflich war.
- Herrn Prof. Dr.-Ing. Hans-Jürgen Adermann dafür, dass ich in seinem Labor „Regelungstechnik" an der Hochschule Ravensburg-Weingarten MATLAB/SIMULINK kennenlernen und mich intensiv damit auseinandersetzen konnte. Seiner Vorlesung und den dazugehörigen praktischen Übungen ist das Kapitel zur Regelungstechnik zu verdanken.
- Herrn Dipl.-Ing. (FH) Wolfgang Reich für das Korrekturlesen des Manuskripts und seine guten Ratschläge und Nachfragen den Inhalt und Formulierungen betreffend.
- Allen meinen Freunden, die mich unermüdlich ermuntert haben, die Arbeit nicht aufzugeben und ihr Mitgefühl bezeugt haben.
- Und schließlich dem Hanser Fachbuchverlag Leipzig, im Besonderen Frau Werner, Herrn Feuchte und Frau Kaufmann, die viel Geduld mit mir bewiesen haben.

Baienfurt, Mai 2012 A. Bosl

■ Vorwort zur zweiten Auflage

Eine Software, die immer auf dem gleichen Stand bleibt, taugt nichts. Software muss sich ändern, muss neuen Gegebenheiten angepasst werden, muss sich weiter entwickeln. MATLAB/SIMULINK hat sich verändert. Seit der ersten Auflage, die noch auf MATLAB R2009a basiert, sind zur jetzigen Version MATLAB R2016a erhebliche Änderungen zu erkennen. Am Auffälligsten ist natürlich das äußere Erscheinungsbild. Sobald man sich näher mit den Funktionen und den einzelnen Toolboxen befasst, stellt man jedoch schnell fest, dass auch die Funktionalität erweitert und die Möglichkeiten noch umfangreicher wurden. Nicht ganz verständlich sind geringfügige Änderungen, wie andere Fehlermeldungen beim Eingeben eines falschen Befehls, die aber vermutlich vor allem denjenigen auffallen, die einen Text auf Änderungen überarbeiten müssen.

Eine erhebliche Änderung betrifft sogar die ursprüngliche Beschreibung von MATLAB/SIMULINK als „äußerst leistungsfähiges interaktives Programmpaket für numerische Berechnungen im Ingenieurbereich". Wie dem aufmerksamen Leser vielleicht aufgefallen ist, wurde dieser erste Satz des Vorworts durch ein „vorwiegend" ergänzt. Mit der *„Symbolic Math Toolbox"* wurden die Toolboxen durch ein Werkzeug ergänzt, mit dem mathematische Gleichungen nicht numerisch, sondern analytisch gelöst, verändert und dargestellt werden können. MATLAB verwendet dafür den Begriff „symbolisch" und die Bedeutung der *„Symbolic Math Toolbox"* und ihre Möglichkeiten können leicht unterschätzt werden: MATLAB ist kein rein numerisches Programmpaket mehr!

Ein wenig vermisse ich den sehr einprägsamen Begriff *„M-File"* für MATLAB-Programme, der aber vermutlich mit Absetzen der Fernsehserie „X-Akten" (engl. *„X Files"*) ebenfalls sein Ende fand. Dafür wurde der Editor für MATLAB-Code (nicht mehr „*M-File Editor*") in seiner Funktionalität erweitert.

Den Dankesworten der 1. Auflage möchte ich meinen herzlichen Dank an Frau Jacob vom Carl Hanser Verlag hinzufügen, die sehr viel Geduld mit mir aufbringen musste, bis ich die überarbeitete 2. Auflage schließlich fertig hatte.

Ich möchte dieses Buch meinem Vater Alexander Bosl widmen, der während der letzten Arbeiten an der zweiten Auflage, im März 2017 gestorben ist. Meinem Vater verdanke ich die Zuversicht in die eigenen Fähigkeiten, egal ob es darum geht, sich in eine mathematische Software einzuarbeiten oder ein Buch darüber zu schreiben.

Baienfurt, April 2017   A. Bosl

Inhalt

1 Einleitung 15
    1.1 Warum MATLAB/SIMULINK? 15
    1.2 MATLAB-/SIMULINK-Versionen 16
    1.3 Installation der Software 18

2 Start der Arbeit mit MATLAB 21
    2.1 Grundlagen zum MATLAB-Desktop 21
    2.2 MATLAB-Fenster 23
        2.2.1 „Command Window", das Befehlsfenster 23
        2.2.2 „Current Directory", das aktuelle Arbeitsverzeichnis 24
        2.2.3 „Workspace", der Arbeitsbereich oder Arbeitsspeicher 25
        2.2.4 „Command History", die Chronik der Befehle 29
    2.3 Funktionen der Menüleiste („*Toolstrip*") 31
    2.4 MATLAB-Hilfe und Beschreibungen der Befehle 37

3 Zahlen, Vektoren und Matrizen 46
    3.1 Darstellung von Zahlen 46
    3.2 Umrechnung von Zahlen 48
    3.3 Definition von Variablen als Skalare, Vektoren oder Matrizen 52
        3.3.1 Definieren von Variablen 52
        3.3.2 Spalten- und Zeilenvektoren 53
        3.3.3 Matrizen Werte zuordnen 55
        3.3.4 Spezielle Matrizen 58
        3.3.5 Größe eines Vektors oder einer Matrix 64
        3.3.6 Maximal- und Minimalwerte bestimmen 65
        3.3.7 Statistische Charakteristika bestimmen 66

4 Mathematische Berechnungen mit MATLAB 70
    4.1 Grundrechenarten 70
    4.2 Elementare mathematische Funktionen 74
    4.3 Trigonometrische Funktionen 76

4.4	Relationale Operatoren	77
4.5	Logische Operatoren	78
4.6	Besonderheiten beim Rechnen mit Vektoren und Matrizen	82
	4.6.1 Vektoraddition und -subtraktion	83
	4.6.2 Transponieren einer Matrix oder eines Vektors	83
	4.6.3 Invertieren einer quadratischen Matrix	84
	4.6.4 Rang einer Matrix mit `rank`	85
	4.6.5 Determinante einer quadratischen Matrix	86
	4.6.6 Matrixmultiplikation	88
	4.6.7 Multiplikation einer Matrix mit einem Skalar	90
	4.6.8 Potenzieren einer Matrix	92
	4.6.9 Vektor-Matrix-Produkt	92
	4.6.10 Linke Matrixdivision (engl. „backslash division")	93
	4.6.11 Rechte Matrixdivision (engl. „slash division")	94
4.7	Spezielle Matrixmanipulationen	94
	4.7.1 Spezielle mathematische Befehle für Matrizen	94
	4.7.2 Spezielle Teilbereiche einer Matrix extrahieren	95
4.8	Feldoperationen: Elementweise Verknüpfung von Vektoren	97
	4.8.1 Elementweise Multiplikation (engl. „array multiply")	97
	4.8.2 Elementweise Division	98
	4.8.3 Elementweises Potenzieren	99

5 Grafische Darstellungen von Funktionen 101

5.1	Einfache Grafiken und Diagramme mit `plot`	101
5.2	Grafikeigenschaften – „Figure Properties"	103
	5.2.1 Farbpaletten auswählen mit `colormap`	103
	5.2.2 „Figure Properties" über die Befehlszeile definieren	103
	5.2.3 „Properties" über die Menüleiste im Grafikfenster bestimmen	108
	5.2.4 Grafikeigenschaften („Properties") mit dem „Property Editor" verändern	115
5.3	Mehrere Diagramme in einem Grafikfenster	117
	5.3.1 Mehrere Kurven oder Diagrammtypen in einem Diagramm mit `hold`	118
	5.3.2 Unterdiagramme in einem Grafikfenster mit `subplot`	118
5.4	Grafiktypen im zweidimensionalen Bereich	119
5.5	Grafiktypen im dreidimensionalen Bereich	130
5.6	Grafiken erzeugen über den Tab „PLOTS" der Titelleiste	140

6 Programmieren in MATLAB 144
- 6.1 Editor 144
- 6.2 Varianten der Programmiervorlagen 153
- 6.3 „Script" – Einfache Befehlsfolgen 154
- 6.4 Kontrollstrukturen für die komplexere Programmierung 156
  - 6.4.1 `for`-Schleife 157
  - 6.4.2 `while`-Schleife 159
  - 6.4.3 `if-elseif-else`-Verzweigung 161
  - 6.4.4 `switch-case-otherwise`-Verzweigung 163
  - 6.4.5 `try-catch`-Fehlerkontrolle 165
  - 6.4.6 Weitere Befehle, die den Programmablauf beeinflussen ... 166
- 6.5 Nützliche Befehle für die Programmierung unter MATLAB 169
- 6.6 „Function" – Funktionen in MATLAB 174
  - 6.6.1 Kopfzeile einer Funktion (Syntax) 174
  - 6.6.2 Aufbau einer Funktion 175
  - 6.6.3 Verschachtelte Funktionen 176
- 6.7 „Class" – Objektklassen in MATLAB 177

7 „Control System Toolbox" – Alles was man für die Regelungstechnik braucht 179
- 7.1 Eingabe der Übertragungsfunktion G_S eines Regelkreises 180
  - 7.1.1 Befehl `tf` 180
  - 7.1.2 Befehl `conv` zur Polynommultiplikation 181
- 7.2 Zusammenschaltung von Modellen (Signalflussplan-Algebra) 182
  - 7.2.1 Reihen-, Serien- oder Kettenschaltung 182
  - 7.2.2 Parallelschaltung 183
  - 7.2.3 Übertragungsfunktion mithilfe der Laplace-Variablen s ... 185
  - 7.2.4 Polform einer Übertragungsfunktion mit `zpk` 186
  - 7.2.5 Befehl `feedback` zur Berechnung des geschlossenen Regelkreises – Führungsübertragungsfunktion 187
- 7.3 Grafische Darstellungsmöglichkeiten für Übertragungsfunktionen ... 188
  - 7.3.1 Impulsantwort (Gewichtsfunktion) mit `impulse` 189
  - 7.3.2 Sprungantwort (Übergangsfunktion) mit `step` 191
  - 7.3.3 Bode-Diagramm (Frequenzgang) mit `bode` 194
  - 7.3.4 Nyquist-Ortskurve mit `nyquist` 196
  - 7.3.5 Nichols-Ortskurve mit `nichols` 198
  - 7.3.6 Pol- und Nullstellendiagramm mit `pzmap` 199
  - 7.3.7 Wurzelortskurve (WOK) mit `rlocus` 201

7.4 Charakteristika einer Übertragungsfunktion 202
    7.4.1 Befehl `pole` zur Berechnung der Pole einer Übertragungsfunktion 202
    7.4.2 Befehle `tzero` (engl. transmission zeros) und `zero` zur Berechnung der Nullstellen 203
    7.4.3 Befehl `get` zur Ausgabe der Eigenschaften einer Übertragungsfunktion 203
    7.4.4 Befehl `set` zum Setzen von Eigenschaften einer Übertragungsfunktion 207
    7.4.5 Befehl `margin` 211
7.5 Einfacher Reglerentwurf mit MATLAB 213
    7.5.1 Bestimmung des Verstärkungsfaktors K_V mit dem Bode-Diagramm 216
    7.5.2 Bestimmung des Regel- oder Verstärkungsfaktors K_V mithilfe der Wurzelortskurve (WOK) 228
    7.5.3 „Control System Designer" zum Reglerentwurf – `sisotool` 231
        7.5.3.1 Tab „Control System" 232
        7.5.3.2 Tab „ROOT LOCUS EDITOR", „BODE EDITOR" bzw. „NICHOLS EDITOR" 232
        7.5.3.3 Tab „VIEW" 235
        7.5.3.4 „Graphical Tuning" – Grafische Methoden zur Regleroptimierung 235
        7.5.3.5 „Automated Tuning" – Automatisierte Regleroptimierung anhand vorgegebener Parameter 248

8 Einführung in die SIMULINK-Toolbox 252
8.1 Erste Schritte in SIMULINK 252
8.2 Wichtige Funktionen in der Menüleiste einer SIMULINK-Simulation 258
    8.2.1 Menüpunkt „File" 259
    8.2.2 Menüpunkt „Edit" 267
    8.2.3 Menüpunkt „View" 268
    8.2.4 Menüpunkt „Display" 271
    8.2.5 Menüpunkt „Diagram" 275
    8.2.6 Menüpunkt „Simulation" 278
    8.2.7 Menüpunkt „Analysis" 280
    8.2.8 Menüpunkt „Code" 285
    8.2.9 Menüpunkt „Tools" 285
8.3 Kurzbeschreibung der Icons der Symbolleiste („*Toolbar*") 286
8.4 Kurzbeschreibung der wichtigsten SIMULINK-Blöcke 287
8.5 Tipps & Tricks für Regelkreis-Simulationen 292
8.6 Tipps zur Auswertung grafischer Ergebnisse des *Scope* 305
    8.6.1 Ändern der grafischen Darstellung im Bildbearbeitungsprogramm 305
    8.6.2 Konfigurierbare Darstellung des *Scope*-Fensters über MATLAB 305

A MATLAB-Befehlsliste für die Abbildungen
der zweidimensionalen Grafikbeispiele in Abschnitt 5.4............ 308

B MATLAB-Befehlsliste für die Abbildungen
der dreidimensionalen Grafikbeispiele in Abschnitt 5.5............ 312

C MATLAB-Programm zur Berechnung eines optimierten Reglers
mithilfe des Bode-Diagramms und des `margin`-Befehls 316

Literatur 319

Index 321

1 Einleitung

Die ersten Schritte mit einer neuen Software sind oft die wichtigsten, denn oftmals entscheidet es sich gleich beim ersten Kontakt, ob es sich um ein hilfreiches Werkzeug handelt, mit dem man gerne arbeiten und mehr darüber lernen möchte, oder ob es sich um „furchtbaren Schrott" handelt, den man am liebsten in die Ecke werfen möchte – egal ob diese Einschätzung gerechtfertigt ist oder nicht.

Darum soll im Folgenden Schritt für Schritt der Einstieg in MATLAB/SIMULINK so einfach wie möglich und so detailliert wie nötig erklärt werden. Alle Funktionen und Toolboxen zu beschreiben, ist leider nicht möglich. Dazu ist die Funktionalität zu umfangreich und sind die Möglichkeiten der Anwendung zu vielfältig.

1.1 Warum MATLAB/SIMULINK?

Wie bereits im Vorwort erwähnt, ist MATLAB/SIMULINK ein äußerst leistungsfähiges interaktives Programmpaket für vorwiegend numerische Berechnungen im Ingenieurbereich. Auch wenn mit der *„Symbolic Math Toolbox"* ein Werkzeug zum analytischen Lösen von mathematischen Gleichungen hinzugekommen ist, liegt der Fokus immer noch auf der numerischen Lösung und der Simulation von Problemen und Aufgabenstellungen aus dem Ingenieurbereich.

Der Name MATLAB kommt schließlich aber von „matrix laboratory". Daraus wird eine spezielle Bedeutung von Matrizen bei der Arbeit mit MATLAB ersichtlich, die manchmal ein Fluch und manchmal ein Segen sein kann. Früher oder später stolpert deshalb fast jeder einmal über eine rote Fehlermeldung wie:

```
Error using
Inner matrix dimensions must agree.
```

Für numerische Berechnungen ist MATLAB kompromisslos einsatzbereit und bei der Berechnung, Modellierung und Simulation technischer Systeme, sowohl an den Hochschulen als auch in der Industrie, hat MATLAB/SIMULINK Maßstäbe gesetzt.

Typische Anwendungen von MATLAB sind:

- Mathematische Berechnungen;
- Entwicklung von Algorithmen;
- Datenerfassung und -bearbeitung;
- Datenanalyse, -auswertung und -visualisierung;
- Modellbildung, Simulation und Erstellen von Prototypen;
- Wissenschaftliche und technische grafische Darstellungen;

- Entwicklung von Anwendungen, inklusive der Gestaltung von grafischen Benutzeroberflächen.

Mit der *„Symbolic Math Toolbox"* wird das Spektrum von MATLAB deutlich erweitert, denn das analytische bzw. symbolische Lösen, Bearbeiten und Darstellen von Gleichungen ist in der Mathematik und anderen Bereichen der Ingenieurwissenschaft von nicht zu unterschätzender Wichtigkeit.

Somit sollte MATLAB/SIMULINK nun wirklich universell einsetzbar sein.

1.2 MATLAB-/SIMULINK-Versionen

Die Versionen von MATLAB/SIMULINK haben sich ähnlich rasant und umfangreich weiterentwickelt wie die diversen Betriebssysteme, z. B. Microsoft Windows. Seit ein paar Jahren, in etwa ab Version 6, sind mit jeder neuen Ausgabe von MATLAB nicht nur weitere neue Befehle und Funktionen dazugekommen, sondern vor allem komplexe grafische Werkzeuge, die viele der einfacheren Befehle aus einem spezifischen Themenbereich zusammenfassen und die Handhabung der Befehle durch grafische Oberflächen und Bedienung per Mausklick erheblich vereinfachen, z. B. das in Abschn. 7.5.3 ausführlich beschriebene `sisotool`, früher als `rltool` bekannt.

Von der simplen schwarz-weiß gehaltenen, ungeteilten Befehlsoberfläche von Version 4 (der ersten MATLAB-Version, die die Autorin kennen gelernt hat) bis zur bunten, in mehrere Bereiche unterteilten Oberfläche von Version 9.0 (R2016a), mit unterschiedlichen Farben für unterschiedliche Befehle und seit Neuem auch mit modernen Apps, ist die Weiterentwicklung von MATLAB/SIMULINK auch optisch deutlich zu bemerken. In den früheren Versionen ging mit Mausklick gar nichts, jetzt ist die Bedienung per Maus deutlich vereinfacht.

Die Firma MathWorks bringt inzwischen zweimal jährlich eine neue Ausgabe ihrer gesamten MATLAB-/SIMULINK-Produktfamilie heraus, eine jeweils im Frühjahr, die zweite jeweils im Herbst. Jede Aktualisierung synchronisiert die komplette Produktfamilie und enthält neue Funktionen und Verbesserungen für bestehende sowie eventuell zwischenzeitlich neu erschienene Toolboxen.

Die grundsätzliche Bedienung des Programms, die Syntax der Befehle, vor allem auch das Hauptfenster von MATLAB, das so genannte *„Command Window"*, die meisten Funktionen und Befehle und vieles mehr haben sich aber im Laufe der Entwicklung von MATLAB/SIMULINK nicht verändert. Deshalb sind die folgenden grundsätzlichen Erklärungen, wie MATLAB oder SIMULINK zu bedienen sind, auch dann gültig, wenn man noch mit älteren Versionen arbeiten will oder muss. Erst speziellere Funktionen, meist mit grafischer Bedienoberfläche, stehen in den aktuellen Versionen von MATLAB/SIMULINK[1] zur Verfügung.

Die Firma MathWorks bietet MATLAB/SIMULINK nicht nur für den „normalen" Anwender, sondern auch für Forschung und Lehre zu bestimmten Konditionen an. Für Studierende bietet sich der günstige Erwerb der Studentenversion an, die viele wichtige und nützliche Toolboxen enthält, sofern die Hochschule nicht sowieso über eine Campuslizenz verfügt.

---

[1] Die „aktuelle Version" ist in diesem Buch die Version 9.0 bzw. „Release" R2016a.

Bei der in Buchhandlungen erhältlichen Studentenversion ist für die dauerhafte Aktivierung nach 30 Tagen Probezeit die Einsendung einer gültigen Immatrikulationsbescheinigung erforderlich! Campuslizenzen werden normalerweise anhand der Mailadresse der Hochschule für jeweils ein Jahr vergeben.

Für das vorliegende Buch sind die folgenden in MATLAB Release R2016a enthaltenen Toolboxen Grundlage der Erläuterungen:

- MATLAB Version 9.0
- Simulink Version 8.7
- Control System Toolbox Version 10.0
- Image Acquisition Toolbox Version 5.0
- Image Processing Toolbox Version 9.4
- MATLAB Coder Version 3.1
- MATLAB Compiler Version 6.2
- MATLAB Report Generator Version 5.0
- Optimization Toolbox Version 7.4
- Robotics System Toolbox Version 1.2
- Robust Control Toolbox Version 6.1
- Signal Processing Toolbox Version 7.2
- Simscape Version 4.0
- Simulink 3D Animation Version 7.5
- Simulink Code Inspector Version 2.5
- Simulink Coder Version 8.10
- Simulink Control Design Version 4.3
- Simulink Design Optimization Version 3.0
- Simulink Design Verifier Version 3.1
- Simulink Desktop Real-Time Version 5.2
- Simulink Real-Time Version 6.4
- Simulink Report Generator Version 5.0
- Simulink Test Version 2.0
- Simulink Verification and Validation Version 3.11
- Stateflow Version 8.7
- Statistics and Machine Learning Toolbox Version 10.2
- Symbolic Math Toolbox Version 7.0
- System Identification Toolbox Version 9.4

In der Campuslizenz von MATLAB/SIMULINK R2016a stehen 78 Toolboxen zur Verfügung. Eine Auswahl dieser Toolboxen finden in dem vorliegenden Buch Erwähnung, nur ein paar wenige, wie SIMULINK oder die „*Control System Toolbox*" werden etwas ausführlicher behandelt, jedoch immer mit der Einschränkung, dass nur eine Einführung in die Benutzung gegeben werden kann.

MATLAB/SIMULINK ist für die im Desktop-Bereich gängigen Betriebssysteme Windows, Linux und Mac OS X verfügbar. Vorausgesetzt werden jeweils ihre aktuellen Versionen und Intel-basierte Prozessoren bei Mac OS X.

Leider gibt es für MATLAB/SIMULINK nur die englische Originalversion, eine andere Sprachversion, z. B. Deutsch, ist nicht erhältlich. Deshalb sind auch die Dokumentation und die Programmhilfe nur auf Englisch verfügbar.

■ 1.3 Installation der Software

Die Installation von MATLAB/SIMULINK, egal ob Studenten- oder „normale" Version, ist unter heutigen Betriebssystemen eigentlich einfach und selbsterklärend. Bei Verwendung von Windows sollte die Installation bei Einlegen der DVD-ROM von selbst starten, sofern die Autostart-Funktion nicht deaktiviert wurde. Die Campuslizenz kann über die Homepage von MathWorks (www.mathworks.de) heruntergeladen werden, nachdem ein Benutzerkonto mit der Mailadresse der Hochschule bei MathWorks angelegt wurde.

Falls die Installation nicht selbst starten sollte, kann die Installation manuell gestartet werden, indem die Datei `setup.exe` auf der MATLAB- / SIMULINK-DVD oder in dem Verzeichnis, in das die Installationsdateien kopiert wurden, aufgerufen wird.

Zu Beginn wird abgefragt, ob die Installation über einen *MathWorks Account*, also ein bestehendes Benutzerkonto durchgeführt wird, oder ob ein *File Installation Key* vorhanden ist, sie-

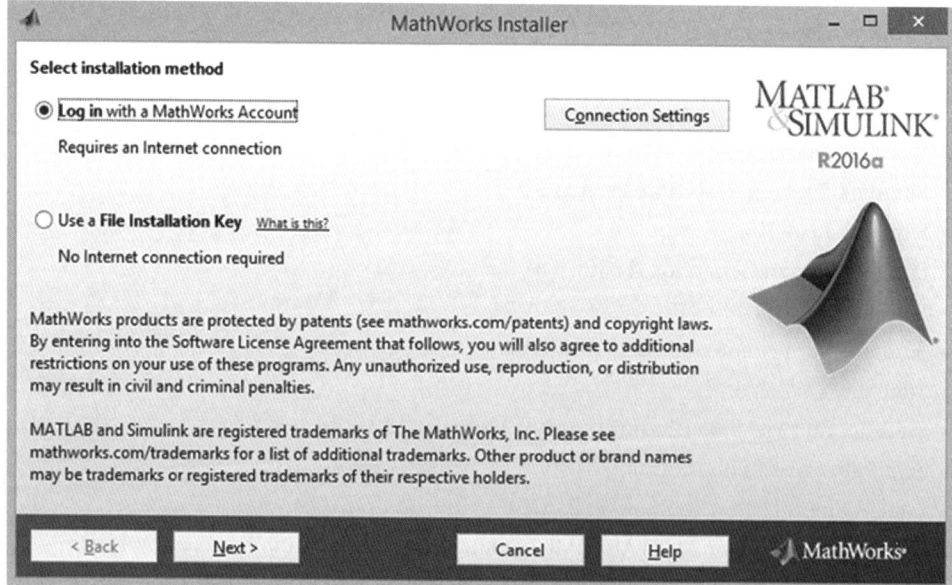

Bild 1.1 „*MathWorks Installer*"-Fenster mit den Installationsoptionen

he Bild 1.1. Für erstere Installationsvariante ist unbedingt eine Internetverbindung notwendig, für die zweite Variante nicht unbedingt. Für die Installationsvariante mit Benutzerkonto wird der File Installation Key nicht benötigt, die Lizenzdaten werden automatisch über das Benutzerkonto und die damit verknüpften Lizenzinformationen abgerufen.

Nachdem die Installation gestartet wurde, kann ausgewählt werden, welche Toolboxen installiert werden sollen. Standardmäßig sind alle verfügbaren Toolboxen markiert. Unter Umständen wird am Ende der Installation das Fenster „*Configuration Notes*" geöffnet, indem vermerkt wird, welche Toolboxen weitere Software benötigen, um ausgeführt werden zu können, z. B. benötigt „*MATLAB Coder*" einen Compiler oder „*MATLAB Compiler SDK*" benötigt „*.NET framework*" und „*Java JDK*", um ausgeführt werden zu können. Links auf die entsprechende Internetseite von MathWorks zum Herunterladen der benötigten Software sind hinterlegt, siehe Bild 1.2.

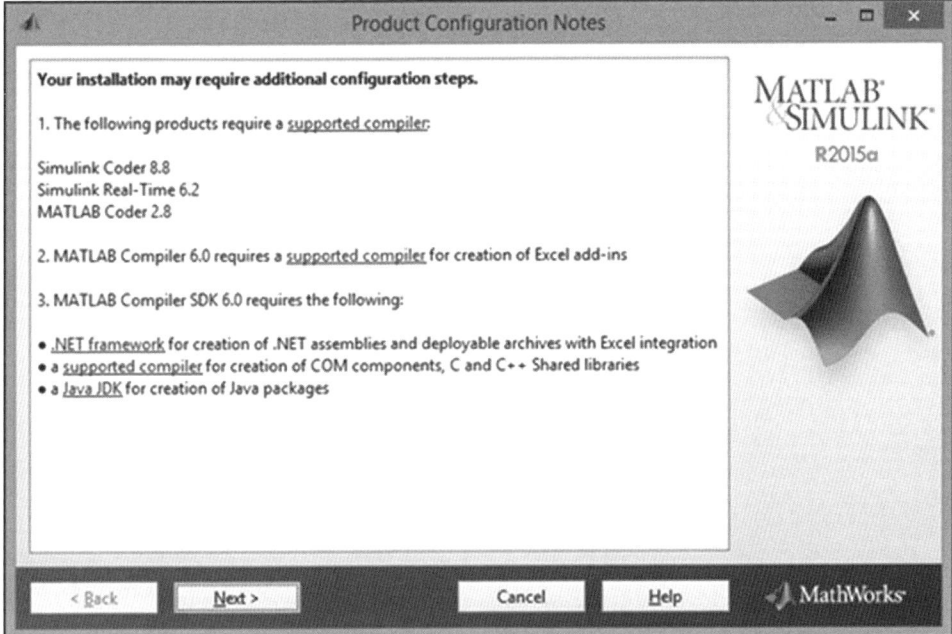

Bild 1.2 „*Product Configuration Notes*"-Fenster während der Installation zum Anzeigen von benötigter Software

Sobald die Installation erfolgreich beendet ist, kann die Software aktiviert werden. Ohne Aktivierung kann, laut Warnhinweis im „*Installation Complete*"-Fenster, MATLAB/SIMULINK nicht verwendet werden. Sobald die Aktivierung erfolgreich abgeschlossen ist, kann MATLAB gestartet werden.

Bei älteren MATLAB-Versionen (7.x und älter) wird während der Installation die Eingabe eines Lizenz-Codes verlangt. Sobald der *Passcode* eingegeben wurde, wird die Installation fortgesetzt und MATLAB und alle unter der Lizenz erworbenen Toolboxen sind sofort ohne Einschränkung nutzbar.

Es ist hilfreich, während der Installation eine funktionierende Internetverbindung zu haben, da nicht nur die Aktivierung sofort durchgeführt werden kann, sondern auch bei Problemen die Supportseite des Herstellers MathWorks (*https://de.mathworks.com/support/*) erreicht werden kann.

2 Start der Arbeit mit MATLAB

In diesem Kapitel soll die Basis für einen erfolgreichen Start mit MATLAB geschaffen werden, denn nichts ist ärgerlicher beim Öffnen eines neuen, unbekannten Programms, als wenn man nicht gleich loslegen kann, sondern erst mühsam herausfinden muss, was wo zu finden ist und wozu die vielen Icons auf dem Bildschirm wohl gut sein könnten.

■ 2.1 Grundlagen zum MATLAB-Desktop

Nach dem Starten von MATLAB erscheint der MATLAB-Desktop standardmäßig mit vier Fenstern unter der MATLAB-Taskleiste (siehe Bild 2.1).

Über ein Kontextmenü, das mit Mausklick auf das Pfeilsymbol rechts vom Fensternamen, geöffnet wird, siehe Bild 2.2, können verschiedene Aktionen durchgeführt werden. Der Inhalt von jedem Fenster kann gelöscht werden, z. B. löscht „*Clear Command Window*" jeden Text aus dem „*Command Window*". Es können alle Daten ausgewählt werden, bestimmte Suchbegriffe gefunden werden und der Inhalt kann ausgedruckt werden. Am wichtigsten sind jedoch die Befehle, die die Fenster an sich betreffen. Mit „*Minimize*" wird ein Fenster minimiert, das Fenster ist nur noch über einen Tab am Seitenrand zu öffnen, mit „*Maximize*" wird ein Fenster auf die Gesamtgröße des MATLAB-Fensters vergrößert, alle anderen Fenster treten in den

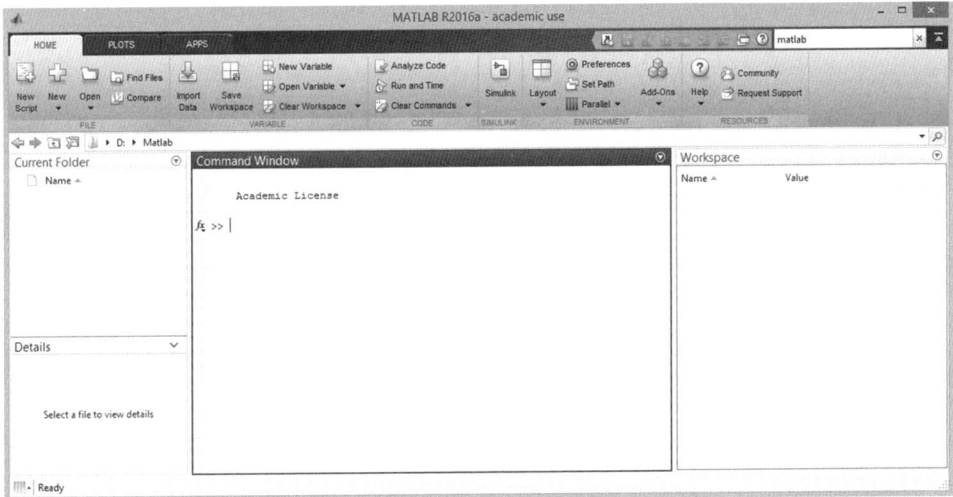

Bild 2.1 MATLAB – hier die Version der Campuslizenz – nach dem Start mit standardmäßig vier Fenstern: „*Current Directory*", „*Details*", „*Command Window*" und „*Workspace*" (von links nach rechts)

22 2 Start der Arbeit mit MATLAB

Bild 2.2 Optionen zum Anpassen der verschiedenen Fenster des MATLAB-Desktops

Hintergrund. „*Undock*" löste ein Fenster aus dem Verbund zu einem eigenständigen Fenster, der gegenteilige Befehl lautet „*Dock*" für ein separates Fenster. Mit „*Close*" können alle Fenster, außer dem Command Window, welches immer offen sein muss, geschlossen werden. Mit „*Restore*" kann die ursprüngliche Anordnung der Fenster wieder hergestellt werden.

In der Menüleiste findet sich in der Gruppe „*ENVIRONMENT*" die Option „*Layout*" mit der der Ursprungszustand („Default") ebenfalls wieder hergestellt werden kann, für den Fall, dass z. B. ein Fenster aus Versehen geschlossen wurde und nicht mehr gefunden wird.

„Set Path..." – Einbinden eigener Verzeichnisse

Auf der Taskleiste findet sich in der Gruppe „*ENVIRONMENT*" der Befehl „*Set Path*". In dem sich öffnenden Dialogfenster, siehe Bild 2.3, besteht die Möglichkeit, eigene Dateiverzeichnisse dem MATLAB-Suchpfad hinzuzufügen, mit Unterverzeichnissen („*Add with Subfolders...*") oder ohne („*Add Folder...*"). Dies ist sehr nützlich, wenn in einem speziellen Verzeichnis oder Ordner eigene MATLAB-Dateien angelegt werden, die von MATLAB nur dann aufgerufen wer-

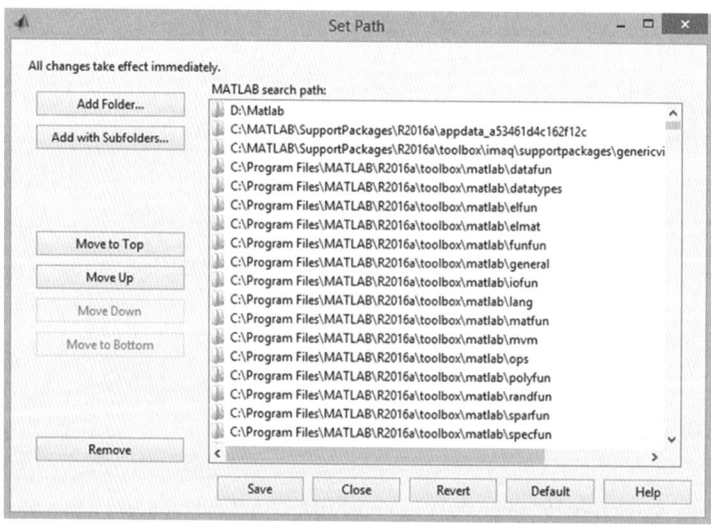

Bild 2.3 „*Set Path*"-Dialogfenster zum Hinzufügen eigener Verzeichnisse

den können, wenn dieses Verzeichnis oder die Verzeichnisse dem MATLAB-Suchpfad hinzugefügt wurden. Zum Abschluss muss der Suchpfad mit „*Save*" gespeichert werden, damit die Änderungen auch übernommen werden.

Natürlich kann auch unter dem Standardverzeichnis gearbeitet werden, das MATLAB automatisch anlegt im Verzeichnis: `..\Eigene Dateien\MATLAB`.

■ 2.2 MATLAB-Fenster

Im Folgenden werden die verschiedenen Fenster und ihre jeweilige Funktion erläutert, die beim Start von MATLAB zu sehen sind.

2.2.1 „Command Window", das Befehlsfenster

In der Mitte sticht das wichtigste und größte Fenster heraus, das Befehlsfenster oder „*Command Window*", in dem hauptsächlich gearbeitet wird. Hier werden die Befehle eingegeben und Funktionen gestartet, aber auch die Ergebnisse der Berechnungen wiedergegeben, oder manchmal Fehlermeldungen, siehe Bild 2.4. Die interaktive Bedienung von MATLAB gestaltet sich sehr einfach mithilfe einer Interpretersprache. Alternativ oder in Ergänzung zur interaktiven Bedienung können MATLAB-Befehlsfolgen als Batchprogramme bzw. als MATLAB-Code ablaufen (siehe Kap. 6).

Hinter dem Zeichen >> lädt MATLAB dazu ein, Eingaben zu machen. Wenn dieses Zeichen fehlt, befindet sich MATLAB noch in einer – etwas länger dauernden – Berechnung oder eine Eingabe wurde noch nicht richtig abgeschlossen.

Alle Befehle und Variablenzuweisungen werden immer im „*Command Window*", dem Befehlsfenster von MATLAB, hinter dem >>-Eingabezeichen eingegeben, siehe willkürliche Beispiele in Bild 2.4.

Es können hinter der >>-Eingabeaufforderung oder hinter auszuführenden MATLAB-Befehlen aber auch Eingaben gemacht werden, die nur zur Kommentierung dienen. Diese Kommentare werden durch das Prozentzeichen % eingeleitet und durch die Eingabetaste abgeschlossen. Kommentare werden von MATLAB automatisch in grüner Schrift kenntlich gemacht. Normalerweise macht ein Kommentar im „*Command Window*" wenig Sinn, in den MATLAB-Programmen, vgl. Kap. 6, sind sie jedoch sehr nützlich.

```
>> % Dies ist ein Kommentar!
```

In diesem Buch werden Kommentare hin und wieder verwendet, um einzelne Befehle direkt, schnell und in Kürze zu erläutern.

24 2 Start der Arbeit mit MATLAB

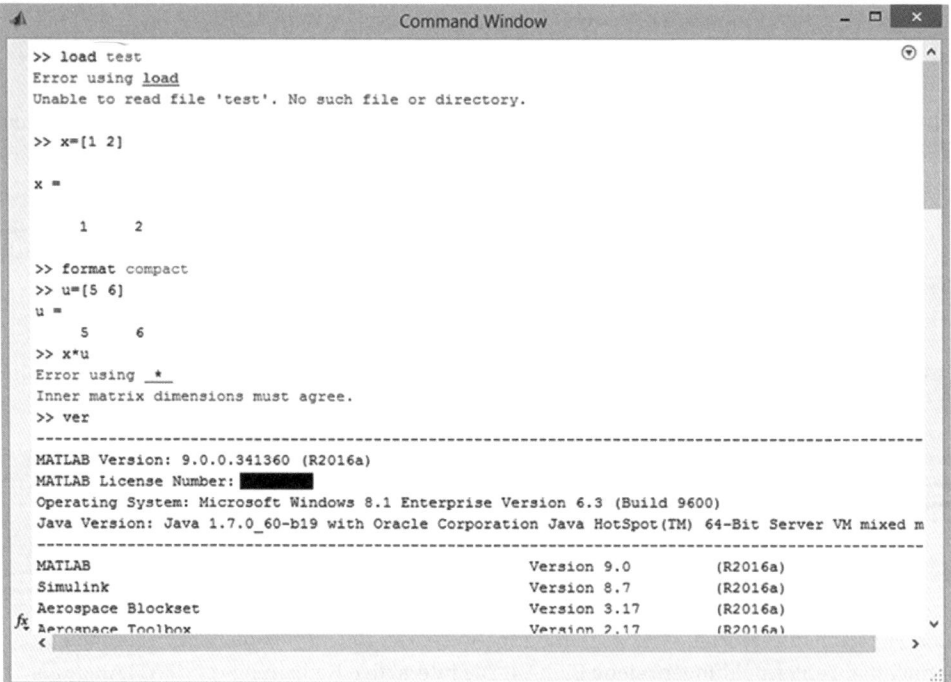

Bild 2.4 „Command Window", die Arbeitsfläche, über die MATLAB-Befehle eingegeben werden können, mit ein paar exemplarisch eingegebenen, zum Teil falschen Befehlen, Ergebnissen und den entsprechenden Fehlermeldungen (normalereweise in rot), sowie die Demonstration des Befehls ver zum Anzeigen der MATLAB-Version und der installierten Toolboxen

Befehl ver

In Bild 2.4 ist auch noch ein weiterer sehr nützlicher MATLAB-Befehl zu sehen, der Befehl ver für „Version". Nach der Eingabe von ver im *„Command Window"* wird die genaue Bezeichnung der verwendeten MATLAB-Version, das Release-Jahr sowie a für die Frühjahrs- oder b für die Herbst-Ausgabe, das verwendete Betriebssystem, sowie vor allem die verfügbaren Toolboxen und deren Versionsnummern aufgelistet. Dies ist die schnellste Möglichkeit, um einen genauen Überblick über die installierte MATLAB-Version und die zur Verfügung stehenden Toolboxen zu bekommen.

2.2.2 „Current Directory", das aktuelle Arbeitsverzeichnis

Links befindet sich standardmäßig eine Spalte des aktuellen Verzeichnisses, unter Windows normalerweise das Verzeichnis *„MATLAB"* unter *„Eigene Dateien"*. Hier kann man gleich erkennen, ob bereits MATLAB-Dateien erzeugt wurden, die normalerweise an der Endung zu erkennen sind: .m für MATLAB-Programme, die Funktionen und Programme enthalten, oder .mat für abgespeicherte Variablen und Parameter, siehe Bild 2.5, linke Spalte.

Unterhalb des Fensters mit dem Arbeitsverzeichnis, *„Current Directory"*, kann sich noch ein weiteres Fenster mit Details zu den einzelnen .mat-Dateien verstecken, zu erkennen an dem

2.2 MATLAB-Fenster

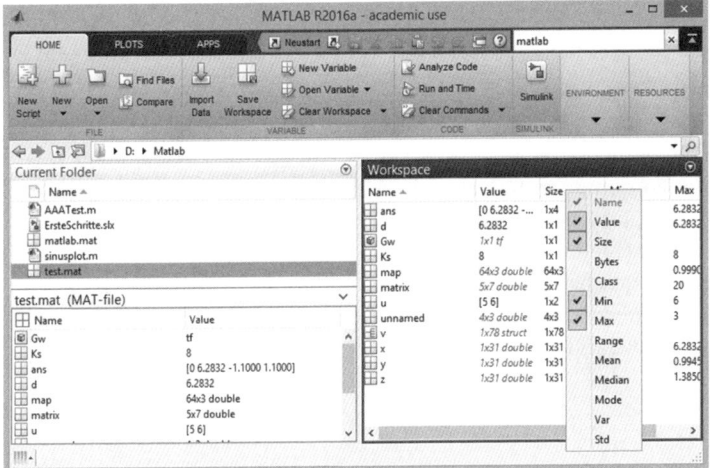

Bild 2.5 Auf der linken Seite „*Current Directory*", das aktuelle Arbeitsverzeichnis, mit den angezeigten Details der Datei matlab.mat. Auf der rechten Seite „*Workspace*", der Arbeitsbereich mit den momentan verfügbaren Variablen. Bei Programmstart ist dieser Bereich leer. Mit rechter Maustaste in die Titelleiste von „*Workspace*" können weitere Daten der Variable angezeigt werden, z. B. Größe, Min- und Max-Werte etc., siehe geöffnetes Kontextmenü. Für diesen Screenshot wurde das „*Command Window*" „*undocked*", d. h. aus dem MATLAB-Fenster gelöst, um nur die beiden genannten Fenster zeigen zu können

∧-Zeichen rechts unten in der Ecke des „*Current Directory*". Wenn eine .mat-Datei mit der Maus markiert ist und das ∧-Zeichen wird mit der Maus angeklickt, öffnet sich das „*Details*"-Fenster und die in der .mat-Datei gespeicherten Variablen werden aufgelistet. Dies kann hilfreich sein, wenn man einige .mat-Dateien abgespeichert hat und versucht, eine bestimmte wiederzufinden.

2.2.3 „Workspace", der Arbeitsbereich oder Arbeitsspeicher

Rechts oben ist der „*Workspace*" abgebildet, der aktuelle Arbeitsbereich von MATLAB. Aufgelistet sind die im Moment im Arbeitsspeicher abgelegten Variablen und Parameter, siehe Bild 2.5, rechte Spalte.

Die Variablen sind zuerst nach großen und kleinen Anfangsbuchstaben, dann alphabetisch sortiert. Bei den Variablen wird also auf Groß- und Kleinschreibung geachtet. „*Value*" gibt entweder den Wert der Variable an, z. B. Ks = 8, oder den Typ der Variable. Gw ist z. B. eine Übertragungsfunktion (tf steht dabei für engl. *transfer function*), z ist ein Vektor der Dimension 1×100000 im Zahlenformat „*double*".

Durch „*Drag & Drop*" können Variablen vom „*Workspace*" in das „*Command Window*" gezogen und dort in Befehle eingebunden werden. Dies kann hilfreich sein, wenn man umständliche oder lange Variablennamen verwendet haben sollte, bei denen man sich bei der manuellen Eingabe über die Tastatur leicht vertippen könnte.

Wenn mit der rechten Maustaste in die Titelleiste von „*Current Folder*" oder „*Workspace*" geklickt wird, kann man die Liste nach unterschiedlichen Kriterien sortieren, oder weitere Informationen zu den angezeigten Dateien im Arbeitsverzeichnis bzw. zu den Variablen im „Workspace" in weiteren Spalten ausgeben lassen, siehe Bild 2.5, Kontextmenü zu „Workspace", linke Seite.

 Bei MATLAB ist unbedingt auf Groß- und Kleinschreibung von Variablennamen zu achten! Wie in der Sortierung in Bild 2.5 zu sehen ist, werden die Variablen unterschieden nach Groß- und Kleinbuchstaben sortiert. Zu lange, phantasievolle Variablennamen mit unterschiedlicher Groß- und Kleinschreibung können bei wiederholter Eingabe falsch geschrieben werden. Viele Fehlermeldungen resultieren aus unterschiedlichen Schreibweisen oder inkonsistenter Groß- und Kleinschreibung, deshalb unbedingt einfache, logische Variablennamen wählen!

Variable Editor

Durch Doppelklicken mit der linken Maustaste auf eine der Variablen im „Workspace" wird diese Variable in dem „Variable Editor" geöffnet, siehe Bild 2.6.

Im „Variable Editor" kann die Variable verändert werden, d. h., es können einzelne Zahlen der Matrix durch andere Werte ersetzt werden oder es können zusätzliche Spalten oder Zeilen eingefügt werden. Wenn nur eine einzelne Zahl außerhalb der bestehenden Spalten und Zeilen hinzugefügt wird, füllt MATLAB die fehlenden Zeichen der unvollständigen Spalten bzw. Zeilen der Matrix mit Nullen auf. Wird z. B. die folgende Matrix im „Command Window" eingegeben:[1]

```
>> matrix=[1 2 3 4 5
6 7 8 9 0
11 12 13 14 15
16 17 18 19 20]
    matrix =
         1    2    3    4    5
         6    7    8    9    0
        11   12   13   14   15
        16   17   18   19   20
```

Dann wird im „Workspace" doppelt mit der Maus auf matrix geklickt, sodass sich der „Variable Editor" oberhalb des „Command Window" öffnet. Nun kann die Variable matrix z. B. um eine weitere Zeile und eine Spalte ergänzt werden, siehe Bild 2.6. Leere Felder werden automatisch mit Nullen aufgefüllt, sodass die Struktur erhalten bleibt.

Der „Variable Editor" ist damit hilfreich, wenn Variablen überprüft, im Nachhinein korrigiert oder ergänzt werden müssen.

Der „Variable Editor" kann auch über die Menüleiste geöffnet werden, über die Gruppe „VARIABLE" → „Open Variable". Mit „New Variable" öffnet sich der „Variable Editor" ebenfalls und in der Menüleiste wird der Tab „VARIABLE" angezeigt. In der Gruppe „SELECTION" wird

---

[1] Hinweis zur Wiedergabe von MATLAB-Befehlen und der Ausgabe der Ergebnisse im „Command Window" in diesem Buch: Der eingegebene MATLAB-Befehl steht immer direkt hinter dem Eingabezeichen >>. Das Ergebnis oder die „Antwort" von MATLAB auf den eingegebenen Befehl wird in diesem Buch eingerückt darunter abgebildet.

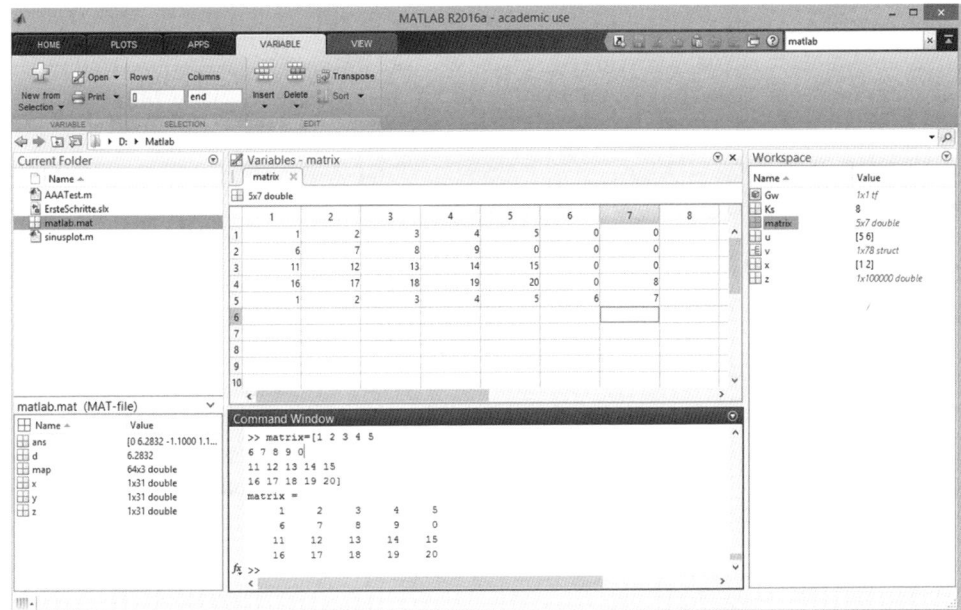

Bild 2.6 „*Variable Editor*" mit Inhalt der Matrix matrix, ursprünglich bestehend aus 5 Spalten und 4 Zeilen. Zu den bestehenden Zeilen wurde eine weitere Zeile hinzugefügt. Fehlende Werte in Spalte 6 und 7 wurden durch MATLAB mit Nullen ergänzt. Zu beachten ist auch, dass ein neuer Tab „*VARIABLE*" in der Menüleiste erschienen ist, in dem die Optionen zum Bearbeiten der Variablen aufgezeigt werden

angezeigt, in welcher Zeile und Spalte der Cursor steht. Die letzte Zeile bzw. Spalte einer Variablen wird mit „*end*" bezeichnet. In der Gruppe „EDIT" können Zeilen oder Spalten eingefügt oder gelöscht werden, eine interessante Option ist auch das Transponieren („*Transpose*"), d. h. Zeilen und Spalten werden vertauscht. In der Gruppe „VARIABLE" finden sich die Befehle zum Öffnen oder Ausdrucken einer bestehenden Variablen bzw. eine neue Variable kann erstellt werden.

Speichern von Variablen mit dem Befehl save

Alle im „*Workspace*" angezeigten Variablen und Parameter sind allerdings nur temporär gespeichert. Sobald MATLAB beendet wird, sind alle Werte verloren, wenn sie nicht in einer .mat-Datei gespeichert wurden.

Am schnellsten geht das Sichern der Variablen über die Menüleiste. Unter „*File*" → „*Save Workspace As…*", bzw. <Strg>+<S>, können die Variablen in einer selbst zu benennenden Datei abgespeichert werden, die automatisch die Endung .mat erhält

Über das „*Command Window*" können die Variablen auch mit dem Befehl save Dateiname gesichert werden. Der Befehl save bietet verschiedene Auswahlmöglichkeiten zum Abspeichern von Variablen:

```
>> save Ks
```
Wenn eine Variable mit der Bezeichnung Ks existiert, wird mit save Ks genau diese eine Variable Ks in einer .mat-Datei mit der Bezeichnung Ks.mat im aktuellen Arbeitsverzeichnis („*Current Directory*") abgespeichert.

```
>> save Test Ks u x z
```
Mehrere ausgewählte Variablen können gespeichert werden, wenn diese durch Leerzeichen getrennt hinter einem Dateinamen aufgelistet werden. Test ist in diesem Fall der Dateiname der erzeugten .mat-Datei. Ks, u, x und z sind die ausgewählten Variablen. Der Dateiname sollte allerdings nicht identisch sein mit einem bereits verwendeten Variablennamen.

```
>> save Ks u x z
```
Mit diesem Befehl wird eine Datei mit der Bezeichnung Ks.mat erzeugt, die allerdings nur die Variablen u, x und z enthält, nicht aber Ks, da Ks als Dateiname verwendet wurde.

Diese Variante des Sicherns von Variablen ist nützlich, wenn man viel ausprobiert und dabei auch viele unnütze Variablen erzeugt hat, die nicht erhalten werden sollen. Sollen alle Variablen gespeichert werden, ist der folgende Befehl einfacher:

```
>> save Test
```
Wird hinter dem save-Befehl nur der Dateiname der .mat-Datei eingegeben, werden alle Variablen des MATLAB-Arbeitsbereichs („*Workspace*") gespeichert. Aber Achtung, der Dateiname darf noch nicht als Variablenname verwendet worden sein!

Laden von gespeicherten Variablen mit dem Befehl load

```
>> load test
```
Die mit dem save-Befehl gespeicherten Variablen können mit load Dateiname wieder in den Arbeitsbereich geladen werden, z. B. wenn man MATLAB wieder neu gestartet hat und die Sitzung vom vorherigen Mal wieder dort weiterführen möchte, wo man das letzte Mal aufgehört hat.

Das Laden von gespeicherten Variablen geht natürlich auch über die Menüleiste. Unter „*File*" → „*Open*" kann eine beliebige, früher abgespeicherte .mat-Datei aufgerufen werden.

Noch schneller geht es per Doppelklick mit der linken Maustaste im Fenster „*Current Directory*" auf eine der angezeigten .mat-Dateien.

 Während bei den Variablen auf Groß- und Kleinschreibung geachtet werden muss, spielt dies bei den Dateinamen unter Microsoft Windows keine Rolle!

Löschen von Variablen mit dem Befehl clear

MATLAB muss selbstverständlich nicht neu gestartet werden, wenn man alle Variablen im Arbeitsspeicher loswerden möchte. Mit dem clear-Befehl lassen sich einzelne oder alle Variablen im Arbeitsbereich löschen.

```
>> clear
>> clear all
```
Mit clear oder clear all werden alle Variablen im Arbeitsspeicher gelöscht. Mit diesem Befehl ist also vorsichtig umzugehen, bevor alle Variablen plötzlich unerwünscht weg sind.

```
>> clear u          % Die einzelne Variable u wird gelöscht!
>> clear u z x      % Die Variablen u z x werden gelöscht!
```

Mit `clear` und der folgenden Auflistung der zu löschenden Variablen, jeweils getrennt durch Leerzeichen, werden einzelne Variablen gelöscht. Es spielt dabei auch keine Rolle, ob diese Variablen existieren oder nicht; MATLAB gibt keine Rückmeldung, ob erfolgreich oder nicht gelöscht wurde.

Befehle who und whos

In den älteren MATLAB-Versionen (vor Version 6) gab es die Aufteilung des Desktops in die verschiedenen Fenster noch nicht, sondern nur das Befehlsfenster, das „*Command Window*". Um sich zu erinnern, welche Variablen bereits definiert wurden, gab es nur die Befehle `who` zum Auflisten der Variablennamen und `whos` zum Auflisten der Variablennamen und einer Kurzbeschreibung ihrer Eigenschaften ähnlich wie sie in den neueren MATLAB-Versionen im Fenster „*Workspace*" dargestellt werden. Natürlich sind die Befehle auch heute noch gültig und die verfügbaren Variablen können jederzeit im „*Command Window*" über `who` oder `whos` abgefragt werden.

2.2.4 „Command History", die Chronik der Befehle

Normalerweise wird ein wichtiges Fenster nicht angezeigt, wenn MATLAB zum ersten Mal gestartet wird, die „*Command History*", eine Chronik der letzten eingegebenen Befehle. Um dieses Fenster anzuzeigen, muss in der Gruppe „*ENVIRONMENT*" unter „*Layout*" → „*Command History*" → „*Docked*" ausgewählt werden, siehe Bild 2.7. Standardmäßig wird die „*Command History*" als fünftes Fenster dann rechts unterhalb des „*Workspace*" angezeigt, siehe Bild 2.8. Die „*Command History*" ist nützlich, um sich die wiederholte Eingabe eines Befehls, den man z. B. in einer der vorigen MATLAB-Sitzungen verwendet hatte, zu sparen. Jeder Befehl, egal ob

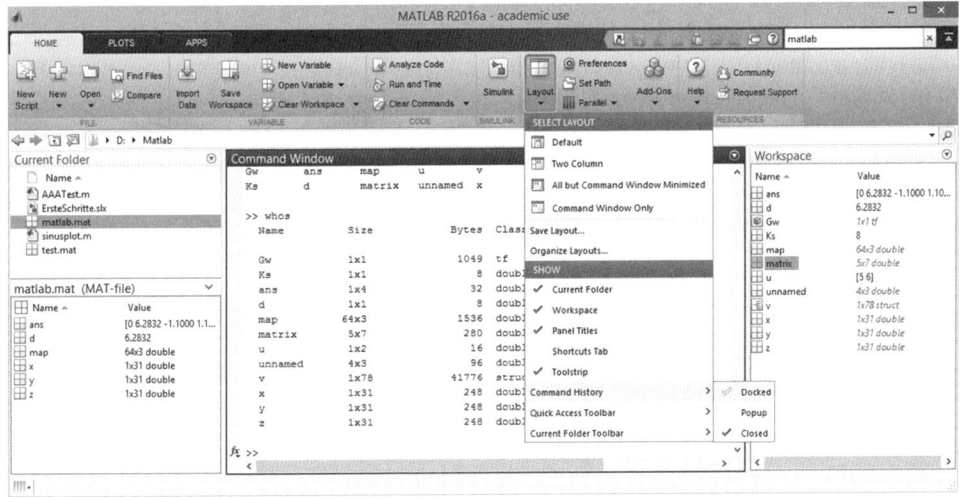

Bild 2.7 Anzeigen der „*Command History*" über „*Layout*"

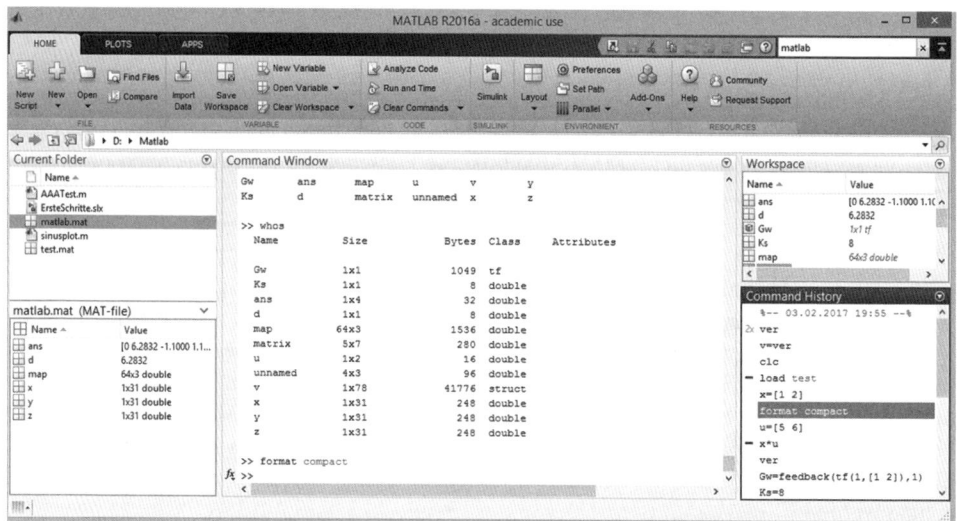

Bild 2.8 „Command History", die Befehlschronik, rechts unten im Bild. Wiedergabe der zuletzt eingegebenen MATLAB Befehle. Als Kommentar mit % gekennzeichnet, wird jeweils der Beginn einer neuen MATLAB-Sitzung mit Datum und Uhrzeit in grüner Schrift angezeigt. Fehlerhafte Befehle werden mit einem kleinen roten Balken vor dem Befehl markiert, z. B. load test schlug fehl, da es noch keine .mat-Datei namens *test* gab, die hätte geladen werden können

richtig oder falsch eingegeben, wird hier aufgelistet, sortiert nach dem grün markierten Eingabedatum, siehe Bild 2.8. Durch Doppelklick mit der linken Maustaste wird der gewählte Befehl im „Command Windows" ausgeführt. Aber Achtung, es können sich in der Liste auch falsche Befehle befinden, markiert durch einen kleinen roten Balken vor dem Befehl, oder Befehle, die sich z. B. auf Variablen beziehen, die definiert sein müssen. In diesen Fällen bringt MATLAB eine Fehlermeldung in leuchtendem Rot. Deshalb kann alternativ der gewünschte Befehl auch per „Drag & Drop" in das „Command Window" gezogen und vor dem Ausführen (Drücken der Eingabetaste) noch verändert oder neueren Gegebenheiten angepasst werden.

In den älteren MATLAB-Versionen gibt es das „Command History"-Fenster noch nicht. Allerdings können – auch in den älteren Versionen – im „Command Window" mit den ↑- und ↓- Tasten die letzten Befehle durchsucht und zur erneuten Verwendung mit Drücken der Eingabetaste ausgewählt werden. Die Suche kann vereinfacht werden, wenn ein oder mehrere Anfangsbuchstaben des gewünschten Befehls eingegeben werden, z. B. mit „s" für save. Dann werden nur die Befehle bei Drücken der ↑- und ↓-Tasten aufgelistet, die mit „s" beginnen.

Die Verwendung der ↑-Taste ist sehr nützlich und wohl die schnellste Art, einen falsch oder mangelhaft eingegebenen MATLAB-Befehl zu korrigieren oder zu verbessern. Einfach ↑-Taste drücken, der letzte Befehl wird angezeigt, Fehler korrigieren oder Befehl ergänzen und mit der Eingabetaste „abschicken".

In der Menüleiste findet sich auch für die „Command History" der Befehl zum Löschen aller Einträge in der Gruppe „CODE" unter→ „Clear Commands" → „Command History". Eine andere Möglichkeit zum Löschen aller Einträge ist der Befehl im Kontextmenü der „Command

History" (Icon mit Pfeil nach unten, rechts vom Namen) → *„Clear Command History"*. Einzelne Befehle lassen sich aus der *„Command History"* mit rechtem Mausklick auf den betreffenden Befehl und *„Delete"* löschen. Mit *„Undo Delete"* lassen sich gelöschte Befehle auch wieder herstellen.

 Das Löschen aller Einträge aus der *„Command History"* sollte man sich gut überlegen. Es ist sehr hilfreich, wenn man auf bereits ausgeführte Befehle zurückgreifen kann, z. B. zum Sichern und Laden von Variablen. Einzelne falsch eingegebene Befehle können dagegen schnell gelöscht werden, was der Übersichtlichkeit gut tut.

Im Kontextmenü, das sich mit rechtem Mausklick in das *„Command History"* Fenster öffnet, finden sich weitere hilfreiche Befehle, die hier kurz erwähnt sein sollen:

Mit *„Evaluate Selection"* können mehrere ausgewählte Befehle nochmals ausgeführt werden. Im *„Command Window"* werden diese Befehle und ihre jeweiligen Ergebnisse angezeigt.

„Create Shortcut" öffnet ein Fenster, in dem die ausgewählten Befehle aufgelistet sind. Durch Eingeben einer eigenen Bezeichnung (*„Label"*) und Abspeichern mit *„Save"* wird in der *„Shortcuts"*-Leiste oberhalb der Menüleiste ein Link mit der Bezeichnung des *„Shortcuts"* zum Aufruf der ausgewählten Befehle eingerichtet. Für sehr oft wiederholte Befehle oder Befehlsfolgen eine empfehlenswerte Erleichterung, z. B. für das abschließende Abspeichern von Variablen am Ende einer MATLAB-Sitzung.

■ 2.3 Funktionen der Menüleiste (*„Toolstrip"*)

Der MATLAB-Desktop hat sich seit MATLAB Release 2009a, Grundlage der ersten Auflage dieses Buches, sehr verändert. Am auffälligsten ist für Benutzer von älteren MATLAB-Versionen vermutlich das Wegfallen des „Start"-Knopfes, links unten, der ähnlich wie beim alten Windows XP schnellen Zugriff auf Funktionen, diverse Toolboxen oder die MATLAB Hilfe, *„Documentation"* genannt, erlaubte.

Statt dieses „Start"-Knopfes ist die Menüleiste nun in mehrere Tabs unterteilt, die wichtige Funktionen, sortiert nach Gruppen bzw. Kategorien und Hilfe, übersichtlich anbieten, siehe Bild 2.9. Beim Öffnen von zusätzlichen Fenstern, wie z. B. beim *„Variable Editor"*, siehe Abschnitt 2.2.3, bereits erwähnt, gibt es spezifische Tabs zu dem entsprechenden Fenster. Dadurch bleibt die Übersichtlichkeit erhalten, denn nur relevante Funktionen werden auf dem Desktop angezeigt.

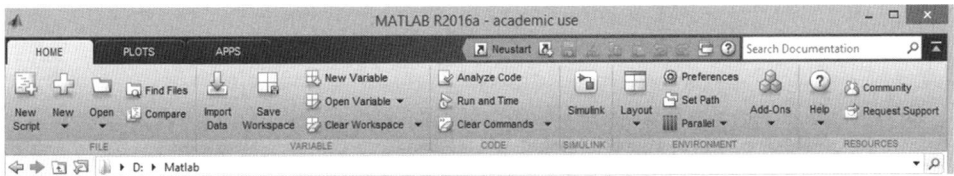

Bild 2.9 MATLAB-Menüleiste (*„Toolstrip"*) mit den drei Standard-Tabs „HOME", „PLOTS" und „APPS"". Weitere Tabs sind möglich, wenn z. B. ein zusätzliches Fenster geöffnet wird

Optionen im Tab „HOME"

Die Optionen im Tab „*HOME*" werden der Übersichtlichkeit halber in Tabelle 2.1, nach Gruppen bzw. Kategorien sortiert, von links nach rechts beschrieben.

Tabelle 2.1 Funktionen im Tab „*HOME*"

Befehl / Funktion	Erläuterung
Gruppe „FILE"	
In der Gruppe oder Kategorie „FILE" finden sich die Befehle, die mit den unterschiedlichen Dateitypen zu tun haben, mit denen unter MATLAB gearbeitet wird.	
New Script	„*New Script*" öffnet den MATLAB-Editor, zum Eingeben von Programmcode, siehe dazu Kapitel 6, „Programmieren in MATLAB"
New	Die ersten 6 Objekte der Liste, von „*Script*" bis „*System Object*", beziehen sich auf Programmiervorlagen, die im MATLAB-*Editor* geöffnet werden, siehe Kapitel 6. „*Figure*" öffnet ein leeres Grafikfenster, siehe Kapitel 5, „Grafische Darstellungen von Funktionen". „*App*" bietet zwei Auswahlmöglichkeiten: „*GUIDE*" zum Erstellen einer GUI („*Graphical User Interface*") App mit 2D- und 3D-Grafikunterstützung oder „*App Designer*", eine eigene Toolbox zum Gestalten von Apps mit neuen Elementen, aber eingeschränktem 2D-Grafiksupport. Mit „*New Command Shortcut*" können wie bereits in Abschnitt 2.2.4 beschrieben Befehle zu einem „*Shortcut*" zusammengefasst werden. Unter der Überschrift „*SIMULINK*" finden sich die Optionen zum Erstellen einer neuen SIMULINK-Simulation, eines STATEFLOW Charts oder eines SIMULINK Projects.
Open	„*Open*" öffnet bestehende MATLAB-Dateien. Unter der Überschrift „RECENT FILES" werden alle Dateien aufgelistet, die in letzter Zeit bearbeitet wurden, egal ob Programmcode, zu erkennen an der Endung .m, Dateien, in denen Variablen gesichert sind, zu erkennen an .mat oder z. B. auch SIMULINK-Dateien, zu erkennen an der Endung .slx oder .mdl (alt).
Find Files	„*Find Files*" hilft Dateien anhand von Suchbegriffen wieder zu finden.
Compare	Mithilfe von „*Compare*" können zwei Dateien miteinander verglichen werden. Diese Option ist sehr hilfreich, z. B. bei Programmcode, wenn man unterschiedliche Versionen vergleichen möchte.
Gruppe „VARIABLE"	
Ein Teil der Funktionen der Gruppe „VARIABLE" wurde bereits in Abschnitt 2.2.3 erwähnt.	
Import Data	Aus einer Reihe von ausgewählten Dateien („*Recognized Data Files*") mit diversen Endungen können Variablen in MATLAB importiert werden. Diese Option ist interessant, wenn man z. B. Messwerte, die in anderen Formaten abgespeichert wurden, in MATLAB einlesen und weiterverarbeiten möchte.
Save Workspace	Die Variablen vom „Workspace" werden in einer Datei gespeichert, siehe Abschnitt 2.2.3.
New Variable	„*New Variable*" öffnet den „*Variable Editor*" mit leeren Feldern, die beliebig gefüllt werden können.

Tabelle 2.1 Funktionen im Tab „*HOME*" (Fortsetzung)

Befehl / Funktion	Erläuterung
Open Variable	Mit „*Open Variable*" kann eine auf dem „*Workspace*" vorhandene Variable ausgewählt und im „*Variable Editor*" geöffnet werden.
Clear Workspace	Mit „*Clear Workspace*" werden alle Variablen, die sich im momentanen Arbeitsbereich („*Workspace*") befinden, gelöscht. Im Zweifelsfall, sollte man alle oder zumindest einzelne Variablen vor dem Löschen speichern.
Gruppe „*CODE*" Detailliertere Informationen zu den Funktionen unter „*CODE*" finden sich im Kapitel 6, „Programmieren in MATLAB", deshalb wird hier nur sehr kurz darauf eingegangen.	
Analyze Code	Der „*Code Analyzer Report*" wird geöffnet, der eine Zusammenfassung von Bemerkungen zur Verbesserung von Programmcode aller im aktuellen Arbeitsverzeichnis enthaltenen MATLAB-Programme liefert.
Run and Time	„*Run and Time*" öffnet das „*Profiler*" Fenster, indem die Leistung und Performance von Programmcode beurteilt werden kann, siehe Abschnitt 6.1.
Clear Commands: ▪ Command Window ▪ Command History	„*Clear Command*" teilt sich auf in zwei Optionen: Mit → „*Command Window*" wird das Befehlsfenster gelöscht, alternativ kann auch der Befehl clc eingegeben werden. Mit → „*Command History*" wird dagegen die Befehlschronik gelöscht. Dieser Befehl sollte mit Bedacht angewendet werden, denn vielleicht hatte man einen nützlichen neuen Befehl gefunden, der dann vielleicht wieder in Vergessenheit gerät, wenn die aufgezeichneten Befehle gelöscht wurden. Auch komplizierte Befehlsfolgen können über die „*Command History*" schnell wieder aufgerufen werden, deshalb ist Löschen nicht sehr ratsam.
Gruppe „*SIMULINK*" Mit der Toolbox „*SIMULINK*" befasst sich das komplette Kapitel 8, „Einführung in die SIMULINK-Toolbox".	
Simulink	Die Simulink Start Page wird geöffnet; alternativ kann im „*Command Window*" auch simulink eingegeben werden.
Gruppe „*ENVIRONMENT*" Einige der Funktionen der Gruppe „*ENVIRONMENT*" wurden bereits in Abschnitt 2.1 beschrieben, da es hier um die Arbeitsumgebung und das Einrichten von MATLAB auf die persönlichen Vorlieben geht.	
Layout	Über „*Layout*" kann der MATLAB-Desktop eingerichtet werden. Mit „*Default*" wird die in Abschnitt 2.1 beschriebene Standard-Konstellation der Fenster wieder hergestellt. Die Fenster können aber auch beliebig anders angeordnet werden. Eine dem persönlichen Geschmack angepasste Anordnung kann mit „*Save Layout*" auch gespeichert werden und gespeicherte Layouts mit „*Organize Layouts*" verwaltet werden. Über „*Layout*" können die Fenster „*Current Folder*", „*Workspace*" oder „*Command History*" ein- und ausgeblendet werden. Die „*Quick Access Toolbar*" mit den Shortcuts ist standardmäßig rechts oben, siehe Bild 2.9, kann aber auch unterhalb der Menüleiste platziert werden. Für die „*Shortcuts*", siehe auch Abschnitt 2.2.4, kann mit „*Shortcuts Tab*" ein eigener Tab geöffnet werden. Am besten ist es, verschiedene Layout-Optionen auszuprobieren, und dann dieses Layout zu speichern.

Tabelle 2.1 Funktionen im Tab „HOME" (Fortsetzung)

Befehl / Funktion	Erläuterung
Preferences	Bei Mausklick auf „Preferences" öffnet sich ein separates Fenster, siehe Bild 2.10, in dem alle vorstellbaren Möglichkeiten dem eigenen Geschmack und den eigenen Erfordernissen angepasst werden können. In der linken Spalte kann jeweils die Kategorie gewählt werden, rechts davon die Optionen. Von den Farben über die Anzahl der Befehle, die in der „Command History" gespeichert werden sollen, bis zu den Präferenzen für einzelne Toolboxen, die Auswahl ist enorm.
Set Path	„Set Path" ist ebenfalls bereits in Abschnitt 2.1 ausführlich erläutert worden, siehe auch Bild 2.3.
Parallel	„Parallel" betrifft die Einstellungen („Preferences") für die „Parallel Computing Toolbox" und soll hier nicht näher beschrieben werden.
Add-Ons	Mit „Get Add-Ons" wird der „Add-Ons Explorer" für zusätzliche Software-Packages, z. B. Community Toolboxes, in einem eigenen Fenster geöffnet. Installierte Add-Ons können mithilfe von „Manage Add-Ons" verwaltet werden. „Get Hardware Support Packages" ist interessant, wenn man Hardware, wie z. B. einen Arduino oder Raspberry Pi mit MATLAB oder SIMULINK ansteuern möchte.
Gruppe „RESSOURCES"	
Unter Ressourcen wird die mögliche Unterstützung für die Arbeit mit MATLAB verstanden:	
Help (<F1>-Taste) ▪ Documentation ▪ Examples ▪ Support Web Site ▪ MATLAB Academy u. a.	Über „Help" kann die „Documentation" aufgerufen werden, das sehr ausführliche Handbuch zu MATLAB und seinen Toolboxen, siehe dazu auch den folgenden Abschnitt 2.4. Am einfachsten versteht man viele Befehle anhand von Beispielen, weshalb es extra den Punkt „Examples" unter „Help" gibt. Auf die Support Web Site wurde bereits bei der Installation, siehe Abschnitt 1.3, hingewiesen, aber hier findet sich eine Übersicht zu allen Kategorien, die MathWorks zur Unterstützung bei der Arbeit mit MATLAB anbietet. Die „MATLAB Academy" bietet kostenlose eLearning-Kurse auf den Internetseiten von MathWorks an.
Community	Ein offener Austausch für die MATLAB und SIMULINK User Community, natürlich auf Englisch. Laut MathWorks, kann man auf dieser Plattform mit über 100.000 Mitgliedern und MathWorks-Mitarbeitern Erfahrungen austauschen.
Request Support	Direkte Verbindung zum MathWorks Support, über die Website, über Mail oder Telefon.

Optionen im Tab „PLOTS"

Der Tab „PLOTS" stellt eine sehr einfache Möglichkeit zur Verfügung, Inhalte von Variablen, z. B. die x- und y- Werte einer mathematischen Funktion, grafisch darzustellen. Im Kapitel 5, „Grafische Darstellungen von Funktionen", ist der ganze Abschnitt 5.6 dem Erzeugen von Grafiken mithilfe der Möglichkeiten im Tab „PLOTS" gewidmet.

Optionen im Tab „APPS"

Der Tab „*APPS*" ist in zwei Gruppen aufgeteilt, „*FILE*" und „*APPS*", siehe Bild 2.11.
Die Funktionen unter „*FILE*" dienen zum Verwalten von Apps:

- „*Get More Apps*" öffnet den „*Add-Ons Explorer*", siehe Tabelle 2.1, zum Herunterladen von verfügbaren Apps, die z. B. von der MATLAB Community zur Verfügung gestellt wurden.
- Mit „*Install Apps*" können heruntergeladene Apps installiert werden.
- „*Package App*" öffnet das „*Package App*"-Fenster, siehe Bild 2.12, mit dem eigene MATLAB-Programme in eine App gepackt werden können. In dem Fenster werden verschiedene Details der App und des Autors abgefragt, Abhängigkeiten werden überprüft, sodass auch kein Unterprogramm vergessen werden kann, es kann ein Screenshot des Programms eingefügt werden und die MATLAB-Toolboxen, die für die Ausführung benötigt werden, genannt werden.

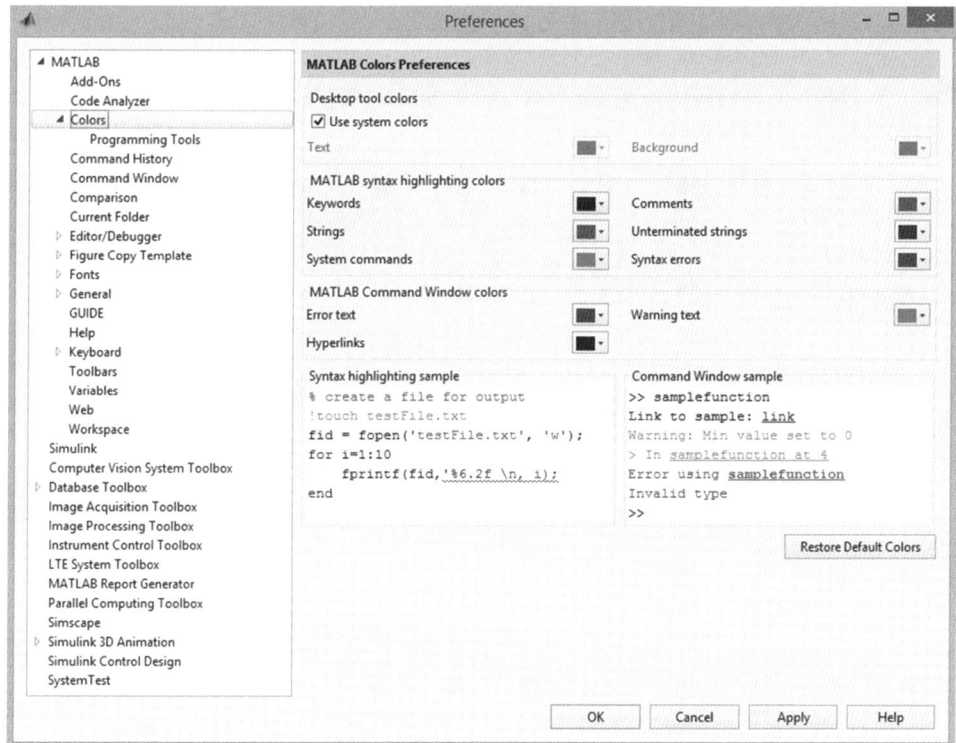

Bild 2.10 MATLAB „*Preferences*"-Fenster zum Anpassen der verschiedensten Optionen

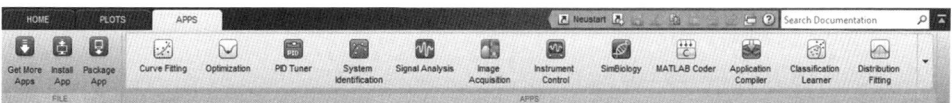

Bild 2.11 Menüleiste des Tab „*APPS*"

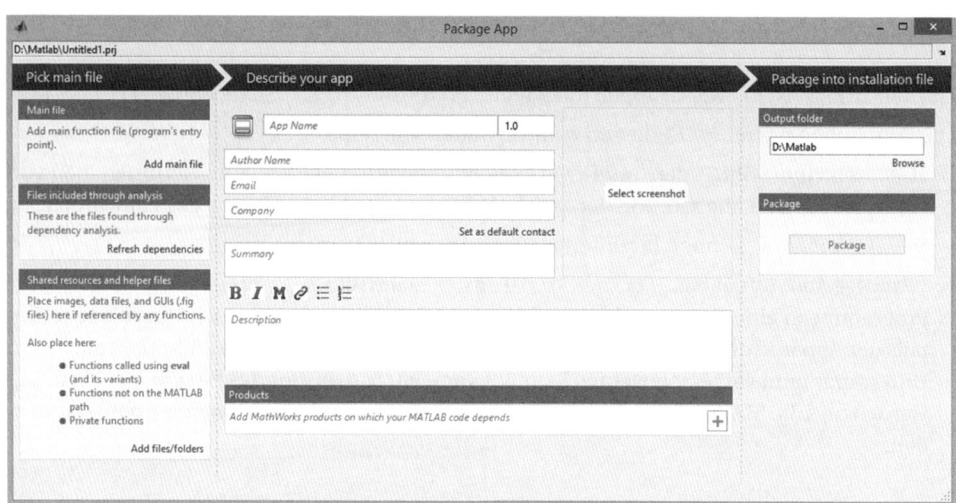

Bild 2.12 „*Package App*"-Fenster zum Erstellen eigener Apps aus MATLAB-Programmen

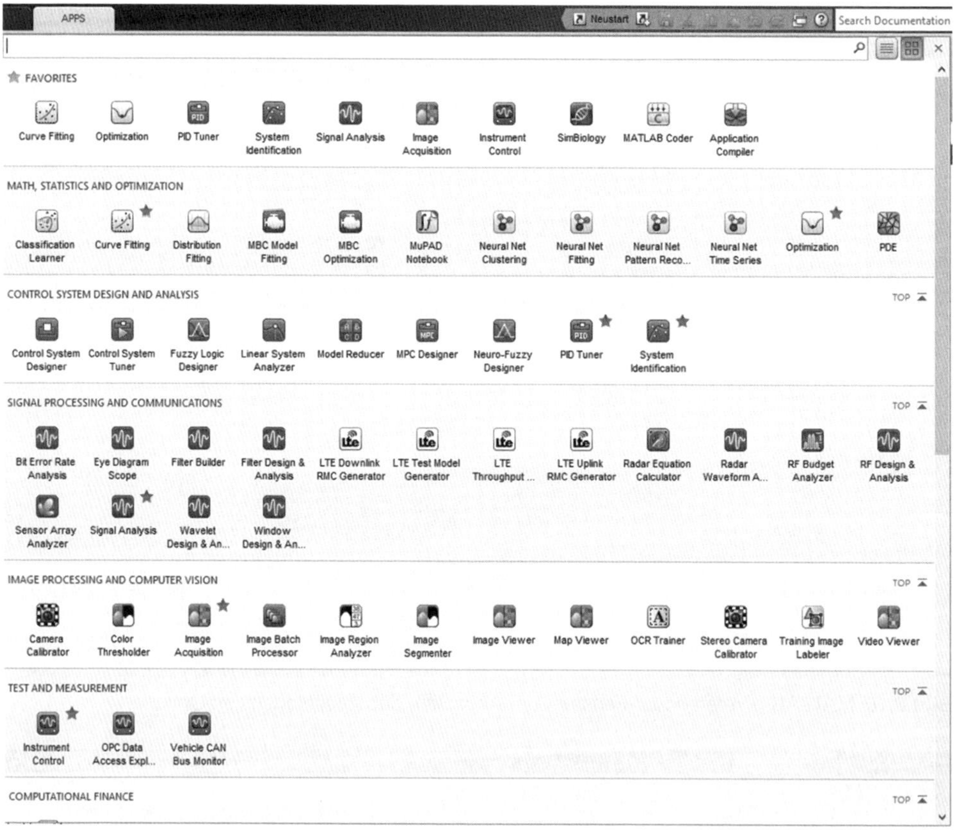

Bild 2.13 Installierte Apps, die mit Mausklick auf den Pfeil (▼) komplett aufgelistet werden

In der Gruppe „APPS" finden sich die bereits installierten Apps, auf die zugegriffen werden kann, siehe Bild 2.13, sortiert nach Kategorien. Durch Mausklick auf den Pfeil nach unten (▼) ganz rechts, wird die Liste aller verfügbaren Apps komplett dargestellt. Eigene Favoriten, von besonders häufig benutzten Apps werden in der ersten Zeile unter „FAVORITES" gesammelt.

Alle Apps im Einzelnen zu beschreiben, würde den Rahmen dieser Einführung in MATLAB/SIMULINK sprengen. Es lohnt sich aber, die eine oder andere App genauer anzuschauen und auszuprobieren. Die MathWorks Apps sind in der MATLAB „*Documentation*" auch ausführlich beschrieben.

2.4 MATLAB-Hilfe und Beschreibungen der Befehle

Die MATLAB-Hilfe ist unentbehrlich für die Arbeit mit MATLAB. Der Einsteiger in MATLAB findet Hilfe bei der Syntax von Befehlen, wie bestimmte Befehle angewandt werden sollten oder wie nicht. Der fortgeschrittene MATLAB-Benutzer kann durch weiterführende Links auf den Hilfeseiten neue Befehle entdecken und dadurch spezifische Problemlösungen finden. Allerdings steht die MATLAB-Hilfe nur in Englisch zur Verfügung, sodass sich im Zweifelsfall das Bereitlegen eines guten, technischen Wörterbuchs empfiehlt.

Die MATLAB-Hilfe lässt sich auf verschiedene Arten aufrufen und nutzen.

Die ausführlichste Hilfe zu MATLAB, zu den verschiedenen Toolboxen und zu einzelnen Befehlen öffnet sich durch Mausklick auf „*Help*" in der Menüleiste unter „*RESSOURCES*" → „*HELP*" oder durch Klicken auf das „?"-Symbol in der Menüleiste oder in der „*Quick Access Toolbar*", standardmäßig oben rechts, siehe Bild 2.9.

In der „*Quick Access Leiste*" können im Feld „*Search Documentation*" Suchbegriffe eingegeben werden, nach denen die MATLAB „*Documentation*" durchsucht wird.

Die MATLAB „*Documentation*" öffnet sich in dem separaten „*Help*"-Fenster und kann damit im Hintergrund geöffnet bleiben, um jederzeit Hilfe in Anspruch nehmen zu können und gewisse Begriffe oder Befehle nachzuschlagen. Es können auch mehrere Tabs geöffnet werden, sodass gleichzeitig die Hilfe für mehrere Befehle zur Verfügung steht. Auch im „*Help*"-Fenster findet sich oben rechts ein Eingabefeld für Suchbegriffe, siehe Bild 2.14. Es können auch mehrere Tabs geöffnet werden, sodass gleichzeitig die Hilfe für mehrere Befehle oder ganze Toolboxen zur Verfügung steht, siehe Bild 2.15.

Da MATLAB genauso wie die Toolboxen sehr komplex und umfangreich ist, wird jedes Kapitel in mehrere Unterkapitel unterteilt, die zum Teil wiederum mehrfach unterteilt sind. Deshalb ist es bei spezifischen Problemen oft ratsam, nach bestimmten Begriffen oder Befehlen zu suchen, da die Navigation durch die Hilfetexte nicht einfach ist. In der linken Spalte ist – sofern

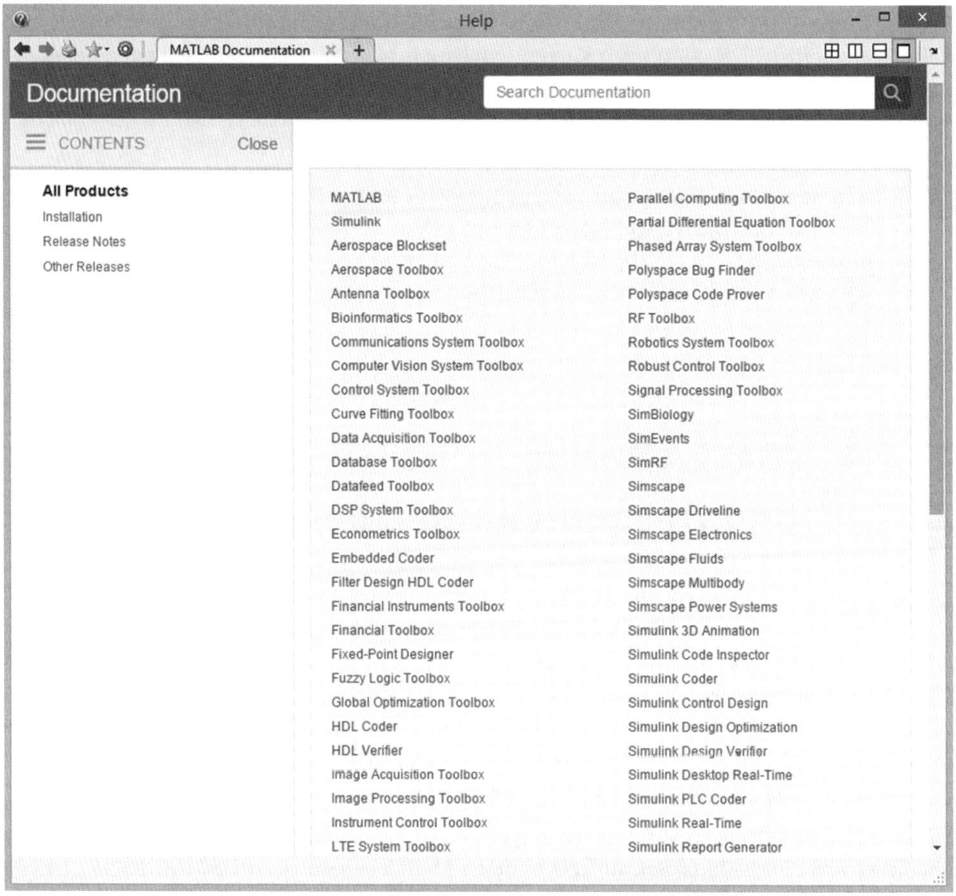

2 Start der Arbeit mit MATLAB

![MATLAB Documentation Help-Fenster]

Bild 2.14 „*Help*"-Fenster der MATLAB „*Documentation*", oben rechts ein Eingabefeld für Suchbegriffe. Unter „All Products" werden zusätzlich zum Hauptprogramm MATLAB alle verfügbaren Toolboxen aufgelistet. Mit Mausklick auf eine Toolbox öffnet sich die dazugehörigen Hilfetexte, inklusive Beispielen und weiterführenden Links

das Inhaltsverzeichnis nicht geschlossen wurde, ist der Pfad zu erkennen, der zu der aktuellen Hilfeseite führt, siehe Bild 2.15. In Bild 2.15 ist der Pfad relativ kurz: → „*MATLAB*" → „*Getting Started with MATLAB*" → „*Desktop Basics*".

Anscheinend ist die „*Search Documentation*"-Suche noch nicht so ausgereift, wie bekannte Internetsuchmaschinen. Die Autorin hat festgestellt, dass es manchmal zu besseren Suchergebnissen führt, Suchbegriffe in der Internetsuchmaschine einzugeben, vor allem, wenn es Begriffe sind, die einzeln relativ häufig in mehreren Toolboxen Verwendung finden, und nur in Kombination zur gewünschten Hilfe führen.

Für die verschiedenen MATLAB-Befehle finden sich in der „*Documentation*" auch ausführliche Beispiele für die Anwendung des jeweiligen Befehls, die in manchen Fällen schneller weiterhelfen als die (englische) Beschreibung, siehe Bild 2.16.

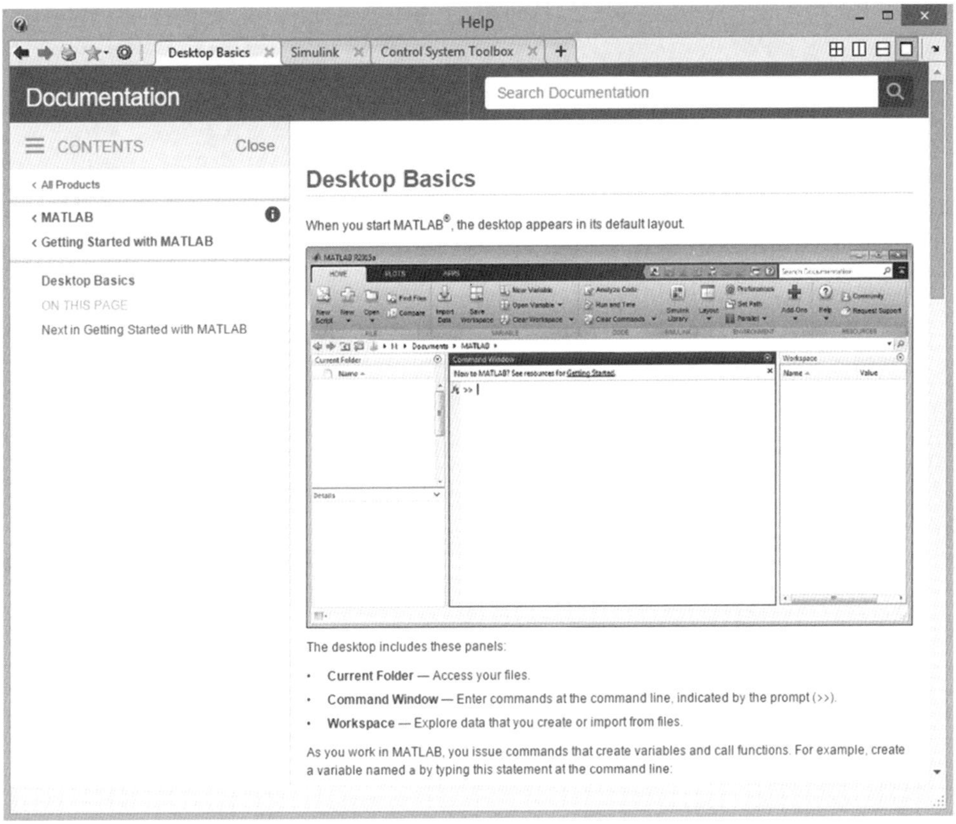

2.4 MATLAB-Hilfe und Beschreibungen der Befehle

![Screenshot of MATLAB Help window showing Documentation with Desktop Basics section]

Bild 2.15 „*Help*"-Fenster der MATLAB „*Documentation*", mit mehreren geöffneten Tabs zu unterschiedlichen Hilfethemen bzw. Toolboxen. Im Kapitel „*MATLAB*" wurde der Abschnitt „*Desktop Basics*" im Unterkapitel „*Getting Started with MATLAB*" als Beispiel für das Aussehen einer Hilfeseite ausgewählt. In der linken Spalte ist der Pfad bis zum aktuellen Abschnitt zu sehen

Ein nicht nur für den MATLAB-Einsteiger, sondern auch für den fortgeschrittenen Benutzer sehr interessantes Detail der MATLAB „*Documentation*", findet sich am unteren Ende jedes Hilfetextes zu einem Befehl, nämlich der Satz „*See Also*", gefolgt von weiteren verlinkten Befehlen, die dem gerade beschriebenen Befehl sehr ähnlich, verwandt oder zumindest thematisch gleich sind. Der Vorteil dieser Verlinkung auf artverwandte Alternativbefehle liegt darin, dass man vielleicht einen etwas besser passenden Befehl finden kann, mit dem sich das Gewünschte leichter errechnen lässt.

Zu MATLAB und jeder Toolbox gibt es ein „*Getting Started*"-Unterkapitel, mit dem der schnelle Einstieg erleichtert wird. MATLAB oder die jeweilige Toolbox wird darin kurz beschrieben, spezifische Fragestellungen erklärt und somit die Basis geschaffen, mit der Toolbox arbeiten zu können. Sehr hilfreich sind die Links zu Tutorials oder zu Videos, in denen der Einstieg oder wichtige Themen erklärt werden.

40   2 Start der Arbeit mit MATLAB

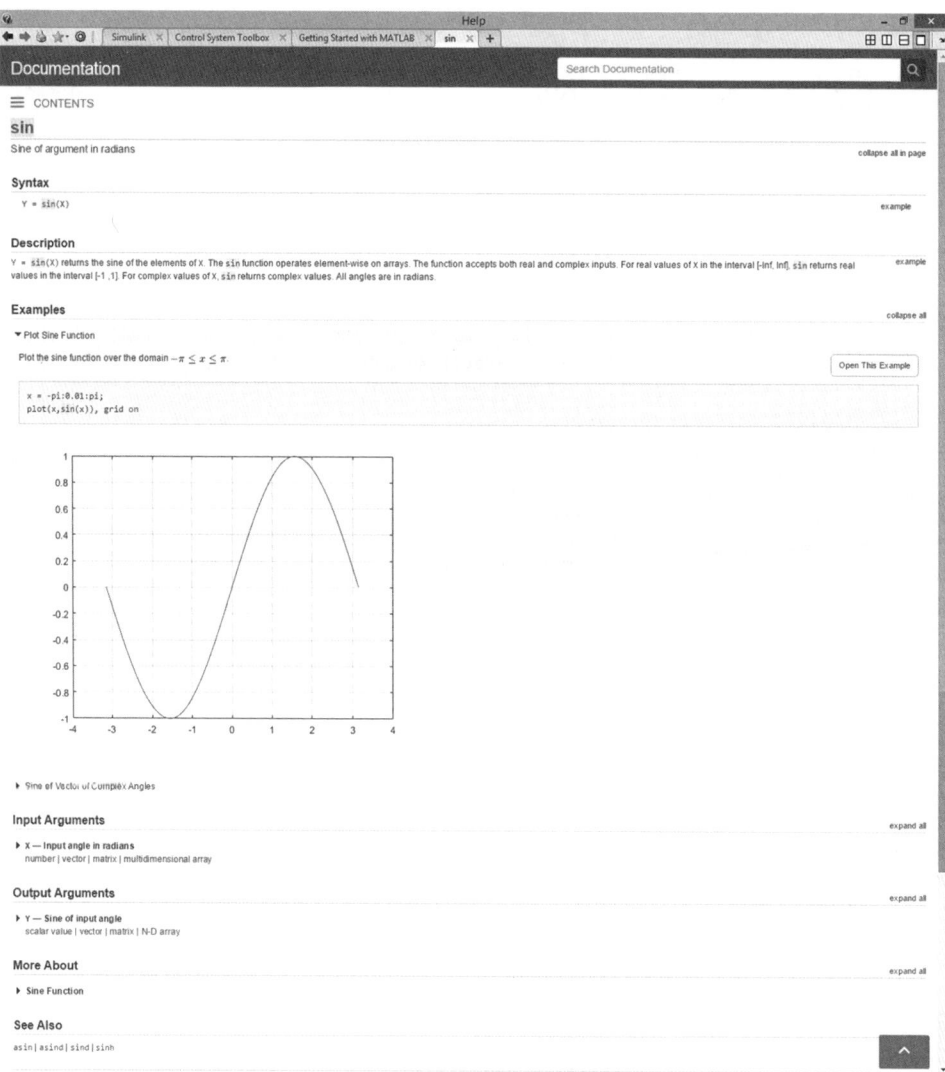

Bild 2.16 „*Help*"-Fenster der MATLAB „*Documentation*", zur Sinusfunktion sin mit Beschreibung, Beispiel und weiteren Informationen. Aus Platzgründen wurden einige Informationen weggeklappt (per Mausklick auf „*collapse all*"). Diese Informationen können mithilfe von „*expand all*" wieder aufgeklappt werden

> Für den Einstieg in MATLAB empfehlen sich die Videos „*Getting Started with MATLAB*" (ca. 7 Min.) und „*Working in The Development Environment*" (ca. 5 Min.), zu finden unter → „*MATLAB*" → „*Getting Started with MATLAB*" → „*Videos*".

Beispiel 2.1 Sinus und verwandte Funktionen

Auf der Hilfeseite des Befehls sin findet sich unter „*See Also*" die verlinkten Befehle asin, asind, sind, sinh. Folgt man dem Link zu sind, erfährt man auf der Hilfeseite dazu, dass dies der Befehl zum Berechnen des Sinus in Grad ist, oder bei asin, dass dies der Befehl zur Berechnung des Arkussinus bzw. arcsin, der Umkehrfunktion des Sinus ist.

∎

Um neue oder noch mehr interessante MATLAB-Befehle kennen zu lernen, lohnt es sich, die Hilfeseiten von anderen, verwandten oder ähnlichen Befehlen zu durchforsten, die unter „*See Also*" genannt werden.

Neue, interessante Befehle am besten gleich notieren, da die Syntax von MATLAB-Befehlen nicht immer so einleuchtend ist, dass man aus dem Verwendungszweck auf die Schreibweise des Befehls Rückschlüsse ziehen kann.

„*Function Browser*"

Mit dem „*Function Browser*", auch zu öffnen mit der <Umschalt</Shift>-+<F1>-Tastenkombination, können schnell alle Funktionen durchsucht und im „*Command Window*" verwendet werden. Die schnellste Möglichkeit, den „*Function Browser*" zu starten ohne deshalb das „*Command Window*" verlassen zu müssen, ist das Klicken auf das *fx*-Icon links neben dem „>>"-Eingabezeichen:

Wenn sich das Fenster des „*Function Browser*" öffnet, findet man als Kategorien MATLAB und die verschiedenen installierten Toolboxen vor, siehe Bild 2.17, links.

Durch Auswahl der richtigen Kategorie und der entsprechenden Unterkategorien kann man eine gesuchte Funktion finden, allerdings sollte man wissen, wo man zu suchen hat, siehe Bild 2.17, rechts.

Idealerweise wird der „*Function Browser*" eingesetzt, wenn man schon weiß, wie die Funktion in etwa heißt, wobei es hilfreich ist, wenn zumindest die Anfangsbuchstaben der Funktion bekannt sind, die in das Suchfeld eingegeben werden können, siehe Bild 2.18.

Sobald die richtige Funktion ausgewählt wurde, kann sie durch Doppelklicken mit der Maus oder durch „*Drag & Drop*" in das „*Command Window*" übernommen werden. Mit der rechten Maustaste kann alternativ ein Auswahlfenster geöffnet werden, mit dem die Funktion in den Zwischenspeicher kopiert, in das „*Command Window*" eingefügt oder die ausführliche Hilfe zu der Funktion aufgerufen werden kann.

Allerdings muss die Funktion noch durch die fehlenden Argumente ergänzt werden, bevor sie durch Abschließen des Befehls mit der Eingabetaste ausgeführt werden kann, z. B.:

```
>> sin(pi/2);
```

Jede Funktion wird mit runden Klammern, in denen das Argument steht, gebildet, z. B. sin(x). Manche Funktionen können unterschiedlich vervollständigt werden, mit einem oder mehre-

 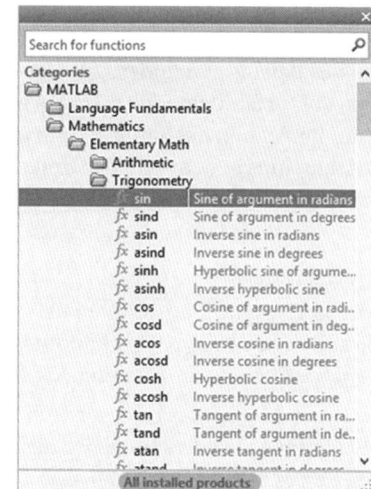

Bild 2.17 Im „*Function Browser*" kann man verschiedene Kategorien nach den entsprechenden Funktionen durchsuchen. Im rechten Bild eine trigonometrische Funktion in der Hauptkategorie „*Mathematics*" direkt unter MATLAB

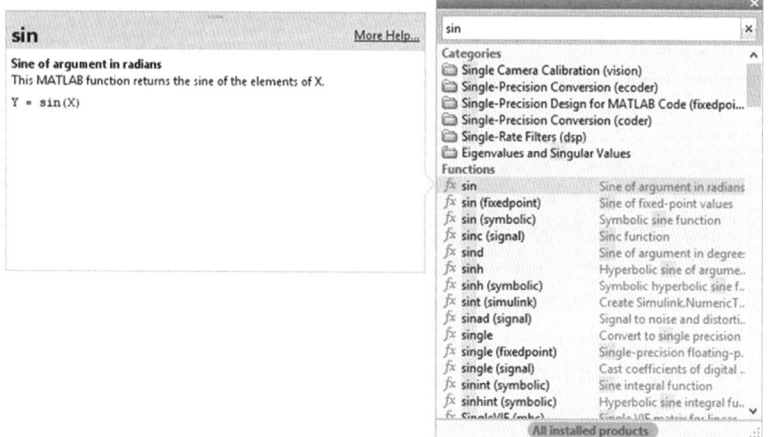

Bild 2.18 Durchsuchen des „*Function Browsers*" nach einer bestimmten Funktion, hier die Sinusfunktion, inklusive einer Erklärung und dem Link auf weitere Hilfe („*More Help…*"). Im „*Function Browser*" werden außerdem eine Vielzahl anderer Kategorien und Funktionen angezeigt, die mit „*sin*" beginnen

ren Argumenten, mit Vektoren als Argumenten oder Skalaren. Bei Unsicherheit, wie der Befehl richtig fertig gestellt wird, die runde Klammer öffnen und kurz warten. MATLAB blendet daraufhin die Möglichkeiten zu dem jeweiligen Befehl ein, siehe Bild 2.19.

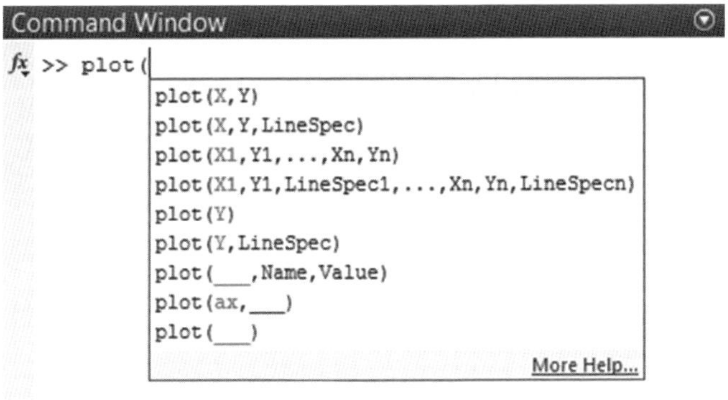

2.4 MATLAB-Hilfe und Beschreibungen der Befehle

```
Command Window
fx >> plot(
         plot(X,Y)
         plot(X,Y,LineSpec)
         plot(X1,Y1,...,Xn,Yn)
         plot(X1,Y1,LineSpec1,...,Xn,Yn,LineSpecn)
         plot(Y)
         plot(Y,LineSpec)
         plot(___,Name,Value)
         plot(ax,___)
         plot(___)
                                          More Help...
```

Bild 2.19 Nachdem die runde Klammer geöffnet wurde, kurz warten und die Möglichkeiten zum Fortsetzen des Befehls werden eingeblendet

Aufruf der MATLAB-Hilfe mit dem Befehl `help` im „Command Window"

Da in den älteren MATLAB-Versionen die Hilfe nicht so leicht zu erreichen ist wie in den neueren Versionen mit einfachem Mausklick, gibt es auch noch die Möglichkeit, allgemein Hilfe oder Hilfe zu bestimmten Befehlen über das „Command Window" aufzurufen.

Der Befehl `help` bewirkt einen Aufruf aller Haupt- und Unterkategorien, zu denen es MATLAB-Befehle gibt. Die Ergebnisliste in Bild 2.20 wurde abgeschnitten, da es natürlich seitenweise Unterkategorien gibt.

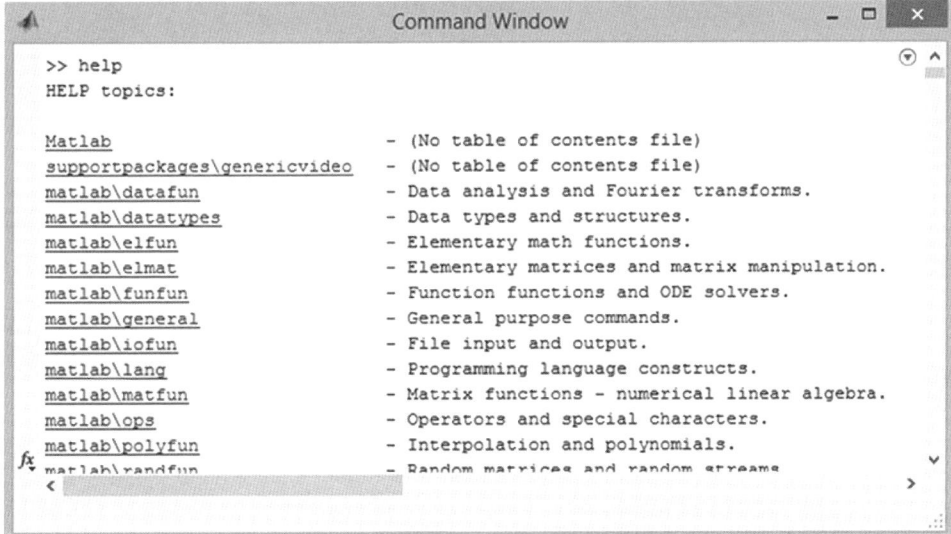

Bild 2.20 Hilfethemen nach der Eingabe von `help` im „Command Window". Über die unterstrichenen Links kommt man in die gewünschte Unterkategorie

Sobald eine vermeintlich passende Unterkategorie gefunden wurde, z. B. `matlab\elfun` (elementare mathematische Funktionen), können mit `help elfun` die verschiedenen Befehle, die in diese Kategorie gehören, aufgelistet werden. Im Beispiel wieder eine verkürzte Liste:

```
>> help elfun
    Elementary math functions.
    Trigonometric.
        sin      - Sine.
        sind     - Sine of argument in degrees.
        sinh     - Hyperbolic sine.
        asin     - Inverse sine.
        asind    - Inverse sine, result in degrees.
        asinh    - Inverse hyperbolic sine.
        cos      - Cosine.
        . . .
    Exponential.
        exp      - Exponential.
        expm1    - Compute exp(x)-1 accurately.
        log      - Natural logarithm.
        log1p    - Compute log(1+x) accurately.
        log10    - Common (base 10) logarithm.
        . . .
    Complex.
        abs      - Absolute value.
        angle    - Phase angle.
        complex  - Construct complex data from real and imaginary
                   parts.
        . . .
    Rounding and remainder.
        fix      - Round towards zero.
        floor    - Round towards minus infinity.
        ceil     - Round towards plus infinity.
        . . .
```

Nun erst kann man sich den gesuchten Befehl aussuchen und den Hilfetext durch Aufruf von `help <Befehl>` ausgeben lassen, z. B. der mathematischen Funktion Logarithmus, siehe Bild 2.21.

Im Vergleich zum schnellen Suchen über die *„Documentation"* oder den *„Function Browser"* ist diese Hilfe kompliziert und langwierig.

Hilfreich ist der `help`-Befehl vor allem dann, wenn der Befehl und seine Schreibweise bekannt sind, aber Details, z. B. wie und in welchen Situationen anzuwenden, zu diesem spezifischen Befehl nicht mehr präsent sind. Dann bekommt man mit `help <Befehl>` schnell die gewünschte Auskunft, ohne erst das *„Help"*-Fenster mit der MATLAB *„Documentation"* starten zu müssen. Wenn man allerdings nur nicht weiß, welche Argumente in die runden Klammern eingesetzt werden sollen, nach Öffnen der Klammern am besten kurz warten, bis MATLAB die Auswahl anzeigt, siehe Bild 2.19.

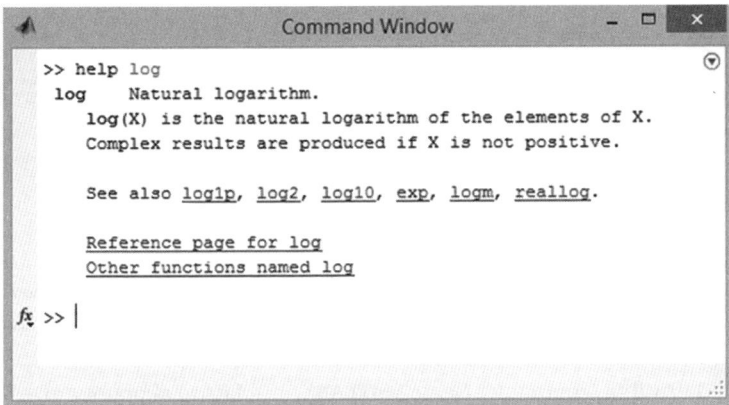

Bild 2.21 Hilfe zu der Logarithmusfunktion nach Eingabe von `help log` im „*Command Window*". Über die unterstrichenen Links kommt man zur Hilfe von vergleichbaren Befehlen, wie z. B. `log10`, dem Zehnerlogarithmus, oder der Exponentialfunktion `exp`. Mit Mausklick auf den Link „*Reference page for log*" wird die MATLAB „*Documentation*"-Seite von log geöffnet

Die Suche nach Hilfetexten über das „*Command Window*" ist vor allem dann empfehlenswert, wenn der Befehl bekannt ist, zu dem die Hilfe gesucht wird. Andernfalls ist es schwierig, die richtige Hauptkategorie zu finden.

Um die Arbeit mit MATLAB zu vereinfachen, sind im Index die in diesem Buch erklärten MATLAB-Befehle aufgelistet.

3 Zahlen, Vektoren und Matrizen

In diesem Kapitel wird die Struktur von Zahlen, Vektoren und Matrizen beschrieben, die MATLAB verwendet, da es die Arbeit mit MATLAB nicht nur vereinfacht, sondern auch Fehler vermeiden hilft, wenn man zumindest Grundkenntnisse über die verschiedenen Zahlenformate hat, die MATLAB anbietet.

Wie bereits in Abschn. 1.1 erwähnt, kommt der Name MATLAB von „Matrix Laboratory". Deshalb verwundert es nicht sehr, dass die grundlegende Datenstruktur von MATLAB die komplexe Matrix ist. Auch alle anderen Datenstrukturen wie Vektoren und Skalare sind Spezialfälle von Matrizen und für spezielle Funktionen werden viele Parameter als Vektoren dargestellt. Messwerte und Datenreihen werden ebenfalls als Vektoren oder Matrizen abgespeichert und können als solche verarbeitet werden.

Daraus ergeben sich einige Besonderheiten bei Berechnungen mit Variablen, die beachtet werden sollten, um keine Fehlermeldung zu bekommen. Wenn man sich dessen allerdings bewusst ist, hat das Rechnen mit Matrizen auch seine Vorteile. Zu beachten ist, dass Matrizen in MATLAB in einer bestimmten Weise eingegeben werden müssen.

■ 3.1 Darstellung von Zahlen

Bevor jedoch mit Vektoren und Matrizen begonnen wird, sollen die Grundlagen der Zahlendarstellung in MATLAB näher beschrieben werden. Zahlen, wobei im Folgenden von Dezimalzahlen ausgegangen wird, lassen sich in MATLAB unterschiedlich eingeben:

```
3  -99  0.00001  9.6397235  1.6021E-20  6.001e23
```

 Dezimalpunkt verwenden, kein Komma!

Die grundlegenden Regeln werden bei diesen Beispielen schnell klar. Zu beachten ist, dass bei der Eingabe der Zehnerpotenzen vor dem Exponenten kein Leerzeichen stehen darf.

```
>> 1.001 e-10
     1.001 e-10
          ↑
Error: Unexpected MATLAB expression.
```

 Der Zahlenbereich in MATLAB reicht von 10^{-308} bis 10^{+308}. Alle darüber liegenden Ergebnisse werden als Inf („infinity" = unendlich) dargestellt.

```
>> 9E307+8E307
    ans = 1.7000e+308
>> 9E307+9E307
    ans = Inf
```
In komplexen Zahlen kann als imaginäre Einheit wahlweise i oder j eingegeben werden, wobei MATLAB das j in ein i zurücktauscht:
```
>> 3+4j
    ans = 3.0000 + 4.0000i
>> 3+4i
    ans = 3.0000 + 4.0000i
```
MATLAB unterscheidet verschiedene Zahlenformate anhand der jeweiligen Anzahl von Ziffern einer Zahl, die auf dem Bildschirm dargestellt werden. Standard ist das Format short, aber mit dem format-Befehl kann die Zahlendarstellung geändert werden. An den folgenden Beispielen in Tab. 3.1 soll dies verdeutlicht werden:

Tabelle 3.1 Zahlenformate in MATLAB

Zahlenformat (Befehl)	Ausgabe der Zahl 6/7	Ausgabe der Zahl $1{,}234567 \cdot 10^{-8}$
format short	0.8571	1.2346e-08
format shorte	8.5714e-01	1.2346e-08
format shortg	0.85714	1.2346e-08
format shorteng	857.1429e-003	12.3457e-009
format long	0.857142857142857	1.234567000000000e-08
format longe	8.571428571428571e-01	1.234567000000000e-08
format longg	0.857142857142857	1.234567e-08
format longeng	857.142857142857e-003	12.3456700000000e-009
format hex	3feb6db6db6db6db	3e4a831a967e3ca5
format +	+	+
format bank	0.86	0.00
format rat	6/7	1/81000059

In früheren Versionen wurde der Befehl format shorte auseinander geschrieben als format short e. Diese Eingabe ist auch in den neueren MATLAB Versionen noch möglich, allerdings wird sie in der Hilfe (help format) nicht aufgeführt. Außerdem wurden die format-Anweisungen um weitere Optionen ergänzt:

format short	Festkommaformat mit 5 Ziffern
format shorte	Fließkommaformat mit 5 Ziffern
format shortg	Das „bessere" Ergebnis der beiden oben genannten Varianten, d. h. entweder Fest- oder Fließkommaformat mit 5 Ziffern.
format shorteng	Technisches („Engineering") Format mit mind. 5 Ziffern und einer durch 3 teilbaren Potenz.
format long	Festkommaformat mit 15 Ziffern bei doppelter Genauigkeit (Standardeinstellung) und 7 Ziffern für einfache Genauigkeit (doppelte bzw. einfache Genauigkeit nach IEEE® Standard 754).

format longe   Fließkommaformat mit 15 Ziffern für doppelte und 7 Ziffern für einfache Genauigkeit.

format longg   Das „bessere" Ergebnis der beiden oben genannten mit 15 Ziffern für doppelte und 7 Ziffern für einfache Genauigkeit.

format longeng   Technisches („Engineering") Format mit genau 16 signifikanten Ziffern und einer durch 3 teilbaren Potenz.

Wobei die letzteren vier Zahlenformate (fett hervorgehoben) wahrscheinlich weniger oft benötigt werden, als die ersteren vier:

format hex   Umwandlung in eine Hexadezimalzahl

format +   Gibt das Vorzeichen des Ergebnisses aus: + für positives Ergebnis, – für negatives und Leerzeichen für 0

format bank   Umwandlung in eine „Währung", d. h. 2 Nachkommastellen

format rat   Umwandlung in eine Bruchzahl

Der format-Befehl kann aber auch andere Auswirkungen haben, als nur auf das Zahlenformat. Die Ausgabe im *„Command Window"* kann ebenfalls durch zwei format-Befehle beeinflusst werden. Je nachdem, welcher Befehl vorher eingegeben wurde, fügt MATLAB eine Zwischenzeile zwischen den Ausgaben ein, oder unterdrückt diese:

format   Standardeinstellungen werden wiederhergestellt

format loose   Extra Zeilenabstand zwischen den Ausgaben

format compact   Kein extra Zeilenabstand, enge Zeilen

Die Eingabe von format ohne einen Zusatz bedeutet, dass das Format der Zahlen wieder auf den Standardwert zurückgesetzt wird, der auch beim Start von MATLAB automatisch verwendet wird, d. h., für Gleitkommazahlen gilt dann format short, also 4 Nachkommastellen, außerdem werden extra Leerzeilen eingefügt, d. h., format loose ist ebenfalls Standard.

 Wie bei allen Befehlen, die erklärt werden, gibt es eine detaillierte Beschreibung in Englisch dazu in den Hilfetexten der *„Documentation"*. Der Befehl format compact ist z. B. sehr hilfreich, wenn Ergebnisse aus MATLAB kopiert werden sollen und überflüssige Leerzeilen nur Platz wegnehmen.

■ 3.2 Umrechnung von Zahlen

Abgesehen vom „format hex"-Befehl, der alle Zahlen so wiedergibt, wie sie intern verarbeitet werden, gibt es natürlich in MATLAB verschiedene Befehle, um z. B. eine Dezimal- in eine Hex- oder Binärzahl umzuwandeln und umgekehrt.

Die folgenden Befehle in Tab. 3.2 geben einen Überblick über die wichtigsten Möglichkeiten zur Umwandlung von Zahlen:

---

[1] Gemeint sind die Gleitkomma-Arithmetik-Spezifikationen IEEE 754 des IEEE (Institute of Electrical and Electronics Engineers, weltweiter Berufsverband von Ingenieuren)

3.2 Umrechnung von Zahlen

Tabelle 3.2 Umrechnung von Zahlen in andere Formate

Befehl	Konvertiert von...	Anwendungsbeispiel
dec2hex(a)	...einer ganzen Dezimalzahl (Integer) a in eine Hexadezimalzahl als Zeichenkette	>> dec2hex(28) ans = 1C
hex2dec(str)	...einer Hexadezimalzahl str als Zeichenkette (engl. string) in eine ganze Dezimalzahl (Integer)	>> hex2dec('1C') ans = 28
num2hex(a)	...einer Gleitkommazahl doppelter Genauigkeit a in IEEE[1] Hexadezimalzahl als Zeichenkette	>> num2hex(28) ans = 403c000000000000
hex2num(str)	...einer IEEE Hexadezimalzahl str als Zeichenkette in Gleitkommazahl doppelter Genauigkeit	>> hex2num('403c000000000000') ans = 28
dec2bin(a)	...einer ganzen Dezimalzahl (Integer) a in eine Binärzahl als Zeichenkette	>> dec2bin(28) ans = 11100
bin2dec(str)	...einer Binärzahl als Zeichenkette str in eine ganze Dezimalzahl (Integer)	>> bin2dec('11100') ans = 28
dec2base(a,basis)	...einer ganzen Dezimalzahl (Integer) a zur Basis basis als Zeichenkette	>> dec2base(58,3) ans = 2011
base2dec(str,basis)	...einer Zahl zur Basis basis als Zeichenkette str in eine ganze Dezimalzahl (Integer)	>> base2dec('2011',3) ans = 58

Zahlenklassen

Zahlen können in unterschiedliche Klassen umgewandelt werden, mit unterschiedlicher Genauigkeit, mit oder ohne Vorzeichen, Integer oder Gleitkommazahlen mit doppelter Genauigkeit.

Mit den folgenden Befehlen aus Tab. 3.3 können Zahlen in andere Zahlenklassen oder auch in Zeichenketten konvertiert werden:

Hinweis: Der Befehl `float` aus früheren MATLAB-Versionen wird nicht mehr verwendet, er ist in der Hilfe als „obsolet" gekennzeichnet.

Für manche MATLAB-Befehle wird als Argument eine bestimmte Zahlenklasse vorausgesetzt, z. B. für die Umrechnung einer ganzzahligen Dezimalzahl in eine Hexadezimalzahl mit dem `dec2hex`-Befehl.

Beispiel 3.1

Die Umrechnung einer Gleitkommazahl in eine Hexadezimalzahl macht die vorherige Umwandlung der Gleitkommazahl in eine ganzzahlige Dezimalzahl notwendig:

```
>> a=int32(123.456)
        a = 123
>> dec2hex(a)
```

---

[2] Dies ist der MATLAB-Standard für Zahlenfelder und Matrizen! Wenn nichts anderes definiert ist, kann davon ausgegangen werden, dass es sich um eine Zahl im Format `double` handelt.

Tabelle 3.3 Umrechnung von Zahlen in andere Zahlenklassen (siehe auch `help class`)

Befehl	Umwandlung in eine...
`double(a)`	...Gleitkommazahl von doppelter Genauigkeit[2]
`single(a)`	...Gleitkommazahl von einfacher Genauigkeit
`uint8(a)`	...vorzeichenlose 8-Bit Integer-Zahl
`uint16(a)`	...vorzeichenlose 16-Bit Integer-Zahl
`uint32(a)`	...vorzeichenlose 32-Bit Integer-Zahl
`uint64(a)`	...vorzeichenlose 64-Bit Integer-Zahl
`int8(a)`	...vorzeichenbehaftete 8-Bit Integer-Zahl
`int16(a)`	...vorzeichenbehaftete 16-Bit Integer-Zahl
`int32(a)`	...vorzeichenbehaftete 32-Bit Integer-Zahl
`int64(a)`	...vorzeichenbehaftete 64-Bit Integer-Zahl
`logical(a)`	...logische Antwort 1/0 bzw. wahr/falsch
`char(a)`	...Zeichenkette
`cell(A)`	...A×A Zellenfeld aus leeren Matrizen
`cell(A,B)`	...A×B Zellenfeld aus leeren Matrizen
`struct('field1',VALUES1, 'field2',VALUES2,...)`	...Strukturenfeld
`struct([])`	...leere Struktur

```
    ans = 7B
```

Die beiden Befehle können auch kombiniert und ineinander verschachtelt werden:

```
>> b=dec2hex(int32(123.456))
    b = 7B
```

Die Rückumwandlung funktioniert mit dem umgekehrten Befehl, d. h., aus dec(imal)-to-hex(adecimal) wird hex-to-dec, bzw. der MATLAB-Befehl `hex2dec`:

```
>> hex2dec(b)
    ans = 123
```

Die Verwendung des anderen Befehls zur Rückumwandlung der Hexadezimalzahl, `hex2num(b)`, ergibt ein anderes Ergebnis, was darin liegt, dass die Umwandlung in eine Gleitkommazahl eine IEEE Hexadezimalzahl voraussetzt:

```
>> hex2num(b)
    ans = 2.9740e+284
```

Folgende Beispiele für den Einsatz des `hex2num`-Befehls ergeben entweder die Zahl π bzw. die Zahl -1:

```
>> hex2num('400921fb54442d18')
    ans = 3.1416
>> hex2num('bff')
    ans = -1
```

Runden von Nachkommazahlen

Das Auf- oder Abrunden von Nachkommazahlen kann für die verschiedenen Einsatzbereiche von MATLAB wichtig werden. MATLAB stellt zum Runden verschiedene Möglichkeiten zur Verfügung, die in Tab. 3.4 aufgeführt sind.

Tabelle 3.4 Rundungsvarianten von MATLAB

Befehl	Auswirkung	Anwendungsbeispiele

fix	Rundet in Richtung 0, d. h., der Betrag der Zahl wird auf die nächste kleinere ganze Zahl abgerundet.	`>> fix(-1.4),fix(5.49),fix(3.6+4.9j)`
		`ans = -1`
		`ans = 5`
		`ans = 3.0000 + 4.0000i`

round	Rundet zur nächsten ganzen Zahl auf oder ab, d. h., bei Nachkommastellen < 5 wird abgerundet, bei Nachkommastellen ≥ 5 wird aufgerundet.	`>> round(-1.4),round(5.49),round(3.6+4.9j)`
		`ans = -1`
		`ans = 5`
		`ans = 4.0000 + 5.0000i`

floor	Rundet ins Negative, d. h., unabhängig vom Vorzeichen wird immer auf die nächste kleinere ganze Zahl abgerundet.	`>> floor(-1.4),floor(5.49),floor(3.6+4.9j)`
		`ans = -2`
		`ans = 5`
		`ans = 3.0000 + 4.0000i`

ceil	Rundet ins Positive, d. h., unabhängig vom Vorzeichen wird immer auf die nächste größere ganze Zahl aufgerundet.	`>> ceil(-1.4),ceil(5.49),ceil(3.6+4.9j)`
		`ans = -1`
		`ans = 6`
		`ans = 4.0000 + 5.0000i`

Anhand der Anwendungsbeispiele in Tab. 3.4 kann die unterschiedliche Auswirkung der einzelnen MATLAB-Befehle zum Runden anschaulich nachvollzogen werden.

Um Zahlen auf eine bestimmte Anzahl an Nachkommastellen zu runden, muss man sich eines Tricks bedienen: Dazu die Zahl mit der entsprechenden Zehnerpotenz multiplizieren, d. h. mit 10^1 für 1 Nachkommastelle, 10^2 für 2, 10^3 für 3 Nachkommastellen, etc., runden, z. B. mit dem round-Befehl, und anschließend wieder durch die Zehnerpotenz teilen, siehe Beispiel 3.2:

Beispiel 3.2 Runden auf eine bestimmte Anzahl von Nachkommastellen

```
>> round(4.3456879458576*10)/10
     ans = 4.3000
>> round(4.3456879458576*10^3)/10^3
     ans = 4.3460
```

Wenn nur 2 Nachkommastellen angezeigt werden sollen, kann auch das Zahlenformat in format bank gewechselt werden, das passend für das Rechnen mit Währungen nur 2 Nachkommastellen angibt, siehe auch Tab. 3.1 in Abschn. 3.1[3]:

```
>> format bank
>> 4.34567
     ans = 4.35
```

---

[3] Achtung: Das format bank betrifft aber nur die Ausgabe der Zahlen, es wird mit der Zahlengenauigkeit gerechnet, in der die Zahlen definiert sind. Nur die Ausgabe der Zahlen wird gerundet!

```
>> 21.4532897*324.76589
      ans = 6967.30
>> 4.34567*10
      ans = 43.46
```
∎

 Wenn man sich nicht alle Rundungsbefehle merken möchte, hilft die MATLAB-Hilfe weiter, denn zu jedem Rundungsbefehl werden am Ende des Hilfetextes auch die Alternativen angezeigt.

∎ 3.3 Definition von Variablen als Skalare, Vektoren oder Matrizen

Bisher wurde nur mit Zahlen gerechnet und das Ergebnis von MATLAB automatisch einer temporären Antwortvariablen namens ans für engl. *answer* zugeordnet. Interessanter wird die Arbeit mit MATLAB, wenn mit Variablen gerechnet werden kann, die gespeichert, überschrieben, verändert und weiterverarbeitet werden können.

Das folgende Kapitel widmet sich der Beschreibung der Syntax zum Definieren von Skalaren, Vektoren und Matrizen sowie den Eigenheiten, die dabei beachtet werden sollten.

3.3.1 Definieren von Variablen

Bei Eingabe einer beliebigen Ziffer und anschließendem Drücken der Eingabetaste ordnet MATLAB den Zahlenwert der temporären Variablen ans zu:

```
>> 8
      ans = 8
```

Wenn der Zahlenwert einer bestimmten Variable zugeordnet werden soll, geht das über das „="-Zeichen sehr einfach:

```
>> a=8
      a = 8
```

MATLAB gibt den Inhalt der Variable normalerweise als „Echo" erneut auf der Oberfläche aus. Wenn dieses Echo unerwünscht ist, kann mit abschließendem Semikolon die erneute Ausgabe der Variable unterdrückt werden:

```
>> a=7;
```

Auch wenn die Rückmeldung über das „*Command Window*" fehlt, dass der Befehl ausgeführt wurde, kann man im „*Workspace*"-Fenster nicht nur ablesen, ob die Variable angelegt wurde, sondern auch, welchen Wert sie hat („*Value*").

Es können auch mehrere Variablen in einer Befehlszeile definiert werden, indem sie durch Kommata getrennt werden. Allerdings werden die Werte untereinander in den nächsten Zeilen wiedergegeben:

```
>> a=8, b=3
   a = 8
   b = 3
```
Wenn die Zeile mit Semikolon abgeschlossen wird, wird nur das Echo der letzten Variable unterdrückt. Um das komplette Echo zu unterdrücken, müssen Semikolons als Trennzeichen zwischen den verschiedenen Variablenzuweisungen verwendet werden:
```
>> a=7; b=4;c=3;
```

3.3.2 Spalten- und Zeilenvektoren

Nachdem MATLAB auf der Basis von Matrizen und Vektoren arbeitet, darf die Beschreibung der Eingabe von Vektoren und Matrizen nicht fehlen.

Bei der Eingabe von einzelnen Werten in Vektoren oder Matrizen ist zu beachten, dass die Gesamtheit der Elemente in eckigen Klammern stehen muss. Die eckigen Klammern sind bei MATLAB ein eindeutiger Hinweis, dass es sich um die Zuordnung zu Vektoren bzw. Matrizen handelt.

Spaltenvektoren Werte zuordnen

Bei Spaltenvektoren erfolgt die Trennung der einzelnen Elemente des Spaltenvektors durch das Semikolon.
```
>> m=[5;6;7];
```
Im Beispiel oben wurde das Echo durch das abschließende Semikolon unterdrückt.
```
>> n=[2;3;4]
   n = 2
       3
       4
```
Bei Weglassen des Semikolons hinter der eckigen Klammer wird der Spaltenvektor erneut ausgegeben. Das ist gut zur Kontrolle, aber ungünstig, wenn es sich um einen Spaltenvektor mit vielen Elementen bzw. Zeilen handelt, denn bei beispielsweise 1 Mio. Zeilen, die über den Bildschirm ziehen, wartet man auch bei schnellen PCs eine Weile. Und die Kontrolle über den Inhalt und die Größe des Vektors hat man inzwischen bei den neueren MATLAB-Versionen auch über das „*Workspace*"-Fenster.
```
>> n=[2;3;4;;;]
   n = 2
       3
       4
```
Semikolons innerhalb der eckigen Klammer des Vektors werden ignoriert.

Zeilenvektoren Werte zuordnen

Beim Zeilenvektor werden die einzelnen Elemente des Zeilenvektors durch Leerzeichen oder Kommata getrennt. Es ist egal, für welche Art der Trennzeichen man sich entscheidet, es ist auch möglich zu mischen:

```
>> o=[1 2 3 4 5];
>> o=[1,2,3,4,5];
>> o=[1,2 3 4,5]
    o =     1     2     3     4     5
```

Der „:"-Operator ist beim Umgang mit Vektoren und Matrizen sehr wichtig. Diesen Operator könnte man mit „von...bis" übersetzen. Damit können sehr leicht größere, gleichmäßig verteilte Zahlenbereiche definiert werden.

```
>> y=2:20
    y = Columns 1 through 10
        2    3    4    5    6    7    8    9   10   11
        Columns 11 through 19
       12   13   14   15   16   17   18   19   20
```

Im oberen Beispiel wird der Zahlenbereich von 2 bis 20, standardmäßig mit Abstand 1, nur durch den Doppelpunkt zwischen den Zahlen definiert.

Eine weitere Eigenheit von MATLAB ist an diesem Beispiel zu bemerken: Da die Ausgabe nicht mehr in eine Zeile passt (abhängig von der Größe des „Command Window"), werden die einzelnen Spalten (Columns) durchnummeriert und über mehrere Zeilen wiedergegeben.

Natürlich kann auch der Standardabstand verändert werden. Im folgenden Beispiel erzeugt der „:"-Operator Vektorelemente mit konstantem Abstand 3. Zu beachten ist, dass das Maß für den Abstand in der Mitte der „von...bis"-Grenzen steht:

```
>> p=3:3:15
    p =     3     6     9    12    15
```

Das geht genauso auch für einen Zahlenabstand kleiner 1:

```
>> t=0:0.001:1;
```

Der Zeilenvektor t enthält 1001 Elemente, wie aus der „Workspace"-Ansicht leicht zu ersehen ist. In diesem Fall ist es bereits von Vorteil, das Semikolon zum Unterdrücken des Echos nicht zu vergessen. Zu bemerken ist auch, dass für t unter „Value" nicht mehr alle Werte angezeigt werden können, mit den „Min"- und „Max"-Werten lässt sich der Wertebereich allerdings erraten.

Eine lineare Verteilung eines Wertebereichs erhält man auch mit dem MATLAB-Befehl linspace(x1,x2,n), der einen Zeilenvektor generiert mit insgesamt n linear verteilten Werten von x1 bis x2. Ist n nicht angegeben, werden automatisch 100 Werte erzeugt.

```
>> linspace(1,10,4)
    ans =     1     4     7    10
>> linspace(1,10,3)
    ans =  1.0000    5.5000   10.0000
```

Das Pendant zu linspace ist logspace(x1,x2,n). Mit logspace kann ein Zeilenvektor mit logarithmisch verteiltem Wertebereich erzeugt werden (Logarithmus zur Basis 10). Dies ist z. B. bei Berechnungen im Frequenzbereich durchaus von Vorteil, siehe Kap. 7, Berechnungen zur Regelungstechnik.

Wie es für die Definition eines logarithmischen Wertebereichs sinnvoll ist, stellen die Argumente x1 und x2 die Exponenten zur Basis 10 dar, wobei wiederum x1 der Exponent des Start- und x2 der des Endwerts ist. Die Zahl n gibt in diesem Fall die Anzahl der logarithmisch verteilten Werte von 10^{x1} bis 10^{x2} an. Ist n nicht angegeben, werden automatisch 50 Werte erzeugt.

3.3 Definition von Variablen als Skalare, Vektoren oder Matrizen

```
>> logspace(-2,2,5)
      ans = 0.0100    0.1000    1.0000   10.0000  100.0000
>> logspace(0,1,4)
      ans = 1.0000    2.1544    4.6416   10.0000
```

 Spaltenvektoren können ebenfalls mithilfe von des „:"-Operators, linspace oder logspace erzeugt werden. In diesem Fall wird ein Reihenvektor erzeugt, der anschließend transponiert wird, siehe auch Abschnitt 4.6.2.

Beispiele:

```
>> x=[1:20]';              % erzeugt einen Spaltenvektor von 1 bis 20
>> y=[linspace(1,10,4)]'   % erzeugt einen linear verteilten Spalten-
                           % vektor
y = 1
    4
    7
   10
>> z=[logspace(-2,2,5)]'   % erzeugt einen logarithmisch verteilten
                           % Spaltenvektor
z = 0.0100
    0.1000
    1.0000
   10.0000
  100.0000
```

3.3.3 Matrizen Werte zuordnen

Um Matrizen zu definieren und Werte zuzuordnen, braucht man eigentlich nur die Bildung von Zeilen- mit der von Spaltenvektoren zu kombinieren, wobei auf die richtige Reihenfolge zu achten ist.

Man beginnt mit der ersten Zeile, bei der die Elemente mit Leerzeichen oder mit Kommata getrennt werden können, dann folgt durch Semikolon getrennt die zweite Zeile der Matrix, bei der die Elemente der Zeile wieder durch Leerzeichen oder Kommata getrennt werden.

```
>> A=[1 2 3;4,5,6;7 8 9]
      A = 1    2    3
          4    5    6
          7    8    9
```

Alternativ kann die Matrix aber auch gleich in der endgültigen Anordnung eingegeben werden, indem die erste Zeile wie gewohnt mit der eckigen Klammer geöffnet wird. Die Zeile wird am Ende durch Drücken der Eingabetaste abgeschlossen. Dann kann die nächste Zeile eingegeben werden usw. Am Ende der letzten Zeile wird die Matrix mit eckigen Klammern geschlossen und mit Drücken der Eingabetaste ist die Matrix definiert.

```
>> B=[9 8 7
   6,5,4
   3 2 1]
   B =    9    8    7
          6    5    4
          3    2    1
```

Nach der ersten Zeile erscheint kein >>-Zeichen, was bedeutet, dass MATLAB die erste Zeile noch nicht als fertigen Befehl erkannt hat. Es muss eine weitere Zeile folgen, und erst mit Abschluss durch die eckige Klammer wird der Befehl als solcher erkannt und ausgeführt, ohne Rücksicht darauf, ob richtig oder falsch eingegeben.

Egal wie die Matrix definiert wird, es ist darauf zu achten, dass die Matrix korrekt gebildet wird, also gleich viele Elemente in jeder Zeile und jeder Spalte eingegeben werden.

Im folgenden Beispiel enthält die erste Zeile mehr Elemente als die anderen Zeilen, was zu der Fehlermeldung in leuchtendem Rot führt:

```
>> B=[9 8 7 6
   6,5,4
   3 2 1]
      Dimensions of metrices being concatenated are not consistent
```

Aber auch weniger Elemente in einer Zeile, wie hier in der letzten Zeile, führen zu der gleichen Fehlermeldung:

```
>> A=[1 2 3;4,5,6;7 8]
      Dimensions of metrices being concatenated are not consistent
```

Matrizen können auch als Ergebnis einer mathematischen Berechnung aus Skalaren eingegeben werden, egal ob Addition, Subtraktion, Multiplikation oder Division.

```
>> C=[1-2 3 4*5
   9/3 6+7 8]
   C =   -1    3   20
          3   13    8
```

Sobald sich bei der Berechnung für ein Element keine ganze Zahl ergibt, werden alle Elemente der Matrix als Kommazahlen dargestellt, nicht mehr als Integer, wobei natürlich die Anzahl der Nachkommastellen von dem gewählten Zahlenformat abhängt (vgl. Abschn. 3.1). Bei einer eigentlich unerlaubten Rechnung, wie der Division durch 0, ist das Ergebnis Inf, unendlich:

Zahlenformat format short:

```
>> D=[1/0 3+4
   5 2/3]
   D =     Inf    7.0000
        5.0000    0.6667
```

Zahlenformat format long:

```
>> D=[1/0 3+4
   5 2/3]
   D =                Inf   7.000000000000000
        5.000000000000000   0.666666666666667
```

Zahlenformat format rat:
```
>> D=[1/0 3+4
    5 2/3]
    D =      1/0         7
              5         2/3
```

Matrizen aus Vektoren bilden

Eine Matrix kann auch aus Vektoren gebildet werden. Sind m und n zwei Spaltenvektoren gleicher Länge, so kann die Matrix E erzeugt werden, deren Spalten aus m und n bestehen, indem die beiden Vektoren, getrennt durch Leerzeichen oder Kommata, in eckigen Klammern in eine Zeile gesetzt werden.

```
>> E=[m n]
    E =
            5    2
            6    3
            7    4
```

Auch mehrere Zeilenvektoren gleicher Länge, im Beispiel die vorher definierten Vektoren o und p, können über das Semikolon als Trennzeichen zu einer im Beispiel dreireihigen Matrix verbunden werden. Dabei können auch Rechenoperationen durchgeführt werden.

```
>> F=[o;p-1;o*2]
    F =
            1    2    3    4    5
            2    5    8   11   14
            2    4    6    8   10
```

Herausnehmen einzelner Elemente, ganzer Spalten oder Zeilen aus einer Matrix

Einzelne Elemente einer Matrix sind durch ihre Position (Zeile, Spalte) definiert. Dadurch können auch einzelne Elemente einer Matrix einer Variablen zugeordnet werden. Die erste Zahl bezeichnet die Zeile, die zweite Zahl die Spalte. Im folgenden Beispiel wird das Element aus der dritten Spalte und der zweiten Zeile der Matrix A in x kopiert. Zu beachten ist, dass die Zeilen- und Spaltenwerte diesmal in runden Klammern angegeben werden müssen.

```
>> x=A(2,3)
    x = 6
```

Natürlich können auch ganze Spalten oder Reihen aus einer Matrix kopiert werden.

Wenn aus einer Matrix eine komplette Spalte als Spaltenvektor extrahiert werden soll, kann ebenfalls der „:"-Operator verwendet werden. Im folgenden Beispiel werden alle Elemente der zweiten Spalte der Matrix A über alle Zeilen hinweg der Variable i, einem Spaltenvektor, zugeordnet.

```
>> i=A(:,2)                     % 1. Ziffer Zeile, 2. Ziffer Spalte
    i=    2
          5
          8
```

Es können auch bestimmte Zeilen ausgewählt werden, die in den Spaltenvektor übernommen werden. Vor dem Doppelpunkt steht die Startzeile, dahinter die letzte Zeile des neuen Vektors j.

```
>> j=A(1:2,2)
   j =   2
         5
```

Ein Zeilenvektor kann analog zum Spaltenvektor extrahiert werden. Im folgenden Beispiel werden alle Elemente der zweiten Zeile über alle Spalten hinweg der Variablen k, einem Zeilenvektor, zugeordnet.

```
>> k=A(2,:)
   k = 4 5 6
```

Es können auch bestimmte Spalten ausgewählt werden, die in den Zeilenvektor übernommen werden. Vor dem Doppelpunkt steht die Startspalte, dahinter die letzte Spalte des neuen Zeilenvektors l.

```
>> l=A(2,2:3)
   l = 5 6
```

 Die Möglichkeit, einzelne Zeilen oder Spalten aus einer Matrix herauszunehmen, ist hilfreich bei der Bearbeitung von zeitdiskreten Messdaten, die in Form von Matrizen abgespeichert sind und von denen nur eine Teilmenge für die weitere Bearbeitung oder grafische Darstellung benötigt wird.

3.3.4 Spezielle Matrizen

Für Matrizenoperationen werden manchmal spezielle Matrizen benötigt, wie die Nullmatrix, die Einheitsmatrix oder die inverse Matrix. Für diese Spezialfälle hält MATLAB auch die geeigneten Befehle bereit.

Erzeugen einer Nullmatrix mit dem Befehl zeros

Eine Nullmatrix kann sehr leicht mit dem Befehl zeros(m,n) erzeugt werden, wobei der erste Index m die Anzahl der Zeilen, der zweite Index n die Anzahl der Spalten angibt.

```
>> Z=zeros(3,8)
   Z =  0  0  0  0  0  0  0  0
        0  0  0  0  0  0  0  0
        0  0  0  0  0  0  0  0
```

Erzeugen einer Einheitsmatrix mit dem Befehl eye

Eine Einheitsmatrix der Dimension n × n kann mit dem eye-Befehl erzeugt werden.

```
>> E=eye(5)
    E =  1   0   0   0   0
         0   1   0   0   0
         0   0   1   0   0
         0   0   0   1   0
         0   0   0   0   1
```

Erzeugen einer Matrix aus Einsen mit ones

Mit dem ones(m) Befehl kann eine quadratische Matrix bestehend aus Einsen erzeugt werden, oder mit ones(m,n) eine m × n-Matrix aus m Reihen und n Spalten.

```
>> O=ones(4)
    O =  1   1   1   1
         1   1   1   1
         1   1   1   1
         1   1   1   1
>> O=ones(3,8)
    O =  1   1   1   1   1   1   1   1
         1   1   1   1   1   1   1   1
         1   1   1   1   1   1   1   1
```

Erzeugen einer Matrix mit Zufallswerten mit den Befehlen rand, randi oder randn

MATLAB kann auch beliebige Matrizen aus Zufallszahlen erzeugen. Dazu gibt es drei Befehle, rand, randn und randi, wobei rand für die Abkürzung von *random* steht, engl. für zufällig.

Mit rand erzeugt MATLAB gleichmäßig verteilte Pseudozufallszahlen[4] im Bereich von 0 bis 1. Bei Eingabe von rand ohne weitere Angaben wird ein Skalar erzeugt. Mit rand(m) wird eine quadratische Matrix der Größe m erzeugt und mit rand(m,n) eine Matrix der Dimension m × n.

Beispiel 3.3 Anwendungsbeispiele für den rand-Befehl

a) Erzeugen einer Zufallszahl im Bereich 0 bis 1:
```
>> rand
    ans = 0.1690
```
b) Erzeugen einer Zufallszahl im Bereich 1 bis 2
```
>> 1+rand
    ans = 1.6491
```
c) Erzeugen einer Zufallszahl im Bereich 3 bis 5
```
>> 3+rand*(5-3)
    ans = 4.4634
```

---

[4] Es können nur „Pseudozufallszahlen" sein, da natürlich auch hinter der Erzeugung dieser so genannten Zufallszahlen ein bestimmter Rechenalgorithmus steht.

d) Erzeugen einer quadratischen Matrix der Größe 3 × 3 aus Zufallszahlen

```
>> rand(3)
ans =   0.6477    0.2963    0.6868
        0.4509    0.7447    0.1835
        0.5470    0.1890    0.3685
```

e) Erzeugen einer quadratischen Matrix aus Zufallszahlen im Bereich 10 bis 11

```
>> 10+rand(2)
ans =   10.6256   10.0811
        10.7802   10.9294
```

f) Erzeugen einer 3 × 8-Matrix aus ganzzahligen Zufallszahlen im Bereich 1 bis 10

```
>> round(10*rand(3,8))
ans =   8    4    5    6    5    9    6    5
        5    3    8    4    4    6    2    2
        4    5    8    8    9    6    3    8
```

g) Erzeugen einer 3 × 8-Matrix aus ganzzahligen Zufallszahlen im Bereich 1 bis 100

```
>> round(100*rand(3,8))
ans =  51   80   73   24   55   49   40    4
        9    3   49   46   52   62   37   89
       26   93   58   96   23   68   99   91
```

Wie in den Anwendungsbeispielen gezeigt wird, kann in der Kombination von rand mit anderen MATLAB-Befehlen, z. B. dem round-Befehl, jeder mögliche Zahlenbereich aus Zufallszahlen erzeugt werden.

■

Mit randn erzeugt MATLAB Pseudozufallszahlen anhand der standardisierten Normalverteilung, d. h., die Zufallszahlen sind nicht mehr gleichmäßig verteilt, sondern bilden in der Verteilung die Gauß'sche Kurve ab. Die Syntax ist ähnlich der von rand:

Beispiel 3.4 Anwendungsbeispiele des randn-Befehls

a) Erzeugen einer Zufallszahl aus der Normalverteilung

```
>> randn
ans = -2.4969
```

b) Erzeugen einer 2 × 5-Matrix mit Zufallszahlen aus der Normalverteilung

```
>> randn(2,5)
ans =    0.4413   -0.2551    0.7477    1.5763    0.3275
        -1.3981    0.1644   -0.2730   -0.4809    0.6647
```

c) Erzeugen einer Zufallszahl aus der Normalverteilung mit Mittelwert 1 und Standardabweichung 2

```
>> 1 + 2*randn
ans = 1.6464
```

■

Mit randi(max) können gleichmäßig verteilte, ganzzahlige Pseudozufallszahlen erzeugt werden. Der Befehl randi kann nicht allein stehen, es muss mindestens die größte zu erzeugende ganze Zahl als Argument mit angegeben werden, um eine Fehlermeldung zu vermeiden.

Beispiel 3.5 Anwendungsbeispiele für den randi-Befehl

a) Erzeugen einer Integer- bzw. ganzen, positiven Zahl im Bereich 1 bis 100
```
>> randi(100)
    ans = 27
```
b) Erzeugen einer quadratischen 3 × 3-Matrix mit Zufallszahlen im Bereich 1 bis 10
```
>> randi(10,3)
    ans = 1   5   8
          8   7   4
          3   4   7
```
c) Erzeugen einer 2 × 10-Matrix mit Zufallszahlen im Bereich 1 bis 6, z. B. für die Simulation von Würfelzahlen
```
>> randi(6,2,10)
    ans = 5   1   3   2   3   3   3   5   2   6
          3   2   2   5   6   5   5   3   5   2
```

■

Erzeugen einer inversen Matrix mit dem Befehl inv

Das Invertieren einer quadratischen Matrix erfolgt mit dem Befehl inv(Matrix) wobei Matrix der Name der zu invertierenden Matrix ist. Nicht zu jeder quadratischen Matrix existiert allerdings eine Inverse. MATLAB berechnet zwar immer die inverse Matrix, gibt aber gleichzeitig eine Warnung aus.

```
>> I=inv(A)
    Warning: Matrix is close to singular or badly scaled. Results
    may be inaccurate.
    RCOND = 2.202823e-18.
    I =
      1.0e+016 *
        0.3153   -0.6305    0.3153
       -0.6305    1.2610   -0.6305
        0.3153   -0.6305    0.3153
>> inv(A)*A
    Warning: Matrix is close to singular or badly scaled. Results
    may be inaccurate.
    RCOND = 2.202823e-18.
    ans =  -2    0    2
            4    0   12
           -2    0   -2
```

Eine invertierbare Matrix ist daran zu erkennen, dass die Multiplikation der Matrix mit ihrer Inversen die Einheitsmatrix ergibt. Im obigen Beispiel war die Matrix, auch wenn sie quadratisch ist, nicht invertierbar. Im folgenden Beispiel wird eine invertierbare Matrix erzeugt.

```
>> G=[1 2 3;4 5 6;7 8 10]
    G =  1    2    3
         4    5    6
         7    8   10
>> I=inv(G)
    I =  -0.6667   -1.3333    1.0000
         -0.6667    3.6667   -2.0000
          1.0000   -2.0000    1.0000
```

In diesem Beispiel ergibt die Multiplikation der Matrix G mit ihrer Inversen eine Einheitsmatrix, auch wenn das nicht gleich auf den ersten Blick zu ersehen ist:

```
>> inv(G)*G
    ans =  1.0000        0    0.0000
                0    1.0000         0
          -0.0000   -0.0000    1.0000
```

Eigenwert einer Matrix

Die Eigenwerte einer Matrix (engl. *eigenvalues*) bzw. die Eigenvektoren[5] lassen sich mit dem MATLAB-Befehl `eig` berechnen. Der Befehl beinhaltet eine Variation von Optionen, die mit dem Befehl `help eig` aufgerufen werden können. Die folgenden beiden Anwendungsbeispiele sind nur eine exemplarische Auswahl der Möglichkeiten.

Beispiel 3.6 Anwendung des Befehls `eig`

a) Berechnung des Vektors x der Eigenwerte der quadratischen Matrix G:

```
>> G=[1 2 3;4 5 6;7 8 10]
>> x=eig(G)
    x =  16.7075
         -0.9057
          0.1982
```

b) Berechnung der Matrix X der Eigenvektoren und der Diagonalmatrix D der Eigenwerte:

```
>> [X,D]=eig(G)
    X = -0.2235   -0.8658    0.2783
        -0.5039    0.0857   -0.8318
        -0.8343    0.4929    0.4802
    D = 16.7075        0         0
              0   -0.9057         0
              0         0    0.1982
```

Der Befehl `[X,D]=eig(G)` ist typisch für die Syntax von erweiterten MATLAB-Befehlen. Nur die MATLAB-Hilfe gibt Preis, ob und in welcher Weise ein beliebiger MATLAB-Befehl erweitert angewendet werden kann.

---

[5] Eine detaillierte Erläuterung zum Eigenwertproblem, den Eigenwerten einer Matrix oder den Eigenvektoren würde den Rahmen dieses Buches sprengen. Deshalb wird auch für diesen Fall auf die entsprechende mathematische Fachliteratur verwiesen.

3.3 Definition von Variablen als Skalare, Vektoren oder Matrizen

Bei vielen Befehlen können die Ergebnisse spezifischen, in der MATLAB-Hilfe beschriebenen Vektoren oder Matrizen zugeordnet werden, wie in dem Beispiel das Ergebnis des `eig`-Befehls der Matrix X der Eigenvektoren und der Diagonalmatrix D der Eigenwerte.

Nicht immer ist gleich ersichtlich, wie der Befehl für ein bestimmtes Zahlenformat angewendet werden muss oder was ein spezieller Umwandlungsbefehl bewirkt. Außerdem gibt es für viele Befehle erweiterte Anwendungen, wie z. B. die Zuordnung der Ergebnisse in spezifische Ergebnismatritzen oder -vektoren. In jedem Fall kann zuerst die „*Documentation*" mit Informationen und einfachen Beispielen zu dem jeweiligen Befehl zu Rate gezogen werden oder man probiert den Befehl selbst an einfachen Zahlenbeispielen aus, was oftmals den größten Lernerfolg nach sich zieht, frei nach dem Motto „trial and error". Denn zum Glück ist MATLAB nicht „nachtragend" und kommentiert falsche Eingaben zwar mit einer roten Fehlermeldung, Schlimmeres sollte aber nicht passieren.

Erzeugen eines „magischen Quadrats" bzw. einer „magischen" Matrix mit dem Befehl `magic`

Dieser MATLAB-Befehl wird sicher in der Praxis nur selten zur Anwendung kommen. In dem Kapitel über „*Matrices and Magic Squares*" im „*Getting Started*"-Handbuch der MATLAB „*Documentation*" werden Matrizen anhand des Beispiels des „magischen Quadrats" anschaulich erklärt, sodass deshalb dieser Spezialfall einer Matrix auch hier kurz beschrieben werden soll[6].

Der Befehl `magic(n)` gibt eine quadratische Matrix der Größe n aus den Zahlen 1 bis n^2 zurück, deren Zeilen- und Spaltensummen jeweils identisch sind. Bedingung ist, dass die Zahl n ein Skalar größer als 3 sein muss.

Beispiel 3.7 „Magische Quadrate" mit MATLAB erzeugt

a) Erzeugen eines 3 × 3-„magischen Quadrats"

```
magic(3)
        ans =   8   1   6
                3   5   7
                4   9   2
```

Anhand des einfachen Beispiels lässt sich die Bedingung recht einfach überprüfen: Alle Zeilen- und Spaltensummen ergeben jeweils die Summe 15.

---

[6] Die Darstellung des „magischen Quadrats" und die Berechnungen zum Nachweis der „magischen" Eigenschaften, die auch mit MATLAB durchzuführen sind, können im „*Getting Started*"-Handbuch unter dem genannten Kapitel nachgelesen werden.

b) Erzeugen eines 5 × 5-„magischen Quadrats"

```
M=magic(5)
    M =  17    24     1     8    15
         23     5     7    14    16
          4     6    13    20    22
         10    12    19    21     3
         11    18    25     2     9
```

Bei diesem Beispiel wird die Überprüfung der Quersummen schon etwas komplizierter, aber dafür kann mit MATLAB nachgeholfen werden:

```
S=sum(M)
    S = 65 65 65 65 65
```

Mit sum(M) werden die Elemente in den Spalten der Matrix aufsummiert und die Spaltensummen als Reihenvektor wieder gegeben. Um nun auch die Zeilensummen berechnen zu lassen, kann die Summe der transponierten Matrix M berechnet werden, sum(M')[7]:

```
>> Z=sum(M')
    Z = 65 65 65 65 65
```

Daraus folgt, alle Zeilen- und Spaltensummen sind jeweils gleich, es handelt sich also tatsächlich um ein magisches Quadrat. Außerdem sind auch die Summen der Diagonalen mit den Zeilen- und Spaltensummen identisch, wie die Berechung der Diagonalensummen beweist:

```
>> sum(diag(M))
    ans = 65
>> sum(diag(M'))
    ans = 65
```

■

3.3.5 Größe eines Vektors oder einer Matrix

Viele MATLAB-Befehle oder Funktionen beziehen sich auf die Größe eines Vektors oder einer Matrix. Bei der Erzeugung von Diagrammen geht z. B. der Achsenbereich der x-Achse normalerweise von 1 bis zu dem Wert, der der Länge des Vektors entspricht, siehe Abschn. 5.3, wenn kein spezieller x-Wertebereich angegeben ist. Auch bei Berechnungen mit Matrizen, ist es hilfreich, wenn die Größe der Matrizen bekannt ist, mit denen gerechnet werden soll, um Fehlermeldungen zu vermeiden, die darauf hinweisen, dass die Matrixdimensionen übereinstimmen müssen.

Größe eines Vektors oder einer Matrix mit dem Befehl size

Mit dem Befehl size(x) werden die Dimensionen eines Vektors oder einer Matrix als Zeilenvektor ausgegeben, wobei immer zuerst die Anzahl der Reihen, dann die Anzahl der Spalten ausgegeben wird. Bei einem Zeilenvektor ist deshalb die erste Zahl immer 1, bei einem Spaltenvektor ist immer die zweite Zahl 1.

---

[7] Auf die Befehle sum und diag wird im folgenden Kapitel, Abschn. 4.6, noch näher eingegangen.

Beispiel 3.8 Bestimmung der Größe von Vektoren und einer Matrix M

```
>> y=1:0.5:10;              % Zeilenvektor y von 1 bis 10, Abstand 0.5
>> size(y)
   ans = 1  19
>> z=[3;5;7]                % Spaltenvektor z mit 3 Reihen
   z = 3
       5
       7
>> size(z)
   ans = 3  1
>> M=[1 2 3;4 5 6]          % 2x3-Matrix M
   M = 1   2   3
       4   5   6
>> size(M)
   ans = 2   3
```

Die beiden Werte können auch separaten Variablen für die Zeilen- bzw. Spaltenanzahl zugeordnet werden:

```
>> [m,n]=size(M)
   m = 2
   n = 3
```

∎

Länge eines Vektors oder einer Matrix bestimmen mit dem Befehl `length`

Zusätzlich gibt es noch den Befehl `length(M)`, mit dem die Länge eines Vektors oder einer Matrix bestimmt werden kann. Das Ergebnis von `length(M)` ist ein Skalar und entspricht dem Ergebnis von `max(size(M))`, d. h., der größte Wert des Ergebnisses von `size(M)` wird als Länge definiert, siehe auch Beispiel 3.10. Bezogen auf die Ergebnisse von Beispiel 3.8 ergeben sich dann die folgenden Längen:

Beispiel 3.9 Berechnung der Längen von Vektoren und einer Matrix M

```
>> length(y)
   ans = 19
>> length(z)
   ans = 3
>> length(M)
   ans = 3
```

∎

3.3.6 Maximal- und Minimalwerte bestimmen

Mit den Befehlen `max` und `min` können jeweils die größten und kleinsten Elemente einer Matrix oder eines Vektors bestimmt werden. Bei Vektoren ist das Ergebnis ein Skalar, bei Matrizen ein Reihenvektor, der aus jeder Spalte der Matrix das größte Element enthält. Bezogen auf die Vektoren und die Matrix M aus Beispiel 3.8 bekommt man folgende Ergebnisse für die Maximal- und Minimalwerte:

Beispiel 3.10 Maximal- und Minimalwerte von Vektoren oder einer Matrix M

Maximalwerte:
```
>> max(y)
       ans = 10
>> max(z)
       ans = 7
>> max(M)
       ans =   4   5   6
>> max(size(M))
       ans = 3
```
Minimalwerte:
```
>> min(y)
       ans = 1
>> min(z)
       ans = 3
>> min(M)
       ans =   1   2   3
>> min(size(M))
       ans = 2
```

Wird der `max`- oder `min`-Befehl auf 2 Matrizen angewendet, die zwar unterschiedlich sein können aber gleich groß sein müssen, so ist das Ergebnis eine Matrix gleicher Größe, die jeweils die größten bzw. kleinsten Elemente aus beiden Matrizen enthält.
```
>> N=[2 4 7;1 6 3]
       N =   2   4   7
             1   6   3
>> max(M,N)
       ans = 2   4   7
             4   6   6
>> min(M,N)
       ans = 1   2   3
             1   5   3
```
■

3.3.7 Statistische Charakteristika bestimmen

In der Statistik oder der Stochastik wird eine Datenreihe, z. B. von Zufallszahlen, anhand von bestimmten Charakteristika beurteilt und analysiert. Dazu gehören der Mittelwert, die Standardabweichung oder die Varianz[8].

Natürlich bietet auch MATLAB die entsprechenden Befehle, um diese statistischen Werte berechnen zu können. Die zu analysierenden Daten können in Matrizen oder Vektoren enthalten sein. In Tab. 3.5 werden die Befehle kurz erklärt und im nachfolgenden Beispiel 3.11 in der Anwendung gezeigt.

---

[8] Für detaillierte Beschreibungen der im Folgenden behandelten statistischen Charakteristika bitte die entsprechende mathematische Fachliteratur zu Rate ziehen.

Beispiel 3.11 Berechnung statistischer Werte zur Analyse von ermittelten zufälligen Würfelzahlen

Im folgenden Zahlenbeispiel wurde quasi mit 3 Würfeln je 12-mal gewürfelt, wobei jede Spalte der Matrix `wuerfel` einem Würfel entsprechen soll. Die Würfelzahlen wurden mit der Zufallsfunktion aus Abschn. 3.3.4 berechnet. Das 12-malige Würfeln entspricht zwar nicht der Häufigkeit, die ein repräsentatives Ergebnis erwarten lässt. Theoretisch müsste jede Zahl von 1 bis 6 zweimal „gewürfelt" worden sein, doch bei keinem der drei „Würfel" wird dieses Ergebnis erhalten. Die ungleiche Verteilung ist bereits an den Mittel- und Medianwerten deutlich zu sehen, die einerseits sehr voneinander und andererseits von dem zu erwartenden Wert 3.5 stark abweichen.

```
>> wuerfel=randi(6,12,3)              % Zufallszahlen eines Würfels
        wuerfel =   1        5        3
                    1        4        4
                    5        4        5
                    6        5        1
                    4        5        1
                    1        5        4
                    5        2        3
                    3        5        6
                    2        4        5
                    5        3        5
                    1        1        1
                    1        5        1
>> mean(wuerfel)                                         % Mittelwert
        ans =     2.9167    4.0000   3.2500
```

Tabelle 3.5 MATLAB-Befehle zur Bestimmung charakteristischer Werte aus der Statistik/Stochastik in Vektoren oder Matrizen

Befehl	Beschreibung
`>> mean(x)`	Der Mittel- oder Durchschnittswert (engl. *mean* oder *average value*) gibt für Vektoren den Mittelwert, also die Summe aller enthaltenen Elemente dividiert durch die Anzahl der Elemente, aus. Bei Matrizen ist das Ergebnis von `mean(x)` ein Zeilenvektor mit den Mittelwerten jeder einzelnen Spalte der Matrix.
`>> median(x)`	Der Median, auch Zentralwert genannt (engl. *median*), ist der Wert in der Mitte einer aufsteigenden Zahlenfolge, d. h., die Hälfte aller Elemente ist kleiner als der Medianwert, sodass die andere Hälfte größer sein muss. Der Befehl `median(x)` gibt für Vektoren den Medianwert der enthaltenen Elemente aus, bei Matrizen ist das Ergebnis von `median(x)` ein Zeilenvektor mit den Medianwerten jeder einzelnen Spalte der Matrix.
`>> var(x)`	Die Varianz (engl. *variance*) gibt an, in welchem Maß eine Zufallszahl von ihrem Erwartungswert abweicht: $$\text{Var}(X) = \varepsilon\left[(X - \varepsilon X)^2\right] = \sigma^2$$ Bei Vektoren gibt `var(x)` die Varianz als Skalar aus, bei Matrizen einen Zeilenvektor mit der jeweiligen Varianz jeder einzelnen Spalte.

```
>> median(wuerfel)                                          % Median
    ans =     2.5000      4.5000      3.5000
>> var(wuerfel)                                             % Varianz
    ans =     3.9015      1.8182      3.4773
>> std(wuerfel)                                             % Standardabweichung
    ans =     1.9752      1.3484      1.8647
>> cov(wuerfel)                                             % Kovarianz
    ans =     3.9015     -0.1818      0.2045
             -0.1818      1.8182      0.1818
              0.2045      0.1818      3.4773
>> corrcoef(wuerfel)                                        % Korrelationskoeffizient
    ans =     1.0000     -0.0683      0.0555
             -0.0683      1.0000      0.0723
              0.0555      0.0723      1.0000
```

Tabelle 3.5 MATLAB-Befehle zur Bestimmung charakteristischer Werte aus der Statistik/Stochastik in Vektoren oder Matrizen *(Fortsetzung)*

Befehl	Beschreibung
`>> std(x)`	Die Standardabweichung σ (engl. *standard deviation*) gibt an, in welchem Maß eine Menge an Zufallszahlen um ihren Mittelwert gestreut ist: $$\sigma = \sqrt{\text{Var}(X)}$$ Bei Vektoren gibt `std(x)` die Standardabweichung aus, bei Matrizen einen Zeilenvektor mit der jeweiligen Standardabweichung jeder einzelnen Spalte.
`>> cov(x)`	Die Kovarianz (engl. *covariance*) gibt an, in welchem Maß zwei Zufallsgrößen in Zusammenhang stehen abhängig von beider Erwartungswert: $$\text{Cov}(X,Y) = \varepsilon[(X-\varepsilon X)(Y-\varepsilon Y)] = \varepsilon(X \cdot Y) - \varepsilon X \cdot \varepsilon Y$$ mit εX, εY als Erwartungswerte der Zufallsgrößen X und Y wobei gilt: $$\varepsilon X = \sum_{i=1}^{n} x_i W(x_i)$$ wobei x_i die Werte der Zufallsgröße X sind und W die Wahrscheinlichkeitsfunktion von X ist. Entsprechendes gilt für εY. Bei Vektoren gibt `cov(x)` die Varianz von x aus, bei Matrizen, bei denen jede Spalte eine Zufallsgröße repräsentiert und jede Zeile ein Zufallsereignis, ist das Ergebnis die Kovarianzmatrix. Dabei gilt, dass die Diagonale der Kovarianzmatrix von links oben nach rechts unten die Werte der Varianz für jede Spalte enthält (berechnet unter MATLAB mit `diag(cov(X))`) und die Wurzel die Werte der Standardabweichung ergibt (berechnet unter MATLAB mit `sqrt(diag(cov(X)))`)
`>> corrcoef(x)`	Der Korrelationskoeffizient ρ, auch Korrelationswert genannt (engl. *correlation coefficient*), ist ein Maß für den linearen Zusammenhang zweier Zufallsgrößen: $$\rho(X,Y) = \frac{\text{Cov}(X,Y)}{\sigma(X) \cdot \sigma(Y)}$$ Bei Vektoren gibt `corrcoef(x)` eine 1 aus, bei Matrizen, bei denen jede Spalte eine Zufallsgröße repräsentiert und jede Zeile ein Zufallsereignis, ist das Ergebnis die Matrix der Korrelationskoeffizienten.

```
>> diag(cov(wuerfel))              % Diagonale der Kovarianz = Varianz
   ans =     3.9015
             1.8182
             3.4773
>> sqrt(diag(cov(wuerfel)))        % Wurzel der Diagonale
   ans =     1.9752                % = Standardabweichung
             1.3484
             1.8647
```
Die grafische Verteilung der Würfelwerte wird in Kap. 5 dargestellt, Bild 5.6.

4 Mathematische Berechnungen mit MATLAB

In diesem Kapitel werden die wichtigsten Befehle für mathematische Berechnungen unter MATLAB mit kurzer Beschreibung und einfachen Beispielen vorgestellt. Diese Befehle stellen die Basis für alle weiteren speziellen Toolboxen unter MATLAB dar und geben einen guten Einblick in die Art und Weise, wie MATLAB-Befehle „funktionieren".

Numerische Berechnungen unter MATLAB sind einfach und effizient durchzuführen. Hinter dem >>-Eingabezeichen wird die auszuführende Rechenoperation eingegeben. Dabei ist es egal, ob nur die Rechnung durchgeführt wird oder ob das Ergebnis gleichzeitig einer Variablen zugeordnet wird. Im ersteren Fall ordnet MATLAB das Rechenergebnis der temporären Variablen ans zu.

Beispiel 4.1 Einfache mathematische Berechnungen

```
>> 1+1
      ans = 2
>> a=10-2
      a = 8
>> b=3*4
      b = 12
>> c=a+b
      c = 20
```

Eine Variable kann in eine Berechnung eingesetzt werden und das Ergebnis kann der gleichen Variablen zugeordnet werden:

```
>> b=b/6
      b = 2
```

MATLAB befolgt die Punkt-vor-Strich-Regel und das Setzen von (runden) Klammern kann in der bekannten Weise erfolgen:

```
>> h=(a+(b-c)*4)/2
      h = -32
```

■ 4.1 Grundrechenarten

Die Grundrechenarten können mit den üblichen Zeichen (+, -, *, /, ^, ...) durchgeführt werden, es können aber auch die entsprechenden MATLAB-Befehle (plus, minus, times, mtimes, mrdivide, mpower, ...) verwendet werden.

Schon bei den Grundrechenarten wird der Ursprung von MATLAB, die Matrizenrechnung, sehr deutlich, da es zwei Varianten eines Befehls gibt. Solange nur mit Skalaren gerechnet wird, ist es völlig unerheblich, welcher der beiden Befehle verwendet wird. Bei Matrizen oder Vektoren muss unterschieden werden, ob es sich um eine Matrixoperation oder um eine mathematische Operation der einzelnen Elemente einer Matrix bzw. eines Vektors handelt.

Die Befehle für Matrixoperationen werden mit einem m am Beginn des MATLAB-Befehls gekennzeichnet, z. B. mtimes für die Matrixmultiplikation. Elementweise Berechnungen sind am Punkt vor den Rechenzeichen zu erkennen, z. B. .*, ./, .\ oder .^. Der Punkt bewirkt, dass jedes Element der einen Matrix mit dem entsprechenden Element der anderen Matrix über das jeweilige Zeichen (+, -, *, /, etc.) verknüpft wird. Dieser Unterschied ist sehr wichtig, wenn mit Vektoren oder Matrizen gerechnet wird, aber unerheblich für die Rechnung mit Skalaren. In Abschn. 4.6 werden diese Unterschiede in weiteren Beispielen nochmals gezielt hervorgehoben.

Die folgende Tab. 4.1 listet alle Grundrechenarten und die entsprechenden Befehle dazu auf. In den Beispielrechnungen sollen die Unterschiede bei der Berechnung mit Matrizen im Vergleich zu Skalaren (einfachen Zahlen) deutlich gemacht werden.

Tabelle 4.1 Kurzbeschreibung der Grundrechenarten mit Rechenbeispielen

Zei-chen	MATLAB-Beispiele (Eingabe und Ergebnis)	Grundrechenart	MATLAB-Befehl

+	`>> c=a+b`
	`c = 10`
	`>> a+B`
	`ans = 11   12`
	`         9   10`
	`>> A+B`
	`ans =  4    6`
	`        4    6`
		Addition
		Bei der Addition einer Zahl zu einer Matrix, wird die Zahl zu jedem Element der Matrix addiert. Bei der Addition zweier Matrizen werden die jeweiligen Elemente addiert.
			plus(a,b)

+	`>> c=+a`
	`c = 8`
	`>> +A`
	`A =  1   2`
	`     3   4`
		„Unäre Addition",
		d. h. positives Vorzeichen
		(engl. unary plus)
			uplus(a)

-	`>> d=a-b`
	`d = 6`
	`>> A-B`
	`ans = -2   -2`
	`        2    2`
	`>> A-b`
	`ans = -1    0`
	`       1    2`
		Subtraktion
		Auch bei der Subtraktion von zwei Matrizen werden die jeweiligen Elemente der einen Matrix (B) von den Elementen der anderen Matrix (A) abgezogen.
			minus(a,b)

-	`>> d=-a`
	`d = -8`
	`>> -A`
	`ans = -1   -2`
	`       -3   -4`
		„Unäre Subtraktion"
		d. h. negatives Vorzeichen
		(engl. unary minus)
			uminus(a)

Tabelle 4.1 Kurzbeschreibung der Grundrechenarten mit Rechenbeispielen *(Fortsetzung)*

Zeichen	MATLAB-Beispiele (Eingabe und Ergebnis)	Grundrechenart	MATLAB-Befehl

*	`>> e=a*b`
	`e = 16`
	`>> A*B`
	`ans = 5   8`
	`      13  20`
	`>> A*b`
	`ans = 2   4`
	`      6   8`
		Matrixmultiplikation
		Die Matrixmultiplikation funktioniert nur, wenn die Spaltenanzahl der linken (A) mit der Zeilenanzahl der rechten (B) Matrix übereinstimmt
			`mtimes(a,b)`

.*	`>> e=a.*b`
	`e = 16`
	`>> A.*B`
	`ans = 3   8`
	`      3   8`
	`>> A.*b`
	`ans = 2   4`
	`      6   8`
		Multiplikation (elementweise)
		Bei der elementweisen Multiplikation wird das jeweilige Element von A mit dem entsprechenden Element von B multipliziert.
			`times(a,b)`

./	`>> f=a./b`
	`f = 4`
	`>> A./B`
	`ans = 0.3333   0.5000`
	`      3.0000   2.0000`
	`>> A./b`
	`ans = 0.5000   1.0000`
	`      1.5000   2.0000`
		(rechte) Division oder „a geteilt durch b" (elementweise)	`rdivide(a,b)`

/	`>> f=a/b`
	`f = 4`
	`>> A/B`
	`ans = 0   1`
	`      1   0`
	`>> A/b`
	`ans = 0.5000   1.0000`
	`      1.5000   2.0000`
		Rechte Matrixdivision (engl. auch *„slash division"*)	`mrdivide(a,b)`

.\	`>> g=a.\b`
	`g = 0.2500`
	`>> A.\b`
	`ans = 2.0000   1.0000`
	`      0.6667   0.5000`
	`>> A.\B`
	`ans = 3.0000   2.0000`
	`      0.3333   0.5000`
		Linke Division oder „b geteilt durch a" (elementweise)	`ldivide(a,b)`

\	`>> g=a\b`
	`g = 0.2500`
	`>> A\B`
	`ans = -5.0000   -6.0000`
	`      4.0000    5.0000`
	`>> A\b`
	`Error using \`
	`Matrix dimensions must agree.`
		Linke Matrixdivision (engl. auch *„backslash division"* genannt)	`mldivide(a,b)`

4.1 Grundrechenarten

Tabelle 4.1 Kurzbeschreibung der Grundrechenarten mit Rechenbeispielen *(Fortsetzung)*

Zeichen	MATLAB-Beispiele (Eingabe und Ergebnis)	Grundrechenart	MATLAB-Befehl

.^	`>> h=a.^b`
	`h = 64`
	`>> A.^b`
	`ans =  1   4`
	`        9  16`
	`>> A.^B`
	`ans =  1  16`
	`        3  16`
		Potenzieren (elementweise)	power(a,b)

^	`>> h=a^b`
	`h = 64`
	`>> A^b`
	`ans =  7  10`
	`       15  22`
	`>> A^B`
	`Error using ^`
	`Inputs must be a scalar and`
	`a square matrix. To compute`
	`elementwise POWER, use`
	`POWER(.^) instead.`
		Potenzieren einer Matrix (nur erlaubt, wenn ein Operand ein Skalar ist)	mpower(a,b)

Beispiel 4.2

Für die Beispiele wurden folgende Variablen definiert:

```
>> a=8; b=2;n=-5; A=[1 2;3 4],B=[3 4;1 2]
   A =  1   2
        3   4
   B =  3   4
        1   2
```

Bei der Division ist besonders auffällig, dass die beiden Befehle zur Division aus der Matrizenrechnung stammen. Es gibt keinen Befehl `divide`, nur `rdivide` bzw. `mrdivide` für die „rechte (Matrix-)Division" oder `ldivide` bzw. `mldivide` für die „linke (Matrix-)Division".

> Bei Funktionen sind runde Klammern zu verwenden, bei der Zuordnung von Vektoren oder Matrizen immer eckige Klammern!

4.2 Elementare mathematische Funktionen

Für die folgenden Anwendungsbeispiele wurden diese reellen und komplexen Variablen definiert:

```
>> x=-4;y=5;i=3+4i;
```

Tabelle 4.2 Kurzbeschreibung der elementaren mathematischen Funktionen mit Rechenbeispielen

Befehl	Beschreibung	Anwendungsbeispiel
`>> abs(x)`	Absolutwert (Betrag) von x	`>> abs(x)` `ans = 4`

`>> sign(x)`	Vorzeichen („signum") von x, ergibt 1 bzw. +1 für positives und −1 für negatives Vorzeichen	`>> sign(x),sign(y)`
		`ans = -1`
		`ans = 1`

`>> sqrt(x)`	Quadratwurzel
	Die Wurzel einer negativen Zahl ist im reellen Zahlenbereich nicht definiert. MATLAB berechnet aber ein Ergebnis für negative Zahlen im komplexen Zahlenbereich.
		`>> sqrt(x)`
		`ans = 0 + 2.0000i`
		`>> sqrt(abs(x))`
		`ans = 2`

`>> exp(x)`	Exponentialfunktion[1] zur Euler'schen Zahl e = 2,718, also:
	$y = e^x$.
		`>> exp(1)`
		`ans = 2.7183`
		`>> exp(0)`
		`ans = 1`

`>> log(x)`	Natürlicher Logarithmus, also Logarithmus zur Basis e, meistens als ln abgekürzt. Im reellen Zahlenbereich ist der Logarithmus für negative Zahlen und die Null nicht definiert. MATLAB berechnet aber ein Ergebnis im komplexen Zahlenbereich. Dies ist die Umkehrfunktion zur Exponentialfunktion exp(x):
	$x = \ln(y)$.
		`>> log(x)`
		`ans = 1.3863 + 3.1416i`
		`>> log(1)`
		`ans = 0`
		`>> log(0)`
		`ans = -Inf`
		`>> log(y)`
		`ans = 1.6094`

`>> log10(x)`	Logarithmus zur Basis 10
	Der dekadische Logarithmus, wird normalerweise abgekürzt mit:
	$y = \lg(x)$.
	Hier gilt das Gleiche in Bezug auf negative Zahlen wie für den natürlichen Logarithmus.
		`>> log10(x)`
		`ans = 0.6021 + 1.3644i`
		`>> log10(y)`
		`ans = 0.6990`

`>> angle(x)`	Phasenwinkel (einer komplexen Zahl)[2] als Radiant (rad)
	Zusammen mit dem oben bereits erwähnten Befehl abs(x) kann man mit angle(x) eine komplexe Zahl in die Komponenten Betrag und Phase zerlegen.
	Die Funktion $z = r \cdot e^{i\varphi}$ mit r = Betrag und φ = Winkel wandelt die Werte wieder in die ursprüngliche komplexe Zahl zurück.
		`>> Betrag=abs(i),`
		`   Winkel=angle(i)`
		`Betrag = 5`
		`Winkel = 0.9273`
		`>> angle(x)`
		`ans = 3.1416`
		`>> angle(y)`
		`ans = 0`
		`>> Betrag*exp(j*Winkel)`
		`ans = 3.0000 + 4.0000i`

---

[1] Der Wert der Exponentialfunktion an der Stelle x = 1 entspricht e[1], d. h., das Ergebnis ist die Euler'sche Zahl e = 2,718281828459…

4.2 Elementare mathematische Funktionen

Tabelle 4.2 Kurzbeschreibung der elementaren mathematischen Funktionen mit Rechenbeispielen *(Fortsetzung)*

Befehl	Beschreibung	Anwendungsbeispiel
`>> real(x)`	Realwert einer komplexen Zahl Mit dem Befehl `real(x)` lässt sich der Realteil einer komplexen Zahl ermitteln.	`>> real(i)` `ans = 3`
`>> imag(x)`	Imaginärwert einer komplexen Zahl wird berechnet, analog zur Berechnung des Realteils	`>> imag(i)` `ans = 4`

`>> conj(x)`	Konjugiert Komplexe
	Die Konjugierte einer komplexen Zahl $a + bi$ ist $a - bi$. Das Produkt der komplexen Zahl mit ihrer Konjugierten ergibt das Quadrat ihres Betrags:
	$(a + bi) \cdot (a - bi) = a^2 + b^2$.
		`>> conj(i)`
		`ans = 3.0000 - 4.0000i`
		`>> ans*i`
		`ans = 25`

`>> round(x)`	Rundung auf Integer (ganze Zahl)
	Ab der Nachkommazahl 5 wird aufgerundet auf die nächsthöhere ganze Zahl, bei einer Nachkommazahl von kleiner als 5 wird abgerundet. Das Zahlenformat des Ergebnisses bleibt aber auch nach der Rundung double.
		`>> round(pi)`
		`ans = 3`
		`>> round(7.5)`
		`ans = 8`
		`>> round(7.4999999)`
		`ans = 7`

`>> round(x,n)`	Für n≠0: Rundung auf Dezimalzahl:
	Für n>0: Rundung auf n Nachkommastellen (Anzahl der angezeigten Nachkommastellen ist allerdings abhängig vom eingestellten Zahlenformat)
	Für n<0: Rundung auf n Vorkommastellen
		`>> format short`
		`>> round(2.59437586,3)`
		`ans = 2.5940`
		`>> round(2.5943784765658,7)`
		`ans = 2.5944`
		`>> round(8384372.594,-3)`
		`ans = 8384000`
		`>> round(2.59437847656586,0)`
		`ans = 3`
		`>> format long`
		`>> round(2.5943784765658,7)`
		`ans = 2.594378500000000`

`>> fix(x)`	Abrunden auf die betragsmäßig nächstkleinere Integerzahl	`>> fix(1.2)`
		`ans = 1`
		`>> fix(-2.5)`
		`ans = -2`
		`>> fix(2.89743)`
		`ans = 2`

`>> ceil(x)`	Aufrunden auf die betragsmäßig nächstgrößere Integerzahl	`>> ceil(1.2)`
		`ans = 2`
		`>> ceil(-2.5)`
		`ans = -2`
		`>> ceil(2.1111111)`
		`ans = 3`

---

[2] Natürlich kann man auch versuchen den Phasenwinkel einer reellen Zahl zu berechnen, aber das Ergebnis wird für eine positive Zahl oder die Null immer Null sein, was einem Winkel von 0° entspricht, und für eine negative Zahl immer die Zahl π (π = 3,1416), was einem Winkel von 180° entspricht.

Tabelle 4.2 Kurzbeschreibung der elementaren mathematischen Funktionen mit Rechenbeispielen *(Fortsetzung)*

Befehl	Beschreibung	Anwendungsbeispiel
>> floor(x)	Abrunden auf die nächstkleinere Integerzahl	>> floor(1.2) ans = 1 >> floor(-2.89743) ans = -3 >> floor(2.89743) ans = 2
>> rem(x,y)	Remainder (Rest nach Division) Der Befehl rem(x,y) gibt den Rest nach einer Division der Zahl x durch y an. Dabei gilt: R=rem(x,y). Wenn y~=0, wird R berechnet aus: x-n.*y wobei n=fix(x./y) und a eine ganze Zahl ist. Außerdem gilt: rem(x,0)=NaN rem(X,X)=0 für X~=0 rem(x,y) für x~=y und y~=0 hat das gleiche Vorzeichen wie x.	>> rem(x,y) ans = -4 >> rem(12,5) ans = 2 >> rem(12,x) ans = 0 >> rem(x,0) ans = NaN
>> mod(x,y)	Modulo (Rest nach Division) Der Befehl mod(x,y) gibt ebenfalls den Rest einer Division wieder. In diesem Fall gilt: M=mod(x,y). Wenn y~=0, wird M berechnet aus: x-n.*y wobei n=floor(x./y). Wenn y keine ganze Zahl und der Quotient x./y im Bereich eines Rundungsfehlers einer ganzen Zahl ist, dann ist n diese ganze Zahl. Außerdem gilt: mod(x,0)=x mod(x,x)=0 mod(x,y) hat für x~=y und y~=0 das gleiche Vorzeichen wie y. Die beiden Befehle mod(x,y) und rem(x,y) haben das gleiche Ergebnis, wenn x und y das gleiche Vorzeichen haben.	mod(x,y) ans = 1 >> mod(12,5) ans = 2 >> mod(12,x) ans = 0 >> mod(x,0) ans = -4

4.3 Trigonometrische Funktionen

Für die trigonometrischen Funktionen gibt es unterschiedliche Befehle, die den gesamten Anwendungsbereich abdecken: Sinus, Arcussinus, Sinus Hyperbolikus und die entsprechenden Pendants von Kosinus und Tangens.

Interessant für Winkelberechnungen sind auch die Befehle mit dem Zusatz d am Ende, z. B. sind(x), bei denen x in Grad angegeben werden kann. Dies kann zu genaueren Ergebnissen führen, da bei der Berechnung mit π die Ungenauigkeit in Abhängigkeit der Nachkommastellen von π Einfluss nehmen kann.

Tabelle 4.3 Mögliche trigonometrische Funktionen in allen Varianten

Funktionen	Sinus	Kosinus	Tangens
x in radiant (Winkel im Bogenmaß)	>> sin(x)	>> cos(x)	>> tan(x)
x in Grad (°)	>> sind(x)	>> cosd(x)	>> tand(x)
...Hyperbolikus	>> sinh(x)	>> cosh(x)	>> tanh(x)
Arcus... (Inverses der obigen Funktionen): Ergebnis in rad	>> asin(x)	>> acos(x)	>> atan(x)
Arcus...: Ergebnis in Grad (°)	>> asind(x)	>> acosd(x)	>> atand(x)
Arcus... Hyperbolikus	>> asinh(x)	>> acosh(x)	>> atanh(x)

Beispiel 4.3 Vergleich der Sinusberechnung in rad und in Grad

```
>> sin(2*pi)
    ans = -2.4493e-016
```

Natürlich gilt $\sin(2\pi) = 0$, aber durch die relative Ungenauigkeit, die durch die begrenzte Anzahl an Nachkommastellen von π in MATLAB zustande kommt, ist das Ergebnis verfälscht, auch wenn das Resultat deutlich gegen Null geht.

```
>> sind(180)
    ans = 0
```

Im Vergleich dazu liefert sind(180) das exakte Ergebnis 0.

Es darf natürlich nicht vergessen werden, den Befehl sind(180) zu verwenden, wenn das Argument in Grad angegeben ist. Sonst ist das Ergebnis völlig falsch:

```
>> sin(180)
    ans = -0.8012
```

■

 Die trigonometrischen Funktionen liefern in manchen Fällen genauere Ergebnisse, wenn nicht mit π, sondern in Grad gerechnet wird.

4.4 Relationale Operatoren

Bei relationalen Operatoren, also beim Vergleich von zwei Zahlen- oder Variablenwerten, gibt es genauso wie bei den Grundrechenarten die Möglichkeit, die bekannten Zeichen zu verwenden wie > (größer als) oder < (kleiner als), oder aber auch einen MATLAB-Befehl, bei dem die beiden Argumente in runden Klammern stehen.

Die Antwort auf relationale Operatoren ist 0 für eine falsche Aussage und 1 für eine wahre Aussage, vgl. Anwendungsbeispiele in Tab. 4.4. Für die folgenden Anwendungsbeispiele wurde a definiert als:

4 Mathematische Berechnungen mit MATLAB

Tabelle 4.4 Relationale Operatoren

Befehl	Beschreibung	Englisch	Zeichen	Anwendungsbeispiele	
				Befehl	Zeichen
eq(a,b)	Gleich	Equal	==	>> eq(a,8) ans = 1	>> a==2 ans = 0
ne(a,b)	Ungleich	Not equal	~=	>> ne(a,8) ans = 0	>> a~=2 ans = 1
lt(a,b)	Kleiner als…	Less than	<	>> lt(a,9) ans = 1	>> a<2 ans = 0
gt(a,b)	Größer als…	Greater than	>	>> gt(a,9) ans = 0	>> a>2 ans = 1
le(a,b)	Kleiner als oder gleich…	Less than or equal	<=	>> le(a,8) ans = 1	>> a<=2 ans = 0
ge(a,b)	Größer als oder gleich…	Greater than or equal	>=	>> ge(a,9) ans = 0	>> a>=2 ans = 1

Beim Vergleich zweier Matrizen werden die einzelnen Elemente der ersten Matrix mit den entsprechenden Elementen der zweiten Matrix verglichen. Das Ergebnis ist eine Matrix mit den entsprechenden Ergebnissen für jeden Vergleich, d. h. eine Matrix nur aus 0 und 1. Daraus folgt, dass beide zu vergleichende Matrizen die gleiche Dimension $m \times n$ haben müssen. Es kann auch eine Matrix mit einer Zahl (Skalar) verglichen werden. Das Ergebnis ist wiederum eine Matrix, da die Zahl mit jedem Element verglichen wird.

Beispiel 4.4 Anwendung relationaler Operatoren auf Matrizen

Gegeben ist die Matrix A aus Beispiel 4.2:

```
>> A=[1 2;3 4]
>> A==[1 3;3 0]     % Vergleich der Matrix A mit einer anderen Matrix
     ans =  1   0
            1   0
>> A>=3                         % Vergleich der Matrix A mit einer Zahl
     ans =  0   0
            1   1
```

4.5 Logische Operatoren

Bei den logischen Operatoren ist die Anwendung ähnlich wie bei rationalen Operatoren. Man hat für die gebräuchlichsten Operatoren die Auswahl zwischen einem geschriebenen Befehl, z. B. and(a,b), bei dem die Argumente in runden Klammern stehen, oder einem Zeichen, das zwischen den Argumenten steht, z. B. a&b.

Bei den logischen Operatoren, siehe Tab. 4.5, die in der Boole'schen Algebra Verwendung finden, wird im Vergleich zu den relationalen Operatoren nur angefragt, ob die Elemente Null oder ungleich Null sind. Bei ungleich Null ist der Zahlenwert nicht von Relevanz.

Tabelle 4.5 Logische Operatoren

Befehl	Beschreibung	Englisch	Zeichen
and(a,b)	UND	Element-wise logical AND	&
or(a,b)	ODER	Element-wise logical OR	|
not(a,b)	NICHT	Logical NOT	~
xor(a,b)	ENTWEDER-ODER (exklusiv-ODER)	Logical EXCLUSIVE OR	Kein Zeichen
any(a)	Ein Element ist ungleich 0	True if any element is nonzero	Kein Zeichen
all(a)	Alle Elemente sind ungleich 0	True if all elements are nonzero	Kein Zeichen

Beispiel 4.5 Anwendung logischer Operatoren

Für die Beispiele wurden folgende Variablen definiert:
```
>> a=8;b=0;c=1;A=[1 0;2 0]
A =   1   0
      2   0
```

Befehl	Vergleich von Matrizen	Vergleich von Zahlen (Skalaren)	
		Befehl	Zeichen
and(a,b)	>> and(A,[1 0;1 0]) ans = 1 0 1 0	>> and(a,c) ans = 1	>> a&8 ans = 1 >> c&0 ans = 0
or(a,b)	>> or(A,[0 0;0 1]) ans = 1 0 1 1	>> or(a,b) ans = 1 >> or(0,b) ans = 0	>> a|1 ans = 1 >> a|0 ans = 1
not(a)	>> not(A) ans = 0 1 0 1	>> not(a) ans = 0 >> not(b) ans = 1	>> ~a ans = 0 >> ~0 ans = 1
xor(a,b)	>> xor(A,[0 0;0 1]) ans = 1 0 1 1	xor(a,1) ans = 0	Kein Zeichen
any(a)	>> any(A) ans = 1 0 >> any([0 1]) ans = 1 >> any([0;1]) ans = 1	>> any(a) ans = 1 >> any(b) ans = 0	Kein Zeichen

4 Mathematische Berechnungen mit MATLAB

Befehl	Vergleich von Matrizen	Vergleich von Zahlen (Skalaren)	
		Befehl	Zeichen
all(a)	>> all(A) ans = 1 0 >> all([0;1]) ans = 0 >> all([0 1]) ans = 0	>> all(a) ans = 1 >> all(b) ans = 0	Kein Zeichen

Bei den Befehlen all(a) und any(a) wird in den Beispielen noch eine Besonderheit bei der Rechnung mit Matrizen und Vektoren deutlich: Bei Vektoren wird als Ergebnis eine 1 ausgegeben, wenn bei any(a) eines der Elemente ungleich Null ist bzw. wenn bei all(a) alle Elemente ungleich Null sind, sonst ist das Ergebnis 0. Bei Matrizen werden die einzelnen Spalten betrachtet. Das Ergebnis ist ein Zeilenvektor mit gleicher Anzahl an Elementen wie Spalten der betrachteten Matrix.

Bitweise Operatoren

Auf die bitweisen Operatoren soll nicht so ausführlich eingegangen werden wie bei den vorherigen relationalen und logischen Operatoren. Der Vollständigkeit halber werden sie jedoch kurz beschrieben. Genauere Erläuterungen und vor allem Anwendungsbeispiele finden sich in der „Documentation" zu jedem Befehl.

Tabelle 4.6 Bitweise Operatoren

Befehl	Kurze Beschreibung
bitand(A,B)	Bitweiser UND-Vergleich von A und B, wobei A und B vorzeichenlose Integerzahlen oder Matrizen von vorzeichenlosen Integerzahlen sein müssen.
bitcmp(A)	Komplementäre Bits von A
bitor(A,B)	Bitweiser ODER-Vergleich von A und B
intmax flintmax	intmax gibt die größte positive Integerzahl im int32-Zahlenformat zurück. flintmax bzw. flintmax('double') gibt die größte ganze Zahl in IEEE doppelter Genauigkeit zurück, nämlich 2^{35}. Der Befehl flintmax('single') gibt dagegen die größte Integerzahl in einfacher Genauigkeit zurück, 2^{24}.[3]
bitxor(A,B)	Bitweiser XOR-Vergleich von A und B.
bitset(A,BIT)	Setzt das Bit in A an Position BIT auf 1 (an), wobei BIT eine Zahl zwischen 1 und der maximalen Anzahl an Bits von A sein muss, z. B. 32 für die Klasse UINT32.
bitget(A,BIT)	Gibt den Inhalt des Bits von A an der Stelle BIT zurück.
bitshift(A,k)	Bitweises Verschieben der Bits innerhalb von A um k. Ein positiver Wert für k bewirkt ein Verschieben aller Bits um k nach links (entspricht einer Multiplikation von A mit 2^k), ein negativer Wert für k bewirkt ein Verschieben nach rechts (entspricht einer Division von A mit $2^{|k|}$).

---

[3] In älteren MATLAB-Versionen gab es den Befehl bitmax. Dieser wurde inzwischen abgelöst durch intmax bzw. flintmax. Die Eingabe von bitmax erzeugt dementsprechend eine Fehlermeldung.

Beispiel 4.6 Anwendung für den Befehl bitcmp (komplementäre Bits)

```
>> x = int8(4)
   x = 4
>> bitcmp(x)
   ans = -5
```

∎

Mengen- oder „Set"-Operatoren

Mit den Mengenoperatoren kann die Menge (engl. *set*) der Elemente von Vektoren bzw. Matrizen in spezieller Weise gesetzt und sortiert werden.

Beispiel 4.7 Anwendungen von „Set"-Operatoren

Für die folgenden Anwendungsbeispiele wurden die folgenden Werte definiert:
```
>> u=[1 2 3];v=[4 5 3];w=[4 5 6];x=[1 2 2 3];
```

∎

Tabelle 4.7 „Set"-Operatoren

Befehl	Kurze Beschreibung
union(a,b)	„Set union": Der Befehl union(a,b) ergibt einen Vektor, der die Komponenten der Vektoren a und b in einem einzigen Vektor zusammenfasst, wobei allerdings kein Element wiederholt wird. Dabei sortiert MATLAB die Werte in aufsteigender Reihenfolge. Das Ergebnis ist die Vereinigungsmenge von a und b ($a \cup b$).
unique(a)	„Set unique": Der Befehl unique(a) gibt die Elemente des Vektors a zurück, allerdings kein Element wiederholt und in sortierter Reihenfolge.
intersect(a,b)	„Set intersection": Der Befehl intersect(a,b) gibt einen Vektor mit den Elementen zurück, die gleichzeitig in a und b enthalten sind, wobei die Ergebnisse sortiert sind.
setdiff(a,b)	„Set difference": Der Befehl setdiff(a,b) gibt einen Vektor zurück, der alle Elemente von a enthält, die nicht in b enthalten sind, wiederum sortiert.
setxor(a,b)	„Set exclusive-or": Der Befehl setxor(a,b) gibt einen Vektor mit den Elementen zurück, die nicht gleichzeitig in a und b enthalten sind, in sortierter Reihenfolge.
ismember(a,b)	„True for set member": Der Befehl ismember(a,b) gibt einen Vektor der Länge von a aus Nullen und Einsen zurück. Eine 1 wird gesetzt, wenn das entsprechende Element von a in b enthalten ist, eine 0, wenn das Element von a nicht in b enthalten ist.

Tabelle 4.7 „Set"-Operatoren *(Fortsetzung)*

Befehl	Anwendungsbeispiele
union(a,b)	>> union(u,v) ans = 1 2 3 4 5 >> union(u,w) ans = 1 2 3 4 5 6 >> union(u,x) ans = 1 2 3
unique(a)	>> unique(x) ans = 1 2 3 >> unique(v) ans = 3 4 5
intersect(a,b)	>> intersect(u,v) ans = 3 >> intersect(u,x) ans = 1 2 3
setdiff(a,b)	>> setdiff(u,v) ans = 1 2 >> setdiff(v,u) ans = 4 5 >> setdiff(u,x) ans = Empty matrix: 1-by-0 >> setdiff(v,w) ans = 3
setxor(a,b)	>> setxor(u,v) ans = 1 2 4 5 >> setxor(u,x) ans = Empty matrix: 1-by-0 >> setxor(v,w) ans = 3 6
ismember(a,s)	>> ismember(u,v) ans = 0 0 1 >> ismember(u,x) ans = 1 1 1 >> ismember(v,w) ans = 1 1 0

4.6 Besonderheiten beim Rechnen mit Vektoren und Matrizen

In diesem Abschnitt werden die Besonderheiten, die für das Rechnen mit Vektoren und Matrizen gelten, speziell herausgehoben, da diese bei Nichtbeachtung mit zu den häufigsten Fehlermeldungen führen können.

4.6.1 Vektoraddition und -subtraktion

Die Vektoraddition oder -subtraktion ist immer eine elementweise Addition bzw. Subtraktion der einzelnen Elemente eines Vektors. In diesem Fall darf der Punkt vor dem + bzw. - nicht gesetzt werden, sonst gibt es eine Fehlermeldung. Bei der Multiplikation oder Division ist das anders, da für die Vektormultiplikation eigene Gesetze gelten, sodass es einen Unterschied zur elementweisen Multiplikation bzw. Division gibt.

Für die folgenden Beispiele wurden vorher diese Vektoren definiert:

```
>> u=[1 2 3];v=[4 5 6];
```

Beispiel 4.8 Beispiele zur funktionierenden Addition bzw. Subtraktion zweier Reihenvektoren

```
>> u+v
      ans =   5    7    9
>> u-v
      ans =  -3   -3   -3
```

Sobald versucht wird, zwei Vektoren, die nicht gleich groß sind, d. h. bei denen die Dimensionen nicht übereinstimmen, miteinander zu addieren, erhält man eine Fehlermeldung. In dem folgenden Beispiel wird versucht, einen 1 × 3- mit einem 1 × 2-Vektor zu addieren:

Beispiel 4.9 Beispiel für eine nicht funktionierende Addition zweier Vektoren ungleicher Dimension

```
>> u+[3 4]
      Error using ±
      Matrix dimensions must agree.
```

Beim Rechnen mit Vektoren und Matrizen sind unbedingt die Dimensionen der Matrizen und Vektoren zu beachten! Andernfalls weist MATLAB mit einer roten Fehlermeldung darauf hin, dass die gewünschte Rechenoperation mit den angegebenen Matrizen bzw. Vektoren nicht durchführbar ist.

4.6.2 Transponieren einer Matrix oder eines Vektors

Beim Transponieren werden aus den Reihen bzw. Zeilen einer Matrix oder eines Vektors Spalten und umgekehrt. Falls A eine komplexe Matrix ist, so werden bei A' nicht nur die Reihen und Spalten vertauscht, sondern auch die konjugiert komplexen Elemente der Matrix ausgegeben.

Beispiel 4.10 Transponieren einer Matrix T = W'

```
>> W=[8 9 0;4 5 6; 1 2 3]
    W =  8    9    0
         4    5    6
         1    2    3
>> T=W'
    T =  8    4    1
         9    5    2
         0    6    3
```

■

Beispiel 4.11 Transponieren einer komplexen Matrix

```
>> K = [1+3j 5+6j; 7-9j 8-3j]
    K =  1.0000 + 3.0000i    5.0000 + 6.0000i
         7.0000 - 9.0000i    8.0000 - 3.0000i
>> K'
    ans = 1.0000 - 3.0000i    7.0000 + 9.0000i
          5.0000 - 6.0000i    8.0000 + 3.0000i
```

■

Es könnte der Eindruck entstehen, dass die in diesem Kapitel genannten Befehle nur auf vordefinierte Matrizen oder Vektoren angewendet werden können, aber die Matrix oder der Vektor kann für das Transponieren auch direkt in eckigen Klammern eingegeben werden.

Beispiel 4.12 Transponieren eines Zeilenvektors in einen Spaltenvektor ohne vorheriges Definieren des Vektors

```
>> [1 2 3]'
    ans = 1
          2
          3
```

■

4.6.3 Invertieren einer quadratischen Matrix

Das Invertieren einer Matrix wurde zwar schon in Abschn. 3.3.4, unter „Spezielle Matrizen" erklärt, soll aber der Vollständigkeit halber auch hier noch einmal erwähnt werden:

Beispiel 4.13 Invertieren einer Matrix

```
>> inv(W)
    ans = -0.1000    0.9000   -1.8000
           0.2000   -0.8000    1.6000
          -0.1000    0.2333   -0.1333
```

```
>> W*inv(W)
      ans =   1.0000        0        0
             -0.0000   1.0000  -0.0000
             -0.0000        0   1.0000
```

Bei der gewählten Matrix W konnte das Invertieren durchgeführt werden, wie auch die Probe durch Vektormultiplikation der Matrix mit ihrer Inversen zeigt: die Einheitsmatrix ist entstanden.

■

4.6.4 Rang einer Matrix mit rank

Der Rang einer Matrix gibt die Anzahl der linear unabhängigen Zeilen und Spalten an. Linear unabhängig bedeutet, dass sich eine Zeile oder Spalte nicht als Linearkombination einer anderen Zeile oder Spalte darstellen lässt. Am besten lässt sich das anhand verschiedener Beispiele verdeutlichen:

Beispiel 4.14 Beispiele zum Rang einer Matrix anhand verschiedener Matrizen und Vektoren mit zum Teil linear unabhängigen Zeilen und Spalten

a) Der Rang eines Vektors kann nur 1 sein:
```
>> rank([1 2 3])
      ans = 1
```

b) Der Rang der 3 × 3-Matrix W, deren Zeilen und Spalten linear unabhängig sind, muss 3 sein:
```
>> rank(W)
      ans = 3
```

c) Der Rang einer 3 × 3-Matrix aus 3 gleichen Zeilen, die damit natürlich nicht linear unabhängig sind, kann nur 1 sein:
```
>> rank([1 2 3 4
         1 2 3 4
         1 2 3 4])
      ans = 1
```

d) Der Rang einer 3 × 3-Matrix mit 2 gleichen Zeilen und einer davon linear unabhängigen muss 2 sein:
```
>> rank([1 2 3 4
         1 2 3 4
         5 6 7 8])
      ans = 2
```

e) Der Rang einer 2 × 2-Matrix, deren 2. Spalte das 3-Fache der 1. Spalte und deren 2. Zeile das 2-Fache der 1. Zeile ist, sodass die Zeilen und Spalten sind nicht linear unabhängig sind, muss 1 sein:
```
>> rank([1 3
         2 6])
      ans = 1
```

■

4.6.5 Determinante einer quadratischen Matrix

```
>> det(W)
   ans = -30
```

Der Befehl zur Berechnung der Determinante einer Matrix ist sehr hilfreich, wenn es zum Beispiel darum geht, ob ein lineares Gleichungssystem eindeutig lösbar ist, sodass die Lösung mithilfe der Cramer'schen Regel leicht berechnet werden kann.[4]

Beispiel 4.15 Beispiel für die Anwendung des det-Befehls zur Berechnung von Determinanten zur Lösung von linearen Gleichungssystemen mithilfe der Cramer'schen Regel

Lineares Gleichungssystem in der Normalform:

$a_{11}x_1 + a_{12}x_2 + a_{13}x_3 = b_1$

$a_{21}x_1 + a_{22}x_2 + a_{23}x_3 = b_2$

$a_{31}x_1 + a_{32}x_2 + a_{33}x_3 = b_3$

Die Koeffizienten a_{xy} und die Lösungskoeffizienten b_x sind bekannt. Die Lösungen für die Unbekannten x_1, x_2 und x_3 in dem Gleichungssystem können anhand der Cramer'schen Regel aus der Berechnungen der folgenden Determinanten ermittelt werden:

$$x_1 = \frac{\begin{vmatrix} b_1 & a_{12} & a_{13} \\ b_2 & a_{22} & a_{23} \\ b_3 & a_{32} & a_{33} \end{vmatrix}}{\begin{vmatrix} a_{11} & a_{12} & a_{13} \\ a_{21} & a_{22} & a_{23} \\ a_{31} & a_{32} & a_{33} \end{vmatrix}} \qquad x_2 = \frac{\begin{vmatrix} a_{11} & b_1 & a_{13} \\ a_{21} & b_2 & a_{23} \\ a_{31} & b_3 & a_{33} \end{vmatrix}}{\begin{vmatrix} a_{11} & a_{12} & a_{13} \\ a_{21} & a_{22} & a_{23} \\ a_{31} & a_{32} & a_{33} \end{vmatrix}} \qquad x_3 = \frac{\begin{vmatrix} a_{11} & a_{12} & b_1 \\ a_{21} & a_{22} & b_2 \\ a_{31} & a_{32} & b_3 \end{vmatrix}}{\begin{vmatrix} a_{11} & a_{12} & a_{13} \\ a_{21} & a_{22} & a_{23} \\ a_{31} & a_{32} & a_{33} \end{vmatrix}}$$

Das System der Cramer'schen Regel lässt sich anhand dieser Determinanten leicht erkennen. Mithilfe von MATLAB soll nun ein numerisches Beispiel durchgerechnet werden:

Gegeben ist das folgende Gleichungssystem:

$3x_1 - 2x_2 + 2x_3 = 10$

$4x_1 + 2x_2 - 3x_3 = 1$

$2x_1 - 3x_2 + 2x_3 = 7$

Die Cramer'sche Regel ergibt dann:

$$x_1 = \frac{\begin{vmatrix} 10 & -2 & 2 \\ 1 & 2 & -3 \\ 7 & -3 & 2 \end{vmatrix}}{\begin{vmatrix} 3 & -2 & 2 \\ 4 & 2 & -3 \\ 2 & -3 & 2 \end{vmatrix}} \qquad x_2 = \frac{\begin{vmatrix} 3 & 10 & 2 \\ 4 & 1 & -3 \\ 2 & 7 & 2 \end{vmatrix}}{\begin{vmatrix} 3 & -2 & 2 \\ 4 & 2 & -3 \\ 2 & -3 & 2 \end{vmatrix}} \qquad x_3 = \frac{\begin{vmatrix} 3 & -2 & 10 \\ 4 & 2 & 1 \\ 2 & -3 & 7 \end{vmatrix}}{\begin{vmatrix} 3 & -2 & 2 \\ 4 & 2 & -3 \\ 2 & -3 & 2 \end{vmatrix}}$$

---

[4] Mithilfe von Beispiel 4.15 soll die Cramer'sche Regel in der Anwendung gezeigt werden, die mathematischen Grundlagen dazu sind bitte in der entsprechenden mathematischen Fachliteratur nachzulesen (siehe Literaturverzeichnis im Anhang). Gleiches gilt für die Rechenregeln zur Berechnung von Determinanten, z. B. die Regel von Sarrus für eine 3 × 3-Matrix.

Mithilfe von MATLAB lassen sich x_1, x_2 und x_3 schnell berechnen. Der Übersichtlichkeit halber werden zuerst die drei verschiedenen Zählermatrizen Z1, Z2 und Z3, sowie die Nennermatrix N definiert, zu denen dann jeweils die entsprechende Determinante berechnet wird:

```
>> Z1=[10 -2 2;1 2 -3;7 -3 2], Z2=[3 10 2;4 1 -3;2 7 2],
   Z3=[3 -2 10;4 2 1;2 -3 7], N=[3 -2 2;4 2 -3;2 -3 2]
   Z1 = 10   -2    2
         1    2   -3
         7   -3    2
   Z2 =  3   10    2
         4    1   -3
         2    7    2
   Z3 =  3   -2   10
         4    2    1
         2   -3    7
    N =  3   -2    2
         4    2   -3
         2   -3    2
```

Daraus werden nun die Determinanten berechnet:

```
>> ZD1=det(Z1), ZD2=det(Z2), ZD3=det(Z3), ND=det(N)
   ZD1 = -38
   ZD2 = -19
   ZD3 = -57
    ND = -19
```

Aus den Determinanten können nun jeweils x_1, x_2 und x_3 leicht ermittelt werden:

```
>> x1=ZD1/ND, x2=ZD2/ND, x3=ZD3/ND
   x1 = 2
   x2 = 1
   x3 = 3
```

Damit ist das Gleichungssystem eindeutig gelöst.

■

Dieses Beispiel zeigt, dass MATLAB in manchen Fällen nur das Hilfsmittel für die Berechnungen darstellt. Die mathematischen Grundlagen sollten bekannt sein, damit MATLAB weiterhelfen kann.

Beispiel 4.16 Determinante einer singulären Matrix

Um zu testen, ob eine Matrix zu den regulären, damit also invertierbaren, nicht-singulären Matrizen gehört, kann einerseits versucht werden, ob die Inverse berechnet werden kann, siehe auch Abschn. 3.3.4, oder es kann die Determinante berechnet werden. Für reguläre, invertierbare, nicht-singuläre Matrizen gilt, dass die Determinante ungleich 0 ist:

Folgende Matrix gehört zu den singulären Matrizen:
```
>> A=[1 2 3;4 5 6;7 8 9]
    A =  1    2    3
         4    5    6
         7    8    9
>> d=det(A)
    d = -9.5162e-16
>> d=int64(d)
    d = 0
```
In früheren Versionen von MATLAB wurde bei dieser Berechnung gleich das Ergebnis 0 angezeigt, bei den neueren MATLAB-Versionen wird in diesem Fall das Ergebnis zu genau berechnet und damit verfälscht. Die Inverse zu dieser Matrix existiert nicht, wie bereits in Abschn. 3.3.4 gezeigt wurde.

Durch Ersetzen des Elements in der dritten Zeile der dritten Spalte (Zahl 9) durch eine 0 ändert sich der Status der Matrix in eine reguläre Matrix, wie die Berechnung der Determinante bestätigt:
```
>> A(3,3) = 0
    A =  1    2    3
         4    5    6
         7    8    0
>> det(A)
    ans = 27.0000
```
Auch die Inverse lässt sich nun berechnen:
```
>> inv(A)
    ans = -1.7778     0.8889    -0.1111
           1.5556    -0.7778     0.2222
          -0.1111     0.2222    -0.1111
>> A*inv(A)
    ans =  1.0000     0.0000    -0.0000
          -0.0000     1.0000     0.0000
           0.0000    -0.0000     1.0000
```

■

4.6.6 Matrixmultiplikation

Eine Matrizen- oder Matrixmultiplikation kann nur ausgeführt werden, wenn die Spaltenzahl der linken Matrix mit der Zeilenzahl der rechten Matrix übereinstimmt. Wenn dies nicht gegeben ist, wird MATLAB mit einer Fehlermeldung antworten, siehe Beispiel 4.20.

Bei quadratischen $m \times m$-Matrizen ist das Produkt wieder eine quadratische $m \times m$-Matrix. Schwieriger wird es bei nicht-quadratischen Matrizen, denn bei der Multiplikation einer $n \times m$-Matrix mit einer $m \times l$-Matrix (jeweils Zeilenzahl × Spaltenzahl) ist das Ergebnis eine $n \times l$-Matrix.

Die Multiplikation wird anhand der folgenden exemplarischen Berechnung des Produkts einer 2×3-Matrix mit einer 3×2-Matrix, die eine 2×2-Matrix ergibt, durchgeführt. Das erste

Element der Ergebnismatrix ist die Summe der Elemente der ersten Spalte der linken Matrix multipliziert mit dem entsprechenden Element der ersten Zeile der rechten Matrix. Das 2. Element der ersten Zeile der Ergebnismatrix ergibt sich aus der Summe der Multiplikationen der ersten Zeile der linken Matrix mit der 2. Spalte der rechten Matrix, usw. Die folgende Formel soll den Vorgang etwas veranschaulichen:[5]

$$\begin{bmatrix} a_{11} & a_{12} & a_{13} \\ a_{21} & a_{22} & a_{23} \end{bmatrix} \times \begin{bmatrix} b_{11} & b_{12} \\ b_{21} & b_{22} \\ b_{31} & b_{32} \end{bmatrix}$$

$$= \begin{bmatrix} a_{11} \cdot b_{11} + a_{12} \cdot b_{21} + a_{13} \cdot b_{31} & a_{11} \cdot b_{12} + a_{12} \cdot b_{22} + a_{13} \cdot b_{32} \\ a_{21} \cdot b_{11} + a_{22} \cdot b_{21} + a_{23} \cdot b_{31} & a_{21} \cdot b_{12} + a_{22} \cdot b_{22} + a_{23} \cdot b_{32} \end{bmatrix}$$

Beispiel 4.17 Berechnung der Matrixmultiplikation einer 2 × 3- mit einer 3 × 4-Matrix:

```
>> L=[1 2 3;4 5 6]          % Definition der linken Matrix
        L =   1   2   3
              4   5   6
>> R=[ 2 3 4 5              % Definition der rechten Matrix
       6 7 8 9
      10 11 12 13]
        R =   2   3   4   5
              6   7   8   9
             10  11  12  13
>> L*R                       % Matrixmultiplikation
      ans =  44  50  56  62
             98 113 128 143
```

■

Bei der Vektormultiplikation eines Zeilen- mit einem Spaltenvektor ergibt sich ein Skalar. Wie sich auch aus der oben genannten Regel für Matrizen ableiten lässt, ergibt die Multiplikation eines Zeilenvektors ($1 \times m$-Matrix) mit einem Spaltenvektor ($m \times 1$-Matrix) eine 1×1-Matrix, also ein Skalar. In diesem Fall, wenn der Spaltenvektor auf der rechten Seite der Multiplikation steht, muss die Anzahl der Spalten des linken Zeilenvektors selbstverständlich gleich der Anzahl der Zeilen des rechten Spaltenvektors sein.

---

[5] Genaueres ist bitte der entsprechenden mathematischen Fachliteratur zu entnehmen.

Beispiel 4.18 Skalarprodukt, die Vektormultiplikation eines Zeilenvektors mit einem Spaltenvektor

```
>> [1 2 3]*[4
5
6]
    ans = 32
```

Der Spaltenvektor kann natürlich auch in der Form [4;5;6] eingegeben werden.

■

Wenn ein Spaltenvektor auf der linken Seite der Multiplikation steht und rechts der Zeilenvektor, dann ist die Größe der Vektoren egal, da die Vorbedingung immer erfüllt ist. In diesem Fall wird eine $m \times 1$-Matrix mit einer $1 \times n$-Matrix multipliziert. Das Ergebnis ist eine $m \times n$-Matrix.

Beispiel 4.19 Vektormultiplikation eines Spaltenvektors mit einem Zeilenvektor

```
>> [1;2;3]*[4 5 6 7]
    ans =   4    5    6    7
            8   10   12   14
           12   15   18   21
```

Das Ergebnis ist nun eine 3×4-Matrix.

■

Beispiel 4.20

Der Versuch zwei Zeilenvektoren miteinander zu multiplizieren (a) ergibt eine Fehlermeldung. Die gleiche Fehlermeldung gibt MATLAB auch bei nicht in der Größe passenden Matrizen aus, oder bei dem Versuch zwei Spaltenvektoren miteinander zu multiplizieren, oder einen Zeilen- mit einem Spaltenvektor, wenn die Größe nicht stimmt (b). Werden die Faktoren vertauscht, funktioniert die Vektormultiplikation (c) erwartungsgemäß

```
>> [1 2 3]*[4 5 6]                          % Beispiel (a)
    Error using *
    Inner matrix dimensions must agree.
>> [4 5 6 7 8]*[1;2;3]                      % Beispiel (b)
    Error using *
    Inner matrix dimensions must agree.
>> [1;2;3]*[4 5 6 7 8]                      % Beispiel (c)
    ans =   4    5    6    7    8
            8   10   12   14   16
           12   15   18   21   24
```

■

4.6.7 Multiplikation einer Matrix mit einem Skalar

Die Multiplikation einer Matrix oder eines Vektors mit einem Skalar ist im Vergleich zur Matrixmultiplikation völlig unkompliziert, denn die Reihenfolge der Faktoren (rechts Matrix und

4.6 Besonderheiten beim Rechnen mit Vektoren und Matrizen

links Skalar oder umgekehrt) ist egal. Es werden die einzelnen Elemente des Vektors bzw. der Matrix jeweils mit dem Skalar multipliziert.

Beispiel 4.21 Multiplikation von Vektoren mit einem Skalar

```
>> [1;2;3]*3                % Spaltenvektor multipliziert mit Skalar
    ans = 3
          6
          9
>> [1 2 3]*5                % Zeilenvektor multipliziert mit Skalar
    ans =  5    10    15
>> 5*[1 2 3]
    ans =  5    10    15
```

Für die Multiplikation eines Skalars mit einer Matrix gilt das Gleiche, siehe Beispiel 4.22.

Beispiel 4.22 Multiplikation einer Matrix mit einem Skalar

```
>> [1 2 3
    4 5 6]*5
    ans =  5    10    15
          20    25    30
>> 6*[1 2 3
      4 5 6]
    ans =  6    12    18
          24    30    36
```

Der Skalar kann auch eine komplexe Zahl sein, siehe Beispiel 4.23. Dabei muss natürlich die komplexe Zahl in Klammern gesetzt werden, denn sonst beachtet MATLAB die „Punkt-vor-Strich"-Regel und multipliziert nur mit dem Realteil, siehe Beispiel 4.23.

Beispiel 4.23 Multiplikation einer Matrix mit einer komplexen Zahl

```
>> [4 3;7 6;9 8]*(3+4j)
    ans =  12.0000 +16.0000i    9.0000 +12.0000i
           21.0000 +28.0000i   18.0000 +24.0000i
           27.0000 +36.0000i   24.0000 +32.0000i
```

Im Vergleich dazu die Multiplikation ohne Klammern, bei der die Matrix nur mit dem Realteil multipliziert wird, sodass der imaginäre Anteil dazu addiert wird:

```
>> [4 3;7 6;9 8]*3+4j
    ans =  12.0000 + 4.0000i    9.0000 + 4.0000i
           21.0000 + 4.0000i   18.0000 + 4.0000i
           27.0000 + 4.0000i   24.0000 + 4.0000i
```

4.6.8 Potenzieren einer Matrix

Das Potenzieren einer Matrix ist eine Erweiterung der Matrixmultiplikation und folgt den gleichen Regeln wie in Abschn. 4.6.6 bereits ausführlich beschrieben, siehe auch Beispiel 4.17.

Beispiel 4.24 Potenzieren einer Matrix

Bei der zeilenweisen Eingabe der Matrix ist die Potenzierung nach Abschluss der Matrix durch die eckigen Klammern einzugeben.

```
>> [1 2
   3 4]^2
      ans =   7    10
             15    22
```

Die Matrixmultiplikation führt zum gleichen Ergebnis:

```
>> [1 2;3 4]*[1 2;3 4]
      ans =   7    10
             15    22
```

Natürlich können auch höhere Potenzen berechnet werden:

```
>> [1 2;3 4]^3
      ans = 37    54
            81   118
>> [1 2;3 4]*[1 2;3 4]*[1 2;3 4]
      ans = 37    54
            81   118
```

∎

4.6.9 Vektor-Matrix-Produkt

Bei der Multiplikation eines Vektors mit einer Matrix ist zu beachten, welcher Faktor auf der linken Seite steht, damit es zu keiner Fehlermeldung kommt und das Produkt berechnet werden kann.

Bei der Multiplikation einer Matrix mit einem Zeilenvektor muss der Vektor auf der linken Seite stehen. Steht der Vektor auf der rechten Seite, kann die Multiplikation nicht ausgeführt werden, MATLAB gibt eine Fehlermeldung aus, siehe Beispiel 4.25.

Beispiel 4.25 Multiplikation eines Zeilenvektors mit einer Matrix

```
>> [1 2;3 4]*[3 5]
      Error using *
      Inner matrix dimensions must agree.
>> [3,5]*[1 2;3 4]
      ans = 18    26
```

∎

Bei der Multiplikation eines Spaltenvektors mit einer Matrix muss der Vektor auf der rechten Seite der Multiplikation stehen, damit diese ausgeführt werden kann, siehe Beispiel 4.26.

Beispiel 4.26 Multiplikation eines Spaltenvektors mit einer Matrix

```
>> [3;5]*[1 2;3 4]
    Error using *
    Inner matrix dimensions must agree.
>> [1 2;3 4]*[3;5]
    ans =  13
           29
```

■

4.6.10 Linke Matrixdivision (engl. „backslash division")

Die linke Matrixdivision stellt den ersten Fall der beiden möglichen Matrixdivisionen dar, nämlich die Lösung X der Gleichung K · X = L.

Die Division wird mit dem MATLAB-Befehl mldivide(K,L) („ml" steht für *matrix left*) oder dem *Backslash* (X=K\L) ausgeführt. In der MATLAB-Hilfe zu mldivide ist außerdem nachzulesen, dass das Ergebnis in etwa gleich ist mit dem Ergebnis der Multiplikation der Inversen von K mit L, X=inv(K)*L, wobei die von MATLAB durchgeführte Berechnung unterschiedlich ist.

Beispiel 4.27 Beispiele für die linke Matrixdivision

```
    K=[2 4;8 12]; L=[5 10;15 20]; v=[4;8];
>> X=K\L
      X =       0   -5.0000
             1.2500   5.0000
>> X=mldivide(K,L)
      X =       0   -5.0000
             1.2500   5.0000
>> X=inv(K)*L
      X =       0   -5.0000
             1.2500   5.0000
```

Wenn bei der Matrixdivision anstelle der Matrix L der Spaltenvektor v verwendet wird, so stellt x die Lösung des linearen Gleichungssystems K · x = v dar. Zur Berechnung wird der Gauß'sche Algorithmus verwendet.

```
>> x=K\v
      x = -2
           2
>> x=mldivide(K,v)
      x = -2
           2
```

■

4.6.11 Rechte Matrixdivision (engl. „slash division")

Die rechte Matrixdivision stellt den zweiten Fall der möglichen Matrixdivisionen dar, die Lösung der Gleichung X·K = L. Diese Division wird mit dem Befehl mrdivide(L,K) („mr" steht für *matrix right*) oder dem Schrägstrich, engl. *Slash*, (X=L/K) ausgeführt. Auch hier wird in der MATLAB-Hilfe zu mrdivide aufgeführt, dass das Ergebnis in etwa gleich der Berechnung der Multiplikation von L mit der Inversen von K ist, X=L*inv(K), aber eben auch wieder unterschiedlich berechnet.

Beispiel 4.28 Beispiele für die rechte Matrixdivision

```
K=[2 4;8 12]; L=[5 10;15 20]; u=[4 8];
>> X=L/K
    X =   2.5000         0
         -2.5000    2.5000
>> X=mrdivide(L,K)
    X =   2.5000         0
         -2.5000    2.5000
>> X=L*inv(K)
    X =   2.5000         0
         -2.5000    2.5000
```

Wenn bei der Matrixdivision anstelle der Matrix L der Zeilenvektor v verwendet wird, so stellt x die Lösung des linearen Gleichungssystems K·x = v dar. Zur Berechnung wird der Gauß'sche Algorithmus verwendet.

```
>> x = u/K
    x =   2    0
```

■

Auf die Matrizenrechnung soll im Weiteren nicht näher eingegangen werden. Genauere Erläuterungen zu den Rechenregeln für Matrizen und Vektoren ist der entsprechenden Fachliteratur zu entnehmen. Die jeweilige Anwendung unter MATLAB ist in der *„Documentation"* auch sehr ausführlich dargestellt und an vielen Beispielen erläutert.

■ 4.7 Spezielle Matrixmanipulationen

4.7.1 Spezielle mathematische Befehle für Matrizen

Matrizen können mit anderen Matrizen, Vektoren oder Skalaren über mathematische Funktionen verknüpft werden, z. B. über die in Abschn. 4.6.6 beschriebene Matrixmultiplikation. Es können aber auch mathematische Funktionen innerhalb einer Matrix bzw. eines Vektors angewendet werden, z. B. zum Addieren oder Multiplizieren der Elemente einer Matrix. Eine Auswahl dieser Befehle wird in der folgenden Tab. 4.8 vorgestellt:

4.7 Spezielle Matrixmanipulationen

Tabelle 4.8 Weitere Matrixbefehle

Befehl	Beschreibung	Anwendungsbeispiel
>> sum(M)	Erzeugt die Summe der Elemente einer Matrix bzw. eines Vektors. Handelt es sich um eine Matrix, werden die Spalten von M als Vektoren behandelt und sum(M) erzeugt einen Zeilenvektor der Summen der einzelnen Spalten.	>> sum([1 2]) ans = 3 >> sum([1 2;3 4]) ans = 4 6
>> diff(M)	Berechnet die Differenz zwischen benachbarten Elementen einer Matrix bzw. eines Vektors, wobei immer das rechte Element vom links daneben stehenden abgezogen wird. Wenn M ein Vektor ist, liefert diff(M) einen Vektor mit einem Element weniger als M, der jeweils die Differenz der benachbarten Elemente enthält. Ist M eine Matrix, werden jeweils die Elemente der oberen Zeile von den entsprechenden Elementen der nächsten Zeile abgezogen.	>> diff([1 2 3 4 5]) ans = 1 1 1 1 >> diff([6 4 2 1]) ans = -2 -2 -1 >> diff([8 3 7 90 3 6]) ans = -5 4 83 -87 3 >> diff([1 2;5 9]) ans = 4 7 >> diff([1 2 3;5 9 15;8 4 2]) ans = 4 7 12 3 -5 -13
>> prod(M)	Erzeugt das Produkt der Elemente einer Matrix bzw. eines Vektors. Handelt es sich um eine Matrix, werden die Spalten von M als Vektoren behandelt und sum(M) erzeugt einen Zeilenvektor der Produkte der einzelnen Spalten.	>> prod([2 5]) ans = 10 >> prod([2 5; 3 8]) ans = 6 40

Die Summe der Elemente einer Matrix kann z. B. für das Überprüfen der Eigenschaften eines „magischen Quadrats" verwendet werden, wie bereits in Abschn. 3.3.4 in Beispiel 3.7 gezeigt wurde.

4.7.2 Spezielle Teilbereiche einer Matrix extrahieren

Die Möglichkeit, bestimmte Spalten oder Zeilen oder bestimmte Elemente in Zeilen oder Spalten aus einer Matrix zu extrahieren, wurde bereits in Abschn. 3.3.2 beschrieben. MATLAB stellt aber auch noch Befehle zur Verfügung, mit denen weitere Teilbereiche einer Matrix extrahiert werden können, die nicht in Spalten oder Zeilen vorliegen, z. B. den Vektor der Diagonalen oder Dreiecke einer Matrix. Der Vollständigkeit halber sollen diese Befehle in Tab. 4.9 kurz erläutert werden.

In der MATLAB-Hilfe zu diesen Befehlen ist zusätzlich auch grafisch dargestellt, inwieweit das Ergebnis sich verändert, wenn k größer oder kleiner wird. Außerdem gibt es zumindest für den diag-Befehl noch weitere Varianten, die für bestimmte Anwendungen hilfreich sein können. Ein Beispiel für die Anwendung des diag-Befehls wurde schon in Abschn. 3.3.4 in Beispiel 3.7 gezeigt.

Tabelle 4.9 Spezielle Matrixbefehle

Befehl	Beschreibung	Anwendungsbeispiel

`>> diag(M)`	Erzeugt einen Spaltenvektor mit den Elementen der Hauptdiagonale einer Matrix. Wird `diag(M)` auf einen Vektor angewendet, wird eine Matrix erzeugt, welche die Elemente des Vektors in der Hauptdiagonale enthält. Die anderen Elemente der Matrix sind 0.	`>> diag([1 2 3 5])`
		`ans = 1 0 0 0`
		`      0 2 0 0`
		`      0 0 3 0`
		`      0 0 0 5`
		`>> diag([1 2 3;4 5 6;7 8 9])`
		`ans = 1`
		`      5`
		`      9`

`>> diag(M,k)`	Die allgemeine Form des diag-Befehls ergibt für k > 0 die Nebendiagonalen rechts der Hauptdiagonalen, für k < 0 die Nebendiagonalen links der Hauptdiagonalen. Dabei gilt, mit steigendem k wird jeweils die nächste, von der Hauptdiagonalen weiter weg liegende Nebendiagonale ausgegeben. Für k = 0 erhält man die Hauptdiagonale, s. o. Wird der Befehl auf einen Vektor angewendet, so ergibt sich eine Matrix, deren Teildiagonale der Ausgangsvektor ist. Die Matrix wird entsprechend größer, je größer der Betrag von k ist, d. h. je weiter von der Hauptdiagonale entfernt der Vektor als Teildiagonale eingefügt wird, siehe Anwendungsbeispiele rechts.	`>> diag([1 2 3;4 5 6;7 8 9],1)`
		`ans = 2`
		`      6`
		`>> diag([1 2 3;4 5 6;7 8 9],-1)`
		`ans = 4`
		`      8`
		`>> diag([1 2 3;4 5 6;7 8 9],2)`
		`ans = 3`
		`>> diag([1 2 3 5],-1)`
		`ans = 0 0 0 0 0`
		`      1 0 0 0 0`
		`      0 2 0 0 0`
		`      0 0 3 0 0`
		`      0 0 0 5 0`
		`>> diag([1 2 3 5],2)`
		`ans = 0 0 1 0 0 0`
		`      0 0 0 2 0 0`
		`      0 0 0 0 3 0`
		`      0 0 0 0 0 5`
		`      0 0 0 0 0 0`
		`      0 0 0 0 0 0`

`>> triu(M)`	Erzeugt eine Matrix mit den Elementen des Dreiecks im rechten oberen Eck („upper triangle" → triu) der Matrix M inklusive der Hauptdiagonalen. Die restlichen Elemente der Ergebnismatrix sind 0.	`>> triu([1 2 3;4 5 6;7 8 9])`
		`ans = 1 2 3`
		`      0 5 6`
		`      0 0 9`

`>> triu(M,k)`	Analog zum diag(M,k)-Befehl verkleinert k > 0 das Dreieck weg von der Hauptdiagonale nach rechts, k < 0 vergrößert das Ergebnisdreieck nach links. Bei k = 0 ist die Hauptdiagonale eingeschlossen, s. o.	`>> triu([1 2 3;4 5 6;7 8 9],1)`
		`ans = 0 2 3`
		`      0 0 6`
		`      0 0 0`
		`>> triu([1 2 3;4 5 6;7 8 9],-1)`
		`ans = 1 2 3`
		`      4 5 6`
		`      0 8 9`

Tabelle 4.9 Spezielle Matrixbefehle *(Fortsetzung)*

Befehl	Beschreibung	Anwendungsbeispiel

`>> tril(M)`	Erzeugt eine Matrix mit den Elementen des Dreiecks im linken unteren Eck („lower triangle" → tril) der Matrix M inklusive der Hauptdiagonale. Die restlichen Elemente der Ergebnismatrix sind 0.	`>> tril([1 2 3;4 5 6;7 8 9])`
		`ans =   1   0   0`
		`        4   5   0`
		`        7   8   9`

`>> tril(M,k)`	Umgekehrt zu dem `triu(M,k)`-Befehl vergrößert k > 0 das Dreieck weg von der Hauptdiagonale nach rechts, k < 0 verkleinert das Ergebnisdreieck nach links. Bei k = 0 ist die Hauptdiagonale eingeschlossen, s. o.	`>> tril([1 2 3;4 5 6;7 8 9],1)`
		`ans =   1   2   0`
		`        4   5   6`
		`        7   8   9`
		`>> tril([1 2 3;4 5 6;7 8 9],-1)`
		`ans =   0   0   0`
		`        4   0   0`
		`        7   8   0`

4.8 Feldoperationen: Elementweise Verknüpfung von Vektoren

4.8.1 Elementweise Multiplikation (engl. „array multiply")

Die elementweise Multiplikation oder Division von Vektoren ist für praktische Anwendungen von MATLAB sehr interessant, weshalb dem Thema ein eigenes Unterkapitel gewidmet ist. Die Gleichung `x*y` würde eine Vektormultiplikation zur Folge haben, wie sie in Abschn. 4.6.6 bereits ausführlich behandelt wurde. Gerade bei praktischen Anwendungen, z. B. der Ver- und Bearbeitung von Messdaten, die in Form von Vektoren oder Matrizen in MATLAB eingelesen wurden, kann es aber notwendig sein, alle Elemente des Vektors, der Matrix oder zumindest einzelner Spalten einer Messwerte-Matrix mit einem weiteren Vektor elementweise zu multiplizieren. Dabei wird das erste Element des ersten Vektor mit dem ersten Element des zweiten Vektors multipliziert, das zweite mit dem zweiten, usw. Gleiches gilt für eine elementweise Division.

Auch für die grafische Darstellung von Funktionen, die im nächsten Kapitel beschrieben wird, ist die elementweise Multiplikation oder Division Voraussetzung für die Erzeugung der Wertetabellen von Funktionen, z. B. wenn es darum geht, `y=sin(x)*x` grafisch darzustellen:

Beispiel 4.29 Misslungener Versuch, eine Wertetabelle für die grafische Darstellung einer Funktion zu erzeugen

```
>> x=[0:pi/90:2*pi];        % Wertebereich x von 0 bis 2*pi
>> y=sin(x)*x;
   Error using *
   Inner matrix dimensions must agree.
```

Der Fehler tritt auf, da eine Vektormultiplikation von zwei Spaltenvektoren versucht wird (`sin(x)` und `x`), die nicht funktionieren kann. Notwendig ist in diesem Fall eine elementweise Multiplikation.

■

Um eine elementweise Multiplikation zu erreichen, wird diese spezielle Operation mit einem Punkt vor dem mathematischen Operator eingeleitet, z. B. .* oder ./, .\ oder .^. Der ausgeschriebene MATLAB-Befehl zur elementweisen Multiplikation heißt times(a,b) – im Gegensatz zu mtimes(a,b) für die Matrixmultiplikation (*Matrix multiply*).

Beispiel 4.30 Elementweise Multiplikation oder Division anhand von Beispiel 4.29

```
>> x=[0:pi/90:2*pi];        % Wertebereich x von 0 bis 2*pi
>> y=sin(x).*x;             % Punkt vor dem Multiplikationszeichen
```

Die Ausgabe der Ergebniswerte von x und y wurde durch Abschluss der Befehlszeile mit Semikolon unterdrückt, da es sich immerhin um 181 Werte handelt, die jeweils für x und y berechnet wurden. MATLAB konnte aber die elementweise Berechnung durchführen, es gab keine Fehlermeldung mehr.

■

Beispiel 4.31 Einfaches Beispiel zur elementweisen Multiplikation von zwei Zeilenvektoren

```
>> u=[1 2]; v=[5 6];        % Definieren der beiden Zeilenvektoren
>> u*v
   Error using *
   Inner matrix dimensions must agree.
```

Die Vektormultiplikation zweier Zeilenvektoren kann nicht funktionieren, deshalb die Fehlermeldung von MATLAB.

```
>> u.*v
   ans =   5   12
```

Die elementweise Multiplikation, die durch den Punkt eingeleitet wird, funktioniert dagegen. Das gleiche Beispiel mit dem ausgeschriebenen Befehl times(v,u), wobei gleichzeitig gezeigt wird, dass die Reihenfolge bei der elementweisen Multiplikation von u und v natürlich egal ist:

```
>> times(v,u)
   ans =   5   12
```

Das Ergebnis kann leicht nachgeprüft werden, da das erste Element von u mit dem ersten Element von v multipliziert wurde ($1 \cdot 5 = 5$) und das zweite Element von u mit dem zweiten Element von v ($2 \cdot 6 = 12$).

■

4.8.2 Elementweise Division

Auch die elementweise Division wird mit einem Punkt vor dem Operator eingeleitet. Wie schon bei der Matrixdivision, siehe Abschn. 4.6.10 und 4.6.11, wird bei der Division allerdings nach den beiden möglichen Fällen unterschieden, der linken und der rechten Division.

Im ersten Fall, der linken Division (*Left array divide*), ist das Ergebnis die Lösung der Gleichung u·x = v. Das mathematische Zeichen der elementweisen linken Division ist .\. Der dazugehörige Befehl lautet ldivide(a,b).

Im zweiten Fall, der rechten Division, ist das Ergebnis die Lösung der Gleichung x·u = v. Das mathematische Zeichen für die elementweise rechte Division ist ./. Der MATLAB-Befehl lautet rdivide(a,b).

Am Gebräuchlichsten wird wohl die rechte Division sein, da sie dem entspricht, was in der Schule als Division standardmäßig gelernt wird: a / b als „a geteilt durch b"

Beispiel 4.32 Linke und rechte Division anhand von Zahlenbeispielen

```
>> u=[1 2]; v=[5 6];
>> u.\v                              % linke Division
    ans =  5    3
>> v./u                              % rechte Division
    ans =  5    3
```

Die linke und die rechte Division können auch vertauscht werden, wenn die Reihenfolge der Vektoren vertauscht wird. So ist das Ergebnis von rdivide(u,v) gleich dem von ldivide(v,u).

```
>> rdivide(u,v)                      % linke Division
    ans =  0.2000    0.3333
>> ldivide(v,u)                      % rechte Division
    ans =  0.2000    0.3333
```

Einfaches Zahlenbeispiel für die gebräuchlichste Division, die rechte Division mit dem Zeichen /:

```
>> 6/2
    ans =  3
>> rdivide(6,2)
    ans =  3
```

■

4.8.3 Elementweises Potenzieren

Beim elementweisen Potenzieren muss unterschieden werden, ob sie auf dem Exponenten, einen Skalar, einen Vektor oder eine Matrix angewendet wird.

Wenn ein Vektor oder eine Matrix mit einem Skalar potenziert werden soll, genügt es, den Punkt vor dem Potenzierungszeichen ^ zu setzen, damit alle Elemente des Vektors oder der Matrix mit dem Skalar potenziert werden.

Beispiel 4.33 Elementweises Potenzieren mit einem Skalar

```
>> [2 3 4 5]^2
    Error using ^
    Inputs must be a scalar and a square matrix. To compute
    elementwise POWER, use POWER(.^) instead.
```

Ohne den Punkt vor dem Potenzierungszeichen gibt MATLAB eine Fehlermeldung aus. Es muss elementweise potenziert werden, da MATLAB sonst eine quadratische Matrix für die Ausführung einer Matrixmultiplikation als Eingabe verlangen würde.

```
>> [2 3 4 5].^2
   ans =   4    9   16   25
>> [2 3 4 5;6 7 8 9].^3
   ans =   8   27   64  125
         216  343  512  729
```

■

Soll ein Vektor mit einem Vektor potenziert werden, bzw. eine Matrix mit einer Matrix, müssen die Dimensionen des Vektors bzw. der Matrix miteinander übereinstimmen, da durch das elementweise Potenzieren, das durch .^ eingeleitet wird, das entsprechende Element der Basismatrix mit dem jeweiligen Element der Potenzmatrix potenziert wird. Stimmen die Dimensionen nicht überein, gibt MATLAB eine Fehlermeldung zurück.

Beispiel 4.34 Elementweises Potenzieren eines Vektors mit einem Vektor bzw. einer Matrix mit einer Matrix

```
>> [1 2 3].^[2 3]
   Error using .^
   Matrix dimensions must agree.
```

Die Dimensionen des Vektors, mit dem der Basisvektor potenziert werden soll, müssen übereinstimmen. Beim Versuch, einen Vektor mit 3 Elementen mit einem Vektor mit 2 Elementen zu potenzieren, gibt MATLAB deshalb eine Fehlermeldung aus.

```
>> [1 2 3].^[2 3 4]
   ans =   1    8   81
>> [1 2;3 4].^[2 3;2 3]
   ans =   1    8
           9   64
>> [1 2;3 4].^[2 3]
   Error using .^
   Matrix dimensions must agree.
```

Auch eine 2 × 2-Matrix kann nicht mit einem Vektor der Dimension 2 potenziert werden. Das elementweise Potenzieren funktioniert nur mit einer 2 × 2-Matrix als Exponenten.

■

 Weitere Informationen und Matrizenoperationen sind in der *„Documentation"* im MATLAB-*„Getting Started"*-Handbuch unter *„Matrices and Arrays"* zu finden. Dort finden sich viele interessante Anwendungs- und Rechenbeispiele sowie eine Vielzahl von Variationen der in diesem Kapitel meistens nur in der kurzen „Basis"-Version vorgestellten MATLAB-Befehle.

5 Grafische Darstellungen von Funktionen

MATLAB verdankt seinen Bekanntheitsgrad vor allem seiner Stärke bei der einfachen Erstellung von wissenschaftlichen Grafiken und 3D-Darstellung von Funktionen, wie z. B. dem Logo von MATLAB. Mit MATLAB können abstrakte Funktionen schnell in anschauliche, farbige und aussagekräftige Grafiken verwandelt werden, die leicht in Berichte und wissenschaftliche Arbeiten eingefügt werden können.

MATLAB bietet dazu eine Vielzahl von verschiedenen Möglichkeiten und Befehlen, von denen die wichtigsten in diesem Kapitel vorgestellt werden.

■ 5.1 Einfache Grafiken und Diagramme mit plot

Der einfachste und gleichzeitig vielseitigste Befehl zur Ausgabe von Grafiken auf dem Bildschirm ist der Befehl plot(x,y) oder plot(y). Anhand dieses MATLAB-Befehls wird im Folgenden die Systematik, mit der unter MATLAB Grafiken erstellt und angepasst werden können (Farbe, Strichart und -stärke, etc.), erläutert.

Dem plot-Befehl muss als Argument mindestens ein Vektor mit y-Werten mitgegeben werden, es können aber auch Vektoren in beliebiger Anzahl mit x- und y-Werten als Argument in runden Klammern angefügt werden, wobei Abszisse (x-Wert) und Ordinate (y-Wert) immer paarweise und in der Reihenfolge Abszisse-Ordinate angegeben werden müssen. Wird nur ein Vektor mit Ordinatenwerten angegeben, so verwendet MATLAB generell die Folge 1, 2, 3,... als x-Werte.

Beispiel 5.1 Einfaches Erzeugen einer MATLAB-Grafik mit dem plot-Befehl am Beispiel der Sinusfunktion

```
>> x=[0:pi/90:2*pi];          % Wertebereich x von 0 bis 2*pi
>> y=sin(x);                  % sin(x) berechnen
>> plot(x,y)
```

Für eine einfache grafische Darstellung genügt es, einen x-Wertebereich zu definieren, für diesen Wertebereich die entsprechenden Sinuswerte berechnen zu lassen und mit plot(x,y) ein Grafikfenster mit der Darstellung der Sinuskurve zu öffnen, siehe Bild 5.1.

102 5 Grafische Darstellungen von Funktionen

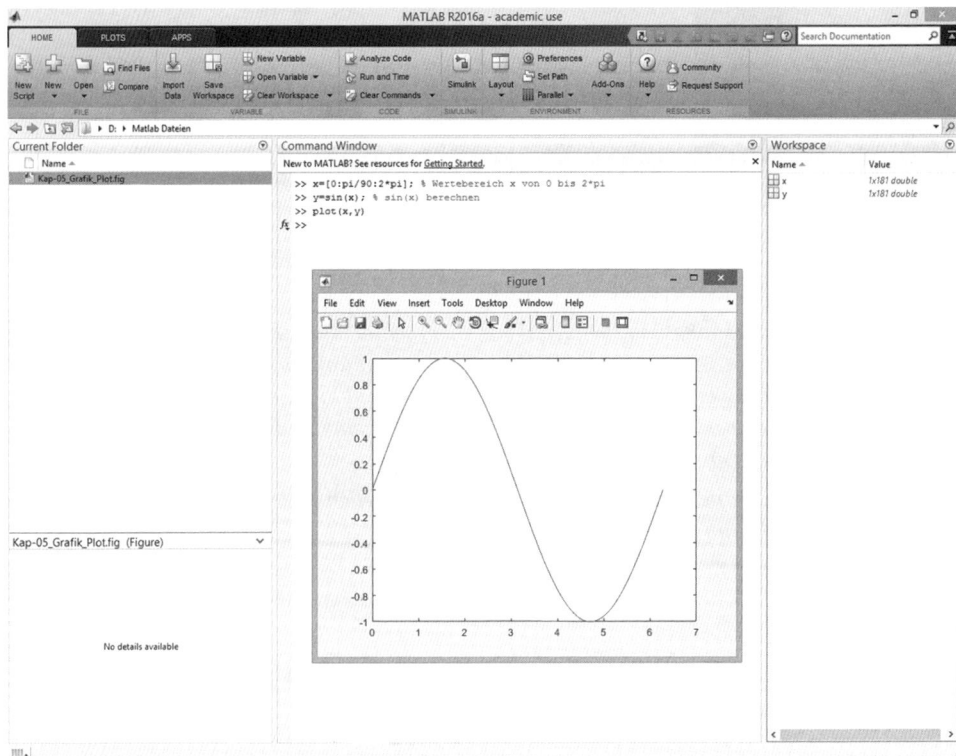

Bild 5.1 Erzeugen einer einfachen Grafik mit dem `plot`-Befehl, die in einem separaten Grafikfenster, hier mit der Bezeichnung „Figure 1", geöffnet wird

Das erzeugte Diagramm ist sehr schnell erstellt, aber natürlich fehlen Optionen wie Grafiktitel, Achsenbeschriftungen, Gitternetzlinien etc. Diese Optionen sind nützlich und wichtig und können ebenfalls sehr leicht über die entsprechenden Befehle im *„Command Window"* hinzugefügt werden. Deshalb werden diese zusätzlichen Grafikeigenschaften, engl. *figure properties*, im nächsten Abschnitt ausführlich beschrieben.

Grafiken werden generell, wie in Bild 5.1 gezeigt, in einem separaten Grafikfenster ausgegeben. Werden mehrere Grafikbefehle in Folge in MATLAB eingegeben, wird jeweils die vorherige Grafik überschrieben und durch die neue Grafik ersetzt. Alternativ kann ein neues Grafikfenster mit dem Befehl `figure` geöffnet werden, was z. B. erlaubt, zwei Grafiken in unterschiedlichen Fenstern miteinander zu vergleichen. Wenn mehrere Grafiken in ein Diagramm gezeichnet werden sollen, dann kann mit dem Befehl `hold on` das „Halten" der bestehenden Grafik eingeschaltet werden. MATLAB fügt dann die nächsten Grafiken zu der bestehenden Grafik in das gleiche Diagramm ein, bis mit dem Befehl `hold off` das Halten wieder abgeschaltet wird. Die Anwendung dieses Befehls wird in Abschn. 5.3.1 nocheinmal ausführlich erläutert.

5.2 Grafikeigenschaften – „Figure Properties"

Das Grafikfenster hat eine eigene Menüleiste, über die eine Grafik direkt ausgedruckt oder in andere Programme wie z. B. Textverarbeitungsprogramme kopiert werden kann. Außerdem können alle Eigenschaften der Grafik, die über MATLAB-Befehle direkt im *„Command Window"* eingegeben werden können, auch direkt über Menüs des Grafikfensters oder per rechtem Mausklick auf die jeweilige Kurve geändert oder eingestellt werden.

5.2.1 Farbpaletten auswählen mit `colormap`

Bevor auf die eigentlichen Grafikeigenschaften eingegangen wird, soll ein grundlegender Grafikbefehl erwähnt werden, der Befehl `colormap`, mit dem die Farbpalette, die einer Grafik zugrunde liegt, festgelegt werden kann.

Die in Tab. 5.1 vorgestellten verschiedenen Farbpaletten dienen dazu, unterschiedliche Stimmungen (Jahreszeiten) wiederzugeben oder können für spezifische Zwecke angewendet werden, wie z. B. `colormap('bone')` für die Darstellung eines Röntgenbildes.

Der Befehl `colormap` kann auf verschiedene Weise eingegeben werden: mit Klammern und Anführungszeichen oder nur mit einem Zwischenraum:

```
>> colormap default
>> colormap('default')
```

Beide Befehle führen zu dem gleichen Ergebnis und nicht zu einer Fehlermeldung.

Wie sich die unterschiedlichen Farbpaletten schnell und leicht grafisch darstellen lassen, wird in Abschn. 5.3 an einem Beispiel gezeigt. Natürlich bietet auch die *„Documentation"* unter dem Stichwort `colormap` eine farbige Übersicht der Farbpaletten.

5.2.2 „Figure Properties" über die Befehlszeile definieren

Die folgenden, in Tab. 5.2 zusammengefassten Eigenschaften sind wohl die gebräuchlichsten Optionen, die normalerweise zu einer Grafik bzw. einem Diagramm hinzugefügt werden, wie z. B. Gitternetzlinien, Diagrammtitel, Achsenbeschriftungen, Achsenbegrenzungen, Legende, Farbe und Art der Kurven. Diese Eigenschaften werden direkt dem `plot`-Befehl hinzugefügt, wie z. B. `plot(x,y,'y--')` zum Ändern der Farbe und Strichart, oder sie können in der gleichen Zeile, durch Komma oder Semikolon getrennt, angefügt werden. Es ist auch möglich, diese Befehle wie z. B. `grid` oder `title('Beliebiger Diagrammtitel')` jederzeit im *„Command Window"* einzugeben. Wenn mehrere Grafikfenster (*figures*) offen sind, ist es jedoch wichtig, darauf zu achten, dass das gewünschte Fenster „aktiv" ist, d. h. als letztes angezeigt wurde. Sonst wird schnell eine Gitternetzlinie im falschen Diagramm entfernt oder der falsche Diagrammtitel überschrieben.

Tabelle 5.1 Übersicht der Farbpaletten (`colormap('Farbpalette')`)

Befehl	Beschreibung der Farbpalette
`>> colormap('default')`	Mit `colormap('default')` wird der Standard (Farbpalette `'parula'`) wiederhergestellt, mit dem MATLAB startet.
`>> colormap('parula')`	Die Farbpalette „Parula" ist benannt nach der Vogelart der Waldsänger (Parulidae) und die Farben gehen von violett über blau, grün, orange zu gelb.
`>> colormap('hsv')`	Die Farbpalette des HSV-Farbraums (engl. hue-saturation-value), der von Rot über Gelb, Grün, Cyan, Blau, Magenta wieder zurück zu Rot geht; laut MATLAB ist diese Farbpalette vor allem für die Darstellung periodischer Funktionen geeignet.
`>> colormap('jet')`	Sehr ähnlich zu hsv, die Farben gehen hier von Blau über Cyan, Gelb und Orange zu Rot.
`>> colormap('gray')`	Grauskala mit linearer Abstufung der Grautöne.
`>> colormap('bone')`	Grauskala mit einem Blaustich, z. B. für Darstellungen von Röntgenbildern geeignet.
`>> colormap('colorcube')`	So viele gleichmäßige Abstufungen des RGB-Farbraums wie möglich.
`>> colormap('cool')`	Farbschattierung von Cyan bis Magenta, ideal für kalt wirkende Grafiken, keine warmen Farben.
`>> colormap('copper')`	Schwarz bis zu einem hellen Kupferton, alle Schattierungen.
`>> colormap('flag')`	Die Farben Schwarz, Weiß, Rot und Blau, die wiederholt werden, ohne weichen Übergang von einer Farbe zu anderen.
`>> colormap('hot')`	Von Schwarz über Rot- und Gelbschattierungen ins Weiße, nur warme Farbtöne.
`>> colormap('lines')`	Die Farben, die in der Achseneigenschaft ColorOrder festgelegt sind, sowie ein Grauton.
`>> colormap('pink')`	Von Schwarz nach Weiß über pinkfarbene Pastelltöne, gibt damit die Sepiatönung alter Fotos wieder.
`>> colormap('prism')`	Nur sechs Farben: Rot, Orange, Gelb, Grün, Blau und Violett, die wiederholt werden.
`>> colormap('spring')`	Farbstufen von Magenta zu Gelb, die blühenden Farben des Frühlings.
`>> colormap('summer')`	Farbschattierungen von Grün zu Gelb, die leuchtenden Farben des Sommers.
`>> colormap('autumn')`	Gelb-, Orange- und Rottöne, die Farben des Herbstes.
`>> colormap('winter')`	Farbstufen von Blau zu Grün, die kalten Farben des Winters.
`>> colormap('white')`	Nur Weiß.

5.2 Grafikeigenschaften – „Figure Properties"

Tabelle 5.2 Übersicht der Eigenschaften einer Grafik (*Properties*)

Befehl	Funktion

`>> grid`
`>> grid on`
`>> grid off`
	Mit `grid` werden Gitternetzlinien angezeigt – oder bestehende wieder entfernt. Um auf der sicheren Seite zu sein, wird besser der Befehl `grid on` für das Anzeigen von Gitternetzlinien und `grid off` für das Ausblenden verwendet.[1]

`>> legend('Kurve1','Kurve2')`	Einfügen einer Legende innerhalb von `'Hochkommata'`[2]. Sofern mehrere Kurven dargestellt werden, erfolgt die Bezeichnung in der Reihenfolge, in der die Wertepaare im `plot`-Befehl gelistet werden. Falls mehr Legendeneinträge eingegeben werden, als Kurven dargestellt sind, gibt es eine Warnmeldung, dass überflüssige Legenden ignoriert werden
	`Warning: Ignoring extra legend entries.`
	`> In legend>set_children_and_strings (line 643)`
	`In legend>make_legend (line 328)`
	`In legend (line 254)`

`>> title('Diagrammtitel')`	Einfügen eines Grafik- oder Diagrammtitels, ebenfalls innerhalb von `'Hochkommata'`. Dieser Befehl kann vordefinierte Grafiktitel überschreiben, etwa bei speziellen Diagrammen der *Control Toolbox*, z. B. dem *Bode Diagramm* (vgl. Abschn. 7.3).
`>> xlabel('x-Achse')`	Einfügen der Beschriftung der x-Achse.
`>> ylabel('y-Achse')`	Einfügen der Beschriftung der y-Achse.
`>> axis([xmin,xmax,ymin,ymax])`	Die Achsen können skaliert werden; dazu dient der Befehl `axis`, wobei die Skalierungswerte in der Form eines Vektors, d. h. in eckigen Klammern, eingegeben werden.
`>> gtext('Text')`	Text, der mit der Maus in der Grafik positioniert wird; MATLAB wechselt dazu automatisch vom „*Command Window*" ins aktive Grafikfenster, d. h. in dasjenige, welches zuletzt geöffnet war.
`>> plot(x,y,'y--')`	Optionen, mit denen Farbe und Stil der Linien sowie der Punkttyp zur Markierung einzelner Werte festgelegt werden kann. Diese folgen im `plot`-Befehl nach Festlegung der Vektoren für die x- und y-Werte in Hochkommata eingeschlossen, z. B. steht `plot(x,y,'y--')` für einen x-y-Plot mit gelber, gestrichelter Linie. Die Farbenwerte, Punkt- und Linientypen sind in der folgenden Tab. 5.3 separat aufgelistet.

---

[1] Einige MATLAB-Befehle gibt es sowohl in der Variante mit on oder off, z. B. `grid on` oder `grid off`, als auch nur solo, also z. B. `grid`, ein Befehl zum An- und Ausschalten, je nachdem, welcher Zustand gerade gesetzt ist. Da es keine Rückmeldung gibt, ist es immer sicherer, die spezifischere on- oder off-Variante zu wählen.

[2] Alle Texte oder Strings werden immer in `'Hochkommata'` (<UMSCHALT>+<#/> bzw. <SHIFT>+<#/>) gesetzt, nicht in "Anführungszeichen"!

Tabelle 5.3 Übersicht der Farbenwerte, Punkt- und Linientypen, die über den `plot`-Befehl der Grafik als Eigenschaft direkt übergeben werden können.

Farbe		Punkttyp		Linientyp	
b	Blau	.	Punkt	-	durchgezogen (solid)
g	Grün	o	Kreis	:	gepunktet (dotted)
r	Rot	x	x-Marker	-.	Strich-Punkt (dash dot)
c	Cyan	+	Plus	--	gestrichelt (dashed)
m	Magenta	*	Stern		
y	Gelb (yellow)	s	Quadrat		
k	Schwarz	d	Raute		
		v	Dreieck (nach unten)		
		^	Dreieck (nach oben)		
		<	Dreieck (nach links)		
		>	Dreieck (nach rechts)		
		p	Pentagramm		
		h	Hexagramm		

Bezüglich der Beschaffenheit und der Beschriftung von Grafiken gibt es sehr viele Befehle, von denen die nützlichsten hier nur kurz aufgelistet werden sollen. In der „*Documentation*" von MATLAB werden natürlich alle beschrieben.

Die Farbe definiert die Farbe der jeweiligen Kurve (ohne Angabe wählt MATLAB anhand einer bestimmten Reihenfolge die Farben aus). Der Punkttyp gibt an, mit welchem Symbol ein einzelner Datenpunkt der Kurve angezeigt wird. Der Linientyp spezifiziert die Art, wie die Linie der Kurve dargestellt wird (durchgezogen, gestrichelt, gepunktet, etc.).

Am folgenden Beispiel sollen die unterschiedlichen Eigenschaften der Grafik verdeutlicht werden.

Beispiel 5.2 Erstellen einer Grafik mit mehr als einer Funktion und definierten Diagrammeigenschaften

Die folgenden MATLAB-Befehlszeilen definieren einen Wertebereich x von 0 bis 2π, eine Sinuskurve $y = \sin(x)$ und eine Gerade mit der Gleichung $z = 0{,}3x - 0{,}5$. Anschließend wird mit dem `plot`-Befehl ein Grafikfenster geöffnet, in dem die beiden Funktionen dargestellt sind. Die Sinuskurve soll rot mit einer Strich-Punkt-Linie dargestellt werden, die Gerade in Blau mit einer durchgezogenen Linie. Die einzelnen Werte sind bei der Sinuskurve mit rautenförmigen Markern gekennzeichnet, bei der Gerade gar nicht. Die Grafik erhält einen Diagrammtitel, eine beschriftete Legende, beschriftete Achsen und einen beliebigen Text sowie feste Achsenwerte. Nach Eingabe der letzten Zeile mit dem Befehl `gtext` bewegt sich ein Achsenkreuz über das Diagramm. Durch linken Mausklick wird damit der Ort für den Text „Zwei Kurven mit unterschiedlichen Linien" festgelegt.

```
>> x=[0:pi/15:2*pi];              % Wertebereich x von 0 bis 2*pi
>> y=sin(x);                      % sin(x) berechnen
>> z=0.3*x-0.5;                   % Einfache Geradengleichung
>> plot(x,y,'r-.d',x,z,'b-')      % Plot mit versch. Linientypen
                                  % und Farben für y und z
```

```
>> grid on                              % Gitternetzlinien einfügen
>> legend('Sinus','Gerade')             % Legende beschriften
>> title('Grafiken mit dem MATLAB-Befehl plot erzeugen')
                                        % Grafiktitel erzeugen
>> axis([0 6.5 -1.1 1.5])               % Achsenwerte festlegen
>> xlabel('x-Achse')                    % Beschriftung x-Achse
>> ylabel('y-Achse')                    % Beschriftung y-Achse
>> gtext('Zwei Kurven mit unterschiedlichen Linien')
                                        % Text innerhalb der Grafik
```

Beim plot-Befehl kann auch die Liniendicke (LineWidth) und Größe von Markern (Marker Size) in Punkten, sowie die Farbe der Markerumrandungen (MarkerEdgeColor) und Markerfüllungen (MarkerFaceColor) über die Befehlszeile definiert werden.

Diese Angaben können aber nicht gemacht werden, wenn mehrere Kurven durch einen plot-Befehl gezeichnet werden sollen. Wenn also unterschiedliche Strichdicken definiert werden sollen, müssen die plot-Befehle für jede Kurve separat eingegeben werden. Damit nicht die Sinuskurve durch den plot-Befehl der Geraden überschrieben wird, muss der hold-Befehl verwendet werden, mit dem das bestehende Diagramm erhalten bleibt und eine neue Kurve dazu gezeichnet wird.

Die obige Zeile mit dem plot-Befehl sollte deshalb durch die folgenden Zeilen ersetzt werden.

```
    >> plot(x,y,'r-.d','LineWidth',3,'MarkerSize',5,
       'MarkerEdgeColor','r','MarkerFaceColor','k')
                % Sinus mit sehr dicker, roter Linie und bunten Markern
    >> hold on
    >> plot(x,z,'b-','LineWidth',3)         % Gerade mit sehr dicker,
                                            % blauer, durchgezogener Linie
    >> hold off
```

Alle Grafikbefehle, die nach dem plot-Befehl eingegeben wurden, wie Gitternetzlinien, Achsenbeschriftungen etc., sind nach Eingabe des neuen plot-Befehls aufgehoben und müssen wiederholt werden, was durch Doppelklick mit der Maus auf die Liste der entsprechenden Befehle in der „Command History" aber schnell geschehen ist.

In Bild 5.2 ist das fertige Ergebnis der Eingaben aus Beispiel 5.2 zu sehen. Alle Beschriftungen, Texte, Farben der Grafiken, Liniendicken etc. wurden über die Befehlszeile im „Command Window" eingegeben. Die nachfolgend beschriebene Änderung von Diagrammeigenschaften mit Mausklick im Grafikfenster ist zwar weniger umständlich, die Möglichkeit, Grafikeigenschaften über Befehlszeilen festzulegen, ist aber von großem Nutzen, wenn komplette Befehlsfolgen wie aus Beispiel 5.2 in Programme übernommen werden, siehe Kap. 6. Nachträgliche Änderungen, wie z. B. der erweiterte plot-Befehl, können in den Programmen sehr leicht eingebaut werden.

108 5 Grafische Darstellungen von Funktionen

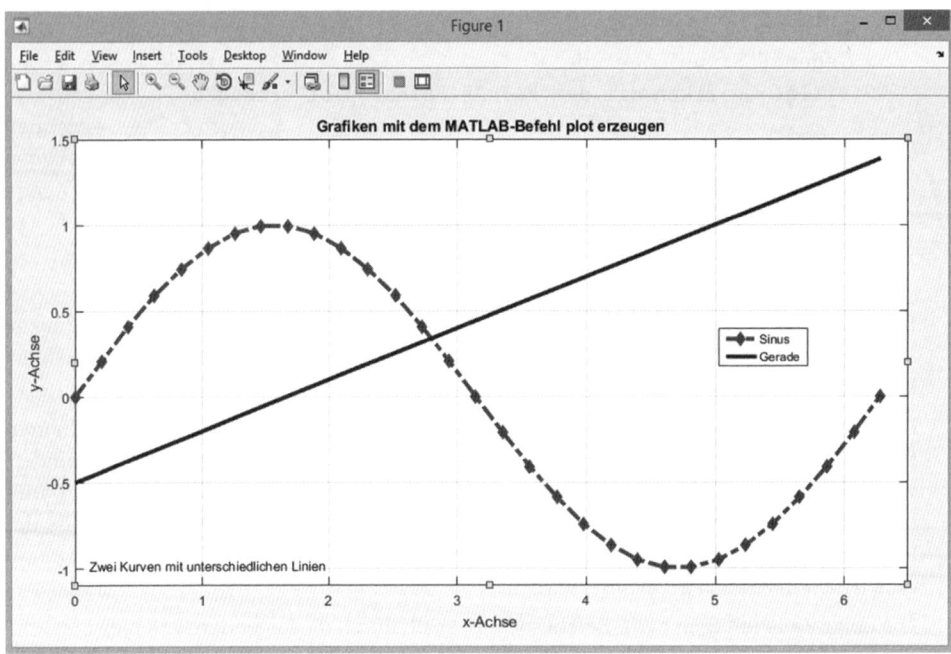

Bild 5.2 Ein Diagramm zweier Funktionen mit Diagrammtitel, Legende, Achsenbeschriftung, unterschiedlichen Farben und Linientypen der Kurven sowie Text, mittels plot-Befehl erzeugt

5.2.3 „Properties" über die Menüleiste im Grafikfenster bestimmen

Weitere Eigenschaften der Grafik können, wie oben bereits erwähnt, auch direkt über die Menüleiste des Grafikfensters geändert werden, wie z. B. die Skalierung der Achsen über „*Edit*" → „*Axis Properties*".

In Bild 5.3 sind die einzelnen Untermenüs der Taskleiste aus mehreren Screenshots kombiniert worden. Die wichtigsten und nützlichsten Menüpunkte werden in Tab. 5.4 kurz erläutert.

Tabelle 5.4 Kurze Erläuterungen zu den wichtigsten Menüpunkten der Untermenüs der Taskleiste des Grafikfensters aus Bild 5.3

Menüpunkt	Funktion
File	
Untermenü für Dateioperationen, Daten importieren oder speichern, generelle Einstellungen etc.	
Save As…	Im Vergleich zu save kann das Diagramm auch in einem der gebräuchlichen Bildformate (JPG, BMP, TIFF etc.) abgespeichert werden.
Generate Code	Generiert einen Programmcode, der in andere MATLAB-Programme integriert werden kann, vgl. Kap. 6.
Import Data	Abgespeicherte Variablen können in MATLAB importiert werden. Dieser Befehl betrifft nicht das Grafikfenster direkt, sondern MATLAB allgemein.

Tabelle 5.4 Kurze Erläuterungen zu den wichtigsten Menüpunkten der Untermenüs der Taskleiste des Grafikfensters aus Bild 5.3 *(Fortsetzung)*

Menüpunkt	Funktion
Save Workspace As …	Variablen des MATLAB Workspace werden abgespeichert, allgemeiner MATLAB-Befehl.
Preferences	Ebenfalls ein allgemeiner Befehl, der die ganze MATLAB-Umgebung betrifft, zum Festlegen von Präferenzen, wie Schriftart, Farben etc.
Edit	
Untermenü zum Verändern der Grafikeigenschaften und Kopieren.	
Copy Figure	Die Grafik wird in den Zwischenspeicher kopiert und kann in andere Programme, z. B. Textverarbeitung, eingefügt werden.
Copy Options	Die Optionen unter denen die Grafik in den Zwischenspeicher kopiert wird, werden hier festgelegt, z. B. ob die Grafik mit weißem oder transparentem Hintergrund kopiert wird.
Figure Properties	Die Eigenschaften des Grafikfensters können hier verändert werden, wie z. B. Hintergrundfarbe. Beim Klick auf „*More Properties*" geht ein separates Fenster mit einer großen Anzahl an Optionen auf. Da diese im Normalfall nicht verändert werden müssen, wird hier nicht weiter darauf eingegangen.
Axes Properties	Die Achsenbegrenzungen sowie die Beschriftung der Achsen und der Diagrammtitel lassen sich über diesen relativ wichtigen Menüpunkt verändern.
View	
Untermenü zur Auswahl verschiedener Ansichten, zusätzlicher Symbolleisten und Optionsfenster.	
Camera Toolbar	Die Symbolleiste einer virtuellen Kamera bzw. deren Position und Positionsänderung wird angezeigt, siehe dritte Leiste von oben in Bild 5.4. Mithilfe der verschiedenen Optionen kann aus einer einfachen zweidimensionalen Sinuskurve eine beeindruckende 3D-Darstellung erzeugt werden, indem die Position der virtuellen Kamera entsprechend verändert wird. Die Möglichkeiten sind sehr vielfältig, genauere Hinweise liefert die „*Documentation*". Durch Anklicken eines der Icons der Symbolleiste, kann mit linkem Mausklick auf die Grafik und Ziehen bei gedrückter Maustaste der jeweilige Effekt leicht ausprobiert und getestet werden, siehe Bild 5.4.
Plot Edit Toolbar	Mit dieser Symbolleiste, siehe vierte Leiste von oben in Bild 5.4, können Eigenschaften der Kurve und des Diagramms verändert werden, je nachdem, was mit der Maustaste markiert wurde, z. B. die Farbe der Kurve, die Schriftart und -größe der Achsenbezeichnungen etc.
Plot Browser	Der „*Plot Browser*" wird dann interessant, wenn verschiedene Kurven in einem Diagramm angezeigt werden, die über den „*Plot Browser*" ausgewählt werden können.
Property Editor	Der „*Property Editor*" zeigt die Eigenschaften des aktuellen, markierten Objekts an, z. B. der Kurve wie in Bild 5.4, der Achsenbeschriftungen, des Titels etc.

Tabelle 5.4 Kurze Erläuterungen zu den wichtigsten Menüpunkten der Untermenüs der Taskleiste des Grafikfensters aus Bild 5.3 *(Fortsetzung)*

Menüpunkt	Funktion
Insert	
\multicolumn{2}{l}{Untermenü zum Einfügen wichtiger Grafikbeschriftungen, wie Achsenbeschriftungen und zusätzliche Elemente.}	
X Label	Einfügen der Beschriftung der x-Achse
Y Label	Einfügen der Beschriftung der y-Achse
Title	Einfügen eines Diagrammtitels
Legend	Einfügen einer Legende, wobei die einzelnen Kurven standardmäßig automatisch benannt werden und manuell umbenannt werden können. Zum Umbenennen muss nur die Bezeichnung in der Legende angeklickt werden. Sobald der Kurve ein eigener Name gegeben wurde, wird dieser auch im „*Plot Browser*" der Kurve zugeordnet, siehe Bild 5.4.
Elemente, die in das Diagramm eingefügt werden können:	
Line	Linien, um Begrenzungen zu markieren
Arrow	Pfeile, um auf bestimmte Punkte zu verweisen
Text Arrow	Textpfeile, die den Pfeil beschriften
Double Arrow	Doppelpfeile, mit Spitzen in beiden Richtungen
Text Box	Textfelder, zum Einfügen beliebiger Texte in der Grafik
Rectangle	Rechtecke, z. B. zum Umrahmen bestimmter Elemente
Ellipse	Ellipsen, z. B. zum Einkreisen von bestimmten Punkten
Tools	
\multicolumn{2}{l}{Untermenü interessanter Werkzeuge, mit denen die Ansichtsoptionen verändert und statistische Auswertungen gemacht werden können.}	
Edit Plot	Schaltet den Editiermodus ein, mit dem die einzelnen Bestandteile der Grafik (Kurve, Achsen, Beschriftungen etc.) verändert werden können. Das Klicken auf den weißen Pfeil in der zweiten Symbolleiste von oben, Bild 5.4, hat die gleiche Wirkung.
Zoom In	Hineinzoomen in die Grafik, um Details der Kurve besser sichtbar zu machen.
Zoom Out	Herauszoomen aus der Grafik, um aus der Vergrößerungsansicht durch Mausklick Schritt für Schritt wieder zurück zur ursprünglichen Ansicht zu kommen.
Pan	Verschieben der Kurve in x- und y-Richtung, wobei der Ausschnitt gleich bleibt, es ändern sich nur die angezeigten Achsenabschnitte. Die gleiche Wirkung wird erzielt, wenn auf die Hand in der zweiten Symbolleiste, siehe Bild 5.4, geklickt wird.
Rotate 3D	Das Grafikfenster kann in x-, y- und z-Richtung gedreht werden, sodass eine 3D-Darstellung entsteht.
Data Cursor	Durch Klicken auf einen bestimmten Punkt einer Kurve werden die Koordinaten des Punktes angezeigt, bei einer zweidimensionalen Kurve der x- und y-Wert.

5.2 Grafikeigenschaften – „Figure Properties" 111

Tabelle 5.4 Kurze Erläuterungen zu den wichtigsten Menüpunkten der Untermenüs der Taskleiste des Grafikfensters aus Bild 5.3 *(Fortsetzung)*

Menüpunkt	Funktion
Brush	Bereiche einer Kurve können farbig markiert werden, um sie z. B. besonders hervorzuheben.
Link	Am oberen Rand des Grafikfensters werden die Variablen angezeigt, mit denen jede Kurve verlinkt ist.
Reset View	Dieser Menüpunkt ist vielleicht der Wichtigste, wenn man die verschiedenen Optionen zum Verändern einer Grafik ausprobiert hat: Damit werden die Änderungen der Ansicht (Kameraperspektive oder 3D-Ansicht) wieder zurückgesetzt.
Basic Fitting	Ein hilfreiches Werkzeug zum Beschreiben einer Datenreihe durch eine mathematische Gleichung, hilfreich, um z. B. für Messwerte eine Funktionsgleichung zu ermitteln, mit der die Kurve repräsentiert werden kann. Es stehen verschiedene Funktionen zur Verfügung, von linear, quadratisch, kubisch bis hin zu Polynomen zehnten Grades. Die ermittelte Funktionsgleichung einer Kurve kann angezeigt werden. Sie wird im Diagramm über die ursprüngliche Kurve gelegt, und es können die Abweichungen der Datenreihe von der Funktion angezeigt werden, um die Qualität der ermittelten Funktion zu beurteilen. Als Beispiel wurde in Bild 5.5 die Sinuskurve mittels eines Polynoms vierten Grades angenähert.
Data Statistics	In einem separaten Fenster wird die statistische Auswertung der Daten tabellarisch angezeigt, also minimale, maximale, Durchschnitts- und andere Werte. Durch Anklicken gewünschter Werte wird im Diagramm eine gestrichelte Linie zur Markierung der Auswahl gesetzt, siehe Bild 5.5.

Desktop
Unterfenster des Grafikfensters öffnen oder schließen, mit denen die Grafik verändert werden kann.

Window
Ansichten des MATLAB-Fensters verändern, Unterfenster öffnen oder schließen, Anordnung verändern, also Anpassen der MATLAB-Oberfläche an die eigenen Bedürfnisse.

Help
Spezielle Hilfethemen für das Grafikfenster, allgemeine Hilfe („*Documentation*"), Weblinks, andere Informationen zu MATLAB.

Einige Punkte der Untermenüs in den Taskleisten des Grafikfensters wie auch der allgemeinen MATLAB-Oberfläche wiederholen sich, wie z. B. die Menüpunkte des Untermenüs „*File*": „*New*", „*Open…*", „*Close*", „*Save*", „*Save As…*" und „*Preferences*" oder Themen der Untermenüs „*Desktop*", „*Window*" und „*Help*". Einige Punkte sind selbsterklärend, bei andern Menüpunkten lohnt es sich, die Hilfe dazu anzuschauen, um entscheiden zu können, ob ein Thema nützlich sein könnte oder nicht. Die wichtigsten, nicht immer selbsterklärenden Menüpunkte sind in der folgenden Tabelle erklärt. Bei näherem Interesse zu einem bestimmten Thema empfiehlt sich aber auch hier die „*Documentation*" mit sehr ausführlichen Hinweisen und Beispielen.

112 5 Grafische Darstellungen von Funktionen

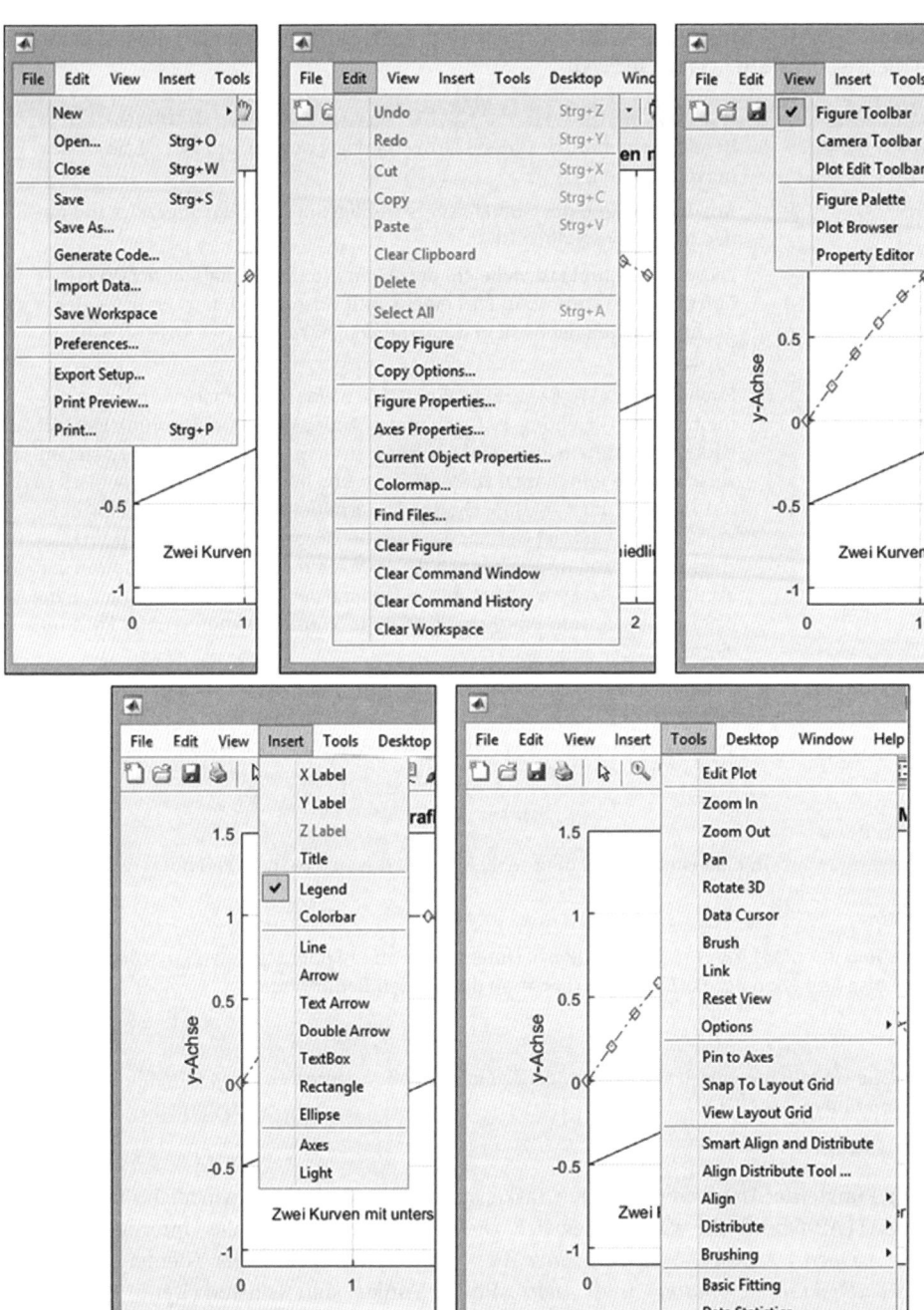

Bild 5.3 Untermenüs der Taskleiste des Grafikfensters („figure"), über die die verschiedenen Eigenschaften der Grafik ebenfalls verändert oder eingestellt werden können. Die Untermenüs werden in Tab. 5.4 kurz erläutert

5.2 Grafikeigenschaften – „Figure Properties"

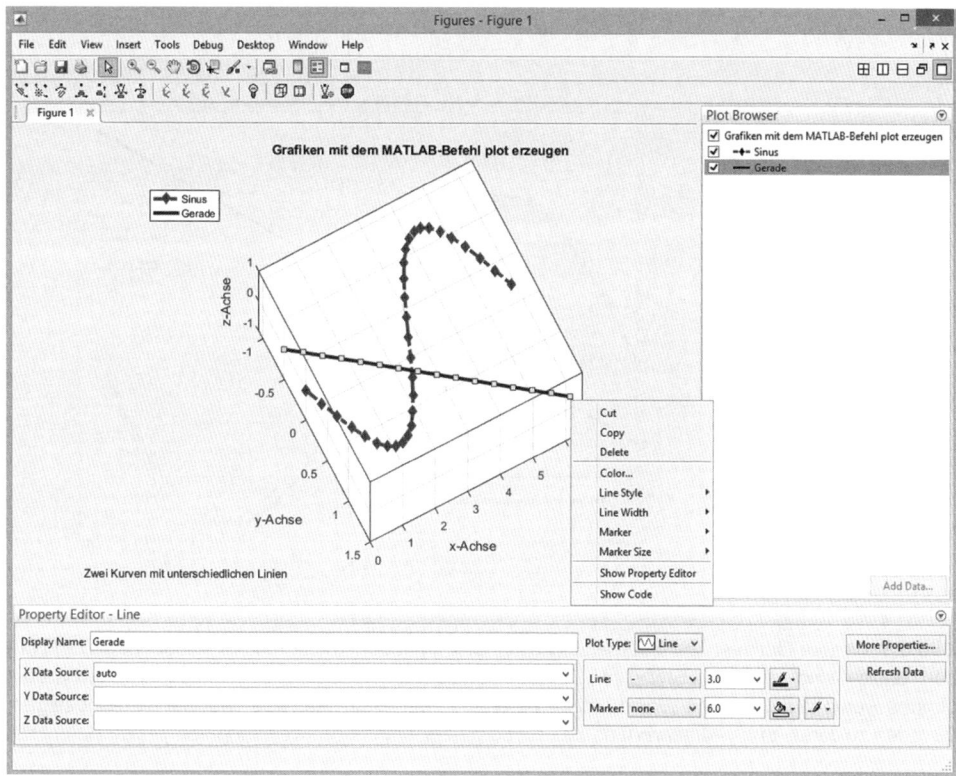

Bild 5.4 Mithilfe der „*Camera Toolbar*", dritte Leiste von oben, kann der Blickwinkel auf ein Diagramm buchstäblich „auf den Kopf gestellt" werden. Zusätzlich wurde durch rechten Mausklick auf die Kurve die Strichstärke und die Farbe der Kurve verändert. Das geöffnete Untermenü ist noch zu sehen und wird in Tab. 5.5 kurz beschrieben. Außerdem werden der „*Plot Browser*" (rechte Seite) und der „*Property Editor*" (unten) angezeigt

In den Bildern 5.4 und 5.5 wurden verschiedene Werkzeuge des Grafikfensters auf das in Beispiel 5.2 erzeugte Diagramm mit einer Sinuskurve und einer Geraden angewandt. Die Auswirkungen mancher Befehle und Werkzeuge lassen sich meistens am besten durch „Trial & Error", also durch hemmungsloses Ausprobieren erfahren – nicht umsonst wurde auch der Menüpunkt „*Reset View*" zum Zurücksetzen erwähnt. Wie bereits in vorherigen Kapiteln geraten, ist diese Methode in Verbindung mit dem Durchstöbern der Hilfethemen einer der besten Wege, um MATLAB und seine Möglichkeiten kennen zu lernen.

In Bild 5.5 wurden zwei Werkzeuge, die unter „*Tools*" zu finden sind, angewandt, „*Basic Fitting*" und „*Data Statistics*". Mit diesen beiden Werkzeugen können vor allem unbekannte Kurven analysiert werden, z. B. von Messwerten, die eingelesen und grafisch dargestellt wurden. „*Basic Fitting*" dient dazu, eine mathematische Gleichung für eine unbekannte Kurve in Annäherung zu berechnen, während „*Data Statistics*" die üblichsten statistischen Daten in tabellarischer Form wiedergibt und mittels Mausklick auch grafisch markiert.

In Abschn. 3.3.7 wurden die Berechnung statistischer Werte unter MATLAB bereits vorgestellt. In Bild 5.6 wird die Verteilung der Würfelzahlen des ersten Würfels (Zahlen in Spalte 1) darge-

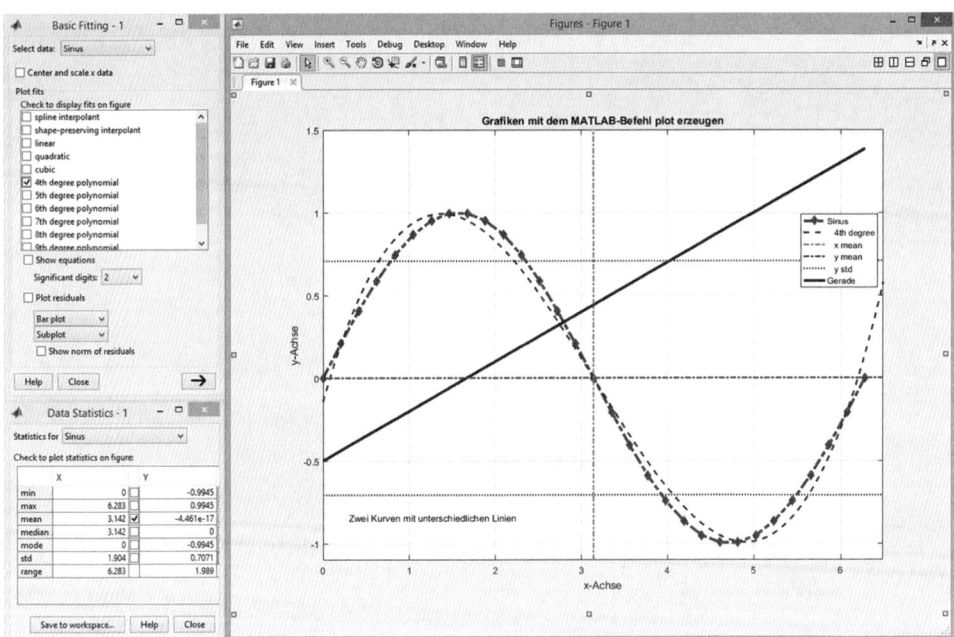

Bild 5.5 Weitere Optionen zur Bearbeitung einer Grafik mit den unter „Tools" zu findenden Werkzeugen „Basic Fitting" und „Data Statistics". Die Gleichung der angepassten Funktion, ein Polynom vierten Grades wurde zusätzlich mit „Basic Fitting" berechnet. Mit „Data Statistics" wurden die angezeigten Geraden zu den x- und y-Mittelwerten („mean"), sowie zur Standardabweichung von y (std) berechnet

stellt. Mit dem Werkzeug *„Data Statistics"* wurden der Mittelwert, der Median und die Standardabweichung in dem Diagramm durch waagrechte Linien markiert, sowie in der Tabelle (eigenes Fenster) dargestellt. Die aus der Grafik ermittelten Werte entsprechen den in Abschn. 3.3.7 berechneten statistischen Werten.

Die Würfelaugen wurden in dem Beispiel mit Hilfe des Befehls `wuerfel=randi(6,12,3)` ermittelt. Um die gleichen Werte wie in dem Beispiel zu erhalten, können diese Werte erneut wie folgt eingegeben werden:

```
>> wuerfel=[1 5 3;1 4 4;5 4 5;6 5 1;4 5 1;1 5 4
    5 2 3;3 5 6;2 4 5;5 3 5;1 1 1;1 5 1] % Eingabe der Würfelzahlen
   wuerfel =  1 5 3
              1 4 4
              5 4 5
              6 5 1
              4 5 1
              1 5 4
              5 2 3
              3 5 6
              2 4 5
              5 3 5
              1 1 1
              1 5 1
```

5.2 Grafikeigenschaften – „Figure Properties" 115

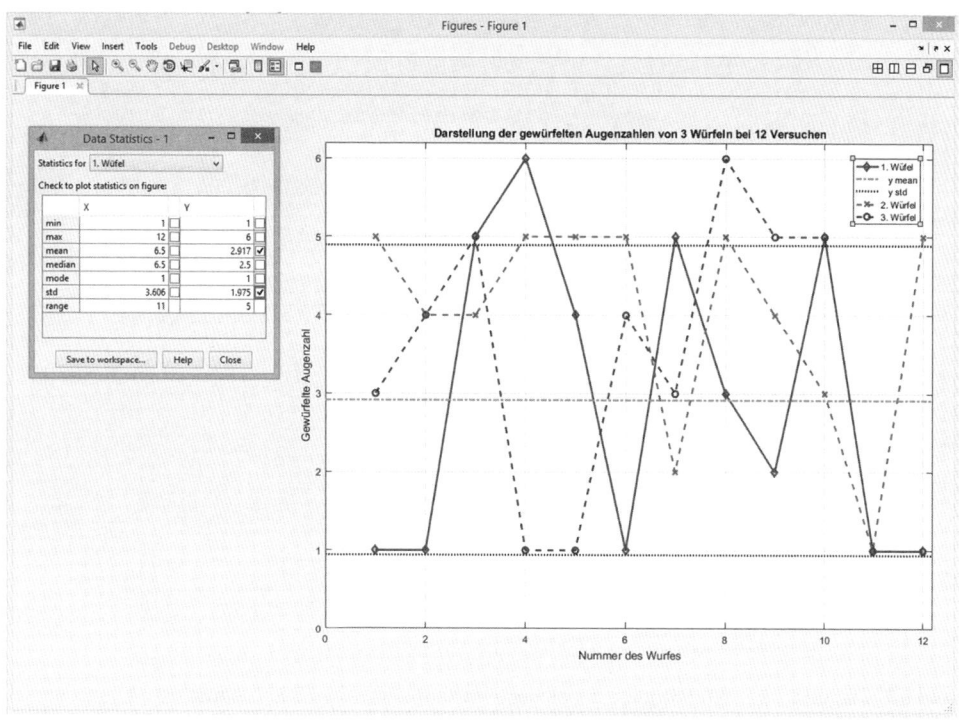

Bild 5.6 Grafische Abbildung der Würfelzahlen der ersten Würfel (Spalte 1) aus Beispiel 3.11 in Abschn. 3.3.7 inklusive der markierten Werte für den ersten Würfel (Spalte 1) und der Standardabweichung

Interessanterweise funktioniert der plot-Befehl für diese 12x3-Matrix sehr einfach:

```
>> plot(wuerfel)                                    % Grafik erstellen mit plot
>> grid                                             % Gitternetzlinien einfügen
>> legend('1. Würfel','2. Würfel','3. Würfel')      % Legende beschriften
>> xlabel('Nummer des Wurfes')                      % Beschriftung x-Achse
>> ylabel('Gewürfelte Augenzahl')                   % Beschriftung y-Achse
>> title('Darstellung der gewürfelten Augenzahlen von 3 Würfeln
    bei 12 Versuchen')                              % Grafiktitel eingeben
>> axis([0 12.2 0 6.2])                             % Achsenwerte festlegen
```

5.2.4 Grafikeigenschaften („Properties") mit dem „Property Editor" verändern

Die Eigenschaften der Diagrammkurven, Achsen, Texte etc. können auch mit Mausklick geändert werden, wenn der Editiermodus aktiv ist, d. h., wenn der weiße Pfeil in der zweiten Zeile von oben (Bild 5.4) angeklickt wurde. Durch Doppelklick auf das gewünschte Element oder die gewünschte Kurve öffnet sich auch der „Property Editor".

5 Grafische Darstellungen von Funktionen

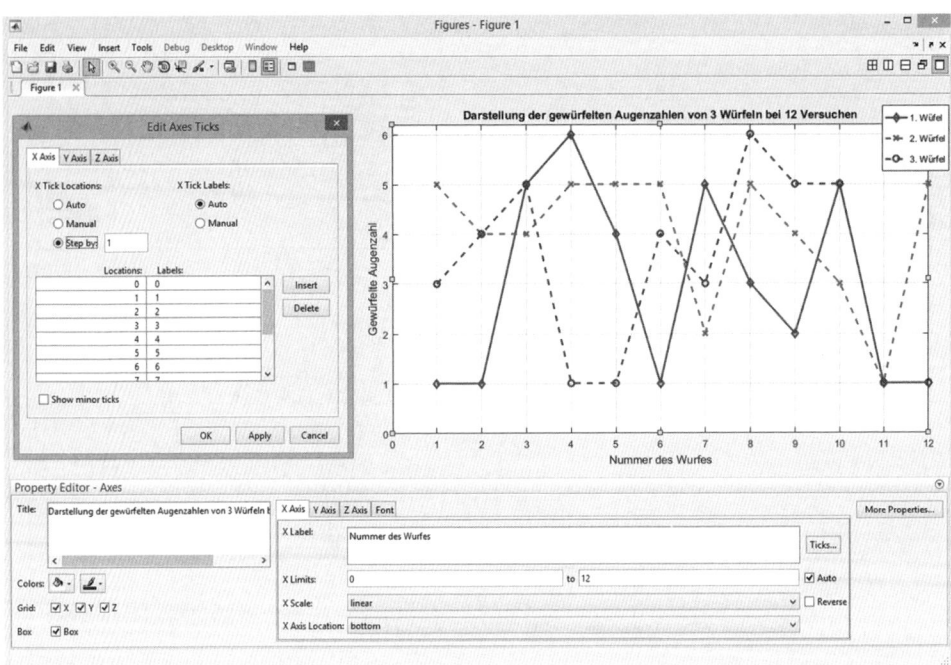

Bild 5.7 Diagramm der Würfelzahlen mit eingeblendetem „*Property Editor*", sowie dem Zusatzfenster zum Einstellen der Achsenskalierung („*Edit Axes Ticks*"), das sich öffnet, wenn rechts neben dem Fenster „*X Label*" mit der Beschriftung der x-Achse auf „*Ticks*" geklickt wird

In Bild 5.7 ist der „*Property Editor*" eingeblendet. Da der letzte Mausklick auf der x-Achse war, werden die Optionen für die Achsen angezeigt: Durch Mausklick kann eine der Achsen (x-, y-, oder z-Achse) ausgewählt werden. Achsenbeschriftung, -skalierung oder -werte, aber auch die Farbe der Achsen oder der Diagrammtitel können verändert werden. Die Achse kann linear oder logarithmisch dargestellt werden, oberhalb oder unterhalb der Kurve. Wem diese Auswahlmöglichkeiten noch nicht genügen, klickt auf „*More Properties*", woraufhin sich ein separates Fenster mit der Auswahl aller nur erdenklichen Optionen zum Anpassen der Achsen öffnet. Weitere Optionen erhält man, wenn man auf eine der Kurven klickt. Wie bereits in Bild 5.4 dargestellt, können Farbe, Linientyp oder –stärke, aber auch der Legendeneintrag („*Display Name*") einer Kurve mit ein paar Mausklicks direkt in der Grafik verändert werden. Über „*Plot Type*" kann statt eines Liniendiagramms („*Line*") auch ein Balken- („*Bar*"), ein Flächen- („*Area*"), ein Stufen- („*Stairs*") oder ein Stamm-Blatt-Diagramm („*Stem*") erstellt werden. In Abschn. 5.4 wird auf die verschiedenen Diagrammtypen noch genauer eingegangen.

Eine weitere Möglichkeit zum Verändern einer Grafik sind die Untermenüs, die sich durch rechtem Mausklick auf das gewünschte Element öffnen.

In der folgenden Tab. 5.5 werden kurz die Änderungsmöglichkeiten für eine dargestellte Kurve erläutert:

Tabelle 5.5 Eigenschaften einer Diagrammkurve im Grafikfenster ändern, vgl. Bild 5.4

Menüpunkt	Funktion
Cut	Ausschneiden der Kurve, um sie an anderer Stelle einzufügen
Copy	Kopieren der Kurve, um sie an anderer Stelle einzufügen
Delete	Löschen der Kurve
Color…	Eine Farbtafel öffnet sich in einem separaten Fenster, mit der die Farbe der Kurve verändert werden kann.
Line Style	Linienart kann geändert werden (durchgezogen, gestrichelt, gepunktet, Strich-Punkt oder keine).
Line Width	Liniendicke einstellen (Einheit: Punkte, Standard: 0,5 Punkte)
Marker	Auswahlmenü an Markern öffnet sich (Kreuz, Kreis, Raute, Quadrat etc. oder kein Marker).
Marker Size	Größe der Marker einstellbar (Einheit: Punkte, Standard: 6 Punkte)
Show Property Editor	Der „*Property Editor*" wird geöffnet, in dem alle Eigenschaften im Überblick dargestellt sind und verändert werden können.
Show Code	Falls die Daten der Kurve in ein Programm übernommen werden sollen, kann mithilfe dieser Funktion der so genannte „MATLAB-Code" generiert werden. Dazu fügt MATLAB oberhalb des „*Command Windows*" ein neues Fenster ein, den „*Editor*", mit dem Programme geschrieben und verändert werden können. Wird der „*Editor*" geschlossen, nimmt das „*Command Window*" wieder den gesamten Platz ein.

Für die meisten Anwendungen wird der `plot`-Befehl bereits ausreichende Möglichkeiten zur grafischen Wiedergabe von Messdaten oder Ausgabe von Funktionen bieten. MATLAB bietet aber noch viele weitere Grafiktypen im 2D- und im 3D-Bereich an, die in den Abschn. 5.4 und 5.5 erläutert werden sollen.

5.3 Mehrere Diagramme in einem Grafikfenster

Bevor weitere Grafiktypen erklärt werden, soll in diesem Abschnitt auf nützliche Befehle hingewiesen werden, mit denen mehrere Diagramme in einem Grafikfenster dargestellt werden können.

Grundsätzlich gibt es dazu zwei Möglichkeiten:

1. In einem Grafikfenster ist ein Diagrammfenster offen, in dem verschiedene Kurven oder Diagrammtypen dargestellt sind.
2. In einem Grafikfenster befinden sich mehrere Unterdiagramme, neben- und übereinander.

5.3.1 Mehrere Kurven oder Diagrammtypen in einem Diagramm mit hold

Um verschiedene Kurven oder Diagrammtypen in einem Diagramm anzuzeigen, muss verhindert werden, dass jeder neue Grafikbefehl die vorherige Kurve überschreibt. Dazu dient der hold-Befehl, der bereits in Beispiel 5.2 verwendet wurde.

Der Befehl hold bedeutet, wie der Name schon vermuten lässt, dass die bestehende Kurve im Diagramm gehalten wird und zwar so lange, bis durch erneute Eingabe von hold das Halten abgeschaltet wird. Das bedeutet, dass jeder Grafikbefehl, der nach Eingabe des ersten hold eingegeben wird, eine Kurve zu den bestehenden hinzufügt. Es können auch Befehle für andere Grafiktypen eingegeben werden, solange das Diagramm gleich ist, z. B. kann eine Kurve mit einem Balkendiagramm kombiniert werden, aber nicht mit einem Kuchendiagramm.

Der hold-Befehl kann ohne die Attribute on oder off eingegeben werden. Damit wird, je nach Zustand, an- oder ausgeschaltet. Um jedoch sicherzugehen, dass auch wirklich der gewünschte Zustand aktiviert wird, ist es sinnvoll, hold on oder hold off zu verwenden.

5.3.2 Unterdiagramme in einem Grafikfenster mit subplot

Mit dem subplot(z,s,n)-Befehl wird ein Grafikfenster geöffnet, in dem Platz frei gehalten wird für eine Anzahl von z × s Unterdiagrammen, die neben- und übereinander angeordnet sein können. Wie viele Unterdiagramme erzeugt werden und an welcher Stelle das anschließend eingegebene Diagramm steht, wird in den Argumenten definiert, die dem Befehl übergeben werden. Der Parameter z bestimmt die Anzahl der Zeilen, s die Anzahl der Spalten und n die Position, an der das nächste Diagramm platziert werden soll.

Der Befehl subplot(2,3,5) besagt, dass das Grafikfenster insgesamt 6 Unterdiagramme aufnimmt, jeweils in 2 Zeilen (erste Ziffer) und mit 3 Spalten (zweite Ziffer). Das nachfolgend eingegebene Diagramm, z. B. ein plot, kommt an fünfter Stelle, wobei von links nach rechts und von oben nach unten gezählt wird.

Die Reihenfolge der Belegung ist beliebig, Felder können auch überschrieben werden und wird einer der Grafikplätze nicht belegt, bleibt das Feld leer und grau. Jedem Unterdiagramm kann ein eigener Titel, Gitternetzlinien, Legende, etc. zugeordnet werden, d. h., jedes Unterdiagramm wird als eigenständiges Diagramm behandelt.

Beispiel 5.3 Anwenden des subplot-Befehls

```
>> x=0:0.1:10;y=sin(x);z=x.^2;
>> subplot(2,3,1); plot(x,y); grid; title('Sinus im Fenster 1')
>> subplot(2,3,3); plot(x,z); grid; title('Halbe Parabel im
    Fenster 3')
>> subplot(2,3,5); plot(x,y.*z); grid; title('Sinus * Parabel im
    Fenster 5')
```

In Bild 5.8 ist das Ergebnis grafisch dargestellt.

∎

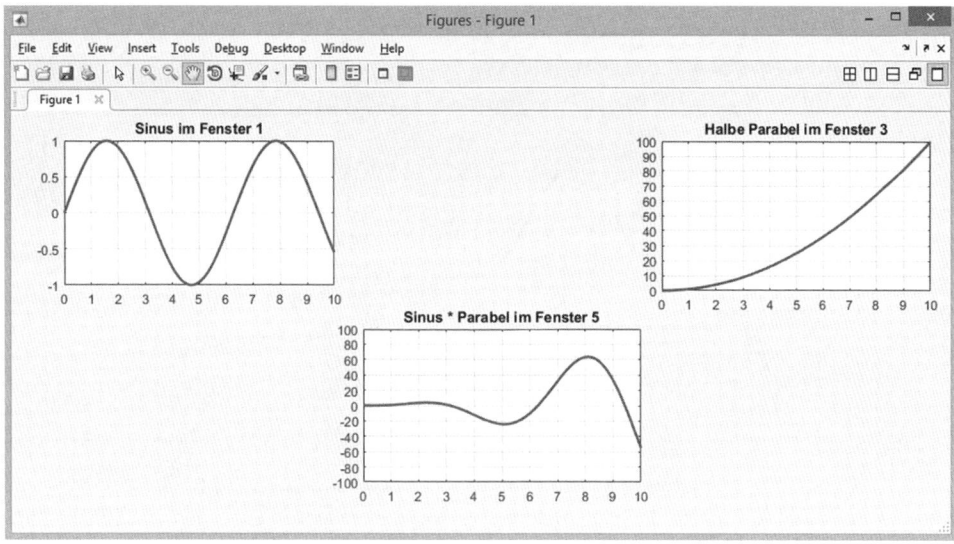

Bild 5.8 Grafikfenster mit Platz für 6 Unterdiagramme, von denen nur 4 Plätze belegt sind, anhand der Befehle aus Beispiel 5.3

Es können beliebig viele Unterdiagramme in einem Grafikfenster untergebracht werden, wobei die einzelnen Diagramme allerdings immer kleiner werden, je mehr Unterdiagramme es werden. Ein ideales Maß lässt sich am besten durch Ausprobieren finden und ist u. a. abhängig von dem verwendeten Bildschirm.

Der subplot-Befehl ist sehr nützlich, z. B. wenn verschiedene Diagramme nebeneinander verglichen werden sollen, ohne die Kurven in ein Diagramm zu zeichnen, oder zur Darstellung verschiedener Diagrammtypen möglichst platzsparend neben- und übereinander, wie in Bild 5.10 die Übersicht der 2D-Grafiktypen.

5.4 Grafiktypen im zweidimensionalen Bereich

Der plot-Befehl ist sicher der am häufigsten verwendete Grafikbefehl unter MATLAB, jedoch verfügt MATLAB über viele Variationsmöglichkeiten verschiedene Daten darzustellen.
Im 2D-Bereich werden die folgenden grundsätzlichen Grafiktypen unterschieden:

- Liniendiagramme (line graphs)
- Balkendiagramme (bar graphs)
- Flächendiagramme (area graphs)
- Richtungsdiagramme (direction graphs)
- Radialdiagramme (radial graphs)
- Streudiagramme (scatter graphs)

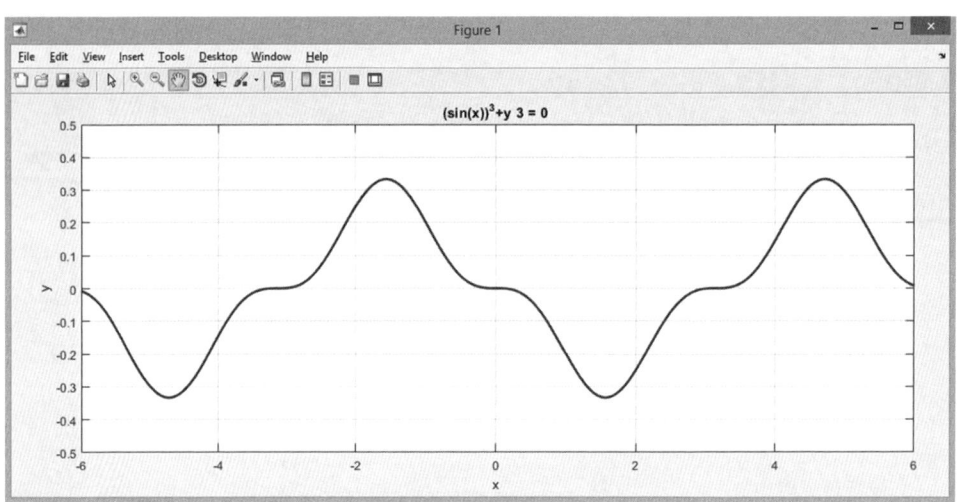

Bild 5.9 Komfortable Variante des `plot`-Befehls, `ezplot` zum schnellen Erzeugen von Grafiken anhand von Funktionen. Die Funktion wird dabei automatisch als Diagrammtitel eingesetzt

Eine Auswahl der gebräuchlichsten und wichtigsten Diagramme zu jedem Grafiktyp ist in Tab. 5.6 kurz beschrieben.

Eine ausführliche Übersichtstabelle mit allen unterschiedlichen Diagrammarten findet sich in der „*Documentation*" unter „*Graphics*", „*Plots and Plotting Tools*", „*Figures, Plots and Graphs*", „*Types of MATLAB Plots*". Durch Mausklick auf den Namen des gewünschten Grafiktyps öffnet sich die entsprechende Hilfe mit Erklärungen und Anwendungsbeispielen. Da die Diagramme jeweils mit einem aussagekräftigen Icon versehen sind, fällt die Auswahl des richtigen Diagrammtyps leicht.

Einige der Diagrammtypen beginnen mit „ez", wie „easy". Dies sind komfortable Varianten der „normalen" Diagrammtypen, denen Funktionen als Argument übergeben werden können, ohne dass zuerst ein Vektor oder eine Matrix mit Werten definiert werden muss, wie im folgenden Beispiel, das in Bild 5.9 zu sehen ist:

```
>> ezplot('(sin(x))^3+y*3')                              % ezplot
>> grid                                           % Gitternetzlinie
>> axis ([-6 6 - .5 .5])                    % Achsenwerte festlegen
```

Der Wertebereich dieser „ez"-Diagramme geht von -2π bis $+2\pi$.

Ansonsten gelten für die jeweiligen „ez"-Varianten die gleichen Beschreibungen wie für die „normalen" Varianten.

Einige Grafikbefehle werden anhand der folgenden Beispiele illustriert. Weitere Beispiele und genauere Erläuterungen zu den Befehlen finden sich in der „*Documentation*" von MATLAB.

Tabelle 5.6 Grundsätzliche 2D-Grafiktypen

Befehl	Beschreibung des Diagramms
Liniendiagramme	
Die verschiedenen Liniendiagramme unterscheiden sich im Wesentlichen durch die Skalierung der Achsen. Außer dem linearen `plot`-Befehl gibt es Diagramme mit logarithmischen oder halblogarithmischen Achsen.	
`>> plot(y)` `>> plot(x,y)`	Linearer x-y-Plot, Verbindung der Werte über Linien
`>> ezplot('fun')`	„ez"-Variante des `plot`-Diagramms
`>> plotyy (x1,y1,x2,y2)`	Linearer Plot, allerdings mit jeweils einer y-Achse auf der linken und der rechten Seite, weshalb dieser Diagrammtyp auch die Daten von 2 verschiedenen Kurven benötigt.
`>> loglog(x,y)`	Liniengrafik, beide Achsen logarithmisch
`>> semilogx(x,y)`	Liniengrafik, x-Achse logarithmisch
`>> semilogy(x,y)`	Liniengrafik, y-Achse logarithmisch
`>> line(x,y)` `>> line(x,y,z)`	Einfaches Liniendiagramm ohne die vielfältigen Optionen von `plot`. Der Befehl `line` benötigt im Gegensatz zu `plot` immer korrespondierende Wertepaare bzw. -tripel. Dafür können bei `line` auch Punkte im dreidimensionalen Vektorraum miteinander verbunden werden.
`>> stairs(x,y)` `>> stairs(y)`	Stufendiagramm, d. h. eine waagrechte Linie pro x-y-Wertepaar, verbunden durch senkrechte Linien.

`>> Z=peaks(n)`
`>> contour(Z)`
`>> contour(Z,n)`
`>> [C,h]=contour(Z)`
`>> clabel(C,h)`
`>> clabel(C,h,'manual')`
	Mit `contour(Z)` werden Isolinien der Matrix Z angezeigt, wobei die Werte von Z als Höhen in Bezug auf die x-y-Ebene interpretiert werden. Z muss mindestens eine 2 × 2-Matrix sein, bei der mindestens 2 Werte unterschiedlich sind, sonst gibt MATLAB eine Fehlermeldung aus. Durch den Parameter n kann die Anzahl der Höhenlinien festgelegt werden. Ohne Angabe werden, abhängig von den Minimal- und Maximalwerten von Z, die Höhenlinienanzahl und die Werte der Isolinien automatisch gewählt. Die Begrenzungen der x- und der y-Achse werden durch die Größe von Z bestimmt. Die x-Achse umfasst den Bereich 1 bis j, die y-Achse 1 bis i, wobei gilt, `[i,j]=size(Z)`.
	Die Werte der Isolinien können mit `[C,h]=contour(Z)` auch in Variablen abgespeichert werden, der „*Contour*"-Matrix C und der Hilfsvariablen h.
	Die „*Contour*"-Matrix C und die Hilfsvariable h sind notwendig, wenn mit `clabel(C,h)` die Isolinien beschriftet werden sollen. Mit `clabel(C,h,'manual')` können einzelne Isolinien ausgewählt werden, die beschriftet werden sollen.
	Die Funktion `peaks(n)` wird an dieser Stelle erwähnt, da die erzeugte n × n-Matrix besonders gut für die Demonstration des Befehls `contour`, wie auch für die nachfolgenden Befehle `mesh`, `surf` und `pcolor`, geeignet ist. Ohne die Angabe von n erzeugt `peaks` eine 49 × 49-Matrix. Hinter `peaks` verbirgt sich eine Funktion von 2 Variablen, die sich aus der Gauß'schen Verteilung ergibt:
	`z=3*(1-x).^2.*exp(-(x.^2)-(y+1).^2)-10*(x/5-x.^3-y.^5)`
	`.*exp(-x.^2-y.^2)-1/3*exp(-(x+1).^2-y.^2)`

Tabelle 5.6 Grundsätzliche 2D-Grafiktypen *(Fortsetzung)*

Befehl	Beschreibung des Diagramms
`>> ezcontour('fun')`	„ez"-Variante des contour-Diagramms

Balkendiagramme

Die verschiedenen Balkendiagramme unterscheiden sich in der Anordnung der Balken, waagrecht oder senkrecht, ob mit Liniendiagramm gemischt oder ohne, und ob die Werte in den Balken aufaddiert werden oder nicht.

Befehl	Beschreibung des Diagramms

`>> bar(x,y)`
`>> bar(y)`
`>> bar(x,M)`
	Mit `bar(x,y)` wird ein Balkendiagramm mit senkrechten Balken dargestellt, wobei zu jedem x-Wert des Spaltenvektors x der dazugehörige Balken in Höhe des y-Werts des Spaltenvektors y erzeugt wird. Sind nur y-Werte angegeben, werden die x-Werte von 1 bis `size(y)`, also bis zur Länge des Vektors y, mit Abstand 1 gewählt. Ist M eine Matrix, so muss die Anzahl der Reihen von M mit der Reihenanzahl des Spaltenvektors x übereinstimmen. Für jede Spalte von M wird eine Balkenreihe erzeugt.

`>> barh(x,y)`
`>> barh(y)`
`>> barh(x,M)`
	Für den Befehl barh gelten die gleichen Regeln wie für den bar-Befehl, die Balken werden allerdings horizontal abgebildet, die x-Achse steht senkrecht.

`>> bar(M,'grouped')`
`>> bar(M,'stacked')`
`>> bar(y,'histc')`
`>> bar(y,'hist')`
`>> barh(M,'grouped')`
`>> barh(M,'stacked')`
`>> barh(y,'histc')`
`>> barh(y,'hist')`
	Für die Darstellung der Balken, egal ob waagrecht oder senkrecht, gibt es einige Optionen (*styles*): mit `'grouped'` werden die Balken für jeden x-Wert gruppiert, mit `'stacked'` werden die Balken für jeden x-Wert aufsummiert bzw. wie der englische Begriff schon besagt, gestapelt, mit `'histc'` werden die Balken ohne Abstand aneinandergefügt, im Format eines Histogramm, was vor allem Sinn macht, wenn nur eine Datenreihe dargestellt wird, mit `'hist'` werden die Balken ebenfalls im Format eines Histogramms dargestellt, aber die Balken werden über den jeweiligen x-Werten zentriert, während die Balken mit `'hist'` vom x-Wert bis zum nächsten x-Wert aufgespannt werden.

`>> hist(y)`	Erstellt ein Histogramm, das die Verteilung der Datenwerte darstellt, z. B. um die Gaußverteilung von Zufallszahlen darzustellen, oder die Verteilung der Würfelzahlen aus Beispiel 3.11 in Abschn. 3.3.7.
`>> pareto(y)`	Sortiert die Werte eines Vektors (keine Matrix erlaubt) in Form eines Balkendiagramms in absteigender Reihenfolge. Die x-Achse gibt die Stelle an, an der das jeweilige Element im Vektor steht, ebenfalls in absteigender Reihenfolge. Die Elemente des Vektors müssen definiert und positiv sein. Das pareto-Diagramm zeigt allerdings nur die ersten 95% der kumulativen Verteilung an.
`>> errorbar(y,e)`	Mit errorbar können mit Fehlerbalken Konfidenzintervalle für die Daten eines Vektors oder einer Matrix dargestellt werden, oder mögliche Abweichungen von einer Kurve. Die Werte von e geben jeweils Fehlerintervalle nach oben und unten der entsprechenden Elemente von y an. Der Fehlerbalken hat also die Länge des doppelten Werts des Elements in e. Zu jedem Element in y gehört ein Element in e, d. h. egal ob Vektor oder Matrix, die Größe von y und e muss gleich sein.

Tabelle 5.6 Grundsätzliche 2D-Grafiktypen *(Fortsetzung)*

Befehl	Beschreibung des Diagramms

`>> stem(y)`
`>> stem(x,y)`
`>> stem(y,'fill')`
	Die Daten von y werden als senkrechte Linien über der x-Achse dargestellt, das Ende jeder Linie wird standardmäßig mit einem Kreis markiert, wobei der Marker natürlich verändert werden kann. Daher die Bezeichnung „Stengel" (engl. *stem*), wobei das Stem-Diagramm auch oft mit Stamm-Blatt-Diagramm übersetzt wird. Ist y eine Matrix, werden die Werte einer Zeile übereinander gezeichnet, aber nicht aufsummiert. Bei `stem(x,y)` werden die Elemente der Spalten von y über den Werten von x aufgetragen.
	Wird das Attribut `'fill'` angefügt, dann wird der Marker ausgefüllt.

Flächendiagramme

Die Flächendiagramme entsprechen zum Teil Liniendiagrammen, die farbig ausgefüllt werden. Das klassische und bekannteste Flächendiagramm ist wahrscheinlich das „Kuchendiagramm".

`>> area(y)`	Der `area`-Befehl entspricht dem `plot`-Befehl, nur dass hier die Fläche unter der Kurve farbig ausgefüllt ist. Ist y eine Matrix, werden die Werte jeder Zeile der Matrix aufsummiert, wobei die einzelnen Werte jeder Spalte jeweils eine eigene Farbe erhalten.
`>> pie(y)` `>> pie(y,explode)`	Das „klassische" Kuchendiagramm, d. h. die einzelnen Werte werden als prozentuale Anteile eines Kreises farbig dargestellt, die dazugehörigen Prozentwerte sind angegeben. Dabei ist es egal, ob es sich bei y um einen Vektor oder eine Matrix handelt, jedes Element von y wird ein prozentuales „Kuchenstück". Mit dem Befehl `pie(y,explode)` kann ein Stück – oder mehrere Stücke – aus dem Kuchen herausgeschnitten und damit hervorgehoben werden. Der Vektor `explode` muss die gleiche Größe haben wie y. Allerdings sind alle Elemente 0 bis auf die Elemente, welche hervorgehoben bzw. herausgeschnitten werden sollen. Das herausgeschnittene Element wird durch eine 1 markiert. Für y=[1 2 3 4] und `explode`=[0 0 1 0] wird das „Kuchenstück" des dritten Werts herausgeschnitten, für `explode`=[1 0 1 0] das erste und das dritte Element von y.
`>> fill(x,y,c)`	Mit `fill` werden farbige Polygone aus den Werten der Vektoren x und y erzeugt, deren Farbe als Farbindex in c festgelegt ist. Die Vektoren x, y und c müssen gleich groß sein.
`>> contourf(Z)`	Dieser Befehl ist ähnlich dem Befehl `contour(Z)`, nur dass hier die Flächen zwischen den Isolinien farbig ausgefüllt sind.
`>> ezcontourf('fun')`	„ez"-Variante des `contourf`-Diagramms.

`>> M= imread('Foto.jpg')`
`>> image(M)`
`>> imagesc(M)`
	Grafische Darstellung einer Matrix, indem die Werte der einzelnen Elemente der Matrix M in unterschiedlichen Farben wiedergegeben werden. Mit `image(M)` können ganze Fotos als MATLAB-Grafik wiedergegeben werden. Dazu genügt es, im Fenster „*Current Directory*" mit der Maus auf das gewünschte Foto im jpg-Format doppelt zu klicken und schon wird das Foto in die entsprechende Datenmatrix umgewandelt, zu finden im „*Workspace*". Eine andere Möglichkeit ist der Befehl `M=imread('Foto.jpg')`, mit dem ein Bild (*image*) eingelesen (*read*) werden kann.
	Mit `imagesc(M)` werden die Daten der Matrix M so skaliert, dass der gesamte Farbbereich der aktuellen Farbskala (`colormap`) verwendet wird, und nicht nur ein Teilbereich.

Tabelle 5.6 Grundsätzliche 2D-Grafiktypen *(Fortsetzung)*

Befehl	Beschreibung des Diagramms
`>> pcolor(M)`	Auch bei pcolor, Abkürzung für Pseudocolor oder auch Schachbrettmuster-Diagramm genannt, wird jedem Wert der Matrix M ein Farbwert entsprechend der eingestellten Farbpalette zugeordnet. Die einzelnen Elemente werden allerdings im Unterschied zu image durch schwarze Gitter umrandet. Außerdem werden bei pcolor die Farbwerte entsprechend den Elementen von M über den gesamten Bereich skaliert, während bei image die Farbwerte ohne Skalierung zugeordnet werden.
Richtungsdiagramme	
Richtungs- oder Vektorendiagramme zeigen die Richtungen von Vektoren meist in Pfeilform auf. Diese Diagramme sind geeignet, um Strömungen anschaulich darzustellen.	
`>> feather(x,y)` `>> feather(z)`	Ein Pfeildiagramm mit dem Ursprung auf der x-Achse. Der Wert in x gibt die x-Richtung (horizontal) des Pfeils an, der Wert in y die y-Richtung (vertikal). Die Pfeile starten in aufsteigender Reihenfolge der Elemente in x bzw. y. Die Vektoren x und y müssen gleich groß sein. Handelt es sich bei x und y um Matrizen, wird eine Spalte nach der anderen dargestellt. Ist das Argument ein Vektor z mit imaginären Zahlen, dann wird der Realteil in x-Richtung und der Imaginärteil in y-Richtung abgetragen, d. h., der Befehl feather(z) entspricht feather(real(Z),imag(Z)).

`>> quiver(x,y,u,v)`
`>> quiver(x,y,u,v,s)`
`>> quiver(x,y,u,v,0)`
	Das quiver-Diagramm ist feather sehr ähnlich, allerdings enthalten x und y die x-y-Koordinaten für den Startpunkt und u und v die x-y-Koordinaten für die x-y-Richtung der Pfeile.
	Um Überlappungen der Pfeile zu verhindern, werden die Pfeile nicht in voller Länge dargestellt, sondern automatisch skaliert. Die Skalierung ist einstellbar über den Parameter s. Für s=2 werden die Pfeile in doppelter Länge dargestellt, für s=0.5 nur in halber Länge. Mit s=0, also quiver(x,y,u,v,0), wird die automatische Skalierung abgeschaltet und die Pfeile werden in Originallänge gezeigt.

`>> comet(y)`
`>> comet(x,y)`
`>> comet(x,y,p)`
	Das Ergebnis entspricht einem plot-Diagramm, allerdings ist die die Kurve animiert. Wie der Name schon vermuten lässt, wird mit comet(x,y) die Bahn eines Kometen entlang der Koordinaten in x und y simuliert, wobei der Kopf des Kometen durch einen ringförmigen Marker repräsentiert wird. Ähnlich wie ein Komet verschwindet die Kurve, sobald versucht wird, Gitternetzlinien einzufügen, Achsen zu ändern etc. Die Kurve kann auch nicht gedruckt oder kopiert werden.
	Mit comet(x,y,p) kann die Größe des „Körpers" k des Kometen über die Formel $k = p \cdot \text{length}(y)$ festgelegt werden, wobei gilt $0 \leq p \leq 1$, standardmäßig ist p=0.1.

Tabelle 5.6 Grundsätzliche 2D-Grafiktypen *(Fortsetzung)*

Befehl	Beschreibung des Diagramms
Radialdiagramme	
Radialdiagramme sind geeignet für die Darstellung von Polarkoordinaten, also Punkte, die durch den Winkel θ (theta) und den Radius r bestimmt sind. Für die kreisförmigen Diagramme sind die rund um den Pol (Ursprung) angeordneten Polargitternetzlinien, die die Winkel bezeichnen, charakteristisch.	
`>> polar(winkel,r)`	Diagramm mit Polarkoordinaten zur Darstellung von Vektoren, von denen die Länge als Radius r und der Winkel mit der x-Achse bekannt sind. Die Daten werden in einem kartesischen Koordinatensystem wiedergegeben. Der Winkel wird zwar in [rad] eingegeben, jedoch im Diagramm in [°] angezeigt. Das `polar`-Diagramm eignet sich z. B. für die Darstellung von Winkelfunktionen.
`>> ezpolar('fun')`	„ez"-Variante des `polar`-Diagramms.

`>> rose(winkel)`
`>> rose(winkel,y)`
`>> rose(winkel,n)`
	Mit `rose(winkel)` wird eine Art Histogramm in Polarform erzeugt, bei dem die Verteilung von Werten in `winkel` im Polarkoordinatensystem über Winkelbereiche dargestellt wird. Dabei werden die Werte anhand ihrer Größe gruppiert, in bis zu 20 Gruppen oder „Strahlen". Der Wert von `winkel` bestimmt dabei den Winkel mit der 0°-Linie. Die Länge jedes Strahls bestimmt sich aus der Menge der Werte von `winkel`, die in den Winkelbereich jedes Strahls fallen.
	Mit `rose(winkel,y)` kann über die Größe des Vektors y (`length(y)`) die Anzahl der „Strahlen" bestimmt werden. Jeder Strahl startet bei dem Winkel, der dem Wert des jeweiligen Elements aus y entspricht.
	Mit `rose(winkel,n)`, falls n ein Skalar ist, werden n gleichmäßig verteilte „Strahlen" erzeugt, die die Werte von `winkel` gruppieren.

`>> compass(x,y)` `>> compass(z)`	Mit `compass` werden Pfeile aus dem Ursprung (Pol) dargestellt, die in kartesischen Koordinaten angegeben sind, aber in einem Polarkoordinatensystem wiedergegeben werden. Ist das Argument ein Vektor z mit imaginären Zahlen, dann wird der Realteil in x-Richtung und der Imaginärteil in y-Richtung abgetragen, d. h., der Befehl `compass(z)` entspricht `compass(real(Z),imag(Z))`.
Streudiagramme	
Streudiagramme dienen dazu, statistische Häufigkeiten in Diagrammen anschaulich darzustellen. Dabei werden die Wertepaare mit z. B. statistischen Merkmalen in x- und y-Richtung aufgetragen, wodurch sich dann einzelne Punkte (nicht häufig) oder ganze Punktwolken (sehr häufig) im Diagramm ergeben.	

`>> scatter(x,y)`
`>> scatter(x,y,s)`
`>> scatter(x,y,s,c)`
	Mit `scatter(x,y)` wird ein Streudiagramm in der Standardfarbe und mit der Standardgröße für die Marker erstellt. Um die Größe der Marker zu ändern, kann der Vektor s, der dieselbe Länge wie x und y haben muss, definiert werden. Die Farbe jedes Markers kann zusätzlich über den Vektor c definiert werden, bei dem jeder Wert einem Farbwert entsprechend der aktuellen Farbpalette zugeordnet wird; natürlich muss auch c gleich groß wie x, y und s sein.

Tabelle 5.6 Grundsätzliche 2D-Grafiktypen *(Fortsetzung)*

Befehl	Beschreibung des Diagramms
`>> spy(M)`	Der Befehl spy steht nicht für Spionagediagramm, sondern für „*sparsity*" und ist für die Darstellung dünnbesetzter Matrizen, also Matrizen, deren Elemente zu einem erheblichen Teil null sind, ideal. Der Befehl kann zwar auch für vollbesetzte Matrizen angewandt werden, jedoch ist die Darstellung dann sehr verzerrt, da die Nullen der Matrix den weißen Hintergrund repräsentieren. Eine dünnbesetzte Matrix kann z. B. sehr leicht erzeugt werden, wenn mit dem Befehl `zeros(n)` aus Abschn. 3.3.4 eine n × n-Nullmatrix erzeugt wird und mithilfe des „*Variable Editors*" (Doppelklick auf die Nullmatrix im „*Workspace*") an beliebiger Stelle der Matrix Zahlenwerte ≠ 0 eingegeben werden. Eine andere Möglichkeit besteht darin, eine Matrix mit Zufallszahlen zu füllen, die mittels `round(rand(m,n))` gerundet werden.
`>> plotmatrix(X,Y)` `>> plotmatrix(X)`	Der Befehl `plotmatrix(X,Y)` erzeugt Streudiagramme der Matrizen X und Y, wobei die Werte aus den Spalten von Y über den Werten aus den Spalten von X jeweils in einem eigenen Unterdiagramm als Streudiagramm aufgetragen werden. Ist X eine $k \times m$-Matrix und Y eine $k \times n$-Matrix, wird ein Diagramm mit $n \times m$-Unterdiagrammen erzeugt, d. h. n Reihen und m Spalten an Unterdiagrammen. Wird mit `plotmatrix(X)` nur eine Matrix als Argument übergeben, dann ist das Ergebnis gleich dem Befehl `plotmatrix(X,X)`. Da bei diesem Spezialfall die Diagonale der dargestellten Unterdiagramme die Streudiagramme der jeweils gleichen Spalten von X übereinander abgebildet würden, was wenig Sinn macht, werden stattdessen Histogramme anhand der Funktion `hist(X(:,i))` erzeugt, d. h. je ein Histogramm der Werte der jeweiligen Spalte von X.

Beispiel 5.4

Die MATLAB-Befehle der folgenden Grafikbeispiele im zweidimensionalen Bereich befinden sich im Anhang A, da die komplette Liste hier zuviel Platz einnehmen würde.[3]

Die Übersichtsgrafiken wurden mit dem `subplot`-Befehl erstellt. Der Übersichtlichkeit wegen wurden die Beispielgrafiken auf drei Bilder verteilt, siehe Bild 5.10, 5.11 und 5.12.

Die meisten Unterdiagramme wurden noch nachbearbeitet, z. B. wurde die Linienstärke manuell verändert, Achsenskalierungen angepasst oder die Legende an einen besseren Platz geschoben. Um ein bestimmtes Unterdiagramm zu verändern, muss dieses im Editiermodus (weißer Pfeil in der zweiten Leiste des Grafikfensters von oben) markiert werden. Dann kann durch Doppelklick oder über „*View*" der „*Property Editor*" geöffnet werden, in dem die Eigenschaften angezeigt werden. Ist das richtige Unterdiagramm geöffnet, können auch über das MATLAB „*Command Window*" Befehle eingegeben werden, wie z. B. `grid on` etc. Sind alle Einstellungen zufriedenstellend, so kann mit „*Edit*" → „*Copy Figure*" das komplette Grafikfenster in den Zwischenspeicher kopiert und in einem anderen Pro-

---

[3] Die MATLAB-Programme aus dem Anhang befinden sich auch auf meiner Homepage *www.angelikabosl.de/Matlab*.

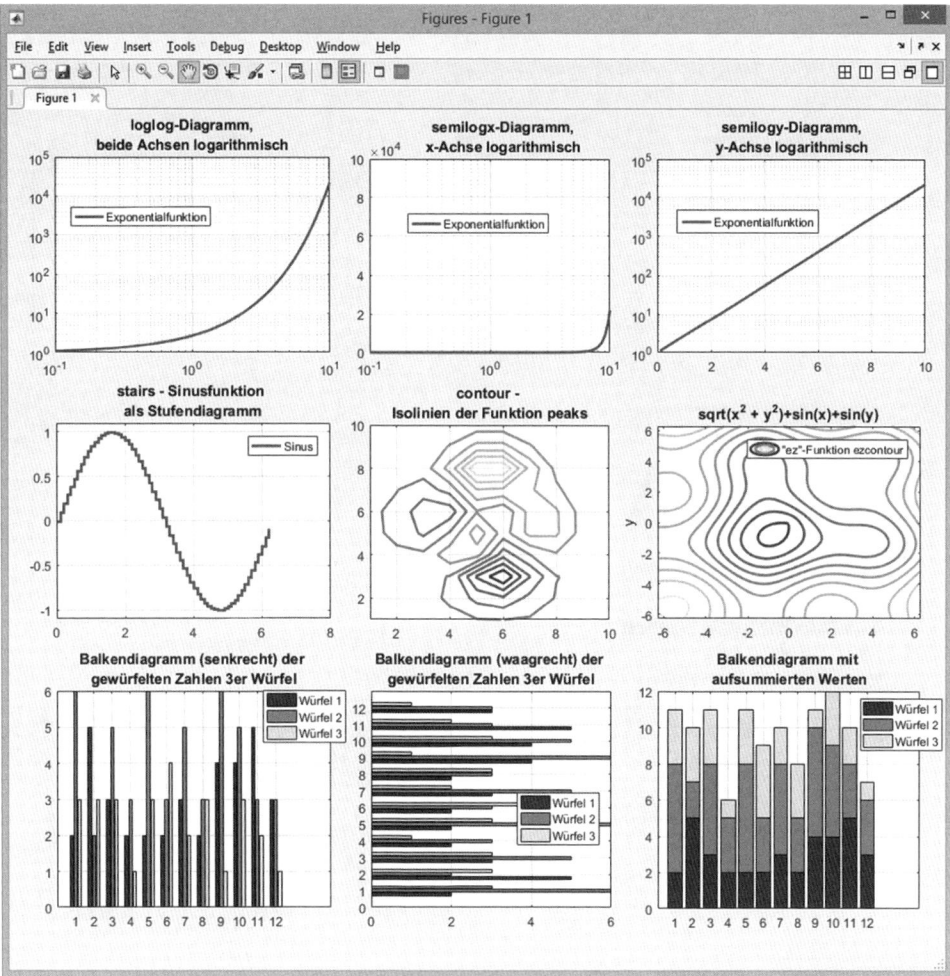

Bild 5.10 Der erste Teil der zweidimensionalen Grafiktypen im grafischen Vergleich, von links oben nach rechts unten: loglog, semilogx, semilogy, stairs, contour, ezcontour, bar, barh und bar(...,'stacked')

gramm eingefügt werden, wobei die graue Fläche des Grafikfensters durch einen weißen, druckerschonenden Hintergrund ersetzt wird.

Diese grafische Übersicht der zweidimensionalen Grafiktypen vermittelt wahrscheinlich einen besseren Überblick über die Möglichkeiten, mit MATLAB Grafiken zu gestalten, als jede Beschreibung es vermag.

128 5 Grafische Darstellungen von Funktionen

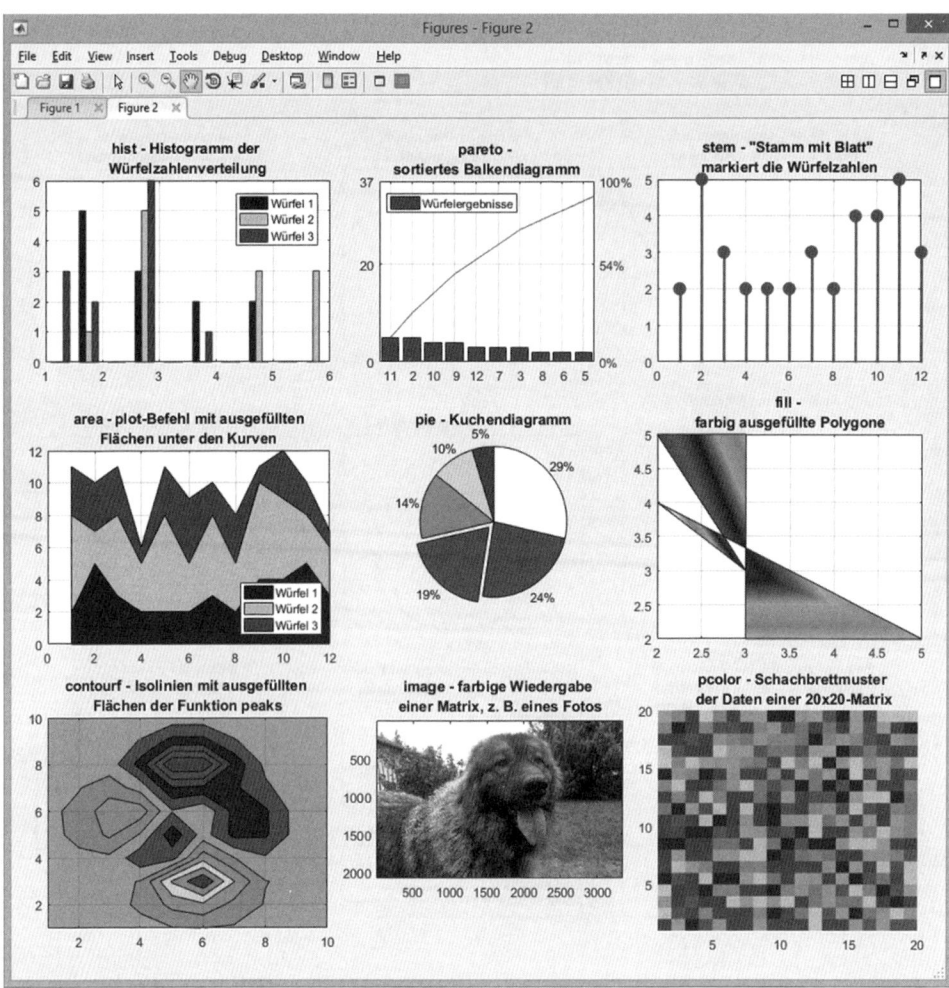

Bild 5.11 Der zweite Teil der zweidimensionalen Grafiktypen im grafischen Vergleich, von links oben nach rechts unten: hist, pareto, stem, area, pie, fill, contourf, image und pcolor

5.4 Grafiktypen im zweidimensionalen Bereich

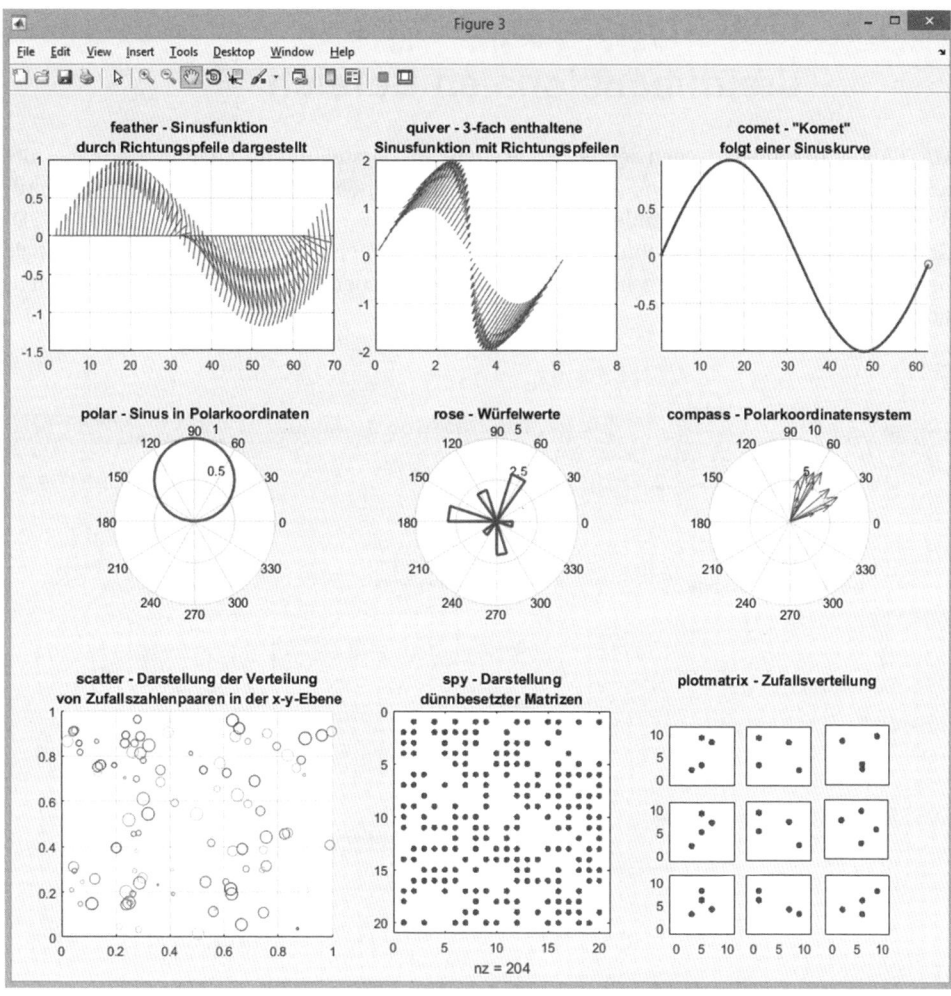

Bild 5.12 Der dritte Teil der zweidimensionalen Grafiktypen im grafischen Vergleich, von links oben nach rechts unten: feather, quiver, comet, polar, rose, compass, scatter, spy und plotmatrix

5.5 Grafiktypen im dreidimensionalen Bereich

MATLAB ist besonders wegen seiner Fähigkeiten zur Darstellung im dreidimensionalen Bereich bekannt und beliebt. Die Auswahl an 3D-Grafiktypen und entsprechenden MATLAB-Befehlen für die jeweils passende Grafik ist groß. In Tab. 5.7 werden die grundsätzlichen 3D-Grafiktypen kurz vorgestellt. Einige der Funktionen erzeugen tatsächliche dreidimensionale Gebilde, wie Zylinder oder Kugeln, andere Funktionen dienen der Darstellung von dreidimensionalen Daten in Matrizen.

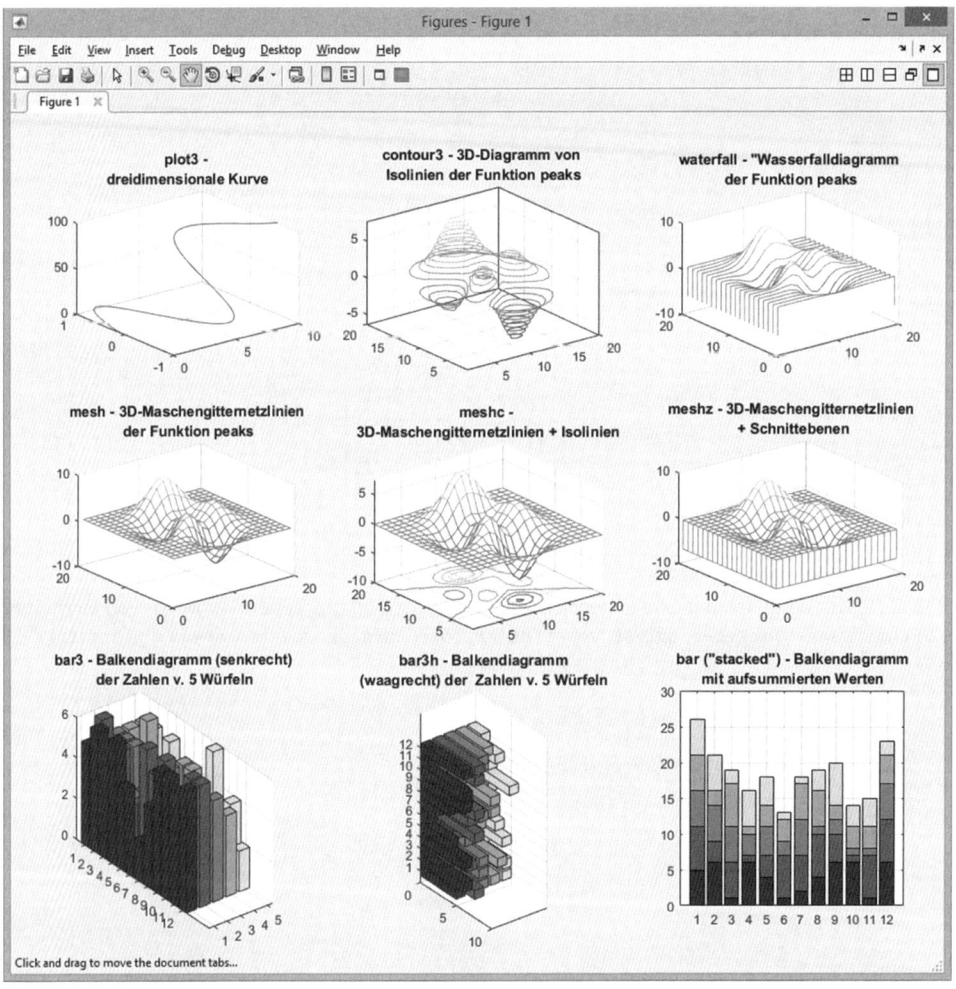

Bild 5.13 Der erste Teil der 3D-Grafiktypen im grafischen Vergleich, von links oben nach rechts unten: plot3, contour3, waterfall, mesh, meshc, meshz, bar3, bar3h und bar3(...,'stacked')

5.5 Grafiktypen im dreidimensionalen Bereich

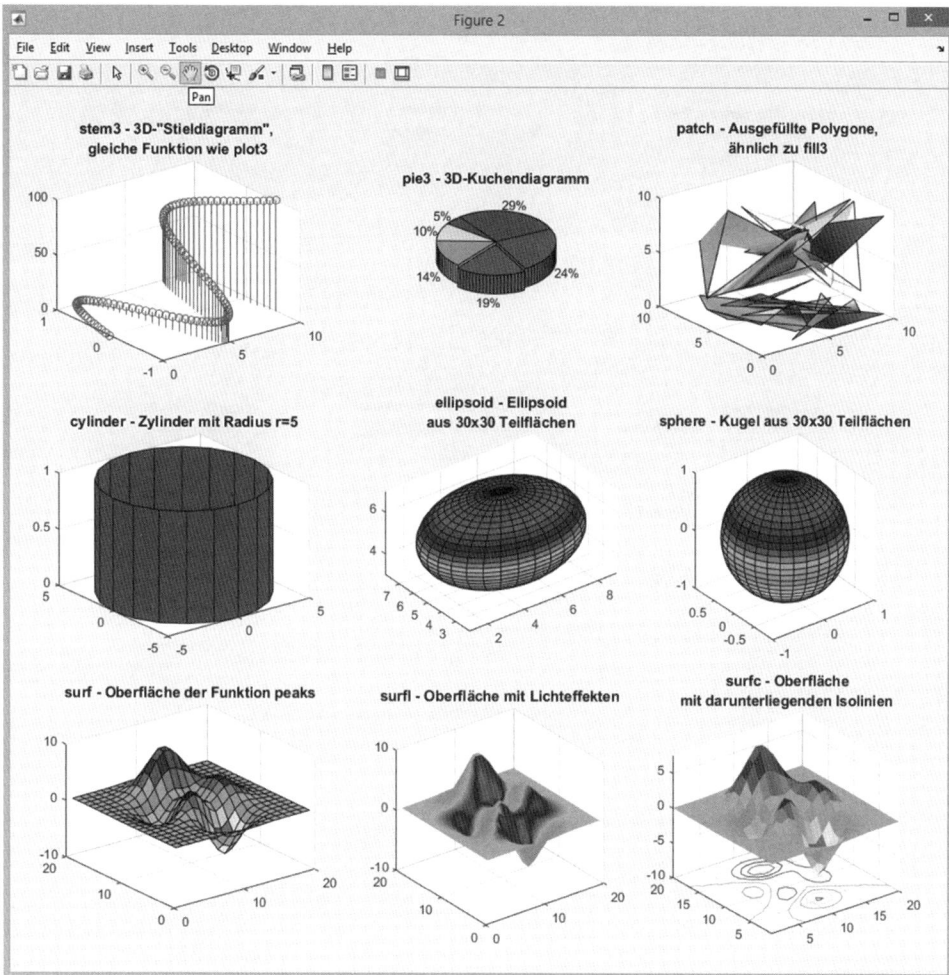

Bild 5.14 Der zweite Teil der 3D-Grafiktypen im grafischen Vergleich, von links oben nach rechts unten: stem3, pie3, patch, cylinder, ellipsoid, sphere, surf, surfl und surfc

Die Einteilung der Diagramme ist ähnlich wie bei den 2D-Grafiktypen:

- Liniendiagramme (line graphs)
- Polygonnetzdiagramme (mesh graphs)
- Balkendiagramme (bar graphs)
- Flächendiagramme (area graphs)
- Konstruktionsobjekte (constructive objects)
- Oberflächendiagramme (surface graphs)
- Richtungsdiagramme (direction graphs)
- Volumendiagramme (volumetric graphs)

132 5 Grafische Darstellungen von Funktionen

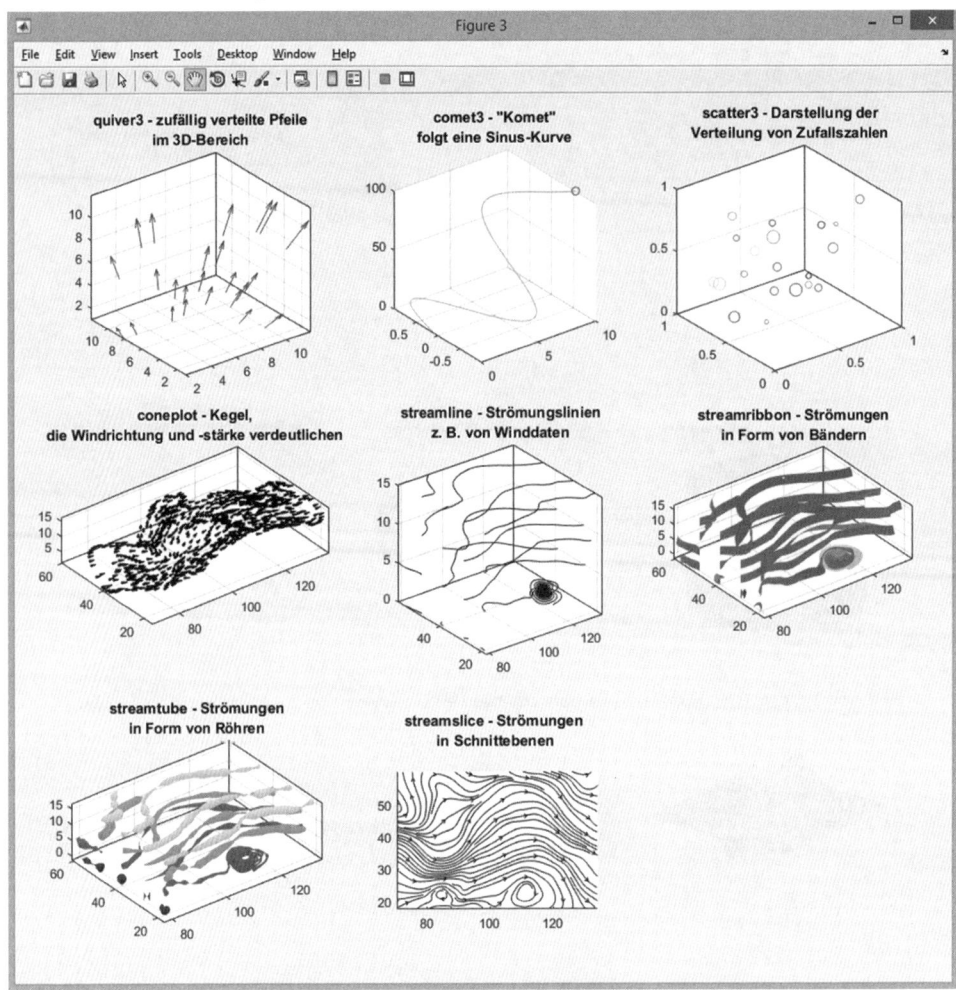

Bild 5.15 Der dritte Teil der 3D-Grafiktypen im grafischen Vergleich, von links oben nach rechts unten: quiver3, comet3, scatter3, coneplot, streamline, streamribbon, streamtube und streamslice

Beispiel 5.5

Die MATLAB-Befehle der folgenden Grafikbeispiele im dreidimensionalen Bereich befinden sich ebenfalls im Anhang, da die komplette Liste hier zuviel Platz einnehmen würde.

Auch diese Übersichtsgrafiken wurden mit dem subplot-Befehl erstellt. Damit alle Grafiken einigermaßen erkennbar dargestellt werden, wurden die Beispiele auf drei Bilder verteilt, siehe Bild 5.13, 5.14 und 5.15.

In den Beispielgrafiken wurden weitere Hilfsbefehle angewendet, die die Darstellung von dreidimensionalen Diagrammen und Objekten verbessern können. In Tabelle 5.8 werden diese Befehle kurz zusammengefasst.

Tabelle 5.7 Grundsätzliche 3D-Grafiktypen

Befehl	Beschreibung des Diagramms
Liniendiagramme	
`>> plot3(X,Y,Z)`	Der `plot3`-Befehl entspricht dem `plot`-Befehl, nur dass in diesem Fall die Eingabe von 3 Vektoren bzw. Matrizen verlangt wird, deren Elemente die Koordinaten für die x-, y- und z-Richtung enthalten. Ist mindestens eines der Argumente, X, Y oder Z, ein Vektor und keine Matrix, dann bilden die Elemente des Vektors oder der Vektoren entweder mit den Zeilen oder den Spalten der Matrix oder der Matrizen die x-y-z-Koordinaten, je nachdem ob die Länge des Vektors (egal ob Zeilen- oder Spaltenvektor) mit der Länge der Zeilen oder der Länge der Spalten der Matrizen übereinstimmt.
`>> ezplot3(fun)`	„ez"-Variante des `plot3`-Diagramms

`>> contour3(Z)`
`>> contour3(Z,n)`
`>> contour3(Z,v)`
`>> contour3(X,Y,Z)`
`>> contour3(X,Y,Z,n)`
`>> contour3(X,Y,Z,v)`
	Unter den gleichen Bedingungen für Z wie bei `contour(Z)` als 2D-Diagramm können mit `contour3(Z)` Isolinien im dreidimensionalen Bereich dargestellt werden, sodass sich eine Oberflächenstruktur ergibt, die auf rechtwinkligen Gitternetzlinien liegt. Bei `contour3(Z,n)` wird die Anzahl der Isolinien über den Parameter n (Skalar) festgelegt. Mit `contour3(Z,v)` können die Werte der Isolinien in dem Vektor v festgelegt werden. Mit den Befehlen `contour3(X,Y,Z)`, `contour3(X,Y,Z,n)` oder `contour3(X,Y,Z,v)` werden die Isolinien von Z dargestellt, wobei die Werte von X und Y dazu dienen, die Bereiche der x- und y-Achse zu begrenzen. Handelt es sich bei X und Y um Matrizen, so bestimmt die erste Zeile von X die x-Achse und die erste Spalte von Y die y-Achse. Dabei müssen die Werte in X und Y monoton ansteigend sein.

`>> contourslice(X,Y,Z,V,Sx,Sy,Sz)`
`>> contourslice(X,Y,Z,V,Xi,Yi,Zi)`
`>> contourslice(V,Sx,Sy,Sz)`
`>> contourslice(V,Xi,Yi,Zi)`
	Der Befehl `contourslice` wird dazu verwendet, Isolinien in Schnittebenen von geometrischen Körpern darzustellen. Die Argumente in den runden Klammern von `contourslice` variieren, je nachdem, wie der Körper und die gewünschten Schnittebenen definiert werden. Eine genaue Beschreibung dieses Befehls würde zu viel Platz einnehmen, deshalb sei besonders bei diesem Befehl dringend auf den Hilfetext und das Beispiel in der „*Documentation*" verwiesen. Mit `contourslice(X,Y,Z,V,Sx,Sy,Sz)` werden z. B. Isolinien innerhalb des Körpers V in Flächen parallel zu den x-, y- und z-Ebenen erzeugt, die durch die Vektoren Sx, Sy und Sz definiert werden.

`>> waterfall(Z)`
`>> waterfall(X,Y,Z)`
`>> waterfall(...,C)`
	Mit `waterfall(Z)` wird ähnlich wie bei dem unten folgenden Befehl `mesh` ein Liniennetz erzeugt, allerdings wird kein Gitter erzeugt, sondern nur parallele Linien, die an den Kanten senkrecht abfallen, wodurch der „Wasserfall"-Effekt entsteht. Ist nur Z angegeben, werden die Bereiche von x und y über die Länge von Z eingegrenzt. Sind X und Y zusätzlich angegeben, so werden diese Werte in die Berechnung des „Wasserfalls" mit einbezogen, denn sie bestimmen die x- und y-Koordinaten des Diagramms, während Z die Höhen definiert. Falls X und Y Vektoren sind, muss die Länge von X der Anzahl der Spalten von Z entsprechen und die Länge von Y der Anzahl der Zeilen von Z. Der Wert von Z bestimmt normalerweise die Farbe, sodass die Farbe proportional zu den Oberflächenhöhen ist. Es kann jedoch auch ein Parameter C (gleiche Größe wie Z) angegeben werden, mit dem die Farbverteilung anhand der aktuellen Farbpalette bestimmt wird.

5 Grafische Darstellungen von Funktionen

Tabelle 5.7 Grundsätzliche 3D-Grafiktypen *(Fortsetzung)*

Befehl	Beschreibung des Diagramms
Polygonnetz- oder Maschennetzdiagramme	
Mit Polygonnetz- oder Maschennetzdiagrammen können dreidimensionale Oberflächen mit Höhen und Tiefen als Drahtgitternetze aufgespannt werden. Die Maschen des Drahtnetzes können unterschiedliche geometrische Formen aufweisen, z. B. Rechtecke, Dreiecke oder andere Polygone.	

`>> mesh(Z)`
`>> mesh(X,Y,Z)`
`>> mesh(...,C)`
	Vergleichbar zu `waterfall` werden mit `mesh(Z)` Gitternetze erzeugt, mit denen geometrische Oberflächen mit Höhen und Tiefen, die in Z definiert sind, über der x-y-Ebene dargestellt werden können. Allerdings wird mit `mesh` ein Gitter aufgespannt, nicht nur parallele Linien wie bei `waterfall`.
	Ist nur Z angegeben, bestimmt die Anzahl der Spalten den x-Wertebereich und die Anzahl der Zeilen von Z den y-Wertebereich. Ansonsten bestimmen die Koordinaten in X, Y und Z die jeweiligen Kreuzungspunkte der Gitterlinien und die Werte von X und Y jeweils den x- und y-Wertebereich.
	Identisch zu `waterfall` bestimmt der Wert von Z normalerweise die Farbe, sodass die Farbe proportional zu den Oberflächenhöhen ist. Es kann jedoch auch ein Parameter C (gleiche Größe wie Z) angegeben werden, mit dem die Farbverteilung anhand der aktuellen Farbpalette bestimmt wird.

`>> ezmesh('fun')`	„ez"-Variante des `mesh`-Diagramms
`>> meshc(Z)`	Mit `meshc(Z)` wird ein Polygonnetz wie mit `mesh(Z)` erzeugt, allerdings wird unter dem Polygonnetz noch ein `contour`-Diagramm (2D), also Isolinien, dargestellt.
`>> meshz(Z)`	Mit `meshz(Z)` werden dem normalen `mesh`-Diagramm noch senkrechte Linien rund um das Gitternetz hinzugefügt, die z. B. Begrenzungsflächen oder Referenzebenen darstellen können.
Balkendiagramme	

`>> stem3(z)`
`>> stem3(x,y,z)`
`>> stem3(...,'fill')`
	Dreidimensionales „Stengel"-Diagramm, d. h., die Linien mit dem Marker als oberen Abschluss werden in z-Richtung über der x-y-Ebene aufgetragen.
	Ist nur der Vektor z angegeben, werden die Werte von x und y automatisch festgelegt, wobei es einen Unterschied macht, ob z ein Zeilen- oder ein Spaltenvektor ist, ob die x-Werte oder die y-Werte gleichmäßig verteilt werden und jeweils die gleichen y- oder x-Werte diesen zugeordnet werden.
	Mit `stem3(X,Y,Z)` werden die Werte von Z über den Werten von X und Y in der x-y-Ebene aufgetragen. Natürlich müssen X, Y und Z Vektoren oder Matrizen gleicher Größe sein.
	Wird das Attribut `'fill'` angefügt, werden die Marker ausgefüllt.

Tabelle 5.7 Grundsätzliche 3D-Grafiktypen *(Fortsetzung)*

Befehl	Beschreibung des Diagramms
>> bar3(Y) >> bar3(x,Y)	Dreidimensionales Balkendiagramm mit senkrechten Balken. Bei bar3(Y) ist der Bereich der x-Achse definiert von 1 bis zur Länge des Vektors Y (length(Y)), bzw. von 1 bis zur Anzahl der Spalten (size(Y,2)), falls Y eine Matrix ist, wobei dann die Werte in den Zeilen gruppiert werden. Ist ein Vektor x durch bar3(x,Y) angegeben, so bestimmen die Werte in x die y-Abschnitte, an denen die Balken dargestellt werden. Der Vektor x darf keine Werte doppelt enthalten, die Werte müssen jedoch nicht streng monoton ansteigend geordnet sein. Die Länge von x muss gleich der Anzahl der Zeilen von Y sein. Ist Y eine Matrix, so werden die Werte in einer Zeile gruppiert.
>> bar3h(Y) >> bar3h(x,Y)	Dreidimensionales Balkendiagramm mit waagrechten Balken. Es gelten die gleichen Bedingungen wie bei bar3.
Flächendiagramme	
>> pie3(X) >> pie3(X,explode)	Dreidimensionales Kuchendiagramm, d. h. ein „Kuchen" mit wirklicher Höhe respektive ein Zylinder wird dargestellt.
>> fill3(X,Y,Z,C)	Dreidimensionale, farbig ausgefüllte Polygone. Die Werte in X, Y und Z bestimmen die Eckpunkte des Polygons. Sind X, Y und Z Matrizen mit *n* Spalten, so werden *n* Polygone erzeugt. Voraussetzung ist, dass X, Y und Z gleich groß sind. Der Vektor oder die Matrix C enthält Werte mit Indizes für die aktuelle Farbpalette.
>> patch(X,Y,C) >> patch(X,Y,Z,C)	Zwei- oder dreidimensionale „Patch"-Objekte werden aus Polygonen zusammengesetzt. Ähnlich wie bei fill3 werden mit den Werten aus X, Y und Z Polygone erzeugt, die entsprechend zusammengesetzt zwei- oder dreidimensionale Gebilde erzeugen. Weitergehende, sehr ausführliche Erläuterungen sind in der *„Documentation"* zu finden.
Dreidimensionale Objekte	
>> cylinder >> cylinder(r) >> [X,Y,Z]= cylinder >> [X,Y,Z]= cylinder(r)	Der Befehl cylinder erzeugt im Grafikfenster einen Zylinder mit dem Radius r = 1. Mit cylinder(r) wird der Radius r des Zylinders vorgegeben. Mit dem Befehl [X,Y,Z]=cylinder werden die Daten eines Zylinders mit dem Radius r = 1 in die Variablen X, Y und Z geschrieben, die dann z. B. mit mesh(X,Y,Z) oder surf(X,Y,Z) wieder grafisch ausgegeben werden können. Mit [X,Y,Z]=cylinder(r) ist der Radius r des Zylinders bestimmt.

Tabelle 5.7 Grundsätzliche 3D-Grafiktypen *(Fortsetzung)*

Befehl	Beschreibung des Diagramms
`>> ellipsoid (xc,yc, zc,xr,yr,zr,n)` `>> [X,Y,Z]=ellipsoid (xc,yc,zc,xr,yr,zr,n)`	Mit dem `ellipsoid`-Befehl wird ein Ellipsoid mit den angegebenen Werten grafisch dargestellt. Die Werte xc, yc und zc geben den Wert des Zentrums des Ellipsoids an, xr, yr und zr die Länge der Halbachsen. Die Größe von X, Y und Z wird über n bestimmt, denn es werden (n + 1) × (n + 1)-Matrizen erzeugt. Wird n nicht angegeben, gilt automatisch n = 20. Mit `[X,Y,Z]=ellipsoid(...)` werden die Daten eines dreidimensionalen Ellipsoids in die Variablen X, Y und Z geschrieben, die dann z. B. mit `mesh(X,Y,Z)` oder `surf(X,Y,Z)` wieder grafisch ausgegeben werden können.

`>> sphere, axis equal`
`>> sphere(n)`
`>> [X,Y,Z]=sphere(n)`
	Mit `sphere` wird eine Kugel aus 20 × 20 Flächen erzeugt, der `axis`-Befehl ist notwendig, damit die Form der Kugel auch erkennbar ist. Bei `sphere(n)` wird die Kugel aus n × n-Flächen erzeugt, wobei die Kugel umso runder wird, je größer n ist.
	Mit `[X,Y,Z]=sphere(n)` werden die Daten der Kugel in die Variablen X, Y und Z geschrieben, die dann z. B. mit `mesh(X,Y,Z)` oder `surf(X,Y,Z)` wieder grafisch ausgegeben werden können.

Oberflächendiagramme Darstellung von flächigen Höhenprofilen, ähnlich den Gitternetz- oder Polygondiagrammen.	

`>> surf(Z)`
`>> surf(X,Y,Z)`
`>> surf(...,C)`
`>> peaks`
	Mit `surf(Z)` können mathematische Funktionen oder andere Werte in Z über der x-y-Ebene als Oberfläche (engl. *surface*) mit Höhen und Tiefen in höhenabhängigen Farbschattierungen dargestellt werden. Der Befehl `surf` ist in etwa gleich zu handhaben wie `mesh`, der Hauptunterschied zwischen beiden Befehlen sind die ausgefüllten Flächen bei `surf`.
	Ist nur `surf(Z)` angegeben, so werden die Farbwerte automatisch proportional zu den Höhen zugeordnet.
	Mit `surf(X,Y,Z)` werden zusätzlich zu den Höhenwerten auch noch Angaben zu den x- und y-Koordinaten übergeben. Ähnlich wie schon bei `mesh` beschrieben, stellen die Werte in X, Y und Z die Koordinaten der Kreuzungspunkte dar, an denen die Flächen zusammenstoßen. Wird als zusätzliches Argument C hinzugefügt (`surf(...,C)`) so enthält C Indizes von Farbwerten, die der aktuellen Farbtabelle zugeordnet werden können.
	Wird der Befehl `peaks`, bereits unter `contour` (2D) erwähnt, ohne Argumente eingegeben, dann wird die `peaks`-Funktion automatisch in einem `surf`-Diagramm dargestellt.

`>> ezsurf('fun')`	„ez"-Variante des `surf`-Diagramms.

5.5 Grafiktypen im dreidimensionalen Bereich

Tabelle 5.7 Grundsätzliche 3D-Grafiktypen *(Fortsetzung)*

Befehl	Beschreibung des Diagramms

`>> surfl(Z)`
`>> surfl(...,'light')`
`>> surfl(...,s)`
`>> shading interp`
	Der Befehl `surfl` erzeugt wie `surf` ein Höhenprofil, allerdings mit Schattierungen und speziellen Lichteffekten. Idealerweise wird als Basis eine Farbpalette gewählt, die fließende Übergänge innerhalb eines Farbtons aufweist, wie z. B. `copper`, `gray`, `bone` oder `pink`.
	Mit dem Zusatz `'light'` wird eine beleuchtete farbige Oberfläche mithilfe eines MATLAB-Lichtobjekts erzeugt.
	Mit `surfl(...,s)` wird die Richtung der Lichtquelle festgelegt, wobei s entweder ein Vektor mit drei Koordinaten sx, sy und sz ist, oder den Azimutwinkel und die Höhe über der x-y-Ebene enthält. Standardmäßig liegt die Lichtquelle um 45° gegen den Uhrzeigersinn versetzt, von der normalen Blickrichtung aus gesehen.
	Mit `shading interp` werden die Farbübergänge fließend dargestellt, was besonders bei monochromen Farbpaletten, wie `gray`, `bone`, `pink` oder `copper` einen interessanten Effekt erzeugt. Mehr zu dem Befehl `shading` in Tab. 5.8.

`>> surfc(...)`	Äquivalent zu `meshc` wird bei `surfc` noch ein contour-Diagramm (2D), also Isolinien, unterhalb der Oberfläche mit dem Höhenprofil abgebildet.
`>> ezsurfc('fun')`	„ez"-Variante des `surfc`-Diagramms
Richtungsdiagramme	

`>> quiver3(x,y,z,u,`
`v,w)`
`>> quiver3(z,u,v,w)`
`>> quiver3(...,s)`
	Die Beschreibung von `quiver3` ist identisch zu der von `quiver` im 2D-Bereich, nur dass es diesmal eben 3 Koordinaten (x, y und z), für den Startpunkt der Pfeile und 3 Koordinaten (u, v und w) für die Richtung der Pfeile gibt, wobei alle Vektoren oder Matrizen gleich groß sein müssen. Wird nur die Matrix z angegeben, so werden die Pfeile, definiert durch die Werte u, v und w, anhand der Koordinaten in z gleichmäßig verteilt.
	Auch bei `quiver3` werden die Pfeile automatisch skaliert, was mit s = 0 abgeschaltet werden kann.

`>> comet3(z)`
`>> comet3(x,y,z)`
`>> comet3(x,y,z,p)`
	Der Befehl `comet3` ist ebenfalls identisch in der Beschreibung zu `comet` im 2D-Bereich. Der „Komet" bewegt sich in diesem Fall im dreidimensionalen Raum. Auch bei `comet3` kann der „Körper" k des Kometen durch den Faktor p anhand der Formel $k = p \cdot \text{length}(y)$ vergrößert oder verkleinert werden.

`>> streamslice(X,Y,Z,` `U,V,W,sx,sy,sz)`	Mit `streamslice` können Strömungslinien (engl. *stream*) in einer Schnittfläche *(slice plane)* dargestellt werden. Die Felder X, Y und Z definieren die Koordinaten für die Strömungsdaten in den Vektoren U, V und W, während die Startkoordinaten in sx, sy und sz die x-, y- und z-Ebenen der Schnittflächen bestimmen. Zu diesem Befehl gibt es eine äußerst ausführliche Beschreibung in der „*Documentation*", auf die an dieser Stelle hingewiesen wird. Für alle Strömungsdiagramme gibt es ein eigenes Unterkapitel „*Specifying Starting Points for Stream Plots in Visualization Techniques*", in dem speziell auf die Startpunkte von Strömungslinien eingegangen wird.

Tabelle 5.7 Grundsätzliche 3D-Grafiktypen *(Fortsetzung)*

Befehl	Beschreibung des Diagramms
Volumetrische Diagramme	

`>> scatter3(x,y,z)`
`>> scatter3(x,y,z,s)`
`>> scatter3(x,y,z,s,c)`
	Die Beschreibung von `scatter3` ist identisch zu der von `scatter` im 2D-Bereich, nur dass hier 3 Vektoren (x, y, z) die Koordinaten der Punkte, die im dreidimensionalen Raum verteilt sind, definieren. Der Vektor s definiert die Größe der Marker für jeden Punkt und c die Farbe anhand von Farbindizes.

`>> coneplot`
`(x,y,z,u,v,w,cx,cy,cz)`
`>> coneplot`
`(u,v,w,cx,cy,cz)`
`>> coneplot(...,s)`
`>> coneplot(...,color)`
`>> coneplot(...,`
`'quiver')`
	Mit `coneplot` werden Geschwindigkeitsvektoren in Form von Kegeln, die im dreidimensionalen Raum verteilt sind, dargestellt, wobei die Spitzen der Kegel in Richtung des Geschwindigkeitsvektors zeigen. Da hier, ähnlich wie bei `streamslice`, viele Argumente dem `coneplot`-Befehl übergeben werden können, werden diese im Folgenden nur sehr kurz erläutert. Die genauen Details sind der „*Documentation*" zu entnehmen.[3]
	Die Vektoren x, y und z bestimmen die Koordinaten des Vektorfeldes, während u, v und w das Vektorfeld selbst definieren und cx, cy und cz die Lage der Kegel im Vektorfeld festlegen.

`>> streamline`
`(x,y,z,u,v,w,sx,sy,sz)`
`>> streamline`
`(x,y,u,v,sx,sy)`
	Mit `streamline` können Strömungslinien von zwei- oder dreidimensionalen Daten dargestellt werden.
	Vergleichbar mit `streamslice`, das eigentlich eine Sonderform von `streamline` darstellt, bestimmen die Felder x, y und z die Koordinaten für u, v und w, die die 3D-Vektordaten enthalten, während sx, sy und sz die Startpositionen der Strömungslinien festlegen. Fallen die z-Anteile weg, handelt es sich nur um eine zweidimensionale Darstellung von Strömungslinien.
	Detaillierte Informationen bitte in der „*Documentation*" nachlesen.

`>> streamribbon`
`(x,y,z,u,v,w,sx,sy,sz)`
`>> streamribbon`
`(vertices,cav,speed)`
	Ähnlich zu `streamline` können mit `streamribbon`, wie der Name schon sagt, Strömungsbänder im dreidimensionalen Raum dargestellt werden.
	Die Beschreibung der Argumente in `streamribbon(x,y,z,u,v,w,sx,sy,sz)` ist identisch zu der von `streamline`. Die Breite der Strömungsbänder wird automatisch berechnet, kann aber auch separat definiert werden.
	Es können auch andere Argumente angegeben werden, die zuvor berechnet worden sein müssen, z. B. die Kombination aus Eckpunkten der Strömungsbänder (vertices), die Winkelgeschwindigkeit (cav als Abkürzung für „*curl angular velocity*") und die Strömungsgeschwindigkeit (speed).
	Detaillierte Informationen bitte in der „*Documentation*" nachlesen.

---

[3] Es ist zwar unangenehm, ständig auf die „*Documentation*" von MATLAB hinzuweisen, aber bei manchen der aufgezählten Grafikbefehle würde die ausführliche Beschreibung den Rahmen des Buches sprengen, da eigene Kapitel darauf verwendet werden könnten.

5.5 Grafiktypen im dreidimensionalen Bereich

Tabelle 5.7 Grundsätzliche 3D-Grafiktypen *(Fortsetzung)*

Befehl	Beschreibung des Diagramms

`>> streamtube(x,y,z,u,v,w,sx,sy,sz)`
`>> streamtube(vertices,divergence)`
`>> streamtube(vertices,width)`
	Mit `streamtube` kann eine weitere Variante der Strömungslinien dargestellt werden, „Strömungsröhren" (engl. *streamtube*).
	Die Beschreibung der Argumente in `streamtube(x,y,z,u,v,w,sx,sy,sz)` ist identisch zu der von `streamline`. Die Größe der Strömungsröhren ist proportional zu der normalisierten Divergenz der Strömungsvektoren.
	Es können auch andere Argumente angegeben werden, die zuvor berechnet worden sein müssen, z. B. die Eckpunkte der Strömungsröhren (`vertices`) und die Divergenz des Vektorfeldes (`divergence`) bzw. der Durchmesser der Röhren (`width`).
	Detaillierte Informationen bitte in der *„Documentation"* nachlesen.

Tabelle 5.8 Kurzbeschreibung hilfreicher Befehle zur Verbesserung der Ansicht von 3D-Grafiktypen

Befehl	Beschreibung des Diagramms

`>> view(az,el)`
`>> view([x,y,z])`
`>> view(2)`
`>> view(3)`
	Mit `view` kann der Beobachtungspunkt definiert werden, also die Perspektive, von der aus die Grafik betrachtet wird.
	Bei `view(az,el)` werden der Azimutwinkel (`az`) in [°] und die Höhe (`el`) des Standpunkts des Betrachters eingegeben, bei `view([x,y,z])` die x-, y- und z-Koordinaten.
	Mit `view(2)` wird der standardmäßige zweidimensionale Blickwinkel eingerichtet, der den Werten `az` = 0 und `el` = 90 entspricht
	Der Befehl `view(3)` richtet den standardmäßigen Blickwinkel der dreidimensionalen Ansicht ein, der den Werten `az` = −37.5 und `el` = 30 entspricht.
	Bei den meisten 3D-Grafiktypen wird automatisch die 3D-Ansicht gewählt, aber nicht bei allen. In diesen Fällen erhält man mit `view(3)` schnell die gewünschte 3D-Ansicht.

`>> axis ([xmin xmax ymin ymax])`
`>> v = axis`
`>> axis tight`
`>> axis equal`
`>> axis image`
`>> axis square`
`>> axis off`
`>> axis on`
`>> axis normal`
	Die Möglichkeit, die Achsenbegrenzung anhand von Minimal- und Maximalwerten über `axis([xmin xmax ymin ymax])` festzulegen, wurde bereits in Tab. 5.2 erwähnt. Der `axis`-Befehl bietet darüber hinaus noch weitere Möglichkeiten:
	Mit `v=axis` wird ein Zeilenvektor `v` erzeugt, der alle Achsendaten enthält. Der Befehl `axis tight` begrenzt die Achsen auf die Werte der Grafik, sodass nur die minimale Grafikfläche eingenommen wird. Mit `axis equal` werden alle 2 oder 3 Achsen gleich skaliert, was z. B. bei der Darstellung einer Kugel oder eines Quaders sinnvoll ist. Dagegen bewirkt `axis square`, dass die Ansichtsfläche quadratisch (2D) bzw. kubisch (3D) dargestellt wird. Mit `axis off` und `axis on` werden die Achsen komplett mit Skala, Beschriftung etc. aus- bzw. angeschaltet.

Tabelle 5.8 Kurzbeschreibung hilfreicher Befehle zur Verbesserung der Ansicht von 3D-Grafiktypen *(Fortsetzung)*

Befehl	Beschreibung des Diagramms

`>> shading faceted`
`>> shading interp`
`>> shading flat`
	Der Befehl shading bestimmt die Art der Farbschattierungen und -verläufe. Folgende Varianten sind möglich: Der Befehl shading interp interpoliert die Farbschattierung, sodass sich weiche, fast unsichtbare Farbübergänge ergeben. Mit shading flat werden die Farben der Farbpalette ohne Farbübergang angezeigt. Bei shading faceted werden auch die Farben der Farbpalette wiedergegeben, wie bei shading flat, aber jedes Farbfeld schwarz umrandet. Die Variante shading faceted ist die Standardeinstellung.

`>> daspect`
`>> daspect([x y z])`
`>> daspect('mode')`
`>> daspect('auto')`
`>> daspect('manual')`
	Über das Seitenverhältnis der Daten (engl. *data aspect ratio*), kann mit dem daspect-Befehl die relative Skalierung der Dateneinheiten entlang der x-, y- und z-Achse eingestellt werden.
	Der daspect-Befehl ohne Argumente liefert die aktuellen Werte zurück. Mit daspect([x y z]) können bestimmte Skalierungsverhältnisse definiert werden. Mit daspect([1 1 1]) wird z. B. festgelegt, dass die Einheit der x-Achse der Einheit der y- und der z-Achse entspricht. Für manche 3D-Grafiktypen wird diese Festlegung empfohlen, wie z. B. coneplot, streamribbon oder streamtube.
	Der Befehl daspect('mode') liefert den aktuellen Modus zurück, also 'auto' oder 'manual'. Mit daspect('auto') wird der automatische Modus und mit daspect('manual') der manuelle Modus aktiviert.

`>> box`
`>> box on`
`>> box off`
	Mit box wird ein „Kasten" aus schwarzen Linien rund um das 3D-Diagramm gezeichnet oder wieder gelöscht, je nach Zustand.
	Mit box on oder box off wird der Kasten gezielt an- oder ausgeschaltet, egal welcher Zustand vorher war.
	Mit box wird eine Abgrenzung erzeugt, die bei manchen 3D-Grafiktypen einen interessanten Effekt hinzufügt.

■ 5.6 Grafiken erzeugen über den Tab „PLOTS" der Titelleiste

Die Auswahl der in den vorherigen Abschnitten beschriebenen Grafiktypen kann schwer fallen und es ist eine Übersicht aller möglichen Typen notwendig, um nicht den Überblick zu verlieren.

Die aktuellen Versionen von MATLAB bieten allerdings eine noch einfachere Möglichkeit zur Erzeugung einer Grafik bzw. eines Diagramms zu ausgewählten Werten, die in Vektoren bereits vorliegen, wie bereits in Kapitel 2 bei der Beschreibung der MATLAB-Oberfläche angekündigt. Dazu müssen die gewünschten Variablen im *„Workspace Browser"* (standardmäßig in der rechten oberen Ecke der MATLAB-Oberfläche) ausgewählt werden, siehe Bild 5.16.

Sobald eine oder mehrere Variablen aus dem Workspace ausgewählt werden (Mehrfachauswahl mit gedrückter <STRG>-Taste), kann über den Tab „PLOTS" in der Titelleiste ein Grafiktyp ausgewählt werden. Die gesamte Auswahl der Grafiktypen kann dargestellt werden, wenn auf den kleinen schwarzen Pfeil rechts der Grafiktypen geklickt wird, siehe Bild 5.17.

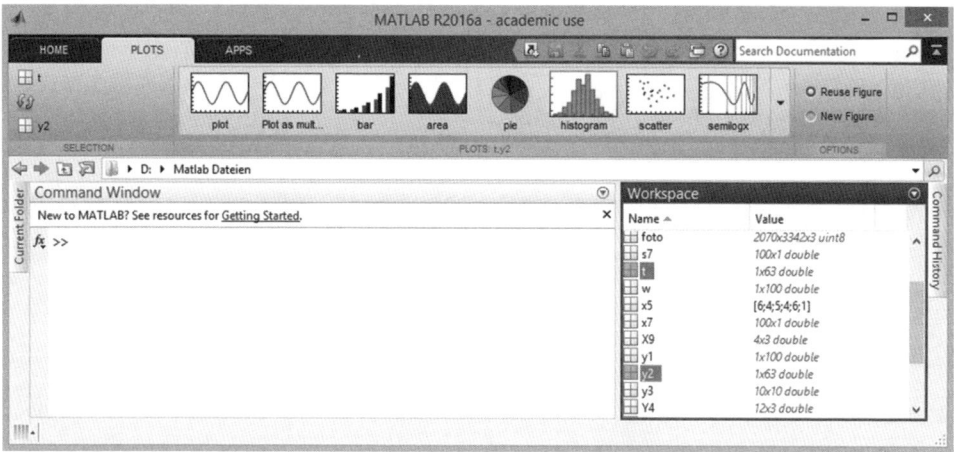

Bild 5.16 Auf dem Bild sind im Workspace (rechts) die Variablen zu sehen, die für die 2D-Grafikbeispiele erzeugt wurden. Die beiden Variablen t (x-Werte) und y2 (y-Werte, Sinusfunktion) wurden markiert. Links oben sind die markierten Variablen ebenfalls zu sehen. Rechts davon eine Auswahl der verschiedenen 2D-Grafiktypen, die für eine grafische Darstellung zur Verfügung stehen

Klickt man unten links auf „*All plots*" werden alle Grafiktypen dargestellt, allerdings können nur diejenigen ausgewählt werden, die für die grafische Darstellung der beiden Variablen in Frage kommen. Diese Grafiktypen sind deshalb farbig hervorgehoben.

Oben befindet sich ein Suchfeld, mit dem die Auswahl der Grafiktypen nach bestimmten Begriffen durchsucht werden kann. Rechts des Suchfelds kann über die Icons ausgewählt werden, ob eine Liste mit Kurzbeschreibung der Grafiktypen angezeigt wird, oder die Anzeige nach Kategorien, wie in Bild 5.17 zu sehen.

Durch Mausklick auf „*Catalog*" unten rechts öffnet sich ein neues Fenster mit dem „*Plot Catalog*", siehe Bild 5.18, in dem alle Grafiktypen, in verschiedenen Kategorien unterteilt, aufgelistet und erklärt werden.

Sobald die Entscheidung für einen Grafiktyp gefallen ist, genügt ein Mausklick auf das entsprechende Icon und das Grafikfenster mit dem gewünschten Diagramm wird geöffnet. Dadurch, dass die Favoriten in der obersten Zeile („*Favorites*") zusammengefasst werden, wird die Erstellung von Diagrammen sehr vereinfacht, wenn regelmäßig der gleiche Grafiktyp verwendet wird.

Bei einfacheren Grafiktypen, wie Liniendiagramme mit `plot` bzw. `plot3` oder Balkendiagramme mit `bar` bzw. `bar3`, funktioniert das Erstellen mithilfe von „*Plots*" über die Titelleiste sehr gut und absolut problemlos. Bei komplexeren Befehlen, wie bei `contour` bzw. `contour3` oder den Strömungsdiagrammen `streamline`, `streamribbon` oder `streamtube`, müssen schon die richtigen Variablen ausgewählt sein, damit sich auch das erwartete Diagramm öffnet. Es kann passieren, dass sich nur ein Grafikfenster mit einem leeren Diagramm öffnet. In diesem Fall hilft nur, die Beschreibung des Befehls durchzulesen, entweder in Abschn. 5.4 bzw. Abschn. 5.5, oder die „*Documentation*" von MATLAB, die auch entsprechende Beispiele enthält.

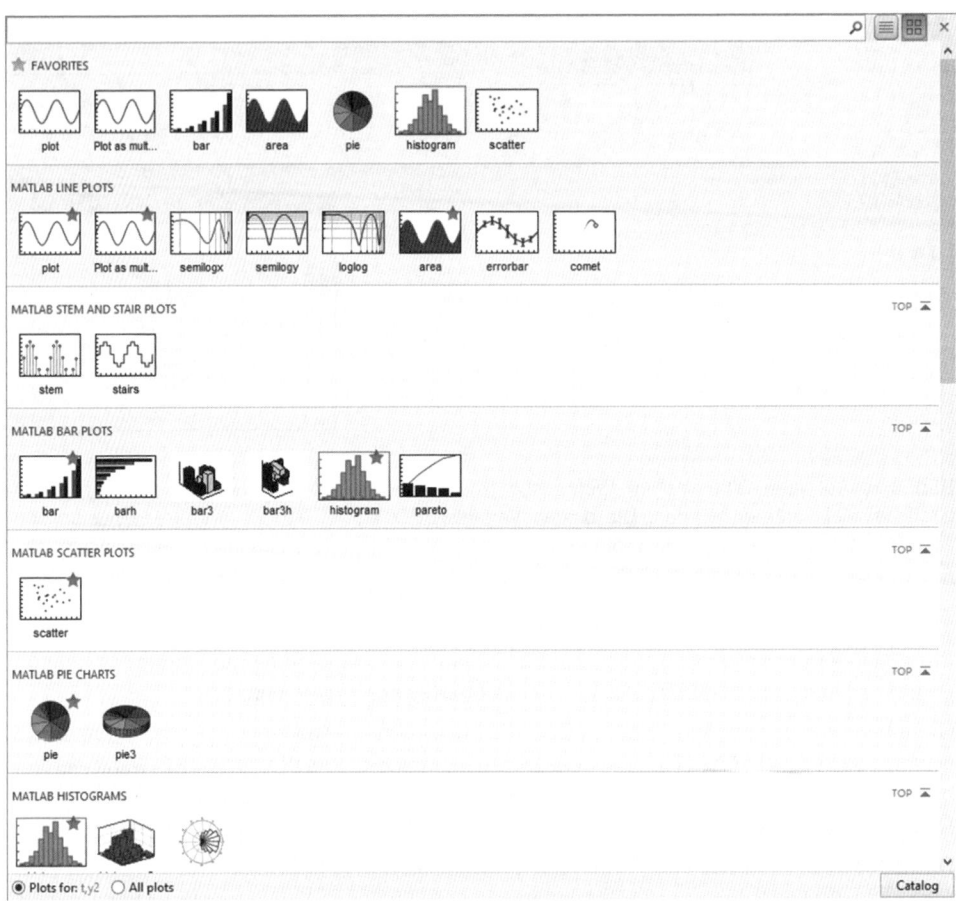

Bild 5.17 Abbildungen aller Grafiktypen, mit denen die ausgewählten Variablen t, y2 grafisch dargestellt werden können. Durch Scrollen nach unten bekommt man einen guten Überblick über die Vielzahl an Möglichkeiten. Am Ende werden auch spezifische Darstellungen wie z. B. der Signal Processing Toolbox oder der Mapping Toolbox dargestellt

5.6 Grafiken erzeugen über den Tab „PLOTS" der Titelleiste

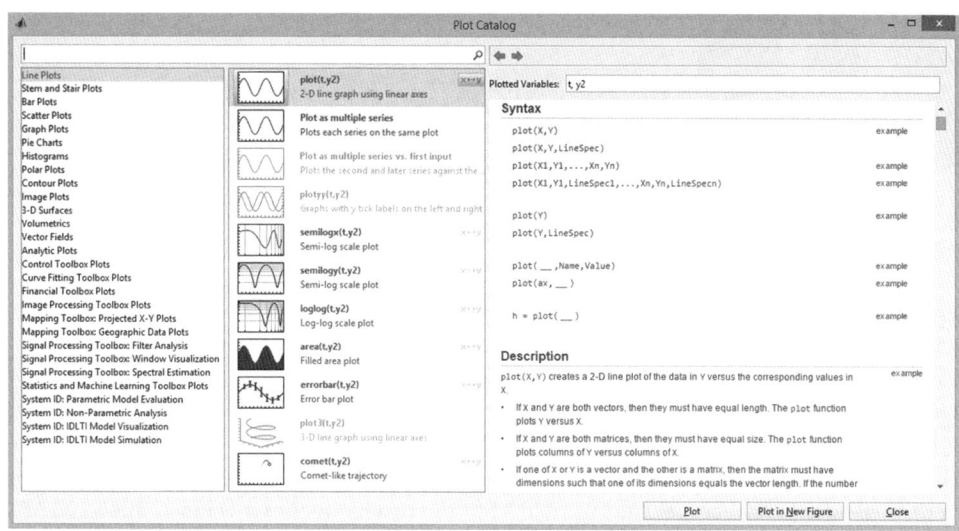

Bild 5.18 Der „*Plot Catalog*" wird in einem separaten Fenster geöffnet und bietet eine übersichtliche Auflistung aller Grafiktypen inklusive Beispielen in der Anwendung der Befehle, sowie einer ausführlichen Erklärung

 Die Möglichkeiten zur Erzeugung zwei- oder dreidimensionaler Grafiken sind in MATLAB enorm vielfältig. Vor allem mithilfe des „*Plot Catalogs*" ist es zum Teil sehr einfach, das gewünschte Diagramm zu erstellen. Bei komplexeren Grafiktypen, z. B. `streamslice`, die für gezielte Anwendungen sicherlich optimale Ergebnisse liefern, lohnt es sich, die Beschreibung in diesem Kapitel sowie die MATLAB „*Documentation*" genauer zu studieren und sich die Beispiele gezielt anzuschauen.

6 Programmieren in MATLAB

Einfache Programme unter MATLAB zu erstellen, ist deutlich leichter als man es sich vielleicht vorstellen mag, aber sehr hilfreich beim regelmäßigen Umgang mit MATLAB, besonders wenn routinemäßig bestimmte Befehle in gleicher Reihenfolge wiederholt werden. Denn im einfachsten Fall ist ein MATLAB-Programm eine Abfolge von MATLAB-Befehlen, eventuell geschmückt durch ein paar erläuternde Kommentare.

Die MATLAB-Programme wurden in den früheren Versionen noch M-Files genannt, da sie mit der Dateiendung .m abgespeichert werden.[1] Für die Erstellung dieser Dateien mit MATLAB-Programmcode stellt MATLAB einen eigenen Editor zur Verfügung, es kann aber jeder beliebige Texteditor verwendet werden, solange das Programm als einfacher Text mit der Endung .m abgespeichert wird. Für spezielle Programmierungsanforderungen, wie z. B. Klassen für objektorientierte Programmierung, stehen eigene Vorlagen zur Verfügung.

■ 6.1 Editor

Mit dem „*New Script*" (1. Icon links oben) oder „*New*" → „*Script*" (2. Icon links oben) im Tab „*HOME*" der Titelleiste wird der MATLAB-Editor als fünftes Fenster (bei Standardanordnung der Fenster) oberhalb des „*Command Window*" geöffnet und sofort „angedockt", d. h., bei Schließen und erneutem Öffnen von MATLAB ist der Editor immer noch am selben Platz. Durch Klicken auf den Pfeil rechts oben in der Überschriftenzeile des Editors, links von dem Kreuz zum Schließen des Fensters, wird ein Auswahlmenü geöffnet, mit dem der Editor geschlossen, vergrößert oder auch als separates Fenster geöffnet werden kann, siehe auch Bild 6.1.

Der Editor wird in der MATLAB „*Documentation*" bei „*Contents*" unter der Überschrift „*Programming Scripts and Functions*" ausführlich behandelt. Dabei reichen die Themen von simplen Abfolgen verschiedener MATLAB-Befehle bis hin zu objektorientierter Programmierung sowie nützlichen Tipps zur Programmierung unter MATLAB.[2]

---

[1] Im Unterschied zu der amerikanischen Fernsehserie „X-Files" (zu deutsch „Akte X") geht es bei den M-Files nicht um mysteriöse Inhalte.

[2] Im Hanser Verlag ist zu dem Thema auch ein eigenes Buch erschienen von Ulrich Stein, „Einstieg in das Programmieren mit MATLAB", 2009.

Sobald der Editor geöffnet wird, sind in der Titelleiste neben den bereits bekannten Tabs „HOME", „PLOTS" und „APPS", drei weitere Tabs zu sehen: „EDITOR", „PUBLISH" und „VIEW", siehe Bild 6.1, die im Folgenden erläutert werden.

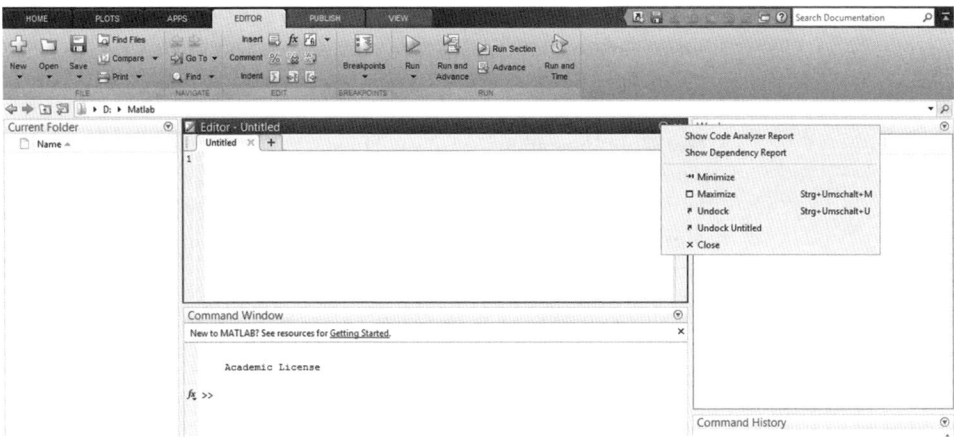

Bild 6.1 MATLAB-Oberfläche mit geöffnetem *Editor* und eingeblendetem Pop-Up Menü zum Vergrößern oder Verkleinern etc. des *Editors*

Einige der Icons unter „EDITOR" sind sicherlich selbsterklärend wie z. B. „New", „Open" und „Save" oder „Print", trotzdem werden in Tab. 6.1 die einzelnen Befehle/Funktionen zum besseren Verständnis kurz erklärt.

Der Tab „PUBLISH" dient, wie der Name bereits vermuten lässt, dem Aufbereiten und „Aufhübschen" von Programmcode für die Veröffentlichung als HTML-Seite. Mithilfe der im Folgenden kurz beschriebenen Befehle und Funktionen kann Programmcode in Abschnitte unterteilt werden, Kommentare können eingefügt und formatiert werden, sodass Besonderheiten hervorgehoben werden, oder es können Hyperlinks zur Weiterleitung auf andere Seiten eingefügt werden.

Tabelle 6.1 Spezifische Befehle/Funktionen zum Bedienen des Editors des Tabs „*EDITOR*" (siehe auch Bild 6.1)

Befehl/Funktion	Erläuterung
Gruppe „FILE"	
New	Verschiedene Optionen, ein neues Programm im Editor zu erstellen. Unterschieden wird nach: • *Script:* einfaches Programm, in den älteren MATLAB-Version M-File genannt, das z. B. nur ausführbare MATLAB-Befehle enthalten kann, siehe Abschn. 6.3. • *Live Script:* Programmdatei, die Programmcode, Ergebnis und formatierten Text zusammen in einer einzigen interaktiven Umgebung namens *Live-Editor* enthalten, gekennzeichnet durch die Dateiendung .mlx • *Function:* ausführbares Programm, das eine Funktion mit Eingabe- und Ausgabeparametern darstellt, siehe Abschn. 6.6 • *Example:* Vorlage für die Erstellung eines einfachen Programms mit mehreren Code-Blöcken, Überschriften und Kommentaren • *Class:* Vorlage für eine Objektklasse mit notwendigen Codezeilen, die dafür erforderlich sind, z. B. *classdef, properties, methods* • *System Object:* Vorlage für drei verschiedene Systemobjekte, wie *Basic, Advanced* und *Simulink Extension*
Open	Öffnen einer vorhandenen Datei, die zuletzt abgespeicherten Dateien werden angezeigt
Save	Abspeichern einer erzeugten Datei oder aller offenen Dateien *(Save all)*
Find Files	Suchfunktion, mit der auch Dateien anhand einzelner Suchbegriffe im Text gefunden werden können.
Compare	*Save and Compare with*: Ein Programmcode wird abgespeichert und kann mit einer anderen Datei verglichen werden, die über einen Browser geöffnet wird. *Compare with Version on Disk*: Wenn ein bereits abgespeichertes Programm verändert wurde, kann die geänderte Datei mit der ursprünglichen Version auf der Festplatte verglichen werden. *Save and Compare with Autosave*: Dateien die automatisch gesichert werden, erhalten die Endung .asv. Mit dieser Funktion kann eine geöffnete Datei mit einer automatisch gespeicherten Version verglichen werden.
Print	Ausdrucken von Programmcode
Gruppe „NAVIGATE" Schnelles Navigieren im Programmcode	
Back /Forward (Pfeile)	Zurück- und Vorspringen im Text zur letzten bzw. nächsten bearbeiteten Zeile

Tabelle 6.1 Spezifische Befehle/Funktionen zum Bedienen des Editors des Tabs „*EDITOR*" (Fortsetzung)

Befehl/Funktion	Erläuterung
Go To	*Go To Line:* Navigieren innerhalb von Programmcode durch Angabe einer Zeilennummer *Bookmarks:* Setzen und Löschen von Markierungen („*bookmarks*"), zu erkennen an einem farbigen Rechteck vor dem Zeilenanfang, sowie Navigieren zur letzten oder zur nächsten Markierung
Find	Suchen und/oder Ersetzen von Text oder Textteilen
Gruppe „EDIT" Optionen zum Editieren von Programmcode	
Insert	Einfügen von Abschnitten, markiert durch %%, von MATLAB-Funktionen oder von Datentypen.
Comment	Zeile als Kommentar markieren („*Comment*"), zu erkennen am % zu Beginn der Zeile und an der grünen Schrift der Kommentarzeile, bzw. Markierung als Kommentar entfernen („*Uncomment*"). Mit *Wrap Comments* können Zeilen, die z. B. für einen Ausdruck zu lang sind, auf mehrere Zeilen verteilt werden, wobei am Anfang jeder Zeile automatisch das Kommentarzeichen % gesetzt wird.
Indent	*Decrease Indent*: Einzug des Textes wird verkleinert. *Increase Indent*: Einzug des Textes wird vergrößert.
Gruppe „BREAKPOINTS" Unter „Breakpoints" können Haltepunkte („*Breakpoints*") gesetzt oder gelöscht werden, aber auch die Fehlerbehandlung kann definiert werden.	
Breakpoints	*Clear All*: Alle Haltepunkte („*Breakpoints*"), zu erkennen als rote Punkte am Zeilenanfang, werden gelöscht. *Set/Clear*: in der markierten Zeile wird ein Haltepunkt gesetzt oder gelöscht *Enable/Disable*: Wenn Haltepunkte nicht gleich dauerhaft gelöscht werden sollen, können sie auch aktiviert oder deaktiviert werden, der deaktivierte Haltepunkt ist mit einem schwarzen Kreuz durchgestrichen. *Set Condition*: Haltepunkte, die mit einer Bedingung verknüpft sind, können gesetzt oder verändert werden. Ein extra Fenster wird geöffnet, in dem die Bedingung für das Unterbrechen am Haltepunkt definiert werden kann. **ERROR HANDLING** *Stop on Errors*: Das Programm wird unterbrochen, wenn ein Fehler auftaucht. *Stop on Warnings*: Das Programm wird unterbrochen, wenn eine Warnung ausgegeben wird. *More Error and Warning Handling Options*: In einem separaten Fenster können Optionen für die Fehlerbehandlung festgelegt werden.
Gruppe „RUN" Verschiedene Optionen zum Ablaufen lassen eines Programms	
Run	Programmcode ablaufen lassen. Eine andere Möglichkeit ist, den Namen des Programms, d. h. der Datei mit der Endung .m, im *Command Window* von MATLAB einzutippen. Wenn das Programm nicht ablauffähig ist und unterbrochen wird, erscheinen statt der Optionen zum Laufenlassen des Programms („*Run*"), die Befehle zur Fehlersuche („Debug"), siehe unten, in der Titelleiste.

Tabelle 6.1 Spezifische Befehle/Funktionen zum Bedienen des Editors des Tabs „*EDITOR*" (Fortsetzung)

Befehl/Funktion	Erläuterung
Run and Advance	Der Code im aktuellen Abschnitt („Section"), markiert durch %%, wird ausgeführt und zum nächsten Abschnitt gesprungen.
Run Section	Nur ein ausgewählter Abschnitt wird ausgeführt, nicht das ganze Programm.
Advance	Der Mauszeiger springt zum nächsten Abschnitt, aber der Code wird (noch) nicht ausgeführt. Auf diese Weise können einzelne Abschnitte eines Programmcodes auch übersprungen werden.
Run and Time	Option zum Ausführen des Programms und gleichzeitigem Erfassen der benötigten Zeit einzelner Funktionen. In einem separaten Fenster namens „*Profiler*" werden die gemessenen Zeiten aufgelistet, hilfreich für die zeitliche Optimierung von Programmcode und zum Aufspüren von Zeiträubern, siehe auch Bild 6.2.
Gruppe „DEBUG" Modus zur (komfortableren) Fehlersuche. Mit `help debug` können weitere Befehle zum Debugging, also zur Fehlersuche, aufgelistet werden. Da die Gruppe „DEBUG" in der Titelleiste nur auftaucht, wenn ein Fehler im Programmcode das Programm stoppen lässt, kann es notwendig sein, die Debugging Befehle im Command Window einzugeben.	
Continue	Fortsetzung des Programmablaufs
Step	Die Zeile, in der der Mauszeiger steht, wird ausgeführt, d. h., der Befehl bewirkt eine schritt- bzw. zeilenweise Ausführung des Programms. Dieser Befehl übergeht allerdings den Aufruf von Unterprogrammen oder -funktionen, diese werden nicht abgearbeitet. „*Step*" kann nur ausgeführt werden, nachdem der Programmablauf an einem Haltepunkt (Breakpoint) gestoppt hat.
Step In	Die Zeile, in der der Mauszeiger steht, wird ausgeführt. Falls in dieser Zeile ein Unterprogramm oder eine Funktion aufgerufen wird, springt die Ausführung in die erste Zeile des Unterprogramms bzw. der Funktion. Auch „*Step In*" kann erst nach der Unterbrechung des Programmablaufs an einem Haltepunkt gestartet werden.
Step Out	Mit „*Step Out*" kann die zeilenweise Ausführung des Befehls „*Step*" verlassen werden. Falls mit „*Step In*" ein Unterprogramm aufgerufen wurde, wird dieses noch bis zum Ende ausgeführt. Erst in der nächsten Zeile des aufrufenden Programms wird angehalten.
Run to Cursor	Programm wird bis zu der Stelle ausgeführt, an der der Mauszeiger steht.
Function Call Stack	Function Call Stack (MATLAB-Befehl: `dbstack`) zeigt die Zeilennummern und Dateinamen der Funktionen, die zum Stoppen des Programms geführt haben, in der Reihenfolge auf, in der sie ausgeführt werden.
Quit Debugging	Der Debug-Modus wird verlassen.

6.1 Editor   149

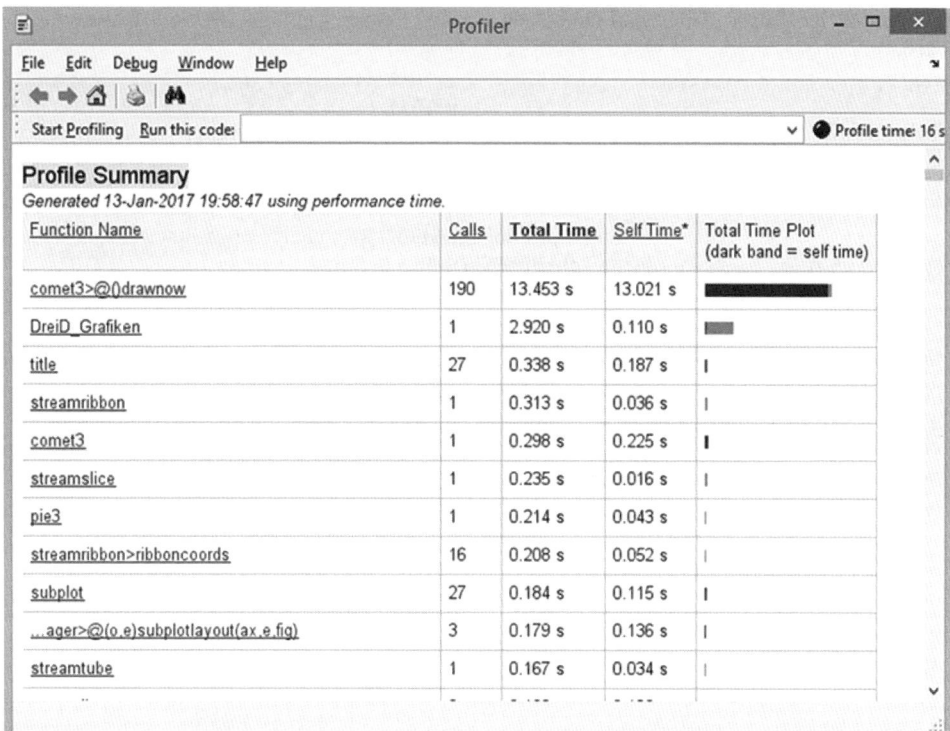

Bild 6.2 Zeitmessung der einzelnen Funktionen des Programms DreiD_Grafiken.m (siehe Programmcode im Anhang) beim Ausführen des Codes mit der Option *Run and Time*

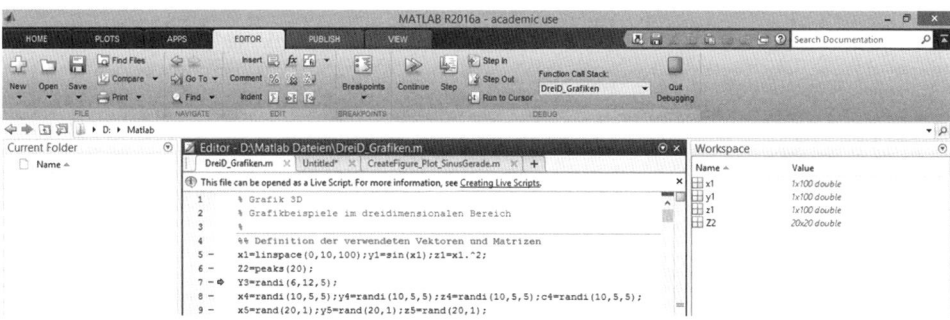

Bild 6.3 Funktionen im Debugging-Modus

Tabelle 6.2 Spezifische Funktionen zum Bedienen des Editors des Tabs „PUBLISH" (siehe auch Bild 6.4)

Befehl/Funktion	Erläuterung
Gruppe „FILE"	
Save	Abspeichern einer erzeugten Datei oder aller offenen Dateien *(Save all)*
Gruppe „INSERT SECTION"	
Section Section with Title	Fügt an der Cursorposition im Editor einen neuen Abschnitt („*Section*") ein, gekennzeichnet durch %% in grüner Schrift. Mit „*Section with Title*" wird ein Platzhalter für eine Abschnittsüberschrift und eine Beschreibung des Abschnitts eingefügt.[3]
Gruppe „INSERT INLINE MARKUP"	
Bold Italic Monospaced Hyperlink Inline LaTeX	Kommentare können für die Veröffentlichung als HTML-Seite formatiert werden. Die Schrift kann als fett („*Bold*"), kursiv („*Italic*") oder als Schrift mit gleichem Zeichenabstand („*Monospaced*") markiert werden. Außerdem können Textteile als Hyperlink definiert („*Hyperlink*") oder LaTeX-Formeln eingefügt („*Inline LaTeX*") werden. % *BOLD TEXT* % \$x^2+e^{\pi i}\$
Gruppe „INSERT BLOCK MARKUP"	
Bulleted List Numbered List	Kommentare können in einer Aufzählung oder einer nummerierten Liste dargestellt werden. Das %-Zeichen wird automatisch am Zeilenanfang eingefügt. % # ITEM1 % # ITEM2
Image	Bilder können ebenfalls eingefügt werden, im Kommentar wird ein Platzhalter mit dem Dateinamen eingefügt: % <<FILENAME.PNG>>
Preformatted Text	Vorformatierter Text kann ebenfalls in den Kommentaren eingefügt werden.
Code	MATLAB-Code wird als solcher in Kommentaren spezifisch markiert: % \$for x = 1:10 % % disp(x) % % end\$
Display LaTeX	LaTeX Gleichungen als Block eingefügt und entsprechend markiert: % \$\$e^{\pi i} + 1 = 0\$\$
Gruppe „PUBLISH"	
Publish	Mit „*Publish*" wird aus dem Programmcode der .m-Datei eine HTML-Seite, die entsprechend der oben angeführten Optionen formatiert worden sein kann. Ein Beispiel für die Formatierung ist in Bild 6.5 zu sehen.

Im Tab „VIEW" finden sich Befehle und Funktionen zur Anpassung der Anzeige des Editors und der übersichtlicheren Anzeige von Programmcode im Editor. In der folgenden Tabelle 6.3 werden diese Befehle der Vollständigkeit halber auch jeweils kurz erklärt.

---

[3] In den älteren MATLAB-Versionen wurden die Abschnitte („Sections") noch als Zellen („Cells") bezeichnet. Mit einem „Cell Break" wurde ein neuer Abschnitt begonnen: %% (doppeltes Prozentzeichen).

6.1 Editor 151

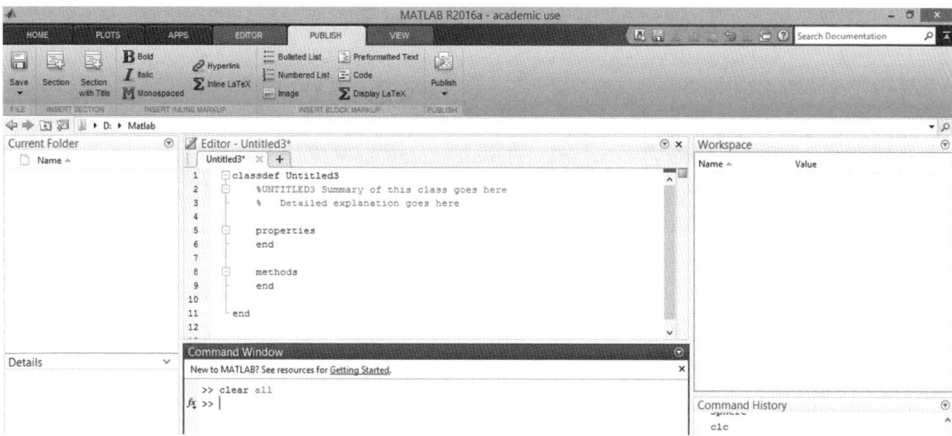

Bild 6.4 Die Titelleiste des Tab „PUBLISH" mit den in Tabelle 6.2 erklärten Funktionen. Im Editor wurde als neue Datei die Vorlage für eine Objektklasse geöffnet. Der Stern hinter dem Dateinamen **Untitled3*** bedeutet, dass die Datei seit der letzten Änderung, bzw. in diesem Fall seit Start des Editors, noch nicht abgespeichert wurde. Eine sinnvolle Erinnerung, regelmäßiges Speichern zur Sicherung der Eingaben durchzuführen

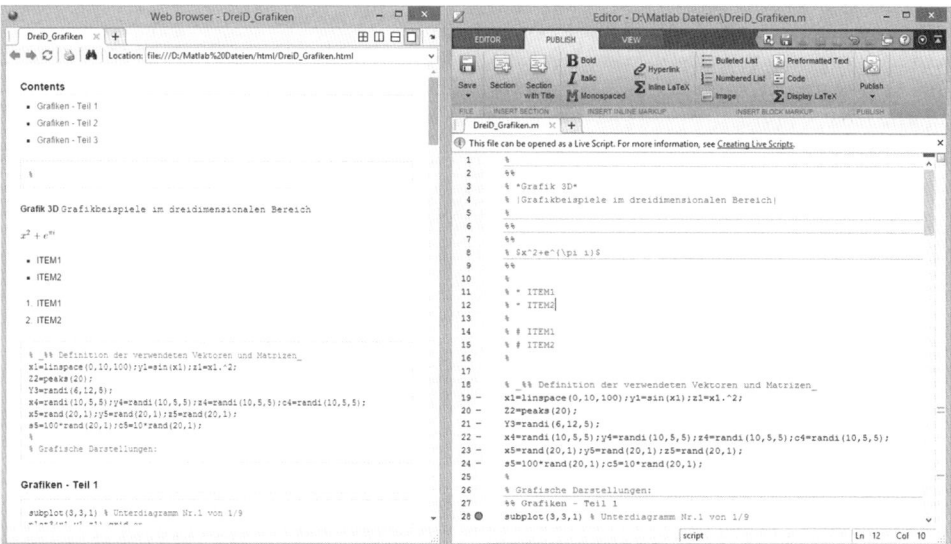

Bild 6.5 Vergleich des Original MATLAB-Codes im Editor (rechts im Bild) mit der beispielhaft formatierten HTML-Datei (links), die mithilfe von „PUBLISH" erzeugt wurde am Beispiel der Datei DreiD_Grafiken.m, siehe Anhang

Tabelle 6.3 Spezifische Befehle/Funktionen zur Anzeige des Editors und von Programmcode im Editor des Tabs „*VIEW*" (siehe auch Bild 6.6)

Befehl/Funktion	Erläuterung
Gruppe „TILES"	Die Anordnung verschiedener Programme im Editor kann beliebig angepasst werden.
Single	Ein Editorfenster, bei mehreren offenen Programmen werden diese durch Tabs angezeigt und können ausgewählt werden.
Left/Right	Das Editorfenster wird in zwei nebeneinanderliegende Fenster aufgeteilt.
Top/Bottom	Das Editorfenster wird in zweiuntereinanderliegende Fenster aufgeteilt.
Custom	Das Editorfenster kann in beliebig viele neben- und untereinander liegende Fenster aufgeteilt werden.
Gruppe „DOCUMENT TABS"	Die Tabs zum Anzeigen der Programme im Editor können angepasst werden.
Tabs Position	Die Tabs können oberhalb des Programmcodes, unterhalb oder seitlich angezeigt werden, oder sogar ganz versteckt („hide") werden.
Shrink Tabs to Fit	Die normalerweise gleichgroßen Tabs können in der Größe dem Dateinamen angepasst werden
Alphabetize	Die Dateien bzw. deren Tabs werden alphabetisch sortiert angezeigt.
Gruppe „SPLIT DOCUMENTS"	Um Code im gleichen Programm vergleichen zu können, gibt es die Möglichkeit, den Code zu splitten und in zwei Fenstern darzustellen. Wenn der Code z. B. in dem einen Fenster erweitert wird, ist die Änderung natürlich auch in dem zweiten Fenster zu sehen, d. h. es handelt sich wirklich nur um eine gesplittete Ansicht.
None	Kein Split des Editorfensters
Left/Right	Der Code wird in zwei Spalten dargestellt, das Editorfenster wird in eine rechte und eine linke Hälfte gesplittet.
Top/Bottom	Das Editorfenster wird in eine obere und eine untere Hälfte gesplittet.
Gruppe „CODE FOLDING"	Zusammengehöriger Programmcode, z. B. eine for-Schleife, siehe Abschn. 6.4.1, kann „gefaltet" werden, d. h., nur die erste Zeile ist sichtbar, der Rest verschwindet. Dadurch kann ein komplexes Programm übersichtlicher werden. „Faltbare" bzw. „gefaltete" Programmteile sind an einem Minus sowie einer Linie am linken Rand über den faltbaren Zeilenbereich bzw. einem Plus vor der Zeile erkennbar. Mausklick auf das Minus bzw. das Plus „faltet" oder „entfaltet" die darunter liegenden Programmzeilen entsprechend des Befehls *Code Folding*.
Expand	„Entfaltet" den markierten Code, vergleichbar dem Mausklick auf das Pluszeichen.
Collapse	„Faltet" den markierten Code, vergleichbar dem Mausklick auf das Minuszeichen.
Expand All	Alle gefalteten Codeteile werden „entfaltet" und damit wieder sichtbar.
Collapse All	Alle „faltbaren" Codeteile, wie z. B. Schleifen, werden „gefaltet", sodass der Code dadurch übersichtlicher und komprimierter wird.

Der *MATLAB-Editor* bietet viele Möglichkeiten, einen Programmcode zu strukturieren, übersichtlich zu gestalten oder Fehler schneller zu finden. Die Programmierung, auch von komplexerem Programmcode, wird dadurch sehr erleichtert.

Tabelle 6.3 Spezifische Befehle/Funktionen zur Anzeige des Editors und von Programmcode im Editor des Tabs „VIEW" (Fortsetzung)

Befehl/Funktion	Erläuterung
Gruppe „DISPLAY" Verschiedene Anzeigeoptionen, die das Arbeiten mit Programmcode erleichtern können.	
Highlight current line	Die aktuelle Zeile, in der der Cursor steht, wird farbig markiert hervorgehoben. Bei schlecht sichtbaren Cursor in einem unübersichtlichen Code sicher hilfreich.
Show line numbers	Zeilennummern werden am linken Rand dargestellt, was z. B. gerade bei der Fehlersuche („Debugging") hilfreich ist, wenn die Zeilennummer, in der ein Fehler aufgetreten ist, angezeigt wird.
Enable datatips while editing	Der aktuelle Wert einer Variablen wird in einem sogenannten „Datatip" ausgegeben, während der Code editiert wird.

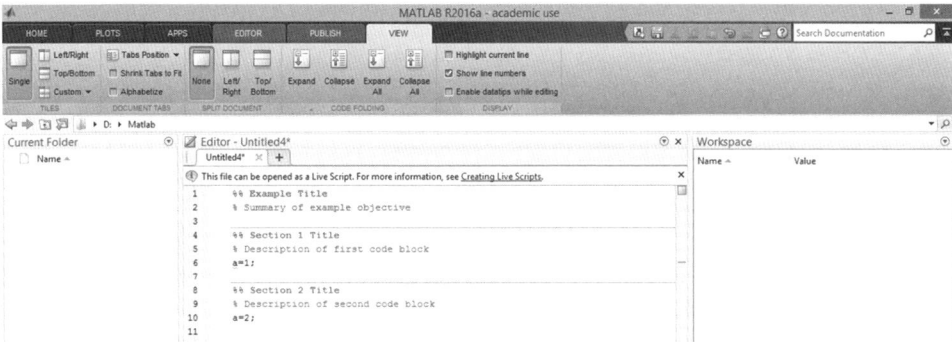

Bild 6.6 Die Titelleiste des Tab „VIEW" mit den in Tabelle 6.3 erklärten Funktionen. Im Editor wurde als neue Datei die Vorlage „Example" geöffnet

■ 6.2 Varianten der Programmiervorlagen

MATLAB unterscheidet verschiedene Varianten von Vorlagen für die Programmierung. In Abschn. 6.1, Tabelle 6.1 werden die sechs Kategorien unter der Funktion „New" bereits kurz beschrieben:

1. *Script:* einfaches Programm, in den älteren MATLAB-Versionen M-File genannt, das z. B. nur ausführbare MATLAB-Befehle enthalten kann, siehe Abschn. 6.3.
2. *Live Script:* Programmdatei, die Programmcode, Ergebnis und formatierten Text zusammen in einer einzigen interaktiven Umgebung namens *Live-Editor* enthalten, gekennzeichnet durch die Dateiendung .mlx.
3. *Function:* ausführbares Programm, das eine Funktion mit Eingabe- und Ausgabeparametern darstellt, siehe Abschn. 6.6.
4. *Example:* Vorlage für die Erstellung eines einfachen Programms mit mehreren Code-Blöcken, Überschriften und Kommentaren.
5. *Class:* Vorlage für eine Objektklasse mit notwendigen Codezeilen, die dafür erforderlich sind, z. B. *classdef, properties, methods*.

6. *System Object:* Vorlage für drei verschiedene Systemobjekte, wie Basic, Advanced und Simulink Extension.

Alle Varianten können, wie bereits beschrieben, mit „*New*" geöffnet werden.

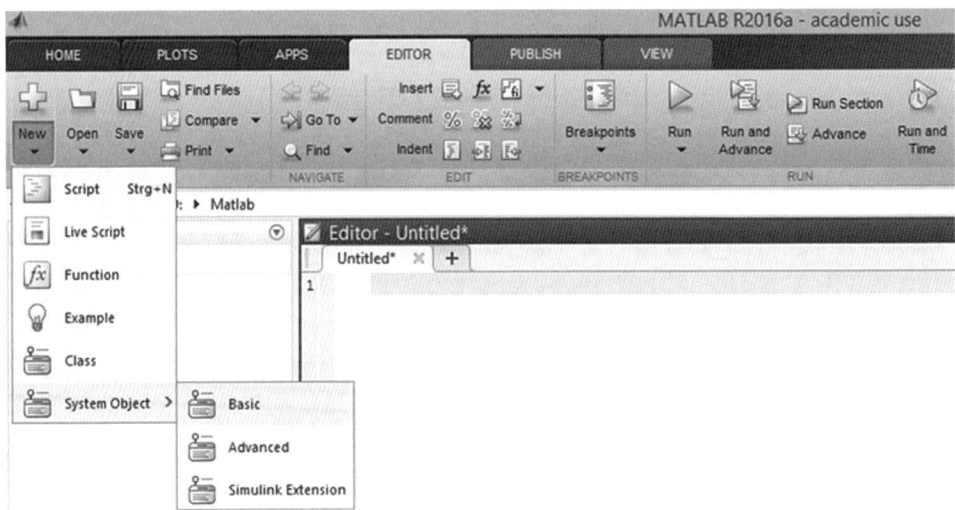

Bild 6.7 Die Programmiervorlagen, die einen schnellen Einstieg in das Programmieren unter MATLAB erlauben, können über ein Auswahlmenü unter „New" geöffnet werden

Ein Programm kann über den Dateinamen aufgerufen werden, bzw. der Dateiname ist auch der Funktionsname, wenn es sich um eine Funktion handelt. Die Sinusfunktion ist z. B. im Verzeichnis von MATLAB unter ..\toolbox\matlab\elfun\sin.m gespeichert.

Im Folgenden werden einfache Programme, das Erstellen und Verwenden von Programmen, begleitet durch einfache Beispiele, erklärt. Für tiefergehende Informationen rund um das Programmieren mit MATLAB wird nochmals auf das im Hanser Verlag erschienene Buch von Ulrich Stein, „*Einstieg in das Programmieren mit MATLAB*" verwiesen.

■ 6.3 „Script" – Einfache Befehlsfolgen

Die einfachste Variante eines Programms unter MATLAB sind Folgen von MATLAB-Befehlen, die anstatt im *Command Window* direkt im „*Editor*" eingegeben werden und als Datei mit der Endung .m abgespeichert werden. In Bild 6.8 wurde das Beispiel 5.2 aus Abschn. 5.2.2 in den *Editor* kopiert und als Datei unter dem Namen sinusplot.m abgespeichert. Der Editor übernimmt die Textfarben vom „*Command Window*", d. h., Kommentare werden grün und Texte innerhalb von MATLAB-Befehlen violett dargestellt.

6.3 „Script" – Einfache Befehlsfolgen

 In der ersten Zeile sollte als erstes hinter einem Kommentarzeichen (%) der Name der Datei stehen. In der gleichen oder in den nächsten Zeilen sollte, ebenfalls markiert als Kommentar, eine Beschreibung des Programms folgen. Der Vorteil ist, dass im *„Command Window"* der Befehl help, gefolgt vom Dateinamen, eingegeben werden kann und die Beschreibung als Hilfetext ausgegeben wird. Damit erhält man schnell eine Beschreibung des Programms, z. B. zur Erinnerung oder als Einführung, wenn Programme auch von anderen benutzt werden sollen.

Es ist allerdings nicht notwendig, das Programm mit einem Kommentar und dem Dateinamen zu beginnen, sondern nur eine nützliche Option. Code kann auch nur aus MATLAB-Befehlen bestehen, ohne jegliche Kommentare oder Beschreibungen, aber das widerspricht einem ordentlichen Programmierstil.

Beispiel 6.1 Befehlsfolgen als Code in den MATLAB-Editor übertragen

Anhand des bereits bekannten Beispiels aus Abschn. 5.2.2, dem Erstellen eines plot-Diagramms mit zwei unterschiedlichen Funktionen und verschiedenen Diagrammeigenschaften, wird das Übertragen von Befehlsfolgen in den Editor gezeigt. Das Ergebnis ist in Bild 6.8 zu sehen.

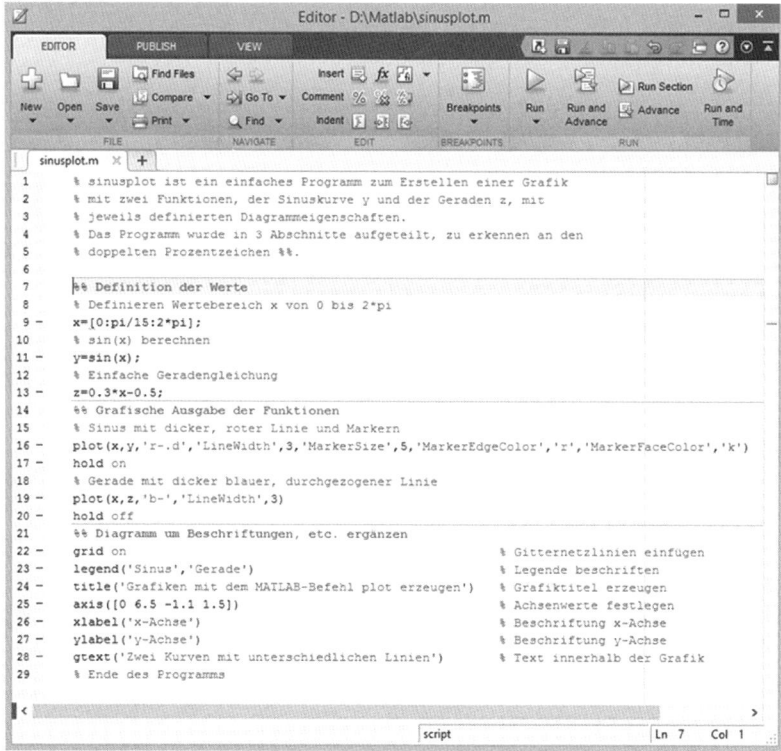

Bild 6.8 Der Code eines einfachen Programms: MATLAB-Befehlsfolgen nach einem kurzen Einführungskommentar

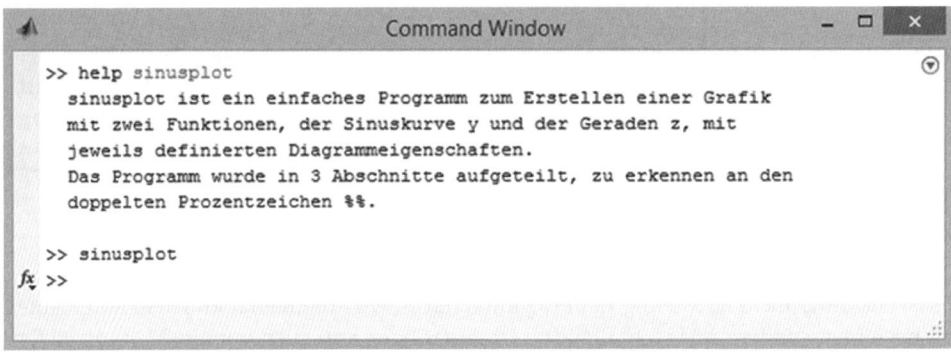

Bild 6.9 Der `help`-Befehl liefert die abgebildete kurze Beschreibung des Programms, die in den ersten Kommentarzeilen des Programms hinterlegt ist

Gestartet wird das Programm durch Eingabe von `sinusplot` im *„Command Window"*, oder, wenn das Programm `sinusplot.m` geöffnet ist, durch Klicken auf *„Run"* `sinusplot.m` oder durch Drücken der <F5>-Taste bzw. wenn die Zeilen zur Ausführung des Codes interessieren, auf *„Run and Time"*.

Das Programm öffnet automatisch ein Grafikfenster mit den zwei Kurven der Funktionen y und z. Ein Fadenkreuz erscheint, mit dem die Position des Textes von `gtext` bestimmt werden muss. Wird das Grafikfenster geschlossen, bevor in die Grafik geklickt wurde, um die Textposition festzulegen, erscheint eine Fehlermeldung im *„Command Window"*.

■

■ 6.4 Kontrollstrukturen für die komplexere Programmierung

Kontrollstrukturen sind Befehlsfolgen, mit denen die Abarbeitung eines Programms gezielt beeinflusst und gesteuert werden kann. Hierzu zählen Schleifen, die mehrmals durchlaufen werden können, konditionale Kontrollstrukturen wie „`if... else`"-Anweisungen, die Verzweigungen in einem Programm einfügen oder „Notbremsen", die im Fall eines Fehlers bestimmte Befehle ausführen.

Kontrollstrukturen sind notwendig und sinnvoll bei der Programmierung von Code unter MATLAB, sie können jedoch auch direkt im *„Command Window"* eingegeben werden. Hierbei besteht natürlich eine größere Gefahr, Fehler zu machen, da Ergebnisse erst nach Abschluss der Kontrollstruktur ausgegeben werden.

Unter MATLAB stehen die folgenden Kontrollstrukturen zur Verfügung:

- `for`-Schleife
- `parfor`-Schleife
- `while`-Schleife

6.4 Kontrollstrukturen für die komplexere Programmierung

- `if-ifelse-else`-Verzweigung
- `switch-case-otherwise`-Verzweigung
- `try-catch`-Fehlerkontrolle
- `break`
- `continue`
- `return`
- `pause`
- `end`

Die folgenden Befehle zu den Kontrollstrukturen (`if`, `for`, `while`, `end` etc.) sollten in Kleinbuchstaben geschrieben werden, damit MATLAB keine Fehlermeldung ausgibt.

Im Kapitel „*Programming Scripts and Functions*" der MATLAB „*Documentation*" wird der Abschnitt „*Control Flow*" den Kontrollstrukturen gewidmet.

6.4.1 `for`-Schleife

Mit der Zählschleife `for` können Anweisungen entweder sooft wiederholt werden, wie es durch den Zahlenwert vorgegeben wird, oder die Zahlenwerte können in die Anweisungen integriert werden, z. B. durch Aufsummieren bestimmter Zahlen bis der vorgegebene Endwert erreicht ist.

Beispiel 6.2 Die `for`-Schleife in der Anwendung[4]

1. Dem Index i wird eine Matrix A zugewiesen.

    Der Variablen i werden bei jedem Durchgang die Spaltenvektoren zugewiesen, womit solche Konstruktionen insbesondere bei Matrizenberechnungen von Vorteil sind.

    ```
    >> A=[1 2
          4 5];
    >> for i=A
           x=i
       end
           x = 1
               4
           x = 2
               5
    ```

---

[4] Alle Beispiele sind als ausführbare Programme auf der Internetseite *www.angelikabosl.de/Matlab/* abrufbar.

Tabelle 6.4 Beschreibung der Gestaltungsoptionen einer for-Schleife

Befehlsfolgen	Beschreibung

`>> for i=zahl`
`    Anweisung_1`
`    Anweisung_2`
`    ...`
`    Anweisung_n`
`end`
	Eine for-Schleife muss immer mit einem Zahlenwert, der einem Index i zugewiesen wird, begonnen und mit end abgeschlossen werden. Dazwischen befindet sich der Block mit einer oder mehreren Anweisungen. Diese Anweisungen können mehrere Befehle sein, es können aber auch weitere Kontrollstrukturen sein, z. B. auch eine weitere for-Schleife, die allerdings dann innerhalb der ersten for-Schleife beendet werden muss. Der große Unterschied zu herkömmlichen Programmiersprachen liegt darin, dass in der MATLAB-for-Schleife der Ausdruck zahl prinzipiell eine Matrix ist. Bei jedem Durchgang der Schleife werden die Spalten der Matrix nacheinander der Variablen i zugewiesen. Besteht zahl aus einem Zeilenvektor, dann ist i in jedem Schleifendurchgang ein Skalar. Ist zahl jedoch ein Spaltenvektor, so besteht die for-Schleife nur aus einem Durchgang und i ist gleich dem Spaltenvektor.

`>> for j=s:d:n`
`    Anweisungen`
`end`
`>> for i=s:n`
`    Anweisungen`
`end`
	In der for-Schleife kann anstelle einer Matrix oder eines Vektors auch ein mathematischer Ausdruck stehen, z. B. die bereits aus Abschn. 3.3 bekannte Zuweisung mit dem „:"-Operator. Der Indexvariablen i werden die Zahlen vom Startwert s bis zum Endwert n zugeordnet, wobei d den Abstand zwischen den Zahlenwerten definiert. Wird der Abstand d weggelassen, sodass die Anweisung for i=s:n lautet, ist der Abstand automatisch 1.

2. Dem Index i wird ein Zeilenvektor zugewiesen.

   In diesem Beispiel wird dem Index i ein Zeilenvektor zugewiesen, was einer Matrix mit nur einem Element pro Spalte entspricht. Daraus folgt, dass bei jedem Durchgang der for-Schleife der Variablen i ein Skalar zugewiesen wird. Diese Art der for-Schleife entspricht derjenigen, die von den meisten Programmiersprachen her bekannt ist.

   ```
   >> a=1:3;
   >> for i=a
       x=i
   end
           x = 1
           x = 2
           x = 3
   ```

3. Dem Index i wird ein mathematischer Ausdruck zugewiesen.

   Dem Index i wird eine Zahlenreihe von 1 bis 100 zugewiesen, die aufsummiert werden soll. Am Ende wird nur das Ergebnis z ausgegeben.

   ```
   >> z=0;
   >> for j=1:100
       z=z+j;
   end
   >> z
           z = 5050
   ```

Das Ergebnis der for-Schleife, die Summe der Zahlen 1 bis 100, wird zum Schluss extra aufgerufen, da die einzelnen Schritte des Aufsummierens (100 Zeilen) durch das Semikolon unterdrückt werden.

■

Seit MATLAB-Version 2008a gibt es eine Variante der for-Schleife, die parfor-Schleife, eine parallel ablaufende for-Schleife für bestimmte Anwendungen, die besonders in Zusammenhang mit der *Parallel Computing Toolbox* interessant wird.

6.4.2 while-Schleife

Die Anweisung oder die Folge von Anweisungen, die innerhalb einer while-Schleife steht, wird solange wiederholt, wie die logische Bedingung, die hinter while steht, erfüllt ist.

Es muss immer darauf geachtet werden, dass auch tatsächlich eines der Elemente der Matrix oder des Vektors bzw. der Skalar irgendwann den Wert Null annimmt oder dass die logische Bedingung irgendwann „falsch" (= 0) ergibt und damit die Bedingung für das Beenden der Schleife erreicht wird. Wird dies nicht beachtet, kann die while-Schleife theoretisch unendlich lange laufen.

In diesem Falle kann die Schleife nur über das „*Command Window*" (Mauszeiger muss hinter dem *fx*-Symbol blinken) mit der Tastenkombination <Strg>+<C> gestoppt werden!

Beispiel 6.3 Die while-Schleife in der Anwendung

1. Der logische Ausdruck hinter while ist eine Matrix oder ein Vektor und die while-Schleife wird solange durchgeführt, bis ein Element der Matrix bzw. des Vektors den Wert Null hat. Diese Bedingung ist für eine while-Schleife relativ kritisch, da sie sehr schnell zu einer unendlichen Schleife führen kann, siehe Hinweis oben.

```
>> A=[1 2;3 4];
>> while A
     A(1,2)=A(1,2)-1
   end;
     A =   1   1
           3   4
     A =   1   0
           3   4
```

Erst nach zweimaligem Schleifendurchlauf ist das Element in der zweiten Spalte der ersten Zeile der Matrix A zu Null geworden; damit wird die Schleife beendet.

Das folgende Beispiel führt zu einer endlosen Schleife, daher bitte nicht testen (sonst Abbruch nur mit den Tasten <Strg>+<C> im „*Command Window*" möglich):

Tabelle 6.5 Beschreibung der Gestaltungsoptionen einer while-Schleife

Befehlsfolgen	Beschreibung

```>> while matrix_m```
```   Anweisung_1```
```   Anweisung_2```
```   ...```
```   Anweisung_n```
```end```
	Im Gegensatz zu anderen Programmiersprachen kann das Ergebnis der logischen Bedingung eine Matrix sein:
	Solange alle Elemente dieser Matrix ungleich Null sind, wird die Schleife durchlaufen.
	Das Gleiche gilt für die Sonderfälle einer Matrix, den Zeilen- oder Spaltenvektor, sowie für Skalare. Sobald eines der Elemente eines Vektors oder der Skalar gleich Null ist, wird die Schleife beendet.
	Am Ende einer while-Schleife muss immer end stehen.

```>> while abfrage```
```   Anweisung_1```
```   Anweisung_2```
```   ...```
```   Anweisung_n```
```end```
	Die Endbedingung der while-Schleife kann aber auch eine logische Abfrage mit dem Ergebnis „wahr" (1) oder „falsch" (0) sein. Solange die Bedingung „wahr" ist, wird die Schleife fortgeführt bis die Bedingung „falsch" ergibt. Wenn also die Bedingung nie „falsch" wird, wird die Schleife auch nicht beendet. Eine logische Abfrage kann aus den in Abschn. 4.4 beschriebenen relationalen Operatoren (>, <, >=, <=, =, etc.) oder den in Abschn. 4.5 beschriebenen logischen Operatoren (and, or, etc.) aufgebaut sein, z. B. könnte die Abfrage lauten while k>=0...
	Auch innerhalb einer while-Schleife können weitere while-Schleifen oder andere Kontrollstrukturen enthalten sein.

```
>> m=5;
>> while m
     m=m-2
   end
```

Dadurch, dass von der ungeraden Zahl m immer wieder 2 abgezogen wird, wird m nie Null, sondern sehr schnell negativ. Hier hilft nur ein Abbruch mit <Strg> + <C> im *„Command Window"*!

2. Die Bedingung ist eine logische Abfrage mit dem Ergebnis „wahr" (1) oder „falsch" (0):

Logische Abfragen als Bedingung für while-Schleifen sind der Normalfall in anderen Programmiersprachen. Durch die Verwendung von „größer" oder „größer gleich" bzw. „kleiner" oder „kleiner gleich" können unendliche Schleifen wie im vorherigen Beispiel leichter vermieden werden, da nicht ein bestimmter Wert erreicht werden muss, sondern nur ein bestimmter Grenzwert über- oder unterschritten werden braucht. Aber auch in diesem Fall ist es möglich, dass der Grenzwert nie erreicht und die while-Schleife nicht beendet wird.

```
>> n=10; x=3;
>> while n>0
     n=n-x
   end

n =  7
n =  4
n =  1
n = -2
```

Solange n > 0 gilt, wird x von n abgezogen. Nachdem n-x ein negatives Ergebnis geliefert hat, wird die Schleife im nächsten Durchgang beendet.

∎

Bei der while-Schleife muss – im Gegensatz zu for-Schleife mit begrenzten Durchgängen – die Endbedingung sehr genau überlegt werden, damit die Schleife auch wirklich beendet werden kann. MATLAB gibt dazu keine Hilfestellung oder Warnung aus.

6.4.3 if-elseif-else-Verzweigung

Die if-elseif-else-Verzweigung ist auch aus anderen Programmiersprachen bekannt: Unter if wird eine Bedingung abgefragt und ist diese erfüllt, wird die dazugehörige Anweisung bzw. eine Folge von Anweisungen ausgeführt. Falls nicht, kann es noch eine oder mehrere weitere Abfragen unter elseif geben, die mit einer anderen Anweisung oder einer Folge von Anweisungen verbunden sind. Ist keine der elseif-Abfragen erfüllt, so wird die Anweisung bzw. die Anweisungsfolge unter else abgearbeitet.

Beispiel 6.4 Die if-elseif-else-Verzweigung in der Anwendung

1. Die logische Abfrage hinter if besteht aus der Angabe einer Matrix A, deren Elemente daraufhin überprüft werden, ob sie gleich Null sind. Wird die if-else-Verzweigung das erste Mal durchgeführt, wird zu der Anweisung unter else verzweigt, da alle Elemente der Matrix A ungleich Null sind. Beim zweiten Durchlauf der if-else-Verzweigung ist die Bedingung unter if erfüllt, denn ein Element von A ist 0.

   ```
   >> A=[1 1;3 4];
   >> if A
      A(1,2)=A(1,2)-1, text='if-Anweisung befolgt!'
   ```

Tabelle 6.6 Beschreibung der Gestaltungsoptionen einer if-elseif-else-Verzweigung

Befehlsfolgen	Beschreibung

`>> if Ausdruck_1`
`   Anweisungen_1`
`elseif Ausdruck_2`
`   Anweisungen_2`
`elseif Ausdruck_3`
`   Anweisungen_3`
`...`
`else`
`   Anweisungen_n`
`end`
	Die if-elseif-else-Verzweigung muss immer mit if starten. Es ist keine elseif-Unterverzweigung notwendig, es können aber auch eine oder mehrere sein. Als Abschluss einer solchen Kontrollstruktur muss in jedem Fall wieder end stehen. Die Abarbeitung dieser Kontrollstruktur erfolgt so wie in anderen Programmiersprachen. Hinter if und elseif stehen, wie bei der while-Schleife, logische Bedingungen; z. B. if i>=0 oder auch nur eine Matrix oder ein Vektor, von denen ein Element null sein kann, oder ein Skalar, der den Wert 0 haben kann. Je nach Ergebnis der logischen Bedingung wird die entsprechende Anweisung ausgeführt und die folgenden Anweisungen werden übersprungen. Die logischen Bedingungen hinter if und elseif sollten sich sinnvoll ergänzen. Wenn also bereits unter if abgefragt wurde, ob ein Wert i>0 ist, macht es keinen Sinn, unter elseif abzufragen, ob der gleiche Wert i>5 ist, da bei allen Zahlen >0, die zwar auch die Bedingung unter elseif erfüllen, schon bei if abgezweigt wurde und die elseif-Bedingung deshalb niemals erreicht werden kann. Siehe hierzu folgendes Negativbeispiel (3.) unter Beispiel 6.4.

```
      else
          A(1,2)=A(1,2)+2, text='else-Anweisung befolgt'
      end
```
ergibt die folgende Ausgabe
```
      A =    1    0
             3    4
      text = if-Anweisung befolgt!
```
Wenn die if-Verzweigung ein zweites Mal eingegeben wird, z. B. durch Auswählen der entsprechenden Zeilen in der *Command History*, wobei die erste Zeile ausgelassen wird, ergibt die Schleife das folgende Ergebnis:
```
      >> if A
          A(1,2)=A(1,2)-1, text='if-Anweisung befolgt!'
      else
          A(1,2)=A(1,2)+2, text='else-Anweisung befolgt!'
      end
```
Der zweite Durchlauf liefert das folgende Ergebnis:
```
      A =    1    2
             3    4
      text = else-Anweisung befolgt!
```

2. Im folgenden Beispiel werden verschiedene Werte für die Variable i abgefragt, sodass, je nachdem welcher Wert für i vorgegeben wird (1. Zeile: i=12;), unterschiedlich verzweigt wird.
```
      >> i=12;
      >> if i>15
          k=1
      elseif i>12
          k=2
      elseif i>10
          k=3
      else
          k=4
      end
```
liefert für i=12 das Ergebnis:
```
      k =    3
```
Wird i = 3 vorgegeben, so ist das Ergebnis k = 4. Für i = 20 ergibt die Abfrage k = 1.

3. Im folgenden Beispiel sind die elseif-Bedingungen unsinnig gewählt, da alle Werte von i, die jeweils die Bedingungen unter elseif erfüllen würden, bereits die vorangegangene Bedingung unter if i>0 erfüllt haben müssen.
```
      i=12;
      if i>0
          k=12
      elseif i>8
          k=15
```

```
    elseif i>10
       k=20
    else
       k=0
    end
```
liefert immer das Ergebnis:
$$k = 12$$

■

Schon bei diesen einfachen Beispielen für Schleifen oder Verzweigungen wird ersichtlich, wie nützlich es ist, die Befehle in ein Programm zu schreiben und abzuspeichern. Bei Vertippen eines Befehls oder nachträglichen Änderungen wird der Code vor Ablauf sogar automatisch abgespeichert und ist jederzeit und wiederholt abrufbar. Bei Eingabe über das „Command Window" müssen alle Befehle einzeln wiederholt werden, will man die ganze Abfolge laufen lassen.

6.4.4 switch-case-otherwise-Verzweigung

Mit der switch-case-otherwise-Verzweigung kann der Status, Wert oder Zustand einer Variablen über verschiedene Alternativen abgefragt werden und je nach zutreffendem Fall (case) in die entsprechende Anweisung oder Folge von Anweisungen verzweigt werden.

Übliche Anwendungen für die switch-case-otherwise-Verzweigung sind z. B. Eingaben des Benutzers als Antwort auf eine Frage oder eine Menüauswahl. Der Befehl, durch den MATLAB eine Antwort des Benutzers erwartet, lautet input. Um eine Frage zu formulieren, auf die geantwortet werden soll, und gleichzeitig diese Antwort einer Variablen zuzuordnen, die dann ausgewertet werden kann, empfiehlt sich die Befehlsfolge antwort=input('Fragetext '). Dabei sollten an den Text mehrere Leerzeichen angefügt werden, sodass etwas Zwischenraum zwischen Frage und Mauszeiger bleibt, der den Platz für die Antwort markiert. Außerdem kann es für den Benutzer hilfreich sein, wenn darauf hingewiesen wird, dass die Eingabe mit der <Enter>-Taste abgeschlossen werden muss. Dies erreicht man durch antwort=input('Frage? (Enter-Taste) '), für interaktive Befehlsfolgen ein sehr nützlicher Befehl.

Beispiel 6.5 Die switch-case-otherwise-Verzweigung in der Anwendung

1. Der Wert der Variable A wird abgefragt. In diesem Beispiel wird je nach Wert von A ein anderer Text ausgegeben. Im Beispiel ist A=2 eingegeben worden, sodass die Antwort dem Text hinter case 2 entspricht.

Tabelle 6.7 Beschreibung der Gestaltungsoptionen einer `switch-case-otherwise`-Verzweigung

Befehlsfolgen	Beschreibung

`switch variable`
`case wert_1`
    `Anweisungen_1`
`case {wert_2,wert_3}`
    `Anweisungen_2`
`...`
`case wert_n`
    `Anweisungen_n`
`otherwise`
    `Anweisungen_n+1`
`end`
	Die abzufragende Variable wird hinter `switch` eingefügt. Hinter jedem case steht ein möglicher Wert für die Variable. Das kann eine Zahl aber auch ein Wort bzw. eine Buchstabenfolge sein, die dann allerdings in Hochkommata, z. B. `case 'text'`, geschrieben sein muss. Wenn eine Variable entweder Text oder einen numerischen Wert enthält, ist es auch möglich, in der case-Abfrage mögliche Zahlenwerte oder Texte abzufragen, d. h. zu mischen.
	Mehrere mögliche Alternativwerte, die die gleichen Anweisungen nach sich ziehen, können in geschweiften Klammern, durch Kommata getrennt aufgelistet werden, z. B. `case {wert_2,wert_3}`.
	Auch die `switch-case-otherwise`-Verzweigung muss mit einem end abgeschlossen werden.

```
A=input('Wie groß ist A? Bitte Zahl eingeben und mit Eingabetaste
abschließen. ');
b=3;
switch A
    case (3+4)*5/7
        disp('A ist gleich 5')
    case 2
        disp('A ist gleich 2')
    case ((b+3)/3)^2
        disp('A ist gleich 4')
    otherwise
        disp('A nicht erkennbar')
end
```

Bei Eingabe von 2 für A ist das Ergebnis:

```
A ist gleich 2
```

2. Im folgenden Beispiel wird ebenfalls der Wert einer Variable abgefragt, jedoch enthält diese Variable Text. Die Syntax ist ähnlich, jedoch muss der Text in Hochkommata gesetzt werden. Bei einer Alternative gibt es sogar zwei verschiedene Werte für die gleiche Antwort und die beiden Werte sind deshalb in geschweiften Klammern zusammengefasst worden: `case {'schlecht','mittel'}`. Die Befehle sollten mithilfe des Editors in ein Programm abgespeichert werden, um leichter verschiedene Möglichkeiten ausprobieren zu können.

```
text= input('Wie ist die Bewertung? Bitte Begriff eingeben und
mit Eingabetaste abschließen. ');
switch text
    case {'schlecht','mittel'}
        disp('So nicht!'), c=1
    case 'gut'
        disp('Ist OK!'), c=2
    case 'super'
        disp('Genau so und nicht anders! Super!'), c=3
```

```
        otherwise
            disp('Was soll das?'), c=4
        end
```
Wenn als Text 'schlecht' eingegeben wird, lautet das Ergebnis dieser Befehlsfolge:

```
So nicht!
c = 1
```

Die switch-case-otherwise-Verzweigung kann beliebig viele Fälle (*cases*) enthalten, sodass eine Vielzahl von möglichen Werten für die Variable abgefragt werden kann.

■

Der Befehl disp('Beliebiger Text') bewirkt die Ausgabe (disp für *display*) des Textes im MATLAB-„*Command Window*", der in Hochkommata innerhalb der Klammern steht. Ein sehr nützlicher Befehl für Textausgaben innerhalb längerer und komplexerer Befehlsfolgen.

6.4.5 try-catch-Fehlerkontrolle

Mit der try-catch-Fehlerkontrolle kann der Absturz oder unbeabsichtigte Programmabbruch eines MATLAB-Programms verhindert werden, indem im Falle eines Fehlers bei einer Anweisung (try) Alternativanweisungen (catch) ausgeführt werden, die auf den Fehler reagieren, z. B. eine Warnmeldung.

Beispiel 6.6 Die try-catch-Fehlerkontrolle in der Anwendung

```
>> try
       y=x.^2; plot(x,y), grid
   catch
       disp('x wurde nicht definiert! Der Fehler lautet: ')
       Fehler=lasterr
       x=input('Wertebereich x definieren: ')
       y=x.^2; plot(x,y), grid
   end
```

Ist x nicht definiert worden und auch nicht von vorherigen Aufgaben im MATLAB-„*Workspace*" zu finden, liefert obiges Beispiel das Ergebnis:

```
x wurde nicht definiert! Der Fehler lautet:
Fehler = Undefined function or variable 'x'.
Wertebereich x definieren:
```

Daraufhin muss der Wertebereich eingegeben werden, z. B. (-10:10), und der entsprechende Teil der quadratischen Parabel wird im Grafikfenster dargestellt.

Tabelle 6.8 Beschreibung der Gestaltungsoptionen einer `try-catch`-Fehlerkontrolle

Befehlsfolgen	Beschreibung

`try`
    Anweisungen_1
`catch`
    Anweisungen_2
`end`
	Die Anweisungen hinter `try` können einen Fehler bewirken, z. B. wenn versucht wird (`try`), eine Variable aufzurufen, die aber noch gar nicht existiert. Mit den Anweisungen hinter `catch` wird der mögliche Fehler aufgefangen (*catch*), z. B. durch eine Warnmeldung, die verbunden sein kann mit der Aufforderung zur Eingabe der betreffenden Variablen. Verschachtelte Schleifen oder Verzweigungen innerhalb der `try-catch`-Anweisung sind nicht möglich, da die Anweisungen hinter `try` ein eindeutiges Ergebnis haben müssen.
	Mit dem Befehl `lasterr` kann der Fehler bzw. der Grund, warum in `catch` abgezweigt wurde, ausgegeben werden.

Ohne die Fehlerkontrolle würde MATLAB mit einer Fehlermeldung antworten bzw. ein Programm mit der folgenden Fehlermeldung abbrechen:

```
>> clear all                    % Alle Variablen im Workspace gelöscht
>> y=x.^2; plot(x,y),grid
      Undefined function or variable 'x'.
```

Je komplexer eine Programmierung ist, umso sinnvoller kann es sein, an geeigneten Stellen eine derartige Fehlerkontrolle mit `try-catch` einzufügen.

6.4.6 Weitere Befehle, die den Programmablauf beeinflussen

Außer den oben genannten Kontrollstrukturen, gibt es weitere wichtige Befehle, die bei der Programmierung sinnvoll eingesetzt werden können, um den Programmablauf zu beeinflussen.

Beispiel 6.7 Anwendungen der in Tab. 6.9 aufgeführten Programmierbefehle

Die folgenden beiden MATLAB-Programmfolgen haben das gleiche Ziel, es werden jedoch unterschiedliche Befehle verwendet, um die `while`-Schleife zu beenden.

Tabelle 6.9 Weitere Befehle, die den Programmablauf beeinflussen

Befehle	Beschreibung
`>> break`	Mit `break` kann eine `for`- oder `while`-Schleife verlassen werden. Das Programm fährt dann mit den Anweisungen nach der Schleife fort. Bei verschachtelten Schleifen wird nur die aktuelle Schleife verlassen und es werden die Anweisungen in der nächst äußeren Schleife ausgeführt. Sinnvollerweise wird die `break`-Anweisung mit einer Bedingung verknüpft (`if`-Verzweigung), z. B. indem bei einer `while`-Schleife eine Zählvariable mitläuft. Wenn diese Variable einen bestimmten Wert erreicht hat, d. h. nach einer definierten Anzahl von Durchgängen, beendet `break` die Schleife. Sie dient somit als Notbremse im Fall einer unendlichen Schleife.

Tabelle 6.9 Weitere Befehle, die den Programmablauf beeinflussen *(Fortsetzung)*

Befehle	Beschreibung
`>> continue`	Mit `continue` wird der Durchgang einer `for`- oder `while`-Schleife verlassen, wobei alle nach `continue` folgenden Anweisungen ignoriert werden und in den nächsten Durchgang der Schleife gesprungen wird. Ähnlich wie bei `break` ist es sinnvoll, die `continue`-Anweisung mit einer Bedingung zu verknüpfen (`if`-Verzweigung), z. B. indem vor einer Wurzel abgefragt wird, ob das Argument unter der Wurzel negativ ist, sodass in dem Fall die Wurzel nicht ausgeführt wird und stattdessen zur nächsten Zahl in der Schleife gesprungen wird. In verschachtelten Schleifen springt `continue` zum Beginn derjenigen Schleife, die gerade abläuft.
`>> return`	Mit `return` kann der Ablauf eines Programms vorzeitig beendet werden und MATLAB kehrt sofort zurück zum aufrufenden Programm (falls ein Unterprogramm mit `return` beendet wurde) oder zurück zum „*Command Window*", falls ein Hauptprogramm vorzeitig beendet wurde. Auch `return` sollte mit einer Bedingung (`if`-Verzweigung) verknüpft werden, z. B. wenn ein Unterprogramm zur Berechnung einer Wurzel einer eingegebenen Variable nur dann ausgeführt werden soll, wenn die Variable positiv ist.

`>> pause`
`>> pause(n)`
`>> pause on`
`>> pause off`
`>> pause query`
	Der Programmablauf wird bei `pause` angehalten, solange bis eine Taste gedrückt wird.
	Mit `pause(n)` wird das Programm für n Sekunden lang angehalten, bevor die nächsten Befehle ausgeführt werden. Allerdings wird die Pause nur eingehalten, wenn der Status auf `pause on` gesetzt wurde. Die Zeitspanne kann allerdings je nach Rechnerleistung variieren.
	Mit `pause off` können alle eingebauten Pausen temporär übergangen werden.
	Mit `pause query` kann der derzeitige Status abgefragt werden, d. h. ob die Pausen eingehalten (`ans=on`) oder übergangen (`ans=off`) werden sollen.

`>> end`	Mit `end` müssen alle Schleifen und Verzweigungen abgeschlossen werden, auch MATLAB-Funktionen („functions") müssen auf `end` beendet werden. Wenn ein Programm nicht erwartungsgemäß ausgeführt wird, kann das unter Umständen an dem fehlenden `end` liegen.

1. Abbruch der Schleife mit `break`

    Da nur die Schleife mit `break` abgebrochen wird, kann eine Textausgabe im Anschluss an die `while`-Schleife erfolgen.

    ```
    n=10; x=3;
    while n>0
        n=n-x
        if n<=0
            break
        end
    end
    disp('Das Programm wird beendet, da n negativ oder 0 ist.')
    ```

2. Abbruch des Programms und damit der Schleife mit `return`

    Da nach `return` das Programm beendet wird, wird die Informationszeile (`disp('...')`) bereits vor der Zeile mit `return` eingefügt.

```
n=10; x=3;
while n>0
    n=n-x
    if n<=0
        disp('Das Programm wird beendet, da n negativ oder 0
        ist.')
        return
    end
end
```

Die beiden obigen Programmfolgen haben jeweils das Ergebnis:

```
n =   7
n =   4
n =   1
n =  -2
Das Programm wird beendet, da n negativ oder 0 ist.
```

3. Der Befehl continue bewirkt, dass die Wurzel einer negativen Zahl nicht berechnet wird, es wird zur nächsten Zahl gewechselt:

```
n=[4 -9 8 -3];
for i=n
    i
    if i<0
        disp('Keine Wurzel aus einer negativen Zahl')
        continue
    end
    x=sqrt(i)
end
```

Das Ergebnis dieses kurzen Programms lautet:

```
i =   4
x =   2
i =  -9
Keine Wurzel aus einer negativen Zahl
i =   8
x =   2.8284
i =  -3
Keine Wurzel aus einer negativen Zahl
```

Die Befehle return, break und continue sind in Programmen vielseitig einsetzbar, als „Notbremse" in der while-Schleife, um Fehler zu vermeiden, oder um einfach ein Unterprogramm verlassen zu können. Der Befehl pause kann in jedes der oben angeführten Beispiele eingefügt werden. Der Befehl end ist dagegen bereits mehrfach vorhanden.

Die oben angeführten Programmfolgen von Beispiel 6.2 bis Beispiel 6.7 sind bewusst sehr einfach gehalten, um die Anwendung der Programmierfolgen möglichst anschaulich zu demonstrieren. In der MATLAB „*Documentation*" sind etwas komplexere Beispiele aufgeführt, die es sich durchaus lohnt, anzuschauen[5].

6.5 Nützliche Befehle für die Programmierung unter MATLAB

Zusätzlich zu den in Abschn. 6.4 beschriebenen Kontrollstrukturen und den in den vorhergegangenen Kapiteln erläuterten MATLAB-Befehlen gibt es einige Befehle, die sehr nützlich sein können, auch wenn sie für die Programmierung an sich nicht relevant sind.

In Tab. 6.10 werden diese Befehle aufgelistet und in Anwendung und Nutzen kurz erklärt. Jeder Befehl kann auch direkt im MATLAB-„*Command Window*" eingegeben werden, bei der Programmierung ist die Anwendung aber besonders interessant.

Einige Befehle (`clear all`, `disp`, `input`) wurden bereits in den vorherigen Kapiteln erwähnt, sind der Übersichtlichkeit halber aber hier noch einmal zusammengefasst worden.

Tabelle 6.10 enthält eine subjektive Auswahl aus einer Vielzahl nützlicher Befehle, die MATLAB bietet. Die genannten Befehle haben sich im regelmäßigen Umgang mit MATLAB als sehr hilfreich und zeitsparend erwiesen. Es ist unter Umständen sinnvoll, sich selbst eine Tabelle mit persönlich nützlichen MATLAB-Befehlen anzulegen, da es sehr ärgerlich sein kann, wenn man weiß, dass es einen Befehl für die gewünschte Anwendung gibt, die Syntax aber nicht mehr bekannt ist, genauso wenig wie die Kategorie in der man suchen könnte.

Beispiel 6.8 Ein einfaches Programm mit Kontrollstrukturen und nützlichen Befehlen

Das Programm in Bild 6.10 ist unter dem Namen `summe.m` abgespeichert. Bei Aufruf von `help summe` im „*Command Window*" zeigt MATLAB die ersten drei Zeilen, die mit dem Kommentarzeichen % gekennzeichnet sind, als Hilfetext.

■

---

[5] Im MATLAB-Handbuch unter „*Programming Scripts and Functions*" → „*Control Flow*" oder durch Aufrufen des entsprechenden Befehls (`if`, `while`, `return` etc.).

[6] In MATLAB-Funktionen werden normalerweise lokale Variablen verwendet, die nur auf die jeweilige Funktion begrenzt sind. Allerdings kann es notwendig sein, dass verschiedene Funktionen auf gemeinsame Variablen zugreifen müssen, dann müssen alle Funktionen diese Variablen als global deklarieren. Siehe dazu unter help global.

Tabelle 6.10 Nützliche Befehle für die Programmierung unter MATLAB

Befehle	Beschreibung	Vorteil / Nutzen
`>> clc`	Das „*Command Window*" wird gelöscht, alle vorherigen Ein- und Ausgaben sind nicht mehr sichtbar. Betrifft allerdings nur das „*Command Window*", nicht die Variablen!	Sie Ergebnisse des ablaufenden Programms können nicht mit eventuell vorhandenen vorherigen Ergebnissen verwechselt werden.
`clear all`	Alle Variablen, auch global definierte Variablen,[6] Funktionen und sonstige kompilierte Programme im Cachespeicher werden gelöscht.	Keine „Altlasten" können das Ergebnis beeinflussen, allerdings müssen Programme oder Funktionen wieder neu kompiliert werden, was Zeit kostet.
`clear` `clear variables` `clearvars` `clear global` `clear var1 var2 var3 ...` `clear functions`	Mit `clear`, `clear variables` oder der spezifischen Variante `clearvars` werden alle Variablen vom Workspace gelöscht. Variablen, die in Funktionen allerdings als „global" definiert wurden, werden zwar vom Workspace gelöscht, bleiben aber für die Verwendung in Funktionen definiert. Mit `clear global` werden dafür alle als global definierten Variablen gelöscht. Mit `clear var1 var2 var3 ...` können einzelne Variablen gelöscht werden, mit `clear A*` alle Variablen, die mit `A` beginnen. Mit `clear functions` werden alle kompilierten MATLAB und MEX-Funktionen aus dem Cachespeicher gelöscht.	Mit den spezifischeren Varianten des `clear`-Befehls kann gezielt gelöscht werden, einzelne Variablen, nur Variablen vom Workspace oder auch „globale" Variablen oder nur Funktionen. Damit sind diese Befehle deutlich selektiver und eventuell in bestimmten Fällen empfehlenswerter als der absolute Kahlschlag mit `clear all`.
`>> echo` `>> echo on` `>> echo off`	Alle Befehle, die im Programm sonst unsichtbar ablaufen, werden als Echo ausgegeben, nicht nur die Ergebnisse. Mit `echo on` wird das „Echo" angeschaltet, mit `echo off` aus. Nur `echo` schaltet ein oder aus, je nachdem, welcher Zustand aktiv war.	Im „*Command Window*" sind normalerweise nur die Ergebnisse von Berechnungen oder anderen Befehlen zu sehen. Oft ist es hilfreich, auch die Berechnung zu sehen, d. h. den Befehl, der zu dem jeweiligen Ergebnis führt.
`diary ('datei.doc')` `diary on` `diary off`	Mitprotokollieren aller Ausgaben im „*Command Window*" in die Textdatei `datei.doc` oder, falls kein Dateiname angegeben wird, in die Textdatei `diary` im aktuellen MATLAB-Verzeichnis. Mit `diary on` oder `diary('datei.doc')` wird das „Tagebuch" geöffnet, mit `diary off` wird die Datei geschlossen. Achtung: Es können mit diesem Befehl viele Seiten Textdatei erzeugt werden, wenn bei entsprechenden Variablendeklarationen das Semikolon vergessen wird! Das Protokollieren sollte mit `diary off` beendet werden, damit die Textdatei geschlossen wird und mit einem Editor wieder geöffnet werden kann.	Es besteht immer die Möglichkeit, den gewünschten Inhalt des „*Command Window*" zu kopieren und in eine Textdatei einzufügen. Mit dem `diary`-Befehl besteht jedoch die Möglichkeit, schnell ein Protokoll eines Programms zu erstellen, z. B. die Auswertung von jeweils unterschiedlichen Messwerten. Leider können erzeugte Grafiken, die in einem eigenen Grafikfenster dargestellt werden, nicht automatisch eingefügt werden. Durch Kommentare an den entsprechenden Stellen des Programms kann jedoch auf Grafiken verwiesen werden.

Tabelle 6.10 Nützliche Befehle für die Programmierung unter MATLAB *(Fortsetzung)*

Befehle	Beschreibung	Vorteil / Nutzen
n=input ('Eingabe')	Interaktive Eingabe des Benutzers gefragt. Über input und Begleittext zur Erklärung innerhalb der Klammern wird vom Benutzer eine Eingabe erwartet, die einer Variablen zugewiesen wird und z. B. eine switch-case-Verzweigung beeinflussen kann. Der Befehl input muss mit der Eingabetaste abgeschlossen werden.	Mit input kann der Benutzer interaktiv in ein Programm eingreifen, Variablen definieren oder eine Auswahl treffen und so den Programmablauf beeinflussen.
disp('Text')	Ausgeben eines Textes, einer Meldung, einer Warnung etc.	Begleittext von Ergebnissen oder Warnhinweise, wenn das Programm aus einem Grund abgebrochen wird, z. B. vor return. Nicht unbedingt notwendig, wenn das Programm erklärende Kommentare enthält, die über echo on mit ausgegeben werden.

Warnungen im MATLAB-Editor als Hilfe bei der Programmierung

In den neueren Versionen von MATLAB wurde die Funktionalität des Editors erweitert. Wie bereits in Tabelle 6.10 und in der Bildunterschrift zu Bild 6.10 erwähnt, markiert MATLAB fragwürdige Stellen des Programmcodes durch rote Schlangenlinien unter den betreffenden Befehlen und zum Teil werden Zeichen oder Variablen hellgelb farbig hinterlegt. In Bild 6.11, der ursprünglichen Variante des obigen Programms zur Aufsummierung, werden die Warnungen noch angezeigt. Sobald mit der Maus über die markierte Stelle gefahren wird, wird der Warnungstext angezeigt.

Die erste Warnung betrifft die Verwendung des Befehls `clear all` mit dem Hinweis, dass die Ausführung dieses Befehls die Leistungsfähigkeit des Programms verringert und in den meisten Fällen unnötig ist. Unter „*Details*" wird das Problem näher ausgeführt und es gibt ein paar Hinweise, wie der Befehl besser angewendet werden kann, indem z. B. einzelne, zu löschende Variablen aufgelistet werden mit `clear var1 var2 var3` oder nur Variablen vom Workspace gelöscht werden mit `clear variables` oder `clearvars`. Möchte man diese Warnung bewusst ignorieren, kann mit der rechten Maustaste auf „all" geklickt werden und in dem aufgehenden Menü die zweite Zeile gewählt werden, vergleiche Bild 6.12, linke Seite. Wird das Unterdrücken der Warnung nur für die aktuelle Zeile ausgewählt (Suppress „Using CLEAR ALL usually decreases ..." ... On This Line) erscheint hinter dem Befehl `clear all` als Kommentar die folgende Meldung (siehe auch Bild 6.10, Zeile 9):

```
clear all    %#ok<CLALL>
```

Die weiteren beiden Warnungen betreffen das mögliche Fehlen eines Semikolons zur Unterdrückung der Ausgabe von Variablen auf dem *Workspace*: „Terminate statement with semicolon to suppress output (within a script)." Diese Warnung kann hilfreich sein, da bei größeren Programmen sonst mehr oder weniger zahlreiche Variableninhalte über den Bildschirm laufen könnten. In dem Programmbeispiel ist die obere Warnung in Zeile 12 sinnvoll, denn die Zahl, die der Benutzer für den Endwert der Summe eingeben soll, muss nicht

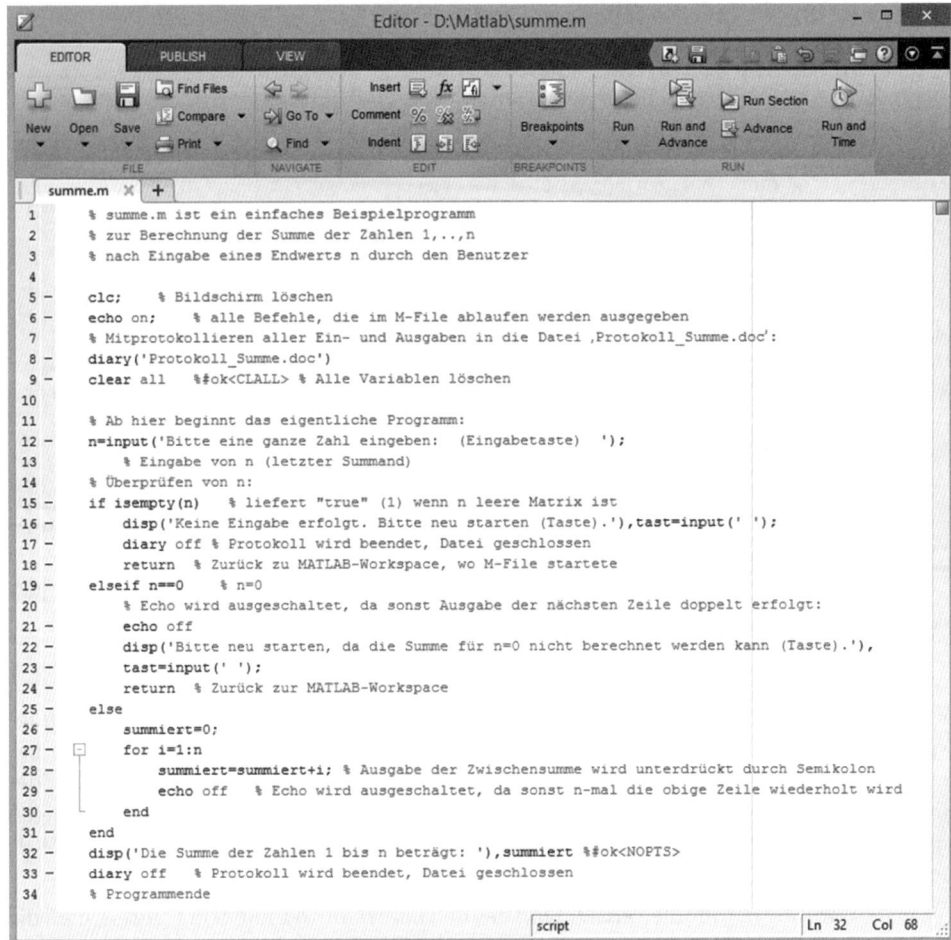

Bild 6.10 Die Datei summe.m ist ein einfaches Beispielprogramm zur Berechnung der Summe der Zahlen 1,...,n, wobei n durch den Benutzer eingegeben werden muss. In Zeile 9 wird eine Warnung durch den eingefügten Kommentar %#OK<CALL> unterdrückt. Gleiches gilt für die Warnung in Zeile 31, die ein Semikolon hinter der Ausgabe der Variable empfohlen hat. Nach Ignorieren dieser Warnung, wurde der Kommentar %#ok<NOPTS> eingefügt

noch einmal ausgegeben werden. Ein Mausklick auf „Fix" behebt das Manko (es ist ja kein kritischer Fehler) und fügt ein Semikolon an das Ende von Zeile 12 an. Alternativ kann im Menüfenster beim rechten Mausklick auf das „="-Zeichen, welches aufgrund der Warnung farbig unterlegt ist, in der ersten Zeile auf „Add a semicolon." klicken.

Bei der unteren Warnung in Zeile 32 wäre es unsinnig, ein Semikolon zur Unterdrückung der Ausgabe der Variablen einzufügen, da das Ergebnis des Aufsummierens, der Wert der Variablen summiert, angezeigt werden soll. Hier empfiehlt es sich im Menüfenster bei rechtem Mausklick auf den unterstrichenen Variablennamen summiert die zweite Zeile auszuwählen und die Warnung zu unterdrücken, siehe Bild 6.12, rechte Seite. Wird das Unterdrücken der Warnung nur für die aktuelle Zeile ausgewählt (Suppress „Terminate statement with

6.5 Nützliche Befehle für die Programmierung unter MATLAB

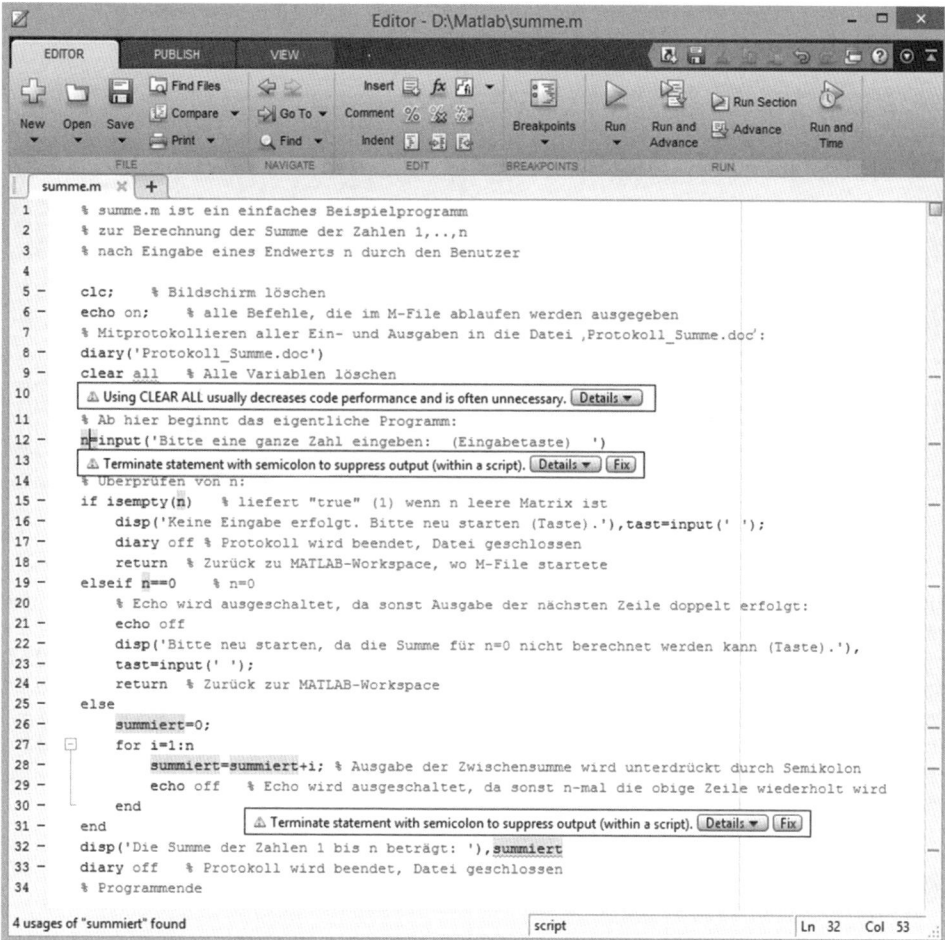

Bild 6.11 Ursprüngliche Variante des Programms summe.m inklusive der Warntexte, die der Editor bei Überfahren mit dem Mauszeiger ausgibt (Fotomontage zur Darstellung von drei Warnungen)

semicolon ..." ... On This Line) erscheint hinter dem Variablennamen summiert als Kommentar die folgende Meldung (siehe auch Bild 6.10, Zeile 32):

```
summiert    %#ok<NOPTS>
```

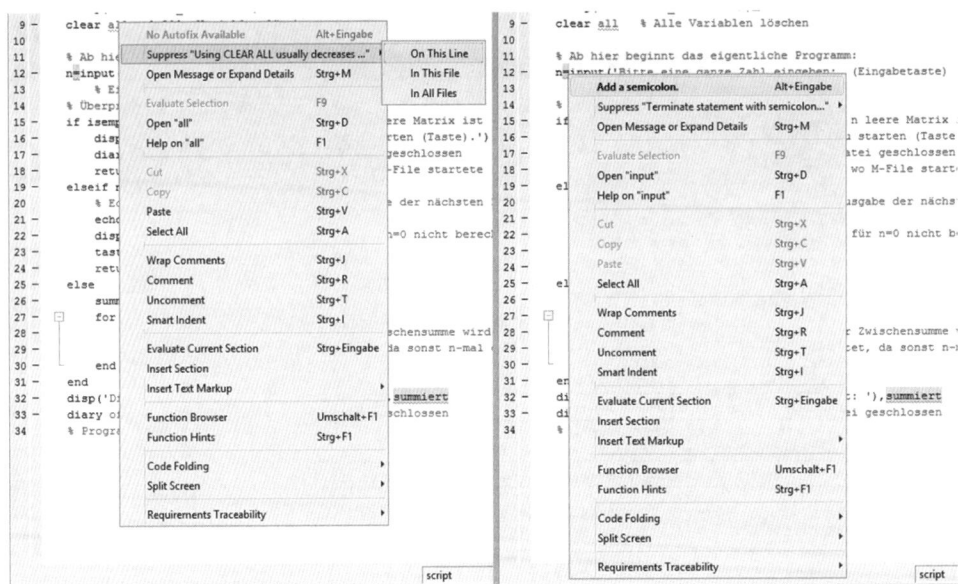

Bild 6.12 Auf der linken Seite ist das Menüfenster zu sehen, wenn mit der rechten Maustaste auf das rot unterstrichene Wort `all` des Befehls `clear all` geklickt wird. Die erste Zeile ist ausgegraut, es gibt keinen automatischen Fix für das Problem. In der zweiten Zeile (markiert) gibt es aber die Möglichkeit, die Warnung zu unterdrücken, entweder nur in dieser Zeile, in dem aktuellen Programm oder in allen Programmdateien. Auf der rechten Seite ist das Menüfenster zu sehen, wenn auf das markierte „="-Zeichen in Zeile 12 oder auf den Variablennamen summiert in Zeile 32 geklickt wird. In diesen beiden Fällen gibt es als automatischen Fix die Möglichkeit, ein Semikolon ans Ende der Zeile hinzuzufügen oder, unter anderem, auch die Warnung zu unterdrücken

■ 6.6 „Function" – Funktionen in MATLAB

In MATLAB können auch eigene Funktionen programmiert werden. Diese Funktionen werden als separate Dateien bzw. Programme abgespeichert. Eine Funktion unterscheidet sich von einem „normalen" Programm dadurch, dass Argumente der Funktion übergeben werden können und Argumente zurückgeliefert werden. Innerhalb einer Funktion definierte Variablen sind lokal und werden nicht auf der MATLAB-Oberfläche abgespeichert, außer sie werden als global deklariert, sodass sie auch von anderen Funktionen verwendet werden können.

Bei einer Funktion muss das erste Wort des Programms immer `function` sein, um den Status als Funktion zu kennzeichnen. Mit MATLAB-Funktionen kann eine eigene neue Befehlsbibliothek erstellt werden.

6.6.1 Kopfzeile einer Funktion (Syntax)

```
>> function[Ausgabeargum]=Funktionsname(Eingabeargum)
      Anweisungen
   end
```

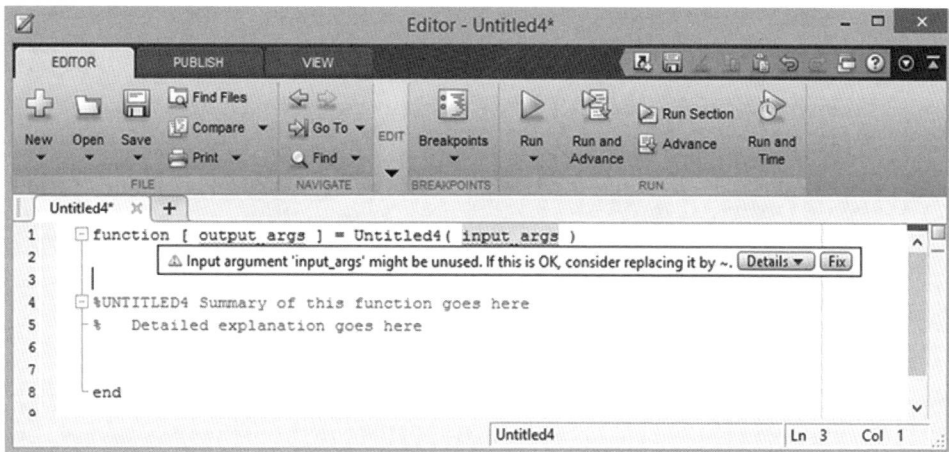

Bild 6.13 Mit „*New*" → „*Function*" wird eine Vorlage für eine MATLAB-Funktion geöffnet, in der die wichtigsten Elemente bereits eingefügt sind. In einer Warnung wird erläutert, dass eventuell keine Eingabeargumente erforderlich sind

Einer Funktion können auch mehrere Argumente (e1, e2,..., en) übergeben werden und sie kann auch mehr als ein Argument (a1, a2,..., an) zurückgeben.

```
>> function[a1,a2,...,an]=Funktionsname(e1,e2,...,en)
     Anweisungen
end
```

6.6.2 Aufbau einer Funktion

Eine Funktion besteht aus MATLAB-Befehlen und Kontrollstrukturen, wie sie in Abschn. 6.4 beschrieben wurden. Funktionen sollten mit end beendet werden. Das ist bei einer einfachen Funktion nicht notwendig, Funktionen können aber weitere Unterfunktionen enthalten, die jeweils mit der function-Kopfzeile begonnen und mit einem end beendet werden müssen.

Funktionen wie in dem folgenden Beispiel können unterschiedliche Eingangsgrößen übergeben werden. Damit sind Funktionen flexibel einsetzbar, wenn die gleiche Operation für unterschiedliche Variablen ausgeführt werden soll. In Simulink, siehe Kap. 8, können Funktionen kontinuierliche Ausgangswerte liefern.

Beispiel 6.9 Einfache Funktionen selber programmieren

Das in Bild 6.14 abgebildete Beispiel für eine selbst programmierte Funktion enthält eine vereinfachte Variante der Summenbildung aus Beispiel 6.8, ohne Kommentare, ohne Mitprotokollieren etc. In MATLAB gibt es diese Funktion bereits unter dem Namen sum.m, aufzurufen mit sum(n) unter ..\toolbox\matlab\datafun\sum.m.

Wird n nicht definiert oder bei Aufruf der Funktion aufsummieren(n) nicht als Argument übergeben, gibt MATLAB eine Fehlermeldung aus und bricht die Funktion ab:

```
>> aufsummieren
        ??? Input argument "n" is undefined.
        Error in ==> aufsummieren at 5
        if n==0    % n=0
```

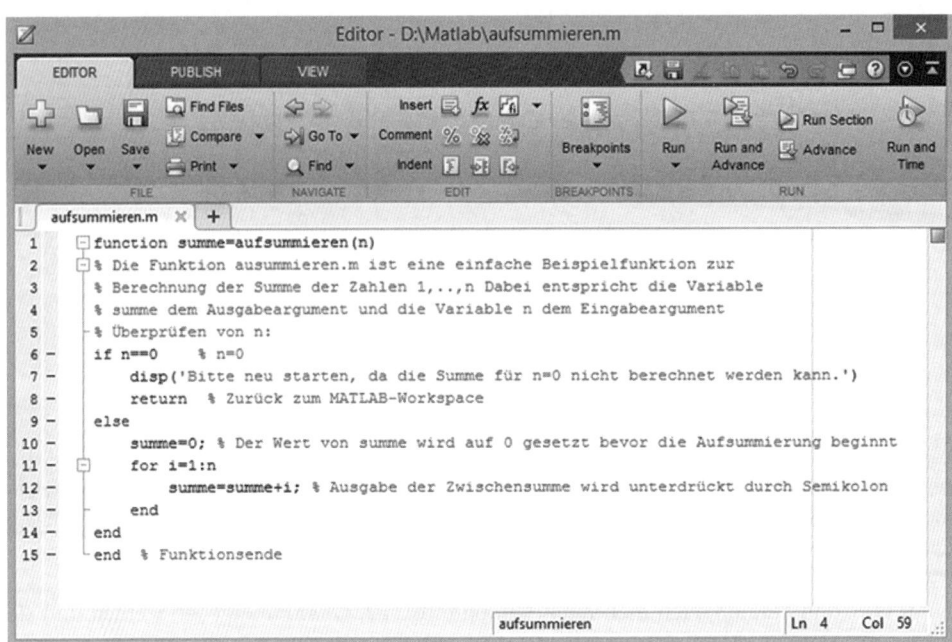

Bild 6.14 Die Funktion aufsummieren.m mit der Vorlage „*New*" → „*Function*" im MATLAB-Editor erstellt

Die Funktion aufsummieren wird richtig aufgerufen, indem zuerst das Argument n definiert wird:

>> n=111; ergebnis=aufsummieren(n)

Oder einfach nur durch Eingabe der Zahl n in Klammern hinter dem Funktionsnamen:

>> aufsummieren(111)

6.6.3 Verschachtelte Funktionen

Funktionen können ineinander verschachtelt sein, d. h., innerhalb einer Funktion wird eine andere Funktion aufgerufen, die wiederum eine andere Funktion aufrufen kann. Diese verschachtelten Funktionen (engl. *nested functions*) werden auch Unterfunktionen (eng. *subfunctions*) genannt. Verschachtelte Funktionen können nicht innerhalb von Kontrollstrukturen (while, if, for, case, etc.) definiert werden.

Der Aufruf verschachtelter Funktionen kann an jeder Stelle des Programms erfolgen, auf oberster Ebene genauso wie innerhalb einer Unterfunktion. Dazu sind gewisse Regeln zu beachten, auf die hier nicht weiter eingegangen werden kann. In der „*Documentation*" wird ausführlich auf die verschachtelten Funktionen („nested functions") eingegangen.[7]

---

[7] Im MATLAB-Handbuch unter „*Programming Scripts and Functions*" → „*Functions*" → „*Function Basics*" → „*Nested Functions*".

6.7 „Class" – Objektklassen in MATLAB

Die dritte Kategorie von Programmen sind die „*Class-Vorlagen*" mit denen Objektklassen definiert werden können, notwendig für das objektorientierte Programmieren.

Dateien, die Objektklassen definieren, beginnen in der ersten Zeile mit `classdef` und werden durch ein `end` beendet (siehe auch Bild 6.4 in Abschnitt 6.1). Außerdem gibt es bestimmte Merkmale mit denen eine Objektklasse definiert und beschrieben werden kann, die in Tab. 6.11 aufgeführt sind.

Die praktische Anwendung oben genannter Merkmale und wie jedes einzelne einzusetzen und zu definieren ist, ist in dem umfangreichen Kapitel „*Object-Oriented Programming*" unter „*Advance Software Development*" der „*Documentation*" ausführlich beschrieben und mit Anwendungsbeispielen aus verschiedenen Sachgebieten veranschaulicht.

Beispiel 6.10 Möglicher Aufbau einer Objektklassendefinition innerhalb von „*Class*"

Die Kopfzeile einer Objektklasse muss immer gleich sein, d. h. mit `classdef` beginnen. Welche weiteren Definitionen, Beschreibungen und Eigenschaften noch enthalten sind, ist abhängig von der Art der Objektklasse, die definiert wird.

```
classdef Eigene_Klasse
    properties
        ...         % Eigenschaften der Klasse
        end         % Ende Definition Klasseneigenschaften
    methods
        function ...
        ...
```

Tabelle 6.11 Merkmale für die Definition von Objektklassen

Begriff	Beschreibung
classdef	Definition der Objektklasse, obligatorisch in der Kopfzeile.
properties	Eigenschaften und Daten der Objektklasse.
methods	Funktionen, die fast ausschließlich auf die Objektklasse angewendet werden.
events	Falls bestimmte Ereignisse (engl. *events*) eintreten, werden Nachrichten, die durch die Objektklassen definiert sind, ausgegeben.
attributes	Attribute für `properties`, `methods`, `events` und Objektklassen an sich.
listeners	Antwort auf die durch `events` gesendeten Nachrichten durch Ausführen einer bestimmten Funktion.
objects	Objekte einer Klasse, deren Daten in den Objekteigenschaften gespeichert sind.
subclasses	Unterklassen von anderen Objektklassen, die aber die Merkmale der übergeordneten Klasse übernehmen, also `methods`, `properties` und `events`, und so leichter zu definieren sind.
superclasses	Übergeordnete Klassen, die als Basis für untergeordnete Klassen die gemeinsamen Merkmale definiert haben, sodass die Definition dieser Klassen schneller vonstatten geht, siehe `subclasses`.
packages	Verzeichnisse, in denen die Konventionen für die Benennung der Klassen und Funktionen definiert ist.

```
        end         % Ende der Definition von Methoden
    end             % Ende der Definition der Objektklasse
```
Abgespeichert wird die Objektklasse unter einem beliebigen Dateinamen mit der Endung .m für ein MATLAB-Programm.

∎

Die objektorientierte Programmierung ist ein sehr komplexes Thema, auf das hier nicht weiter eingegangen werden soll. Die MATLAB „*Documentation*" enthält einige ausführliche Beispiele für die Definition von Objektklassen und das objektorientierte Programmieren, sowie ein anschauliches Demo.[8]

MATLAB bietet Programmierstrukturen an, mit denen einfache, aber auch beliebig komplexe Programme erstellt oder eigene Funktionen definiert werden können. Die Arbeit mit MATLAB kann durch die Verwendung von Programmen sehr vereinfacht werden, da häufig gebrauchte Befehlsfolgen schnell in einer Datei abgespeichert und jederzeit wieder aufgerufen werden können. Fehler können leicht gefunden und korrigiert werden und der MATLAB-Editor bietet viele Werkzeuge, um ein Programm übersichtlich zu gestalten, Fehler leicht zu eliminieren und komplexe Programme einfach zu testen.

---

[8] Im MATLAB-Handbuch unter „*Object-Oriented Programming*" → „*Sample Class Implementations*".

7 „Control System Toolbox" – Alles was man für die Regelungstechnik braucht

Die Control System Toolbox ist eines der wichtigsten und meistgenutzten Werkzeuge unter MATLAB, da es wenig vergleichbare Programme auf dem Markt gibt, mit denen sich so schnell und komfortabel regelungstechnische Berechnungen durchführen und grafische Darstellungen erstellen lassen.

MATLAB bietet an sich schon viele für die Regelungstechnik nützliche arithmetische Funktionen, wie z. B. die Fast-Fourier- oder die Laplace-Transformation. Mit der zusätzlichen *Control System Toolbox* können sowohl lineare als auch nichtlineare, bzw. sowohl zeitkontinuierliche als auch zeitdiskrete Regelsysteme modelliert werden. Die *Control System Toolbox* bietet Funktionen, mit denen die Systemanalyse und der Reglerentwurf in Einzelschritten durchgeführt werden kann, angefangen von der Darstellung der Sprungantwort eines Systems, über Frequenzantworten in Form von Bode- und Nyquist-Diagrammen bis hin zur Darstellung von Pol- und Nullstellen in Form der Wurzelortskurve. In den neueren Versionen (ab Version 6) bietet die *Control System Toolbox* aber auch komplette Werkzeuge, in denen diese und viele andere Einzelfunktionen integriert sind, sodass Systemanalyse und Reglerentwurf mithilfe grafischer Oberflächen schnell durchgeführt werden können.

In diesem Kapitel wird erst auf die einzelnen, in der Regelungstechnik notwendigen Funktionen eingegangen, anschließend die beiden wichtigsten Werkzeuge vorgestellt und zum Schluss ein Reglerentwurf exemplarisch ausgeführt.

In der MATLAB „*Documentation*" ist ein Kapitel der Beschreibung der Control System Toolbox und dem Einstieg in die Regelungstechnik mithilfe von MATLAB gewidmet: „Getting Started with Control System Toolbox".

 Regelungstechnische Grundkenntnisse werden in diesem Kapitel vorausgesetzt! Ein empfehlenswertes Kompendium zum Einstieg in das Thema ist z. B. das Buch „Einführung in die Regelungstechnik"[1].

---

[1] Heinz Mann, Horst Schiffelgen, Rainer Froriep: Einführung in die Regelungstechnik, Hanser Verlag 2009

7.1 Eingabe der Übertragungsfunktion G_S eines Regelkreises

Zu Beginn der Berechnung eines Reglers in einem Regelkreis muss normalerweise das System, die Regelstrecke, berechnet oder definiert werden, für die der Regler ausgelegt werden soll. Bei Eingabe der Übertragungsfunktion der ermittelten Regelstrecke ist wieder zu beachten, dass MATLAB von „MATrix LABoratory" kommt, d. h., die Eingabe von Zähler (engl. *numerator*) und Nenner (engl. *denominator*) erfolgt in Form von Zeilenvektoren, bei denen die Reihenfolge der einzelnen Elemente unbedingt beachtet werden muss.

Beispiel einer Übertragungsfunktion (PT_1-Glied):

$$G_S(s) = \frac{K_S}{1 + s \cdot T_S}$$

oder allgemein:

$$G_S(s) = \frac{a_n \cdot s^n + \ldots + a_2 \cdot s^2 + a_1 \cdot s + a_0}{b_n \cdot s^n + \ldots + b_2 \cdot s^2 + b_1 \cdot s + b_0}$$

In der allgemeinen Form der Übertragungsfunktion aus Zähler- und Nennerpolynom wurde bewusst mit den höchsten Potenzen von s links begonnen und mit der niedrigsten Potenz von s, $s^0 = 1$, rechts geendet. Die Koeffizienten bilden die Zeilenvektoren, die Zähler und Nenner erzeugen:

Zähler: $\text{num} = \begin{bmatrix} a_n & \ldots & a_2 & a_1 & a_0 \end{bmatrix}$

Nenner: $\text{den} = \begin{bmatrix} b_n & \ldots & b_2 & b_1 & b_0 \end{bmatrix}$

7.1.1 Befehl tf

Mit der Funktion tf(Zaehler,Nenner) (tf für engl. *transfer function*) wird eine Übertragungsfunktion in der bekannten Form definiert.

Beispiel 7.1 Eingabe einer Übertragungsfunktion in MATLAB

```
>> num=[2 1 0]
       num =    2     1     0
>> den=[6 5 4 3 ]
       den =    6     5     4     3
>> Gs1=tf(num,den)

            2 s^2 + s
       -----------------------
       6 s^3 + 5 s^2 + 4 s + 3

       Continuous-time transfer function
```

Natürlich können auch Parameter als Koeffizienten verwendet werden, vorausgesetzt, diese wurden vorher definiert. Die Zeilenvektoren können außerdem auch direkt innerhalb der runden Klammern des tf-Befehls eingegeben werden, wie bei diesem PT_1-Glied:

```
>> Ks=8; Ts=4; Gs2=tf(Ks,[Ts 1])
       8
     -------
     4 s + 1
     Continuous-time transfer function
```
Im Gegensatz zu Variablen wird die Bezeichnung der Übertragungsfunktion bei der Ausgabe nicht mit angegeben.

■

7.1.2 Befehl conv zur Polynommultiplikation

Wenn von der Regelstrecke bekannt ist, dass sie aus einzelnen Teilstrecken besteht, z. B. mehreren PT_1- und/oder PT_2-Gliedern, oder die Pol- und Nullstellen des Systems bereits ermittelt wurden, können Zähler und Nenner auch aus den einzelnen Polynomen berechnet werden.
Übertragungsfunktion in Polform:

$$G_S(s) = \frac{(s+2) \cdot (s+4)}{(s+3) \cdot (s^2+6s+12)}$$

Mit dem Befehl conv(polynom1,polynom2) (conv von engl. *convolution* für mathematische Faltung) können jeweils zwei Polynome einfach multipliziert werden, um dann folgendes Ergebnis zu erhalten:

$$G_S(s) = \frac{s^2 + 6s + 8}{s^3 + 9s^2 + 30s + 36}$$

Bestehen Zähler und/oder Nenner aus mehr als zwei Polynomen, muss schrittweise vorgegangen werden, erst Polynom 1 mit Polynom 2 multipliziert, das Ergebnis anschließend mit Polynom 3, usw.

Beispiel 7.2

Eingabe obiger Übertragungsfunktion als Multiplikation von mehreren Polynomen, z. B. wenn Pol- und Nullstellen des Systems bekannt sind. Die Polynome werden zur Berechnung wieder als Zeilenvektoren der Koeffizienten in absteigender Reihenfolge eingegeben:

```
>> num=conv([1 2],[1 4])
       num =   1   6   8
>> den=conv([1 3], [1 6 12])
       den =   1   9   28   30
>> Gs3=tf(num,den)
       s^2 + 6 s + 8
     ---------------------
     s^3 + 9 s^2 + 30 s + 36
     Continuous-time transfer function
```

Obige Befehle können auch in einer Zeile zusammengefasst werden:

```
>> Gs3=tf(conv([1 2],[1 4]), conv([1 3], [1 6 12]))
        s^2 + 6 s + 8
   -----------------------
   s^3 + 9 s^2 + 30 s + 36
   Continuous-time transfer function
```

Der Befehl conv ist nicht nur in Zusammenhang mit der Regelungstechnik interessant, sondern immer, wenn eine Polynommultiplikation notwendig ist.

7.2 Zusammenschaltung von Modellen (Signalflussplan-Algebra)

Mit Signalflussplänen (nach DIN auch Wirkungspläne genannt) können komplexere (Regelungs-)Systeme mithilfe eines Blockschaltbilds anschaulich dargestellt werden, siehe z. B. einfache Elemente eines Blockschaltbilds in Bild 7.1 oder Bild 7.2. Die Signalflussplan-Algebra dient dazu, aus den Übertragungsfunktionen, die hinter den einzelnen Blockschaltbildern stehen, eine gemeinsame Übertragungsfunktion zu berechnen, sodass mehrere Blockschaltbilder zu einem Block, also auch einer Übertragungsfunktion zusammengefasst werden können.

Im Wesentlichen geht es bei der Berechnung um Serien- oder Parallelschaltungen von Blockschaltbildern, die zusammengefasst werden sollen. Außerdem ist die Berechnung eines geschlossenen Regelkreises mit positiver oder negativer Rückführung ein elementarer Bestandteil von regelungstechnischen Berechnungen.

7.2.1 Reihen-, Serien- oder Kettenschaltung

Bei der Reihen-, Serien- oder Kettenschaltung sind zwei oder mehr Blockschaltbilder oder kurz Blöcke in Reihe hintereinandergeschaltet, wie in Bild 7.1 zu sehen ist.

Mit dem Befehl series(Gs1,Gs2) können die Übertragungsfunktionen von zwei Blöcken in Reihe geschaltet werden. Bei mehr als zwei Blöcken muss der series-Befehl mehrfach hintereinander ausgeführt werden. Das Multiplikationszeichen * bewirkt dasselbe wie der series-Befehl, jedoch ist es damit möglich, mehr als zwei Übertragungsglieder miteinander zu multiplizieren, also in Reihe zu schalten.

Beispiel 7.3 Anwendung des series-Befehl bzw. des *-Zeichens

```
>> Gs_ser=series(Gs1,Gs2)
           16 s^2 + 8 s
   ---------------------------------
   24 s^4 + 26 s^3 + 21 s^2 + 16 s + 3
   Continuous-time transfer function
```

Bei mehr als zwei Blöcken kann der Befehl auch ineinander verschachtelt mehrfach angewendet werden:

7.2 Zusammenschaltung von Modellen (Signalflussplan-Algebra)

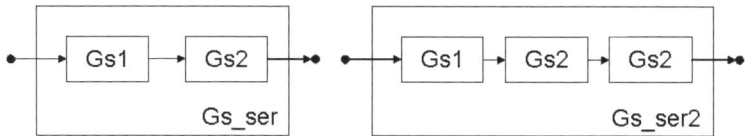

Bild 7.1 Reihen von zwei oder mehr Blöcken können mithilfe von MATLAB einfach berechnet werden

```
>> Gs_ser2=series(series(Gs1,Gs2),Gs2)
                 128 s^2 + 64 s
   ---------------------------------------------
   96 s^5 + 128 s^4 + 110 s^3 + 85 s^2 + 28 s + 3
   Continuous-time transfer function
```

Die Alternative der Reihenschaltung als Multiplikation ist im Vergleich deutlich einfacher, allerdings gab es diese Möglichkeit bei älteren Versionen (vor Version 6) von MATLAB noch nicht:

```
>> Gs_ser3=Gs1*Gs2*Gs2
                 128 s^2 + 64 s
   ---------------------------------------------
   96 s^5 + 128 s^4 + 110 s^3 + 85 s^2 + 28 s + 3
   Continuous-time transfer function
```

Mit dem *-Zeichen können beliebig viele Übertragungsfunktionen miteinander multipliziert, d. h. in Reihe geschaltet werden.

■

7.2.2 Parallelschaltung

Bei der Parallelschaltung sind 2 oder mehr Blöcke parallel bzw. nebeneinander verschaltet. Die Zusammenführung der parallelen Blöcke erfolgt im Normalfall über eine Summe, wie in Bild 7.2 dargestellt.

Mit dem Befehl `parallel(Gs1,Gs2)` können die Übertragungsfunktionen von zwei Blöcken parallel geschaltet werden.

Auch für den Befehl `parallel` gilt das Gleiche wie für `series`, bei mehr als zwei Blöcken kann der Befehl mehrfach ineinander verschachtelt werden. Das Additionszeichen + bewirkt dasselbe wie der `parallel`-Befehl, jedoch ist es möglich, mehr als zwei Übertragungsglieder miteinander zu addieren – analog zu dem *-Zeichen bei der Reihenschaltung.

Beispiel 7.4 Anwendung des Befehls `parallel` bzw. des +-Zeichens bei der Berechnung von Übertragungsfunktionen

```
>> Gs_par=parallel(Gs1,Gs2)
        56 s^3 + 46 s^2 + 33 s + 24
   ---------------------------------------
   24 s^4 + 26 s^3 + 21 s^2 + 16 s + 3
   Continuous-time transfer function
```

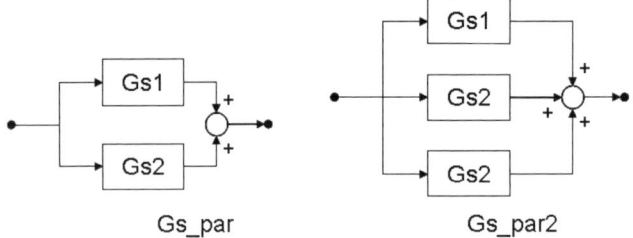

Bild 7.2 Parallelschaltungen von zwei oder mehr Blöcken sind für MATLAB kein Problem

Ein typisches Beispiel für eine einfache Parallelschaltung in der Regelungstechnik ist der PI-Regler, bei dem ein Proportional- und ein Integralanteil miteinander verknüpft werden:

$$G_{r\_PI} = \frac{1}{s} + 5 = \frac{1}{s} + \frac{5s}{s} = \frac{5s+1}{s}$$

```
>> Gr_PI= parallel (tf(1,[1 0]),5)              % PI-Regler
   5 s + 1
   -------
     s
Continuous-time transfer function
```

Bei der Parallelschaltung von mehr als 2 Blöcken muss der `parallel`-Befehl verschachtelt angewendet werden:

```
>> Gs_par2=parallel(parallel(Gs1,Gs2),Gs2)
   416 s^4 + 448 s^3 + 346 s^2 + 257 s + 48
   ----------------------------------------------
   96 s^5 + 128 s^4 + 110 s^3 + 85 s^2 + 28 s + 3
Continuous-time transfer function
```

Alternativ können mit dem +-Zeichen beliebig viele Blöcke miteinander verrechnet werden:

```
>> Gs_par3=Gs1+Gs2+Gs2
   416 s^4 + 448 s^3 + 346 s^2 + 257 s + 48
   ----------------------------------------------
   96 s^5 + 128 s^4 + 110 s^3 + 85 s^2 + 28 s + 3
Continuous-time transfer function
```

Typisches Beispiel aus der Regelungstechnik für eine Parallelschaltung durch Addition ist der PID-Regler, der aus einem Proportional-, einem Integral- und einem Differentialanteil zusammengesetzt wird:

$$G_{r\_PID} = 5 + \frac{1}{s} + s = \frac{5s}{s} + \frac{1}{s} + \frac{s^2}{s} = \frac{s^2 + 5s + 1}{s}$$

```
>> Gr_PID=5+tf(1,[1 0])+tf([1 0],1)             % PID-Regler
   s^2 + 5 s + 1
   -------------
         s
Continuous-time transfer function
```

7.2.3 Übertragungsfunktion mithilfe der Laplace-Variablen s

MATLAB bietet auch die Möglichkeit, die Eingabe einer Übertragungsfunktion einfacher zu gestalten, indem die Übertragungsfunktion H(s)=s definiert wird, mit s als Laplace-Variable.

```
>> s = tf('s')
   s = s
   Continuous-time transfer function
```

Sobald s entsprechend definiert ist, kann die Übertragungsfunktion auch als Reihen- und Parallelschaltung aus s ermittelt werden. Mit + und *, sowie den entsprechenden Potenzen von s, kann eine Übertragungsfunktion einfach erstellt werden.

Beispiel 7.5

Eine Übertragungsfunktion ohne Eingabe von Vektoren als Koeffizienten, sondern – nach vorheriger Definition der Variablen s – als „normale" mathematische Gleichung mit dem Parameter s.

```
>> Gs4=2*(s+1)/(s^2+3*s+1)          % Nur, wenn 's' definiert ist!
   Gs4 =
       2 s + 2
     -------------
     s^2 + 3 s + 1
   Continuous-time transfer function
```

Natürlich muss 's' nicht unbedingt s genannt werden, jeder beliebige Buchstabe oder Variablenname ist zulässig. In Bezug auf regelungstechnische Konventionen ist es aber sicher sinnvoll, die Übertragungsfunktion 's' auch s zu nennen.

```
>> k = tf('s')
   k = s                             % Verwendung der Variablen k statt s
   Continuous-time transfer function
>> Gs4=2*(k+1)/(k^2+3*k+1)
   Gs4 =
       2 s + 2
     -------------
     s^2 + 3 s + 1
   Continuous-time transfer function
```

Auch wenn die Laplace-Variable 's' als k definiert wurde, das Ergebnis der Berechnung mit k bleibt trotzdem gleich.

∎

 Die Eingabe einer Übertragungsfunktion mithilfe der Laplace-Variablen s ist für den Einsteiger sehr anschaulich und wahrscheinlich schneller zu erlernen als die Variante mit Koeffizienten als Vektoren und Polynommultiplikationen.

7.2.4 Polform einer Übertragungsfunktion mit zpk

Mit dem Befehl zpk(Gs) (zpk für engl. *zero-pole-gain*) kann die Polform ausgegeben werden, d. h., die Übertragungsfunktion wird in die einzelnen Polynome zerlegt, was der Umkehrung der Polynommultiplikation mit conv(poynom1,polynom2) entspricht.

Der Vorteil der Darstellung einer Übertragungsfunktion in Polform ist, dass z. B. die Kompensation von Polstellen durch die Nullstellen eines Reglers gleich deutlich und überprüfbar wird. Oder ein nun erkennbares Polynom zweiten Grades deutet auf ein konjugiert-komplexes Pol- oder Nullstellenpaar hin.

Beispiel 7.6

Kontrolle der Wirkung eines Reglers durch Umwandlung einer Übertragungsfunktion in die Polform (faktorisierte Form)

```
>> Gr = tf([1 3],[1 0])           % Beispiel: Eingabe PI-Regler
   Gr =
   s + 3
   -----
     s
   Continuous-time transfer function
>> Go = Gs3 * Gr                  % Ü-Funktion des offenen Regelkreises
   Go =
     s^3 + 9 s^2 + 26 s + 24
   -------------------------
     s^4 + 9 s^3 + 30 s^2 + 36 s
   Continuous-time transfer function
>> zpk(Go)                        % Polform zur Überprüfung der Kompensation
   ans =
     (s+4) (s+3) (s+2)
   ---------------------
     s (s+3) (s^2 + 6s + 12)
   Continuous-time zero/pole/gain model
```

Die markierten Polynome (s+3) der Polform der Übertragungsfunktionen bedeuten, dass die Polstelle der Regelstrecke durch den Regler wie gewünscht kompensiert wird. MATLAB kürzt bei Kompensationen das Polynom in Zähler und Nenner nicht weg, da auch kompensierte Pol- und Nullstellen einen Einfluss auf den Regelkreis haben.

■

Auch mithilfe des zpk-Befehls kann eine Übertragungsfunktion mit 's' als Laplace-Variable eingegeben werden. Allerdings wird das Ergebnis dann in der faktorisierten Form (Polform) ausgegeben.

Beispiel 7.7 „Einfachere" Eingabe der Polform einer Übertragungsfunktion mithilfe der Laplace-Variablen 's'

```
>> s=zpk('s')                     % Definition der Laplace-Variablen 's'
   s = s
   Continuous-time zero/pole/gain model
```

```
>> Gs4=2*(s+1)/(s^2+3*s+1)        % Nur, wenn 's' definiert ist!
   Gs4 =
        2 (s+1)
     -------------------
     (s+2.618) (s+0.382)
   Continuous-time z/p/g model
```

Auch die Polform einer Übertragungsfunktion lässt sich schnell und einfach eingeben, wenn die Laplace-Variable als s = zpk('s') definiert ist.

7.2.5 Befehl `feedback` zur Berechnung des geschlossenen Regelkreises – Führungsübertragungsfunktion

Ein Regelkreis ist nur dann ein Regelkreis, wenn er – wie der Name schon sagt – einen geschlossenen Kreis darstellt, d. h. wenn die Regelgröße zurückgeführt wird. Für den geschlossenen Regelkreis kann die Führungsübertragungsfunktion G_W berechnet werden, die das Verhalten der Regelung beschreibt. Die mathematische Formel für die Berechnung des geschlossenen Regelkreises mit negativer Rückführung (engl. *feedback*) ist in Bild 7.3 zu sehen.

Die Führungsübertragungsfunktion `Gw` mit negativer Rückführung berechnet sich mit dem einfachen `feedback`-Befehl `feedback(Gs,1)`. Das gleiche Ergebnis erhält man mit `feedback(Gs,1,-1)`, da standardmäßig eine negative Rückführung vorausgesetzt wird.

$$G_W = \frac{Gs1}{1+Gs1}$$

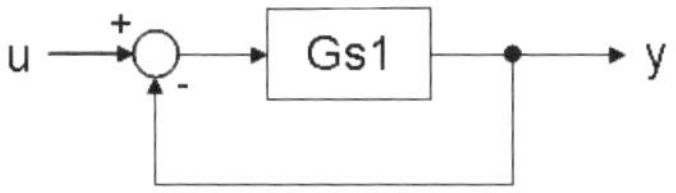

Bild 7.3 Geschlossener Regelkreis mit Regelstrecke und negativer Rückführung, allerdings noch ohne Regler

Beispiel 7.8 Geschlossener Regelkreis mit negativer Rückführung ohne Block im Rückwärtszweig

```
>> Gw=feedback(Gs1,1)
   Gw =
          2 s^2 + s
     ---------------------
     6 s^3 + 7 s^2 + 5 s + 3
   Continuous-time transfer function
```

Die Führungsübertragungsfunktion `Gw` des geschlossenen Regelkreises unterscheidet sich von der Übertragungsfunktion des offenen Regelkreises `Go`:

```
>> Go=Gs1
   Go =
          2 s^2 + s
     ---------------------
     6 s^3 + 5 s^2 + 4 s + 3
   Continuous-time transfer function
```

Bei einem Regelkreis können aber auch in der Rückführung ein oder mehrere Blöcke enthalten sein, die in der Berechnung der Führungsübertragungsfunktion mit berücksichtigt werden müssen, Gleichung siehe Bild 7.4. Der MATLAB-Befehl dazu lautet feedback(Gs1,Gs2), d. h., die Bezeichnung des zweiten Blocks wird statt der 1 eingefügt.

Beispiel 7.9 Berechnung des geschlossenen Regelkreises mit Block Gs2 in der Rückführung

```
>> Gw2=feedback(Gs1,Gs2)
   Gw2 =
           8 s^3 + 6 s^2 + s
       ---------------------------------
       24 s^4 + 26 s^3 + 37 s^2 + 24 s + 3
   Continuous-time transfer function
```

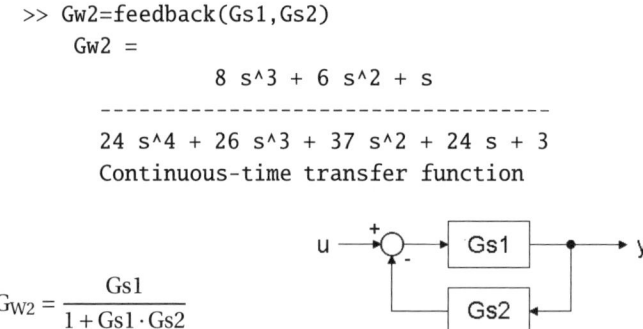

$$G_{W2} = \frac{Gs1}{1 + Gs1 \cdot Gs2}$$

Bild 7.4 Geschlossener Regelkreis mit weiterem Übertragungsglied in der Rückführung

Handelt es sich um eine positive Rückführung, so muss dies ebenfalls durch ein +1 angegeben werden.

```
>> Gw3=feedback (Gs1,Gs2,+1)
   Gw3 =
           8 s^3 + 6 s^2 + s
       ---------------------------------
       24 s^4 + 26 s^3 + 5 s^2 + 8 s + 3
   Continuous-time transfer function
```

Die Schaltalgebra, d. h. Reihen- oder Parallelschaltung, kann innerhalb des feedback-Befehls eingegeben werden. Es müssen auch keine Variablen für Gs1 und Gs2 verwendet werden, sondern die Übertragungsfunktionen können auf eine der in den vorherigen Kapiteln beschriebenen Weisen eingegeben werden.

■

■ 7.3 Grafische Darstellungsmöglichkeiten für Übertragungsfunktionen

In der Regelungstechnik ist die grafische Darstellung von Sprung- oder Impulsantworten eines Systems, von Bode-Diagrammen oder Wurzel-, Nyquist-, oder Nichols-Ortskurven wichtig, da die Auswertung dieser Grafiken meist Rückschlüsse auf das zu regelnde System und den Regelkreis erlaubt. Alle wichtigen Diagramme und Ortskurven können einzeln mit MATLAB-Befehlen erzeugt werden. In Abschn. 7.5.3 wird ein Werkzeug vorgestellt, mit dem alle vorgestellten Diagramme bequem von einer grafischen Oberfläche aus erzeugt und für den weiteren Reglerentwurf entsprechend verändert und manipuliert werden können.

7.3 Grafische Darstellungsmöglichkeiten für Übertragungsfunktionen

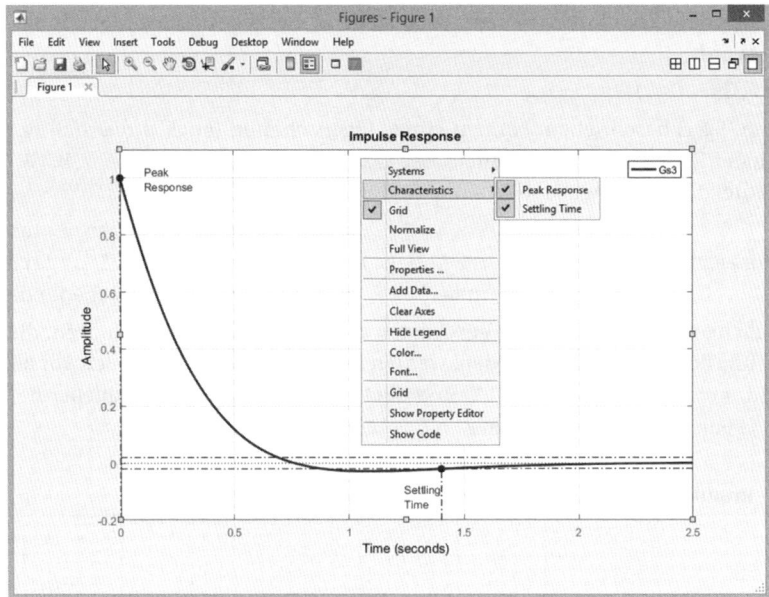

Bild 7.5 Impulsantwort zu Gs3

Wie schon in Kap. 5 beschrieben, öffnet MATLAB auch für eine Grafik der *Control System Toolbox* standardmäßig ein eigenes Grafikfenster (Bezeichnung mit `figure` für Abbildung). Sobald der nächste Grafikbefehl eingegeben wird, wird die vorherige Grafik überschrieben, es sei denn, es wurde vorher mit dem Befehl `figure` ein weiteres Grafikfenster geöffnet. Die Eigenschaften der Grafik können beliebig verändert werden, wie bereits ausführlich in Abschn. 5.2.2 und 5.2.3 beschrieben.

7.3.1 Impulsantwort (Gewichtsfunktion) mit `impulse`

Die Impulsantwort, auch Gewichtsfunktion genannt, ist das Ausgangssignal eines Systems, bei dem am Eingang ein Dirac-Impuls angelegt wird. Sie ist zur Charakterisierung linearer, zeitinvarianter Systeme wichtig.

```
>> impulse(Gs3)
```

Nach Eingabe des oben genannten Befehls öffnet MATLAB automatisch ein Grafikfenster, sofern noch kein Grafikfenster (*figure*) geöffnet war. Sonst wird die Grafik in dem bestehenden Grafikfenster durch die Impulsantwort überschrieben.

Durch Rechtsklick mit der Maus in die Grafikfläche können die Eigenschaften der Grafik verändert werden (in Bild 7.5 ist noch das offene Menü zu sehen). So können Charakteristika der jeweiligen Funktion markiert werden. Für die Impulsantwort stehen zur Auswahl: „*Peak Response*" (max. Ausschlag) und „*Settling Time*" (Einschwingzeit), die in Bild 7.5 manuell über „*Insert*" → „*Textbox*" beschriftet wurden. Mit Rechtsklick auf die Textbox wurde mithilfe der zur Verfügung stehenden Optionen außerdem der Rahmen der Textbox unsichtbar gemacht.

Bei den meisten Grafikbefehlen der *Control System Toolbox* ist die Eingabe von mehreren Übertragungsfunktionen in einem Befehl erlaubt, jeweils getrennt durch Kommata. Alle Übertragungsfunktionen werden dann in einer Grafik dargestellt, wobei die Achseneinteilung automatisch angepasst wird.

```
>> impulse(Gs1,Gs3,Gs4)
```

Wie schon in Abschn. 5.2.2 beschrieben, können einige Eigenschaften (engl. *properties*) der Grafik bei oder nach der Eingabe des Grafikbefehls per Textbefehl bestimmt werden, z. B. Gitternetzlinien, Grafiktitel, Legende, Achseneinteilung und Beschriftungen.

```
>> grid                              % Gitternetzlinien an / aus
>> title('Diagrammtitel')            % Eigener Titel statt Standard
>> legend('Gs1','Gs2','Gs3','...', usw.)    % Legende
```

Von den vielen Möglichkeiten, eine Grafik zu beschriften oder anderweitig zu verändern, die bereits in Kap. 5 ausführlich beschrieben wurden, werden in den folgenden Beispielen vor allem die Befehle grid, title('Diagrammtitel') und die Legende inklusive individueller Beschriftung, legend('Funktion 1','Funktion 2',...,'Funktion n'), angewendet.

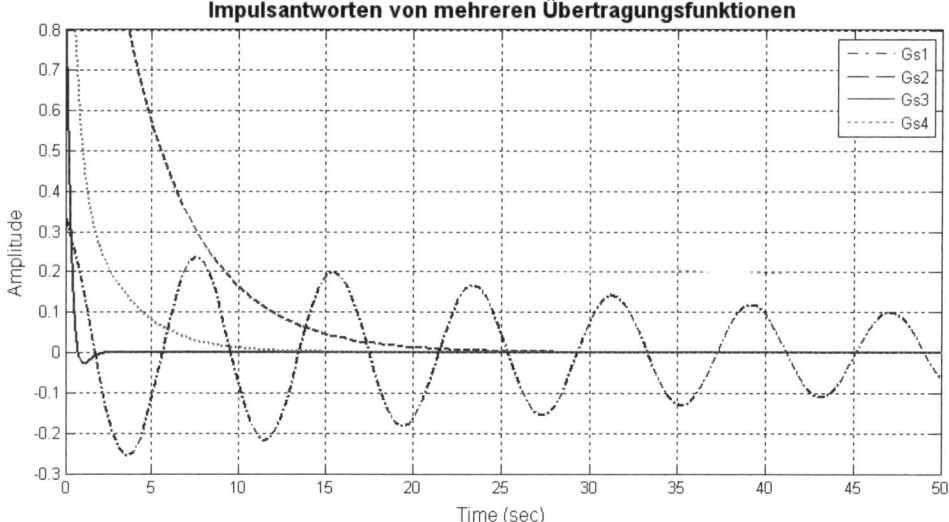

Bild 7.6 Beispiel für den Befehl impulse für mehrere Übertragungsfunktionen

Beispiel 7.10 Impulsantworten mehrerer unterschiedlicher Übertragungsfunktionen in einem Diagramm mit entsprechender Beschriftung

```
>> impulse(Gs1,Gs2,Gs3,Gs4); title('Impulsantworten von mehreren
   Übertragungsfunktionen'); grid; legend('Gs1','GS2','Gs3','Gs4')
```

Die Grafikbefehle müssen nicht in einer Zeile angegeben werden. Der Vorteil ist allerdings, dass zunächst alle Angaben gemacht werden können und sich erst dann das Grafikfenster öffnet. Ansonsten muss nach dem impulse-Befehl vom Grafikfenster wieder ins „*Command Window*" gewechselt werden, um die restlichen Befehle einzugeben. In Bild 7.6 ist das Ergebnis zu sehen.

Bei mehreren Funktionen lohnt es sich, die Legende entsprechend zu beschriften.

In Kap. 5 wurde bei einigen Grafikbefehlen, z. B. in Tab. 5.7 für den `sphere`-Befehl mit `[X,Y,Z] =sphere(n)`, bereits kurz erwähnt, dass Grafikbefehle auch Inhalte in Variablen schreiben können, die je nach Grafikbefehl unterschiedlich ausfallen. In der Regelungstechnik kann es nützlich sein, diese Funktionen der Grafiken zu kennen.

Für die Impulsfunktion kann der folgende Befehl angewendet werden:

```
>> [y,t]=impulse(Gs);
```

Dabei enthält `y` die Werte der Impulsantwort und `t` den Wertebereich `t` der Zeit, über die `y` abgetragen wird. Mit `plot(t,y)` wird das gleiche Diagramm als `plot` ausgegeben, wobei natürlich die Charakteristika einer Impulsfunktion wie bei `impulse(Gs)` nicht markiert werden können.

Mit `[y,t]=impulse(Gs)` wird kein Grafikfenster geöffnet und kein Diagramm dargestellt. Es werden nur die Variablen `y` und `t` erzeugt bzw. überschrieben, falls sie bereits vorhanden sind.

7.3.2 Sprungantwort (Übergangsfunktion) mit `step`

Die Sprungantwort eines Systems, auch Übergangsfunktion genannt, ist das Ausgangssignal eines eindimensionalen, linearen, zeitinvarianten Systems auf eine Sprungfunktion. Bei der MATLAB-Funktion `step(Gs)` hat der am Eingang aufgeschaltete Sprung die Größe 1.

```
>> step(Gs3)
```

Die Sprungantwort ist eine wichtige Kenngröße des Systemverhaltens. Sie kann experimentell oft sehr leicht ermittelt werden und ist deshalb zur Beschreibung eines Systems hilfreich.

Die verschiedenen Charakteristika, die mit MATLAB in der Sprungfunktion markiert werden können, sind dazu geeignet, die Regelstrecke zu beschreiben und in eine mathematische Beschreibung, also eine Übertragungsfunktion zu überführen:

- „Peak Response", der maximale Ausschlag der Sprungantwort,
- „Settling Time", die Einschwingzeit,
- „Rise Time", die Anstiegszeit und
- „Steady State", der Endwert des eingeschwungenen (stationären) Zustands.

Damit erleichtert MATLAB die Charakterisierung eines Regelsystems anhand der Sprungantwort enorm.

Die Sprungantwort kann auch für mehr als eine Übertragungsfunktion dargestellt werden, z. B. um verschiedene Systeme anhand der Sprungantworten zu vergleichen.

Beispiel 7.11 Sprungantwort der Führungsübertragungsfunktion mit verschiedenen Reglerwerten zum grafischen Vergleich der Reglergüte

In Abschn. 7.2.4 wurde zur Demonstration der Polform bereits ein PI-Regler `Gr` für die vorher definierte Übertragungsfunktion `Gs3` bestimmt und die Übertragungsfunktion des offenen Regelkreises `Go` daraus berechnet. Mit `Go` wird die Führungsübertragungsfunktion des geschlossenen Regelkreises mit dem `feedback`-Befehl berechnet. Dabei wird `Go` mit unterschiedlichen Regelparametern `Kp=1,2,5,0.25` und `0.5` multipliziert und die Führungsübertragungsfunktion jeweils unter einem anderen Namen abgelegt und anschließend in der Sprungantwort mit `step` grafisch dargestellt:

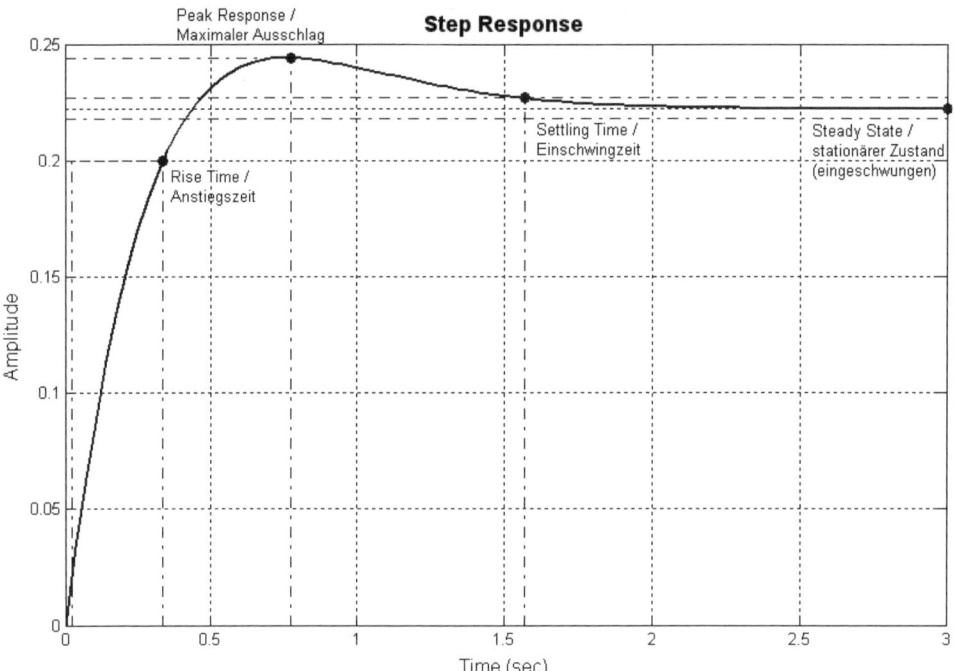

Bild 7.7 Sprungantwort der Übertragungsfunktion Gs3 mit markierten und manuell beschrifteten Charakteristika. Die Charakteristika einer Sprungfunktion können mit rechtem Mausklick in die Zeichenfläche ausgewählt werden, vergleiche auch Bild 7.5. Bei der Sprungantwort stehen zur Auswahl: „Peak Response", „Settling Time", „Rise Time" und „Steady State", der Endwert des eingeschwungenen (stationären) Zustands

```
                (s+4) (s+3) (s+2)
      Go = -----------------------
             s (s+3) (s^2 + 6s + 12)
              Continuous-time zero/pole/gain model
```

Bzw. als Übertragungsfunktion nicht in Polform:

```
>> Go=tf(Go)
   Go =
         s^3 + 9 s^2 + 26 s + 24
       ---------------------------
       s^4 + 9 s^3 + 30 s^2 + 36 s
          Continuous-time transfer function

>> Gw_1=feedback(Go*1,1)                              % Kp = 1
   Gw_1 =
         s^3 + 9 s^2 + 26 s + 24
       -------------------------------
       s^4 + 10 s^3 + 39 s^2 + 62 s + 24
          Continuous-time transfer function
```

```
>> Gw_2=feedback(Go*2,1)                                    % Kp = 2
   Gw_2 =
       2 s^3 + 18 s^2 + 52 s + 48
       ---------------------------------
       s^4 + 11 s^3 + 48 s^2 + 88 s + 48
   Continuous-time transfer function
>> Gw_5=feedback(Go*5,1)                                    % Kp = 5
   Gw_5 =
       5 s^3 + 45 s^2 + 130 s + 120
       -----------------------------------
       s^4 + 14 s^3 + 75 s^2 + 166 s + 120
   Continuous-time transfer function
>> Gw_0p25=feedback(Go*.25,1)                               % Kp = 0.25
   Gw_0p25 =
       0.25 s^3 + 2.25 s^2 + 6.5 s + 6
       --------------------------------------
       s^4 + 9.25 s^3 + 32.25 s^2 + 42.5 s + 6
   Continuous-time transfer function
>> Gw_0p5=feedback(Go*.5,1)                                 % Kp = 0.5
   Gw_0p5 =
       0.5 s^3 + 4.5 s^2 + 13 s + 12
       ---------------------------------
       s^4 + 9.5 s^3 + 34.5 s^2 + 49 s + 12
   Continuous-time transfer function
>> step(Gw_1,Gw_2,Gw_5,Gw_0p25,Gw_0p5),
>> grid,legend('Kp=1','Kp=2','Kp=5','Kp=0.25','Kp=0.5')
>> title('Führungssprungantworten des geschlossenen Regelkreises für
   unterschiedliche Reglerverstärkungen Kp')
```

Anschließend wurden mithilfe des „*Property Editors*" die Linien der Kurven dicker eingestellt und die Linienart verändert, sodass auch bei Wiedergabe in Grautönen die unterschiedlichen Kurven gut zu identifizieren sind. Außerdem wurde die Achsenbegrenzung der y-Achse auf 1.05 gesetzt, damit das Einschwingen der Kurven deutlicher zu sehen ist.

Anhand der grafischen Darstellung der Führungssprungantworten ist deutlich zu sehen, dass die Einschwingzeit kürzer ist, je größer Kp ist, da die flache Kurve ganz rechts die Sprungantwort für Kp = 0.25 darstellt und die steile Kurve ganz links die für Kp = 5. Außerdem ist herauszulesen, dass das System für keines der angegebenen Kp ins Schwingen kommt, d. h., das System ist absolut stabil. Bei Berechnung der Führungssprungantwort mit signifikant höherem Kp wird das noch deutlicher. Damit kann der Regelkreis schon bewertet werden, z. B. hinsichtlich der Reglergüte.

Bei step(Gs) können, ähnlich wie bei der Impulsfunktion impulse(Gs), die Werte der Sprungfunktion y über der Zeit t mithilfe des folgenden Befehls auch in entsprechende Variablen geschrieben werden:

```
>> [y,t]=step(Gs);
```
Das Semikolon unterdrückt die Ausgabe der jeweils über 50 Werte für y und t und sollte nicht vergessen werden.

7.3.3 Bode-Diagramm (Frequenzgang) mit bode

Das Bode-Diagramm ist eine spezielle Funktion, die häufig in der Regelungstechnik zur Darstellung linearer zeitinvarianter Systeme herangezogen wird, um die stationäre Reaktion am Ausgang eines Systems auf eine harmonische Anregung unterschiedlicher Frequenzen am Eingang des Systems zu verdeutlichen. Das Bode-Diagramm, auch Frequenzliniendiagramm, Frequenzantwort oder Frequenzgang genannt, besteht aus einer Kurve für den Betrag (Amplitudenverstärkung) und einer für das Argument (Phasenverschiebung) einer komplexen Übertragungsfunktion. Diese Kurven werden auch Betrags- und Phasenkennlinien genannt. Dabei wird der Betrag $|G(j\omega)|$ als Amplitudengang in dB angegeben. Betrag $|G(j\omega)|$ dB und Phase $\angle G(j\omega)$ werden jeweils als Funktion von $\log_{10}(\omega)$ aufgetragen.

Das Übertragungsverhalten eines dynamischen Systems kann mit dem Bode-Diagramm identifiziert und analysiert werden, da der Betrag für den kritischen Phasenwert $\varphi = -180°$ und die Phase für den kritischen Betragswert $|G(j\omega)|_{dB} = 0\,dB$ (entspricht $|G(j\omega)| = 1$) schnell aus dem Diagramm abgelesen werden kann.

Mit MATLAB lässt sich das Bode-Diagramm von G_0 einfach grafisch erstellen.

```
>> bode(Gs3,Gr,Go)
>> grid, title('Bode-Diagramm von Gs3, PI-Regler Gr und Go'),
   legend('Gs3','Gr','Go')
```

Der bode-Befehl kann ebenfalls auf eine oder mehrere Übertragungsfunktionen angewendet werden. Interessant ist z. B. die Darstellung von Regelstrecke, Regler und geschlossenem Regelkreis im grafischen Vergleich, wie Bild 7.9 zeigt.

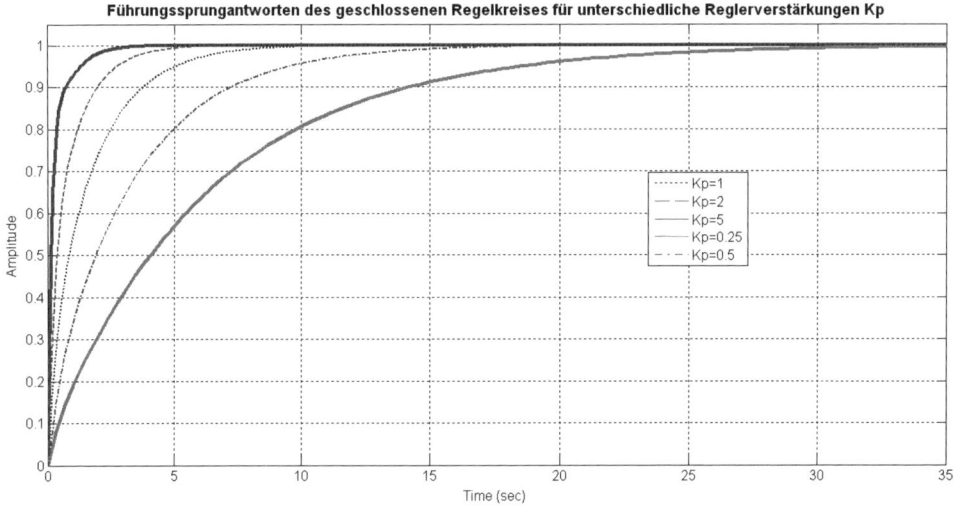

Bild 7.8 Führungssprungantworten mit step für verschiedene Reglerparameter Kp

7.3 Grafische Darstellungsmöglichkeiten für Übertragungsfunktionen

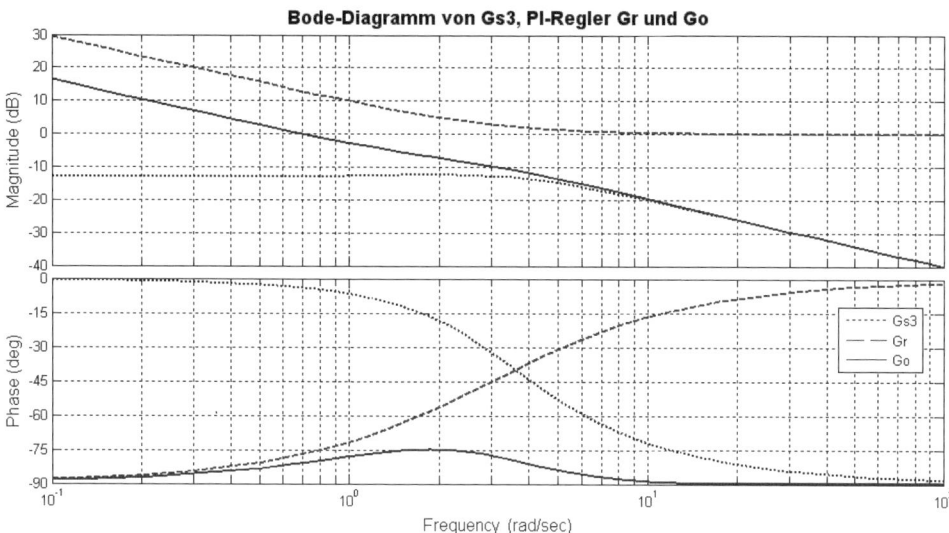

Bild 7.9 Bode-Diagramm der Funktion Gs3, mit dem PI-Regler Gr und der Übertragungsfunktion Go des offenen Regelkreises mit Go = Gr * Gs3 (Reglerparameter Kp = 1). In dieser Ansicht lassen sich die Frequenzgänge von System und Regler sowie des offenen Regelkreises gut veranschaulichen

Es kann sinnvoll sein, den Frequenzbereich w[2] für das Bode-Diagramm zu definieren, am besten mit dem in Abschn. 3.3.2 vorgestellten `logspace`-Befehl:

```
>> w=logspace(-1,2,1000);   % Frequenzwerte w: Semikolon nicht vergessen!
>> bode(Gs3,w)
```

Das Bode-Diagramm wird in Abschn. 7.5.1 noch ausführlicher behandelt, indem der Reglerparameter K_V mithilfe des Bode-Diagramms bestimmt wird.

Die Variablen, die mit dem bode-Befehl erzeugt werden können, sind entweder Vektoren für den Betrag (mag für engl. *magnitude*), die Phasenverschiebung (engl. *phase*) und die jeweils dazugehörigen Frequenzwerte w:

```
>> [mag,phase,w] = bode(Gs);
```

Oder, falls die Frequenzwerte w bereits als Wertebereich dem bode-Befehl mitgegeben wurden:

```
>> [mag,phase] = bode(Gs,w);
```

Mit `loglog(w,mag)` oder `loglog(w,phase)` kann das Bode-Diagramm anhand der Variablen w, mag und phase ebenfalls im doppelt logarithmischen Diagramm dargestellt werden, mit dem `plot`-Befehl auch im linearen Bereich.

---

[2] Die Bezeichnung w für den Frequenzbereich wird gerne verwendet, um das üblicherweise verwendete Omega für $\omega = 2\pi f$ darzustellen.

7.3.4 Nyquist-Ortskurve mit `nyquist`

Bei einer Ortskurve wird der Frequenzgang G(jω) in der komplexen Zahlenebene aufgetragen. Die Punkte der Ortskurve lassen sich in frequenzabhängigen Polarkoordinaten mit Betrag und Phasenwinkel oder in kartesischen Koordinaten mit Real- und Imaginärteil angeben:[3]

$$\text{Polarkoordinaten:} \quad G(j\omega) = |G(j\omega)| \cdot e^{j\angle G(j\omega)}$$

$$\text{Kartesisches Koordinatensystem:} \quad \text{Re}\{G(j\omega)\} + j \cdot \text{Im}\{G(j\omega)\}$$

Das vereinfachte Nyquist-Stabilitätskriterium – auch nur „Nyquist-Kriterium" oder „Linke-Hand-Regel" genannt – besagt, dass der geschlossene Regelkreis stabil ist, wenn beim Durchlaufen der Ortskurve $G_0(j\omega)$ des offenen Regelkreises in Richtung steigender ω-Werte der Punkt −1 beim Passieren auf der linken Seite („linker Hand") liegt. Der Punkt −1 wird auch als kritischer Punkt bezeichnet.[4]

Bei der Nyquist-Ortskurve von MATLAB wird deshalb auch immer der kritische Punkt −1 mit einem roten Kreuz markiert.

Der folgende Befehl ergibt das Nyquist-Diagramm aus Bild 7.10.

```
>> nyquist(Gs3,w), grid
```

Der Nyquist-Ortskurve kann ein Wertebereich der Frequenzen in Form eines Zeilenvektors vorgegeben werden, es ist aber nicht notwendig.

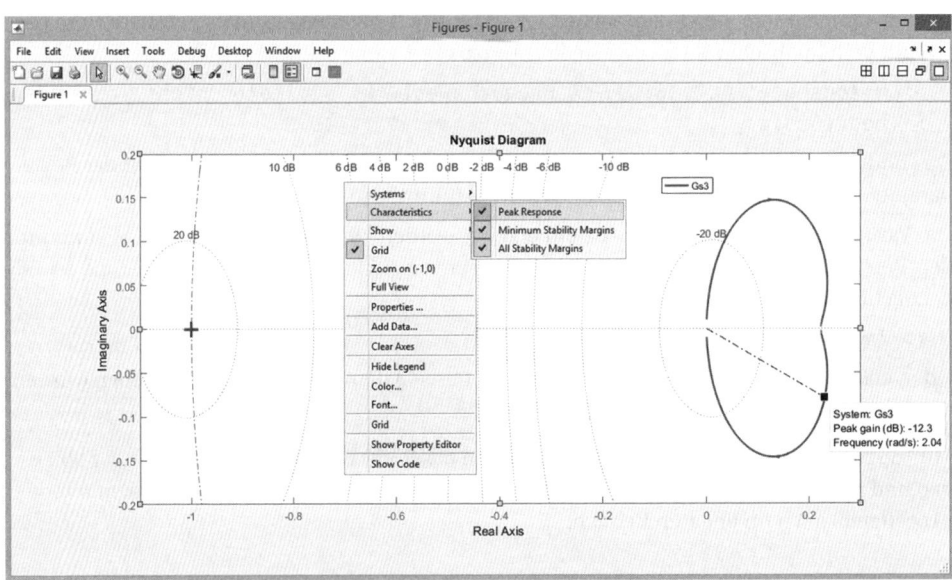

Bild 7.10 Nyquist-Ortskurve mit kritischem Punkt −1; durch MATLAB mit rotem Kreuz markiert

---

[3] Aus: Heinz Mann, Horst Schiffelgen, Rainer Froriep: Einführung in die Regelungstechnik, Hanser Verlag 2009, Seite 79, „Bode-Diagramm (Frequenzkennlinien) und Ortskurve".

[4] Aus: Heinz Mann, Horst Schiffelgen, Rainer Froriep: Einführung in die Regelungstechnik, Hanser Verlag 2009, Seite 182, „Stabilitätsanalyse anhand der Ortskurve".

7.3 Grafische Darstellungsmöglichkeiten für Übertragungsfunktionen

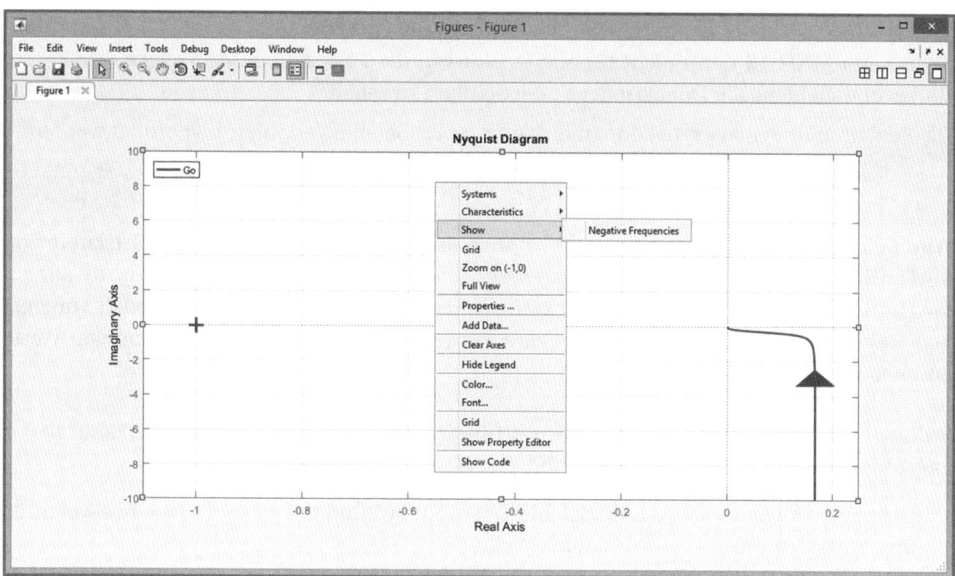

Bild 7.11 Nyquist-Ortskurve des offenen Regelkreises Go ohne Darstellung negativer Frequenzen

Mit dem Befehl grid werden dB-Gitternetzlinien erzeugt. Um senkrechte und waagrechte Gitternetzlinien zu erhalten, können entweder im *„Property Editor"* die entsprechenden Häkchen für grid bei x und y gesetzt werden, oder man gibt die MATLAB-Befehle set(gca,'XGrid', 'on') für die senkrechten und set(gca,'YGrid','on') für die waagrechten Gitternetzlinien ein.

Außerdem wird immer die Ortskurve für den Frequenzbereich von $-\infty$ bis $+\infty$ angezeigt. Oft ist es jedoch üblich, nur den Frequenzbereich von 0 bis $+\infty$ zu betrachten, sodass der Zweig der negativen Frequenzen stört. Mit rechtem Mausklick öffnet sich ein Untermenü und mit dem Menüpunkt *Show → Negative Frequencies* können die negativen Frequenzen aus- oder eingeblendet werden, siehe auch Bild 7.11.

In Bild 7.10 wurden außerdem spezielle Charakteristika ausgewählt, die ebenfalls im Menü zu finden sind, das sich mit rechtem Mausklick öffnet. Markiert ist der maximale Ausschlag der Kurve (engl. *Peak Response*) durch die gestrichelte Linie rechts im Bild, sowie die minimalen Stabilitätsgrenzen (engl. *Minimum Stability Margins*) durch die gestrichelte Linie links im Bild, die durch den kritischen Punkt -1 geht.

In Bild 7.11 ist die Übertragungsfunktion Go des offenen Regelkreises aus der Strecke Gs3 und dem Regler Gr dargestellt.

```
>> Go=Gs3*Gr; legend('Go')
>> nyquist(Go), set(gca,'XGrid','on'),set(gca,'YGrid','on')
```

Der negative Frequenzbereich wurde mit *Show → Negative Frequencies* für diese Ortskurve ausgeblendet, es ist nur noch der Bereich $0 \le \omega \le +\infty$ zu sehen.

Wird das Nyquist-Stabilitätskriterium auf diese Ortskurve angewendet, so ist das System stabil, da der kritische Punkt -1 auf der linken Seite der Ortskurve liegt.

Die Nyquist-Ortskurve kann für mehrere Übertragungsfunktionen berechnet werden. Allerdings kann MATLAB dann nicht für alle Ortskurven die *Peak Response* anzeigen. Außerdem sind eventuell nicht alle Details jeder Kurve deutlich zu sehen.

Die Real- und Imaginärwerte können durch folgende Befehle Variablen zugeordnet werden:

```
>> [re,im,w] = nyquist(Gs);          % Semikolon nicht vergessen!
>> [re,im] = nyquist(Gs,w);
```

Wird kein Frequenzbereich angegeben, können auch die zur Berechnung der Ortskurve von MATLAB gewählten Frequenzwerte in einen Zeilenvektor geschrieben werden. In älteren MATLAB-Versionen wurden immer 50 Werte berechnet, falls kein Frequenzbereich vorgegeben wurde. In den neueren Versionen variiert MATLAB die Anzahl der notwendigen Werte anscheinend anhand der Ergebnisse.

Beispiel 7.12 Berechnung von Real- und Imaginäranteilen der Nyquist-Ortskurve für verschiedene Übertragungsfunktionen

Die beiden folgenden MATLAB-Befehle liefern für re1 und im1 $1 \times 1 \times 115$ double-Vektoren und für re2 und im2 $1 \times 1 \times 84$ double-Vektoren:

```
>> [re1,im1] = nyquist(Gs3);
>> [re2,im2] = nyquist(Go);
```

Die Kurve von Go enthält also deutlich weniger berechnete Elemente.

■

7.3.5 Nichols-Ortskurve mit `nichols`

Der Name Nichols wird in der Regelungstechnik normalerweise mit den Einstellregeln für Regler nach Ziegler–Nichols in Verbindung gebracht.[5]

Die Nichols-Ortskurve, die MATLAB mithilfe des `nichols`-Befehls erzeugt, ist eine frequenzabhängige Ortskurve des offenen Regelkreises der Amplitudenwerte (y-Achse: *gain* in [dB]) über den Phasenwerten (x-Achse: *phase* in [deg]).

```
>> nichols(Gs)
>> nichols(Gs,w)
```

Die Nichols-Ortskurve kann mit oder ohne Angabe von Frequenzwerten erzeugt werden. Wird nichts angegeben, berechnet MATLAB die Ortskurve für einen automatisch ermittelten Frequenzbereich.

Der Befehl `grid` erzeugt – wie bei der Nyquist-Ortskurve – ein relativ unübersichtliches dB-Gitternetz. Senkrechte und waagrechte Gitternetzlinien können mit den Befehlen `set(gca, 'XGrid','on')` und `set(gca,'YGrid','on')` bzw. über den *„Property Editor"* erzeugt werden.

Die Nichols-Ortskurve kann auch für mehrere Übertragungsfunktionen ausgegeben werden, wie in Bild 7.12 dargestellt.

---

[5] Näheres dazu bei: Heinz Mann, Horst Schiffelgen, Rainer Froriep: Einführung in die Regelungstechnik, Hanser Verlag 2009, S. 214, „Einstellregeln".

7.3 Grafische Darstellungsmöglichkeiten für Übertragungsfunktionen

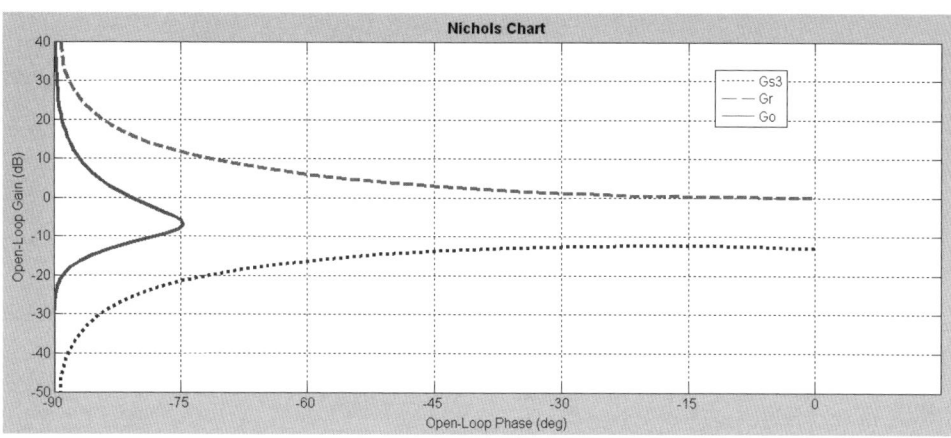

Bild 7.12 Nichols-Ortskurve der Übertragungsfunktionen Gs3 (Strecke), Gr (PID-Regler) und Go (offener Regelkreis aus Gs3*Gr)

```
>> nichols(Gs3,Gr,Go), legend('Gs3','Gr','Go')
>> set(gca,'XGrid','on'),set(gca,'YGrid','on')
```

Es können die gleichen Charakteristika markiert werden, wie bei der Nyquist-Ortskurve, allerdings ergeben diese nicht bei allen Kurven Sinn.

Bei der abgebildeten Nichols-Ortskurve ist die kompensierende Wirkung des Reglers Gr auf die Regelstrecke Gs3 recht deutlich zu erkennen.

Analog zum Bode-Diagramm können die Phasen- und Amplitudenwerte in Variablen geschrieben werden.

```
>> [mag,phase,w] = nichols(Gs);        % Semikolon nicht vergessen!
>> [mag,phase] = nichols(Gs,w);
```

Die Ergebnisse für mag und phase sind gleich denen, die mit dem entsprechenden Befehl für das Bode-Diagramm erzeugt werden, [mag,phase] = bode(Gs).

7.3.6 Pol- und Nullstellendiagramm mit pzmap

Mit pzmap wird ein Pol- und Nullstellendiagramm des offenen Regelkreises in der komplexen s-Ebene erzeugt. Die Polstellen werden mit x markiert, die Nullstellen mit o.

Da die Pol- und Nullstellen einer Übertragungsfunktion in der gleichen Farbe markiert sind, können auch die Pol- und Nullstellen mehrerer Übertragungsfunktionen angezeigt werden, wie in Bild 7.13. Da die Funktion Go=Gr*Gs3 die gleichen Pol- und Nullstellen besitzt wie Gs3 und Gr zusammen, würden die Werte von Gr und Gs3 überdeckt von Go, weshalb Go im Beispieldiagramm weggelassen wurde.

```
>> zpk(Gs3),zpk(Gr)
   ans =
         (s+4) (s+2)
   --------------------
   (s+3) (s^2 + 6s + 12)
   Continuous-time zero/pole/gain model
```

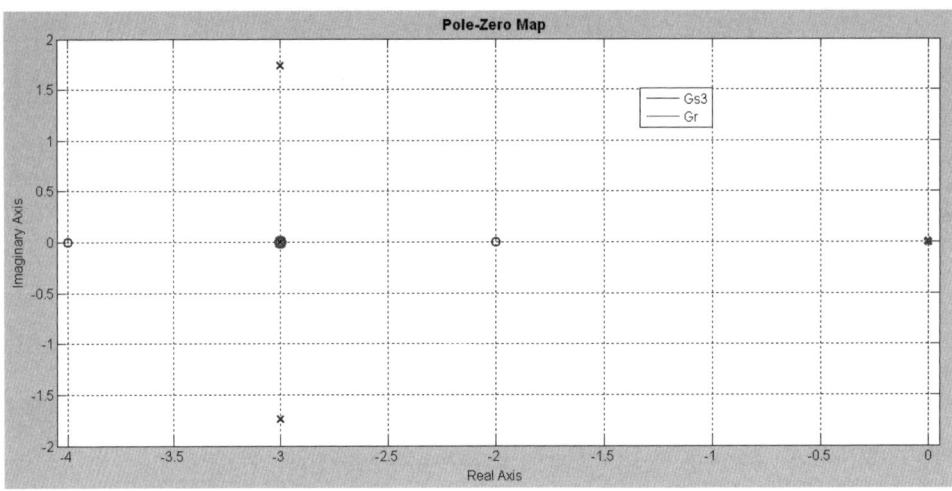

Bild 7.13 Pol- und Nullstellendiagramm mit pzmap der Funktionen Gs3 und Gr

```
        ans =
             (s+3)
             -----
               s
        Continuous-time zero/pole/gain model
>> pzmap(Gs3,Gr), legend('Gs3','Gr')
>> set(gca,'XGrid','on'),set(gca,'YGrid','on')
```

Da der Befehl grid wiederum dB-Gitternetzlinien erzeugen würde, werden erneut mit den Befehlen set(gca,'XGrid','on') und set(gca,'YGrid','on') die „konventionellen" Gitternetzlinien eines kartesischen Koordinatensystems erzeugt.

Wie aus der Polform zpk(Gs3) ersichtlich ist, hat die Übertragungsfunktion der Strecke Gs3 ein konjugiert-komplexes Polstellenpaar (s^2 + 6s + 12), einen reellen Pol bei −3 und zwei Nullstellen bei −4 und −2. Der PI-Regler Gr kompensiert durch seine Nullstelle den reellen Pol bei −3 und hat einen Pol bei 0.

```
>> [poles,zeroes] = pzmap(Gs)          % Kein Semikolon notwendig!
```

Die Pol- und Nullstellen können anstatt in einem Diagramm auch in Variablen ausgegeben werden, wobei erst die Pole, dann die Nullstellen ausgegeben werden. In Abschn. 7.4 werden zwar ähnliche Befehle zur Ausgabe von entweder Null- oder Polstellen beschrieben, mit pzmap erhält man beide mit einem Befehl.

Beispiel 7.13 Abspeichern der Pol- und Nullstellen von Gs3 und Gr mit pzmap in Variablen.

```
>> [p1,z1]=pzmap(Gs3)
       p1 =  -3.0000 + 1.7321i
             -3.0000 - 1.7321i
             -3.0000
       z1 =  -4
             -2
```

```
>> [p2,z2]=pzmap(Gr)
   p2 = 0
   z2 = -3
```
Sobald die Pol- und Nullstellen in Variablen geschrieben werden, darf nur eine Übertragungsfunktion als Argument bei `pzmap` angegeben werden. Andernfalls gibt MATLAB eine Fehlermeldung aus.

■

7.3.7 Wurzelortskurve (WOK) mit `rlocus`

Die Wurzelortskurve (`rlocus` für engl. *root locus*) stellt die Pol- und Nullstellen des geschlossenen Regelkreises in der komplexen s-Ebene dar, obwohl die Übertragungsfunktion des offenen Regelkreises angegeben werden muss. Damit können Rückschlüsse auf das Verhalten des geschlossenen Regelkreises gemacht werden, ohne dass der geschlossene Regelkreis dazu berechnet werden müsste.

Ein Verfahren zum einfachen Reglerentwurf basiert auf der Wurzelortskurve, wie später in Abschn. 7.5.2 an einem Beispiel demonstriert wird.

```
>> rlocus(Gs3,Gr), legend('Gs3','Gr')
>> set(gca,'XGrid','on'),set(gca,'YGrid','on')
```

Auch für die übersichtliche Darstellung der WOK empfiehlt sich das Hinzufügen eines orthogonalen Gitternetzes mit den Befehlen `set(gca,'XGrid','on')` und `set(gca,'YGrid','on')` um die dB-Gitternetzlinien zu vermeiden, die mit `grid` erzeugt würden.

In älteren Versionen von MATLAB funktioniert der Befehl `rlocus` noch nicht für mehrere Übertragungsfunktionen. Wie in Bild 7.14 deutlich wird, ist es schwierig, die Wurzelortskurven der beiden Übertragungsfunktionen zu unterscheiden, vor allem da sie sich überlappen, siehe WOK der einzelnen Übertragungsfunktionen in Bild 7.15.

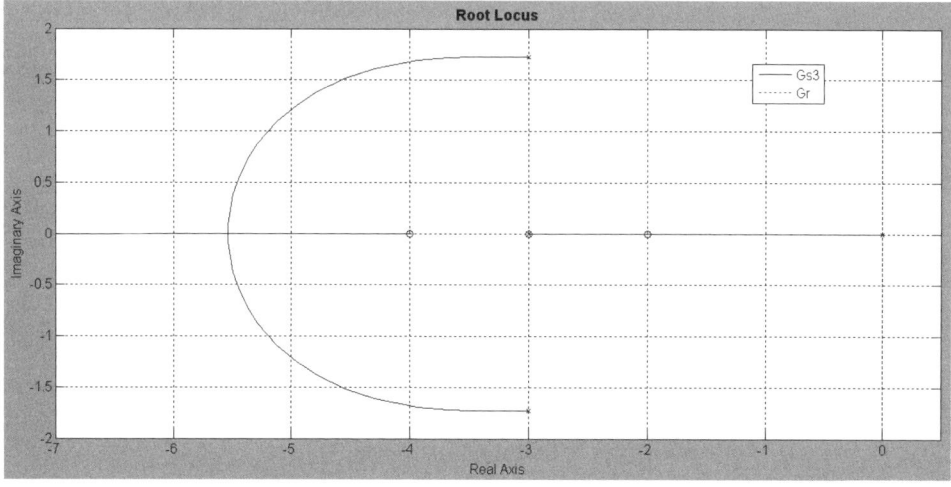

Bild 7.14 Wurzelortskurven der Übertragungsfunktionen der Strecke `Gs3` und des Reglers `Gr` in einem Diagramm

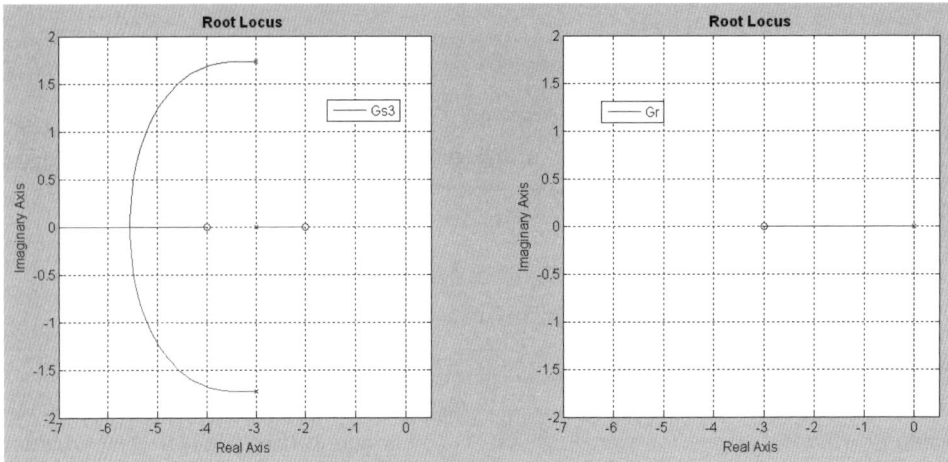

Bild 7.15 Wurzelortskurven der Übertragungsfunktionen der Strecke Gs3 und des Reglers Gr in zwei verschiedenen Diagrammen, allerdings mit gleichem Achsenmaßstab

```
>> subplot(1,2,1),rlocus(Gs3),
>> legend('Gs3'),set(gca,'XGrid','on')set(gca,'YGrid','on')
>> subplot(1,2,2),rlocus(Gr),
>> legend('Gr'),set(gca,'XGrid','on')set(gca,'YGrid','on')
```

Übersichtlicher ist es deshalb, auf den bereits in Abschn. 5.3.2 beschriebenen subplot-Befehl zurückzukommen und die Grafiken nebeneinander im Vergleich darzustellen.

Wenn die Wurzelortskurve nur für eine Übertragungsfunktion berechnet wird, werden die unterschiedlichen Äste der WOK jeweils andersfarbig dargestellt.

 Es ist ein „beliebter" Fehler, dass für die Berechnung der Wurzelortskurve die Führungsübertragungsfunktion des geschlossenen Regelkreises berechnet und in den rlocus-Befehl eingesetzt wird, was zu falschen Ergebnissen führt. Deshalb kann nicht oft genug darauf hingewiesen werden, dass der Befehl rlocus die Wurzelortskurve des geschlossenen Regelkreises aus der Übertragungsfunktion des offenen Regelkreises berechnet!

■ 7.4 Charakteristika einer Übertragungsfunktion

7.4.1 Befehl pole zur Berechnung der Pole einer Übertragungsfunktion

Die Pole einer Übertragungsfunktion können mit dem einfachen Befehl pole(Gs) berechnet werden.

```
>> PS=pole(Gs3)
   PS = -3.0000 + 1.7321i
        -3.0000 - 1.7321i
        -3.0000
```
Die Ausgabe der Polstellen erfolgt in einem Spaltenvektor.

7.4.2 Befehle tzero (engl. transmission zeros) und zero zur Berechnung der Nullstellen

Die Berechnung der Nullstellen einer Übertragungsfunktion erfolgt mit dem Befehl tzero(Gs). Alternativ kann bei einfachen linearen Übertragungsfunktionen auch der Befehl zero(Gs) verwendet werden.
```
>> NS=tzero(Gs3)
   NS = -4.0000
        -2.0000
```
Zum Vergleich die Berechnung der Nullstellen mit dem Befehl zero
```
>> NS=zero(Gs3)
   NS = -4
        -2
```
Für beide Befehle, zero(Gs) und tzero(Gs), kann auch der Verstärkungsfaktor K (engl. *gain*) bezogen auf die Polform einer Übertragungsfunktion ausgegeben werden, indem die Befehle um die Variable für den Verstärkungsfaktor K erweitert werden:
```
>> Gs7=7*zpk(Gs3)
   Gs7 =
         7 (s+4) (s+2)
       --------------------
       (s+3) (s^2 + 6s + 12)
   Continuous-time zero/pole/gain model
>> [NS,K] = zero(Gs7)
   NS = -4
        -2
   K =  7
```
Alternativ steht der Befehl [poles,zeroes]=pzmap(Gs) zur Berechnung von Pol- und Nullstellen zur Verfügung, wie bereits in Abschn. 7.3.6 erwähnt wurde.

7.4.3 Befehl get zur Ausgabe der Eigenschaften einer Übertragungsfunktion

Mit dem Befehl get können alle Eigenschaften (engl. *object properties*) und ihre momentanen Werte abgefragt werden, egal ob es sich dabei um offensichtliche oder „versteckte" Eigenschaften handelt. In Tab. 7.1 findet sich eine kurze Beschreibung der gelisteten Eigenschaften einer Übertragungsfunktion (tf).

Tabelle 7.1 Überblick über alle Eigenschaften (*object properties*) einer Übertragungsfunktion (*transfer function*), die mit dem Befehl `get(Gs)` angezeigt werden können

Eigenschaft	Beschreibung der Eigenschaft
Numerator	Koeffizienten des Zählers als Zeilenvektor
Denominator	Koeffizienten des Nenners als Zeilenvektor
Variable	Funktionsparameter: „s" für zeitkontinuierliche, „z" für zeitdiskrete Systeme
IODelay	Eingangs- und Ausgangsverzögerungen als Matrix
InputDelay	Eingangsverzögerung („Totzeit") als Vektor
OutputDelay	Ausgangsverzögerung als Vektor
Ts	Abtastzeit (*sample time*) bei zeitdiskreten, „0" bei zeitkontinuierlichen Systemen
TimeUnit	Einheit der Abtastzeit, normalerweise 'seconds'
InputName	Bezeichnung der Eingangsgröße des Systems, z. B. „Heizleistung", „u" etc.
InputUnit	Einheit der Eingangsgröße
InputGroup	Typ der Eingangsgröße („1×1 struct" für Single-Input-Systeme)
OutputName	Bezeichnung der Ausgangsgröße des Systems, z. B. „Temperatur", „v" etc.
OutputUnit	Einheit der Ausgangsgröße
OutputGroup	Typ der Ausgangsgröße („1×1 struct" für Single-Output-Systeme)
Name	Name bzw. Bezeichnung für die Übertragungsfunktion, z. B. „Heizkessel"
Notes	Notizen
UserData	MATLAB-Variable, der beliebige Werte zugeordnet werden können
SamplingGrid	Struktur der Übertragungsfunktion, normalerweise [1x1 struct], allerdings gibt es auch die Möglichkeit, Felder (arrays) verschiedener Übertragungsfunktionen zu bilden, deren Struktur mithilfe von SamplingGrid erfasst werden kann.

Je nach Modell des Systems, Übertragungsfunktion (`tf`), Polform (`zpk`), Zustandsgleichung (engl. *state space*, `ss`) oder Frequenzantwort (engl. *frequency response*, `frd`) unterscheiden sich die Eigenschaften in einigen Parametern. In der MATLAB-Hilfe werden alle Eigenschaften der unterschiedlichen Modelle erklärt, die meisten Parameter sind jedoch selbsterklärend bezeichnet.

Nützlich ist der Befehl `get(Gs)` in der Regelungstechnik, wenn es sich um ein System mit Eingangs- und/oder Ausgangsverzögerung (engl. *Input/Output Delay*) handelt, da es nicht offensichtlich ist, um welche Art der Verzögerung es sich handelt, wenn man nur die Übertragungsfunktion sieht.

Beispiel 7.14 Unterschiedliche Eigenschaften von Übertragungsfunktionen

In Tab. 7.2 werden zwei augenscheinlich identische Übertragungsfunktionen `Gs5` und `Gs6` mit unterschiedlichen Eigenschaften, d. h. mit unterschiedlichen Werten für `InputDelay` und `OutputDelay` miteinander verglichen.

Interessanterweise wird bei der Multiplikation oder Addition von Übertragungsfunktionen mit Eingangs- oder Ausgangsverzögerungszeit diese Eigenschaft nicht immer entsprechend übernommen. Oftmals findet sich dann die Verzugszeit unter der Eigenschaft `ioDelay` wieder.

∎

Tabelle 7.2 Gegenüberstellung der Übertragungsfunktionen Gs5 und Gs6, die gleiches Aussehen, aber unterschiedliche Eigenschaften haben

Übertragungsfunktionen	Eigenschaften mit get(Gs) abgerufen

`>> Gs5=tf(1,[5 1]);`
`>> set(Gs5,'InputDelay',10)`
`>> Gs5`
`   Gs5 =`
`                    1`
`      exp(-10*s) * -------`
`                  5 s + 1`
`   Continuous-time transfer`
`   function`
	`>> get(Gs5)`
	`      Numerator: {[0 1]}`
	`    Denominator: {[5 1]}`
	`       Variable: 's'`
	`        IODelay: 0`
	`     InputDelay: 10`
	`    OutputDelay: 0`
	`             Ts: 0`
	`       TimeUnit: 'seconds'`
	`      InputName: {''}`
	`      InputUnit: {''}`
	`     InputGroup: [1x1 struct]`
	`     OutputName: {''}`
	`     OutputUnit: {''}`
	`    OutputGroup: [1x1 struct]`
	`           Name: ''`
	`          Notes: {}`
	`       UserData: []`
	`   SamplingGrid: [1x1 struct]`

`>> Gs6=tf(1,[5 1]);`
`>> set(Gs6,'OutputDelay',10)`
`>> Gs6`
`   Gs6 =`
`                    1`
`      exp(-10*s) * -------`
`                  5 s + 1`
`   Continuous-time transfer`
`   function`
	`>> get(Gs6)`
	`      Numerator: {[0 1]}`
	`    Denominator: {[5 1]}`
	`       Variable: 's'`
	`        IODelay: 0`
	`     InputDelay: 0`
	`    OutputDelay: 10`
	`             Ts: 0`
	`       TimeUnit: 'seconds'`
	`      InputName: {''}`
	`      InputUnit: {''}`
	`     InputGroup: [1x1 struct]`
	`     OutputName: {''}`
	`     OutputUnit: {''}`
	`    OutputGroup: [1x1 struct]`
	`           Name: ''`
	`          Notes: {}`
	`       UserData: []`
	`   SamplingGrid: [1x1 struct]`

Wie bei vielen MATLAB-Befehlen ist es auch bei dem get-Befehl möglich, einzelne Eigenschaften über ihren Namen, mit einfachen Anführungsstrichen, auszulesen und selbst gewählten Variablen zuzuordnen. In Beispiel 7.15 wird diese Zuweisung durchgeführt.

Beispiel 7.15 Einzelne Eigenschaften von Übertragungsfunktionen in Variablen schreiben

Die Übertragungsfunktion Gs8 ist ein Produkt, d. h. eine Reihenschaltung von Gs5 und Gs6. Im Anschluss an die Multiplikation werden die drei Parameter für die Verzögerungszeiten jeweils einzeln mit get in Variablen geschrieben. Obwohl die Ergebnisfunktion gleich aussieht, sind die Verzögerungszeiten unterschiedlich, je nachdem, ob Gs8=Gs5*Gs6 berechnet wurde oder Gs8=Gs6*Gs5.

```
>> Gs8=Gs5*Gs6
      Gs8 =
                                1
      exp(-20*s) *  ------------------
                      25 s^2 + 10 s + 1
      Continuous-time transfer function
>> [io]=get(Gs8,'ioDelay'), [Input]=get(Gs8,'InputDelay'),
   [Output]=get(Gs8,'OutputDelay')
      io =    20
      Input =     0
      Output =    0
```

Wird das Produkt in umgekehrter Reihenfolge berechnet, ergibt sich ein anderes Ergebnis:

```
>> Gs8=Gs6*Gs5
      GS8 =
                                1
      exp(-20*s) *  ------------------
                      25 s^2 + 10 s + 1
      Continuous-time transfer function
>> [io]=get(Gs8,'ioDelay'), [Input]=get(Gs8,'InputDelay'),
   [Output]=get(Gs8,'OutputDelay')
      io =    0
      Input =    10
      Output =   10
```

Wird anstelle des Produkts der series-Befehl verwendet, der eigentlich der Multiplikation entsprechen sollte, ist das Ergebnis genau umgekehrt. Bei series(Gs5,Gs6) erhält man gleiche Verzögerungszeiten wie bei Gs6*Gs5 und umgekehrt.

```
>> Gs8=series(Gs5,Gs6)
      Gs8 =
                                1
      exp(-20*s) *  ------------------
                      25 s^2 + 10 s + 1
      Continuous-time transfer function
>> [io]=get(Gs8,'ioDelay'), [Input]=get(Gs8,'InputDelay'),
   [Output]=get(Gs8,'OutputDelay')
      io =    0
      Input =    10
      Output =   10
```

Der `series`-Befehl in umgekehrter Reihenfolge:
```
>> Gs8=series(Gs6,Gs5)
   Gs8 =
                      1
       exp(-20*s) * -----------------
                    25 s^2 + 10 s + 1
   Continuous-time transfer function
>> [io]=get(Gs8,'ioDelay'), [Input]=get(Gs8,'InputDelay'),
   [Output]=get(Gs8,'OutputDelay')
       io =    20
       Input =    0
       Output =   0
```
Bei Berechnungen sollte deshalb berücksichtigt werden, welchen Eigenschaften bzw. Parametern MATLAB die jeweiligen Verzögerungszeiten zuordnet, um Fehler zu vermeiden.

■

7.4.4 Befehl `set` zum Setzen von Eigenschaften einer Übertragungsfunktion

Nachdem der `get`-Befehl die Eigenschaften (*object properties*) einer Übertragungsfunktion ausgibt, muss es auch einen Befehl geben, mit dem die Eigenschaften festgelegt werden können. Dies geschieht mit `set('Eigenschaft',Wert)`, wie im Beispiel 7.14 in Tabelle 7.2 schon kurz demonstriert. `'Eigenschaft'` ist dabei einer der unter `get` ausgegebenen Parameter, z. B. `'InputDelay'` oder `'OutputDelay'`. Dabei ist die Bezeichnung der Eigenschaft immer in einfachen Anführungsstrichen anzugeben, während der Wert bzw. Inhalt entweder ein Zahlenwert, z. B. die Anzahl der Sekunden der Eingangsverzögerung, oder ein entsprechender Text, z. B. eigene Notizen zu der betreffenden Übertragungsfunktion, sein kann, wobei Text auch immer in einfachen Anführungsstrichen stehen muss. Es ist auch möglich, mehrere Eigenschaften in einem `set`-Befehl zu ändern.

Beispiel 7.16 Setzen von bestimmten Eigenschaften der Übertragungsfunktion `Gs1`
```
>> Gs1
   Gs1 =
            2 s^2 + s
       ----------------------
       6 s^3 + 5 s^2 + 4 s + 3
   Continuous-time transfer function
>> set(Gs1,'Numerator',[0 3 2 1],'Notes','Zaehler neu','Name','Beispiel')
```
Die Eigenschaften von `Gs1` haben sich entsprechend verändert:
```
>> get(Gs1)
       Numerator: {[0 3 2 1]}
     Denominator: {[6 5 4 3]}
        Variable: 's'
```

```
         IODelay: 0
       InputDelay: 0
      OutputDelay: 0
              Ts: 0
        TimeUnit: 'seconds'
       InputName: {''}
       InputUnit: {''}
      InputGroup: [1x1 struct]
      OutputName: {''}
      OutputUnit: {''}
     OutputGroup: [1x1 struct]
            Name: 'Beispiel'
           Notes: {'Zaehler neu'}
        UserData: []
    SamplingGrid: [1x1 struct]
```

Nicht alle geänderten Eigenschaften sind zu erkennen, wenn Gs1 aufgerufen wird. Der geänderte Zähler fällt auf und der Name, der vergeben wurde:

```
>> Gs1
   Gs1 =
      3 s^2 + 2 s + 1
   ---------------------
   6 s^3 + 5 s^2 + 4 s + 3
   Name: Beispiel
   Continuous-time transfer function
```

■

Im Gegensatz zu früheren MATLAB-Versionen wird der Name (Name: Beispiel) inzwischen angezeigt. Es wird auch noch akzeptiert, wenn statt der aktuellen Bezeichnung für den Zähler (Numerator) und den Nenner (Denominator) noch die alten Abkürzungen 'num' und 'den' im set-Befehl angewendet werden, z.B.: set(Gs1,'num',[0 3 2 1],'Notes','Zaehler neu','Name','Beispiel').

 Es erfolgt keine Rückmeldung, ob der set-Befehl ausgeführt wurde bzw. wie die geänderte Funktion nun aussieht. Die Änderungen werden erst erkennbar, wenn die Übertragungsfunktion aufgerufen wird oder die Eigenschaften abgefragt werden.

Beispiel 7.17 Der Befehl set zur Eingabe einer Totzeit (auch Verzugs-, Lauf- oder Transportzeit genannt)

Totzeitglieder einzugeben ist erst ab MATLAB Vers. 5.3 möglich. Eine Totzeit (engl. *delay time*) kann nur über die Eigenschaften einer Übertragungsfunktion mithilfe des set-Befehls definiert werden.

7.4 Charakteristika einer Übertragungsfunktion

```
>> Gt=tf(1,1)            % Eingabe einer primitiven Übertragungsfkt.
   Gt =
   1
   Static gain
```

Die Basisfunktion des Totzeitglieds muss als Übertragungsfunktion (engl. *transfer function*) eingegeben werden, nur dann können die Eigenschaften dieser Übertragungsfunktion geändert werden. Andernfalls erscheint eine Fehlermeldung beim Ausführen der folgenden Befehle.

```
>> set (Gt,'InputDelay',5)
```

Von den möglichen Eigenschaften der Übertragungsfunktion wird die Eigenschaft „*InputDelay*" auf den Wert 5 gesetzt, d. h., die Totzeit oder Verzugszeit wird auf den Wert 5 Sekunden gesetzt.

```
>> Gt                    % Totzeitblock mit 5 Sekunden Verzugszeit
   Gt =
   exp(-5*s) * 1
   Continuous-time transfer function
>> get(Gt)
       Numerator: {[1]}
     Denominator: {[1]}
        Variable: 's'
         IODelay: 0
      InputDelay: 5
     OutputDelay: 0
              Ts: 0
        TimeUnit: 'seconds'
       InputName: {''}
       InputUnit: {''}
      InputGroup: [1x1 struct]
      OutputName: {''}
      OutputUnit: {''}
     OutputGroup: [1x1 struct]
            Name: ''
           Notes: {}
        UserData: []
    SamplingGrid: [1x1 struct]
```

Das Bode-Diagramm des Totzeit- oder Verzögerungsglieds in Bild 7.16, erzeugt mit `bode(Gt)`, zeigt die typische Phasenkurve.

Bei der Sprungantwort mit `step(Gt)` in Bild 7.17 ist die Auswirkung der Verzugszeit sehr deutlich zu sehen. Diese Abbildung ist typisch für ein Totzeitglied.

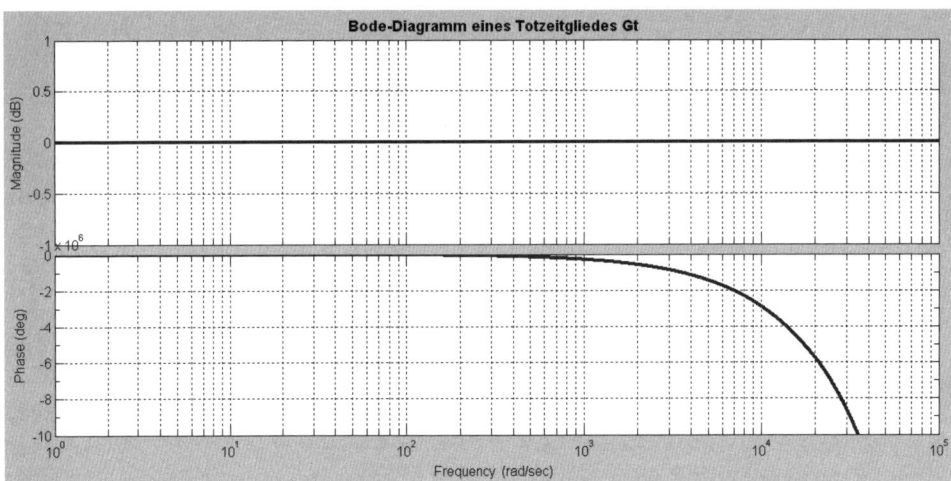

Bild 7.16 Bode-Diagramm des Totzeit-Übertragungsglieds `Gt`

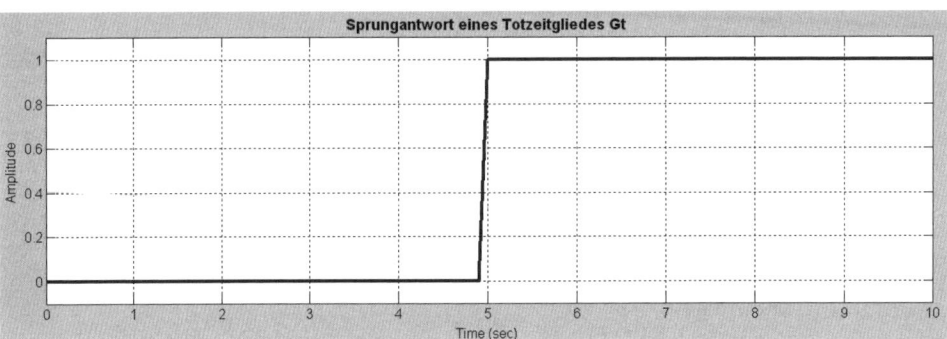

Bild 7.17 Sprungantwort des Totzeit-Übertragungsglieds `Gt`

> Verschiedene Funktionen der Control System Toolbox funktionieren nicht mit Totzeiten, z. B. die Berechnung des geschlossenen Regelkreis über `feedback(Gt,1)` oder die Berechnung der Wurzelortskurve mit `rlocus(Gt)`. Für diese Berechnungen muss die Totzeit vorher wieder auf 0 zurückgesetzt werden. Sie kann später wieder hinzugefügt werden, z. B. bei der Führungsübertragungsfunktion des geschlossenen Regelkreises.

Natürlich kann jeder Übertragungsfunktion eine Tot- oder Verzugszeit zugewiesen werden. Das Beispiel wurde nur gewählt, um die Definition eines eigenen Totzeitblocks zu demonstrieren.

```
>> set (Gt,'InputDelay',0)        % Zurücksetzen der Totzeit auf 0
```

Bereits in Abschn. 7.2.3 wurde eine „einfachere" Variante zur Eingabe von Übertragungsfunktionen mithilfe der Laplace-Variablen `'s'` aufgezeigt. Auch die Eingabe einer Tot- oder Verzugszeit kann vereinfacht werden, wenn die Laplace-Variable als Übertragungsfunktion definiert und in die Exponentialgleichung eingesetzt wird:

```
>> s=tf('s')                           % Definition der Laplace-Variablen
   s =
   s
   Continuous-time transfer function
```
Im Anschluss kann eine beliebige Übertragungsfunktion mit Totzeit als Exponentialfunktion eingegeben werden:
```
>> Gs9=exp(-25*s)*(4*s+8)/(25*s^2+10*s+1)
   Gs9 =
                          4 s + 8
   exp(-25*s) *  ----------------
                    25 s^2 + 10 s + 1
   Continuous-time transfer function
```

7.4.5 Befehl margin

Mit margin(Gs) wird das Bode-Diagramm mit markiertem Phasen- und Amplitudenrand grafisch dargestellt. Der entsprechende Amplitudenwert der Übertragungsfunktion wird im Phasengang (untere Teilgrafik im Bode-Diagramm) bei −180° markiert, der entsprechende Phasenwert im Amplitudengang (obere Teilgrafik) an der Stelle 1 bzw. 0 dB.

Solange der Diagrammtitel nicht über den title-Befehl geändert wurde, werden die Werte für den Amplitudenrand (Gm für engl. *gain margin*) in [dB] und den Phasenrand (Pm für engl. *phase margin*) in Grad [°] bei der jeweiligen Kreisfrequenz ω (x-Achse) angezeigt. Für Gm = 1 bzw. Gm = 0 dB und Pm = 0° wird zusätzlich informiert, dass der geschlossene Regelkreis instabil ist.

```
>> margin(Gs5);grid
```

In Bild 7.18 wird mit margin am Beispiel der Funktion Gs5 ein Amplitudenrand Gm = 3,64 dB für ω = 0,229 rad/s markiert, sowie ein Phasenrand Pm = −180° für ω = 0 rad/s. Der Phasenrand wird in diesem Beispiel grafisch nicht markiert, da der Wert für ω = 0 rad/s nicht angezeigt werden kann, denn auf der logarithmischen Skala gibt es keinen 0-Wert.

Wie bei fast allen grafischen Befehlen gibt es auch bei margin die Möglichkeit, Werte in Variablen abzuspeichern. Da die Amplituden- und Phasenwerte bereits durch den bode-Befehl in Variablen abgelegt werden können, sind es bei margin die Werte, die in der Titelzeile des margin-Diagramms stehen, die Variablen zugeordnet werden können: Amplitudenrand (Gm = *gain margin*), Phasenrand (Pm = *phase margin*), die Frequenz ω des Amplitudenrands (Wg = ω_{gain}) und die Frequenz des Phasenrands (Wp = ω_{phase}), in dieser Reihenfolge.

```
>> [Gm,Pm,Wg,Wp] = margin(Gs)
```

Alternativ können dem margin-Befehl anstelle der Übertragungsfunktion auch Amplituden- und Phasenwerte zugewiesen werden, die z. B. mit dem bode-Befehl erzeugt wurden. In diesem Fall müssen dem margin-Befehl auch Frequenzwerte übergeben werden. Wird eine Übertragungsfunktion angegeben, dürfen keine Frequenzwerte angegeben werden, sonst gibt MATLAB eine Fehlermeldung aus.

```
>> [mag,phase,w]=bode(Gs);
>> [Gm,Pm,Wg,Wp]=margin(mag,phase,w)
```

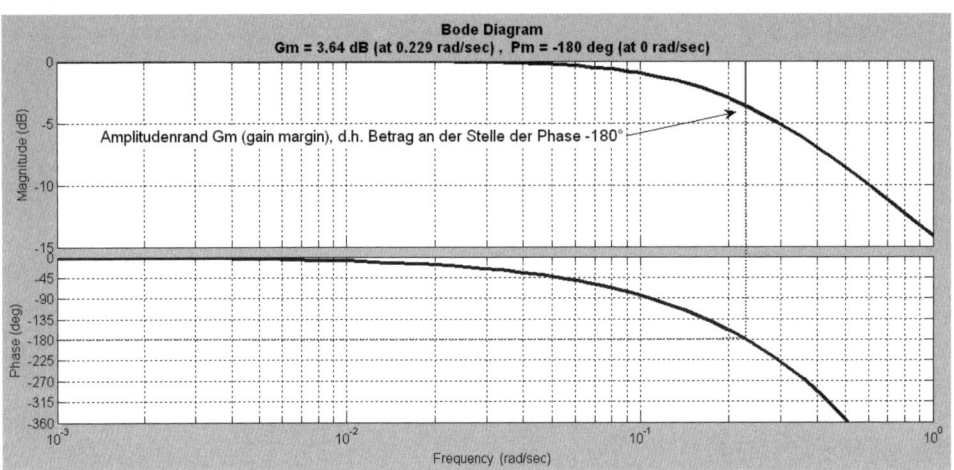

Bild 7.18 Der margin-Befehl für die Übertragungsfunktion Gs5 mit Tot- bzw. Verzugszeit. Der durch den margin-Befehl automatisch erzeugte, durchgezogene Strich im Amplitudendiagramm wurde manuell als gepunktete Linie verlängert, um zu zeigen, dass der Wert auf Höhe der Phase von −180° liegt

Beispiel 7.18 Berechnung von Amplituden- und Phasenrand für Gs5 mithilfe des margin-Befehls

```
>> [Gm,Pm,Wg,Wp]=margin(Gs5)
   Gm = 1.5198
   Pm = -180
   Wg = 0.2289
   Wp = 0
```

Es fällt auf, dass der Amplitudenrand (Gm) von dem ermittelten Amplitudenrand im margin-Diagramm (Gm = 3,64 dB, siehe Bild 7.18) abweicht. Im Diagramm wird der Amplitudenrand in dB angegeben, bei der Berechnung über die Variablen wird der Betrag des Amplitudenrands in Dezimalzahlen angegeben, wie die Umrechnung in dB beweist:

```
>> Gm_dB=20*log10(1.5198)
   Gm_dB = 3.6357
```

Alternativ über die Berechnung der Amplituden- und Phasenwerte:

```
>> [mag,phase,w]=bode(Gs5);
>> [Gm,Pm,Wg,Wp]=margin(mag,phase,w)
   Gm = 1.5201
   Pm = Inf
   Wg = 0.2281
   Wp = NaN
```

Es fällt auf, dass der Pm-Wert bei der alternativen Berechnung nicht ermittelt werden konnte. Der von MATLAB gewählte Frequenzbereich w geht von 0,01 bis 10 (siehe Angaben im *Workspace*), schließt also die 0, für die der Phasenrand Pm existiert, nicht mit ein. Auch der Amplitudenrand (Gm) weicht geringfügig von dem oberen Wert ab. Dies liegt darin begründet, dass der Amplitudenrand entsprechend den Frequenzwerten und den jeweils dazugehörigen Amplitudenwerten interpoliert wird. Die Berechnung über die Übertragungsfunktion ist demnach genauer.

> Der margin-Befehl wird in Abschn. 7.5.1 zum Thema „Reglerentwurf mit MATLAB" an weiteren Beispielen demonstriert. Dieser Befehl ist besonders in Bezug auf den Reglerentwurf sehr nützlich und sollte deshalb nicht unterschätzt werden.

7.5 Einfacher Reglerentwurf mit MATLAB

In Kap. 7 ging es bisher um die mathematische Darstellung von Regelkreisen, um Übertragungsfunktionen und die verschiedenen Möglichkeiten von MATLAB, das Verhalten eines Regelkreises grafisch darzustellen. Als nächster Schritt soll auf den Reglerentwurf eines einfachen analogen Regelkreises eingegangen werden.

Unter MATLAB wird ein einfacher Regelkreis oft als SISO-System (engl. für *single input single output*) bezeichnet, also als ein System mit einer einzelnen Eingangs- und einer einzelnen Ausgangsgröße. In Bild 7.19 ist so ein Regelkreis schematisch dargestellt. Mehr Informationen zu Regelkreisen finden sich in der entsprechenden Fachliteratur[6].

Für den Reglerentwurf wird davon ausgegangen, dass die Übertragungsfunktion der Regelstrecke bekannt ist. Beispielsweise könnte die Strecke G_S wie folgt als Reihenschaltung von drei PT_1-Gliedern, d. h. als PT_3-Glied, definiert sein:

$$G_S = \frac{2}{s+3} \cdot \frac{3}{s+4} \cdot \frac{4}{s+5}$$

Daraus folgt, dass die Regelstrecke keine Nullstellen hat, dafür drei reelle Polstellen und kein konjugiert-komplexes Polpaar, wie die Berechnungen mit MATLAB bestätigen:

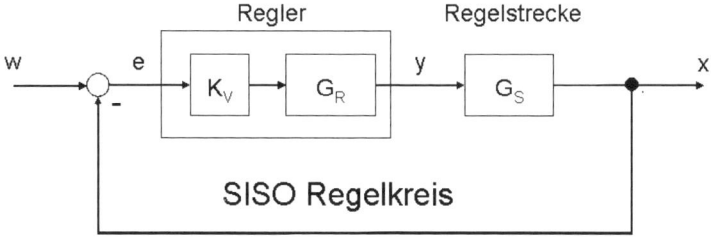

Bild 7.19 Einfacher Regelkreis mit Regler bestehend aus Reglerglied G_R und Verstärkungsfaktor K_V, sowie der Regelstrecke G_S

---

[6] Zum Beispiel in: Heinz Mann, Horst Schiffelgen, Rainer Froriep: Einführung in die Regelungstechnik, Hanser Verlag 2009, Kap. 5, S. 175.

```
>> Gs=tf(2,[1 3])*tf(3,[1 4])*tf(4,[1 5])
   Gs =
                 24
        ------------------------
        s^3 + 12 s^2 + 47 s + 60
   Continuous-time transfer function
```

Polform der Übertragungsfunktion der Strecke Gs:

```
>> zpk(Gs)
   ans =
                 24
        -----------------
        (s+5) (s+4) (s+3)
   Continuous-time zero/pole/gain model
```

Nullstellen:

```
>> Nullst=zero(Gs)
   Nullst = Empty matrix: 0-by-1
```

Polstellen:

```
>> Pole=pole(Gs)
   Pole = -5.0000
          -4.0000
          -3.0000
```

Für den einfachen Reglerentwurf werden normalerweise die Polstellen der Strecke, die am nächsten am Nullpunkt liegen und damit den größten Einfluss auf die Stabilität eines Systems haben, durch den Regler kompensiert. Gewählt wird ein PI-Regler, der eine Polstelle kompensieren soll.[7]

Die Polstelle, die am nächsten am Nullpunkt liegt, ist die −3, sodass der erste Reglerentwurf wie folgt aussieht:

```
>> Gr=tf([1 3],[1 0])
   Gr =
        s + 3
        -----
          s
   Continuous-time transfer function
```

Daraus wird die Übertragungsfunktion des offenen Regelkreises Go=Gr*Gs berechnet:

```
>> Go=Gr*Gs
   Go =
              24 s + 72
        --------------------------
        s^4 + 12 s^3 + 47 s^2 + 60 s
   Continuous-time transfer function
```

---

[7] Näheres zum PI-Regler z. B. in Heinz Mann, Horst Schiffelgen, Rainer Froriep: Einführung in die Regelungstechnik, Hanser Verlag 2009, S. 150, „PI-Regler".

7.5 Einfacher Reglerentwurf mit MATLAB

Die Polform der Übertragungsfunktion des offenen Regelkreises zeigt, dass die Kompensation richtig eingegeben wurde. Das Polynom (s+3) ist in Zähler und Nenner zu finden. Wie bereits erwähnt, werden bei Übertragungsfunktionen gleiche Polynome nicht gekürzt.

```
>> zpk(Go)
    ans =
          24 (s+3)
       ------------------
       s (s+5) (s+4) (s+3)
    Continuous-time zero/pole/gain model
```

Mithilfe des subplot-Befehls werden die Sprungantwort, das Bode-Diagramm, die Wurzelortskurve und die Nyquist-Ortskurve in einem Diagramm ausgegeben, sodass bereits einige Aussagen über das Verhalten des geschlossenen Regelkreises gemacht werden können.

```
>> subplot(2,2,1);step(Gs),grid,legend('Gs')
>> subplot(2,2,2);bode(Gs,Gr,Go),grid,legend('Gs','Gr','Go')
>> subplot(2,2,3);rlocus(Go),legend('Go')
>> subplot(2,2,4);nyquist(Go),legend('Go')
```

Aus der Sprungantwort der Regelstrecke ist zu erkennen, dass es sich um ein Verzögerungsglied handelt, welches sich bei einem Amplitudenwert von 0,4 einschwingt (bei Sprung von 1), kein Überschwingen zeigt und sich stabil verhält.

Aus dem Bode-Diagramm ist die erfolgte Kompensation vor allem aus dem Phasendiagramm gut abzulesen, denn der Phasengang von Go entspricht dem eines um $-90°$ nach unten verschobenen Phasengangs eines PT_2-Gliedes (Phasengang normalerweise von $0°$ bis $-180°$, bzw. um $-90°$ verschoben von $-90°$ bis $-270°$).

Die Wurzelortskurve (WOK) zeigt den kompensierten Pol durch ⊗ an. Da die Äste der WOK aus der linken negativen Halbebene in die rechte positive Halbebene gehen, kann das System durch bestimmte Verstärkungsfaktoren ins Schwingen gebracht werden. In Abschn. 7.5.1 werden diese Verstärkungsfaktoren berechnet, um diese Aussage zu beweisen.

Aus der Nyquist-Ortskurve des offenen Regelkreises ist ersichtlich, dass der kritische Punkt -1 links von der Ortskurve liegt, sodass von einem stabilen System ausgegangen werden kann.

Diese Berechnungen sind die Voraussetzung, um den Verstärkungsfaktor für einen gut funktionierenden Regler mit MATLAB ermitteln zu können.

> Ist die Übertragungsfunktion der Regelstrecke bekannt und handelt es sich um ein lineares SISO-System, kann der Reglerentwurf eingeleitet werden, indem ein PI- oder ein PID-Regler entworfen wird, mit dem die zum Nullpunkt nächstgelegene Polstelle der Strecke (PI-Regler) oder die beiden Polstellen (PID-Regler), die am nächsten am Nullpunkt liegen, durch eine (PI) bzw. zwei (PID) Nullstellen des Reglers kompensiert werden. Aus Regelstrecke und Regler lässt sich die Übertragungsfunktion des offenen Regelkreises berechnen. Mit den grafischen Möglichkeiten der *Control System Toolbox* kann der offene Regelkreis analysiert werden.

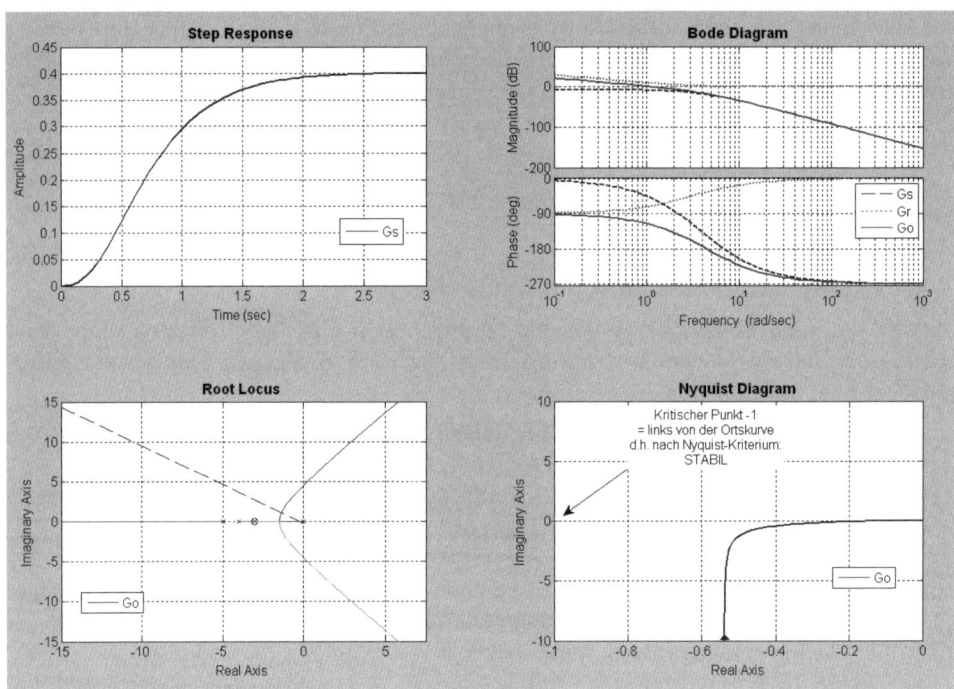

Bild 7.20 Grafische Darstellung der Sprungantwort der Strecke (ohne Regler), des Bode-Diagramms von Strecke, Regler und offenem Regelkreis, der Wurzelortskurve (WOK) des geschlossenen Regelkreises aus der Übertragungsfunktion des offenen Regelkreises sowie der Nyquist-Ortskurve des offenen Regelkreises unter Verwendung des subplot-Befehls

7.5.1 Bestimmung des Verstärkungsfaktors K_V mit dem Bode-Diagramm

Um den Verstärkungsfaktor K_V für einen – zumindest theoretisch – gut funktionierenden Regler zu ermitteln, wird von einem $K_V = 1$ ausgegangen und die Übertragungsfunktion G_0 des offenen Regelkreises als Reihenschaltung der beiden Übertragungsglieder des Reglers G_R und der ermittelten Strecke G_S berechnet:

$$G_0 = G_R \cdot G_S$$

mit

Betrag: $|G_0(j\omega)|\,dB = 20 \cdot \log_{10}\left[\,|G_0(j\omega)|\,\right]$

$$= 20 \cdot \log_{10} \sqrt{\text{Re}\{G_0(j\omega)\}^2 + \text{Im}\{G_0(j\omega)\}^2}$$

und

Phase: $\angle G_0(j\omega) = \arctan \dfrac{\text{Im}\{G_0(j\omega)\}}{\text{Re}\{G_0(j\omega)\}}$

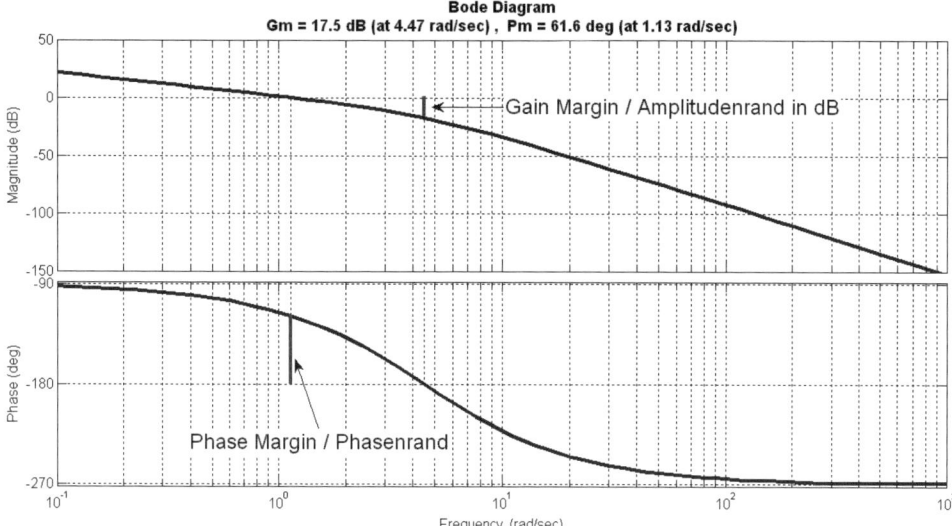

Bild 7.21 Bode-Diagramm erzeugt mithilfe des `margin`-Befehls, sodass Amplituden- und Phasenrand markiert sind und die Werte für den Amplitudenrand (`Gm`) und den Phasenrand (`Pm`) auch in der Titelzeile wiedergegeben werden. In dieser Grafik wurde die Beschriftung und die Verstärkung der Linien manuell mithilfe des „*Property Editors*" durchgeführt

Für die Beurteilung der Stabilitätsgüte eines Regelkreises mithilfe des Bode-Diagramms werden zwei verschiedene Parameter herangezogen, die Phasenreserve (auch Phasenrand) und der Verstärkungsrand (auch Amplitudenrand). Als Phasenreserve φ_{rand} (engl. *phase margin*), bezeichnet man die Differenz der Phase im Phasengang zu $-180°$ an der Stelle $|G(j\omega)|_{dB} = 0\,dB$ (entspricht $|G(j\omega)| = 1$). Der Amplitudenrand A_{rand} (engl. *gain margin*), stellt den Faktor dar, mit dem $|G(j\omega)|$ an der Stelle $\varphi = -180°$ multipliziert werden müsste, damit der Amplitudengang durch den kritischen Punkt $|G(j\omega)|_{dB} = 0\,dB$ (entspricht $|G(j\omega)| = 1$) geht. Bei der Darstellung des Betrags in dB kann dieser Faktor als Betragswert in dB aus dem Amplitudengang abgelesen werden. Mit dem `margin`-Befehl, siehe Erläuterungen in Abschn. 7.4.5, werden Amplituden- und Phasenrand nicht nur im Diagramm markiert, sondern die Werte auch in der Titelzeile wiedergegeben, solange kein `title`-Befehl diese Werte überschreibt, siehe Bild 7.21.

```
>> margin(Go),grid
```

Das würde bedeuten, dass die Multiplikation der Übertragungsfunktion des offenen Regelkreises G_O mit dem angegebenen Amplitudenrand `Gm = 17,5 dB` den Amplitudengang derart verschiebt, dass an der Stelle $\varphi = -180°$ der Betrag $|G_O(j\omega)| = 0\,dB$ wäre, sodass Amplituden- und Phasenrand 0 dB bzw. 0° betragen würden. Diese Behauptung kann mithilfe von MATLAB schnell nachgewiesen werden:

Dazu müsste zuerst der Amplitudenrand `Gm = 17,5 dB` in den Dezimalwert umgerechnet werden:

```
>> Gm_dezimal=10^(17.5/20)
   Gm_dezimal = 7.4989
```

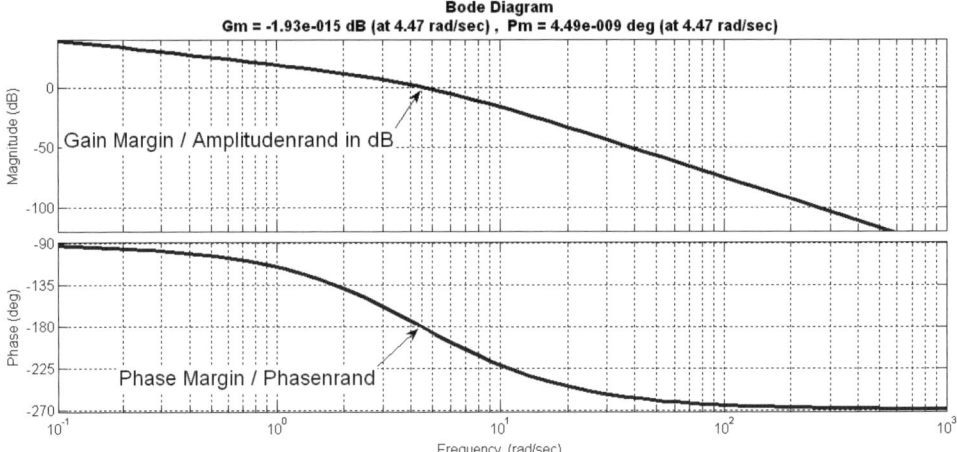

Bild 7.22 Die Funktion Go_1 = Go·Gm_1 mittels `margin`-Befehls dargestellt. Der Amplitudengang geht für $\varphi = -180°$ durch 0 dB (entspricht dem dezimalen Wert 1). Außerdem ist der Amplitudenrand Gm ≈ 0 und der Phasenrand Pm ≈ 0°

Der Amplitudenwert kann aber auch direkt als Dezimalwert von MATLAB ermittelt und ausgegeben werden, wenn die Werte der `margin`-Funktion den entsprechenden Parametern zugewiesen werden:

```
>> [Gm_1,Pm_1,Wg_1,Wp_1]=margin(Go)
    Gm_1 =   7.5000
    Pm_1 =  61.5678
    Wg_1 =   4.4721
    Wp_1 =   1.1268
```

 Bei der grafischen Darstellung mit `margin` gibt MATLAB den Amplitudenrand Gm in [dB] an. Bei der numerischen Berechnung wird Gm als Dezimalwert angegeben.

Anschließend wird Go mit dem errechneten Gm_1 = 7,5 multipliziert und die neue Funktion Go_1 wird mit dem `margin`-Befehl dargestellt:

```
>> Go_1=Gm_1*Go
   Go_1 =
              180 s + 540
     ---------------------------
     s^4 + 12 s^3 + 47 s^2 + 60 s
   Continuous-time transfer function
>> margin(Go_1), grid
```

Anhand des Bode-Diagramms der Funktion Go_1 ist die vorangegangene Behauptung, dass durch die Multiplikation von der ursprünglichen Übertragungsfunktion des offenen Regelkreises Go mit dem vorher berechneten Amplitudenrand Gm_1, der Amplitudengang für $\varphi = -180°$ durch 0 dB geht, erkennbar bestätigt worden.

Die Theorie der Regelungstechnik besagt aber auch, dass sich ein Regelkreis an der Stabilitätsgrenze befindet, wenn der Amplitudenrand $A_{rand} = 0\,dB$ (entspricht $A_{rand} = 1$) und der Phasenrand $\varphi_{rand} = 0°$ sind, d. h., die Sprungantwort des geschlossenen Regelkreises müsste für Go_1 eine harmonische Schwingung zeigen, da das System gerade noch stabil ist und sich nicht aufschwingt. Auch dieser Nachweis lässt sich leicht mit MATLAB erbringen.

Dazu werden zuerst die Führungsübertragungsfunktionen des geschlossenen Regelkreises für Go und Go_1 berechnet:

```
>> Gw=feedback(Go,1)
   Gw =
                24 s + 72
       --------------------------------
       s^4 + 12 s^3 + 47 s^2 + 84 s + 72
   Continuous-time transfer function
>> Gw_1=feedback(Go_1,1)
   Gw_1 =
                180 s + 540
       ----------------------------------
       s^4 + 12 s^3 + 47 s^2 + 240 s + 540
   Continuous-time transfer function
```

Anschließend wird die Führungssprungantwort mit dem Befehl step(Gw,Gw_1) berechnet:

```
>> step(Gw,Gw_1),grid, legend('Gw','Gw_1')
```

Mit Bild 7.23 konnte zwar leicht nachgewiesen werden, dass ein Regelsystem harmonisch schwingt, wenn der Regler mithilfe des Bode-Diagramms so ausgelegt wird, dass der Amplitudenrand $A_{rand} = 0\,dB$ (entspricht $A_{rand} = 1$) und der Phasenrand $\varphi_{rand} = 0°$ ist. Dies ist natürlich kein optimaler oder gar wünschenswerter Regler. Man stelle sich nur ein Warmwasserregelungssystem vor, z. B. in einer Dusche, welches das Wasser ständig auf 60 °C aufheizt, dann wieder auf 10 °C abkühlt, wieder auf 60 °C aufheizt usw., wenn der Thermostat eigentlich auf

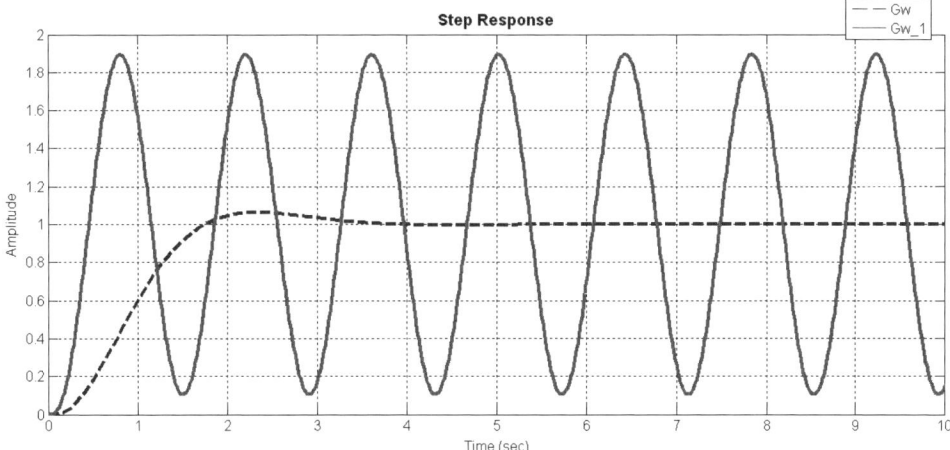

Bild 7.23 Führungssprungantworten im Vergleich: Während die Kurve von Gw sich nach einem kurzen Überschwinger auf den Wert 1 einpendelt, schwingt die Kurve von Gw_1 harmonisch um den Wert 1

35 °C steht. Die Berechnung eines – zumindest theoretisch – optimalen Reglers wird deshalb im Folgenden beschrieben.

Wenn sich ein Regelkreis an der Stabilitätsgrenze befindet, sobald der Amplitudenrand A_{rand} = 0 dB (entspricht A_{rand} = 1) und der Phasenrand φ_{rand} = 0° ist, bedeutet dies, dass für A_{rand} > 1 und φ_{rand} > 0° der Regelkreis stabil ist. Darüber, wie groß Amplituden- und Phasenrand sein sollten, gibt es unterschiedliche Aussagen, die sich meist auf Erfahrungs- und Simulationswerte stützen: „Regelkreise weisen einen ausreichend gedämpften und schnellen Regelverlauf – eine ausreichende Stabilitätsgüte – auf, wenn 2 < A_{rand} < 6 und 30° < φ_{rand} < 75° ist."[8]

In Bild 7.23 ist außerdem gut zu erkennen, dass die Übertragungsfunktion von Go bereits ein recht gutes Regelverhalten aufweist, da die Kurve nur einen leichten Überschwinger zeigt und sofort auf den stationären Wert 1 geht. Bei Betrachtung des Bode-Diagramms in Bild 7.21 ist zu erkennen, dass der angegebene Phasenrand bereits ohne Regleroptimierung den Wert von Pm = φ_{rand} = 61,6° hat, also in dem angegebenen Bereich von theoretisch stabilen Reglern von 30° < φ_{rand} < 75° liegt.

Für einen Reglerentwurf wird oft ein Phasenrand von φ_{rand} = 45° oder φ_{rand} = 60° vorgegeben[9]. Der entsprechende Amplitudenrand ergibt sich dann aus dem Bode-Diagramm oder lässt sich mittels `margin`-Befehls leicht berechnen und grafisch darstellen. Die vorangegangenen Berechnungen hatten gezeigt, dass dieser Amplitudenrand dem Verstärkungsfaktor K_V entspricht, mit dem die Übertragungsfunktion des offenen Regelkreises multipliziert werden muss, um ein optimales Regelsystem zu erhalten.

Der `margin`-Befehl gibt immer den Amplitudenrand (Gm) für die Phase φ = –180° an, d. h., bei Multiplikation der Übertragungsfunktion mit diesem Wert Gm wird die Kurve so verschoben, dass der Phasenrand φ_{rand} = 0° wird, was dem kritischen Wert an der Stabilitätsgrenze entspricht. Wenn der `margin`-Befehl dazu genutzt werden soll, einen Verstärkungsfaktor K_V zu berechnen, der einen Phasenrand von φ_{rand} = 45° ergibt, muss `margin` „überlistet" werden. Dazu werden zuerst die Amplituden- und Phasenwerte des Bode-Diagramms in Variablen geschrieben. Damit die Auflösung der Werte genau genug ist, wird ein Frequenzbereich w vorgegeben (Semikolon hinter den Befehlen nicht vergessen!):

```
>> w=logspace(-1,3,10000);
>> [amplitude,phase]=bode(Go,w);
```

Der gewählte Phasenrand soll Prand = 45° betragen. Darum wird von den Phasenwerten Prand = 45° abgezogen, d. h., der Phasengang wird um 45° nach unten verschoben. Anschließend wird das Bode-Diagramm für die veränderten Phasenwerte ausgegeben bzw. der gewünschte Verstärkungsfaktor Gm_2 mit `margin` als Dezimalzahl berechnet.

```
>> Prand=45;
>> phase_45=phase-Prand;
>> margin(amplitude,phase_45,w), grid
>> [Gm_2,Pm_2,Wg_2,Wp_2]=margin(amplitude,phase_45,w)
       Gm_2  =   1.8039
```

---

[8] Aus: Ludwig Merz, Hilmar Jaschek: „Grundkurs der Regelungstechnik – Einführung in die praktischen und theoretischen Methoden", Taschenbuch, Oldenbourg Verlag München Wien, ISBN 3-486-21603-1.

[9] Aus: Prof. Dr.-Ing. Hans-Jürgen Adermann: Vorlesung „Regelungstechnik", Hochschule Ravensburg-Weingarten, www.hs-weingarten.de

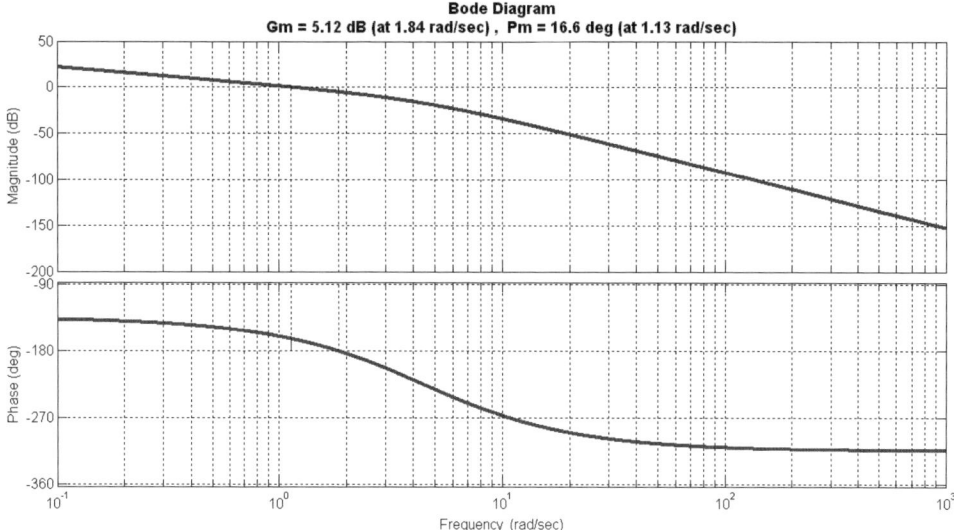

Bild 7.24 Bode-Diagramm – wiederum erzeugt mithilfe des margin-Befehls – der Übertragungsfunktion Go, deren Phasenwerte um 45° nach unten verschoben wurden, um einen Verstärkungsfaktor zu ermitteln, der einen Phasenrand von 45° bewirkt

```
        Pm_2  =  16.5677
        Wg_2  =   1.8443
        Wp_2  =   1.1268
```

Der ermittelte Verstärkungsfaktor beträgt also Gm = 5,12 dB (siehe Bild 7.24) bzw. Gm_2 = 1,8039. Um zu beweisen, dass mit diesem Faktor tatsächlich ein Phasenrand von 45° bewirkt wird, wird die Übertragungsfunktion Go mit Gm_2 multipliziert und der margin-Befehl für die Ergebnisfunktion Go_2 = Go · Gm_2 angewendet:

```
>> Go_2=Go*Gm_2
   Go_2 =
             43.29 s + 129.9
        ---------------------------
        s^4 + 12 s^3 + 47 s^2 + 60 s
   Continuous-time transfer function
>> margin(Go_2), grid
```

Als letzter Schritt kann noch die Güte des Reglers – zumindest theoretisch – überprüft werden, indem die Führungsübertragungsfunktion des geschlossenen Regelkreises berechnet und mit den bereits in Bild 7.23 gezeigten Führungsübertragungsfunktionen des noch nicht optimierten und des kritischen Reglers grafisch verglichen wird:

```
>> Gw_2=feedback(Go_2,1)
   Gw_2 =
                  43.29 s + 129.9
        -------------------------------------
        s^4 + 12 s^3 + 47 s^2 + 103.3 s + 129.9
   Continuous-time transfer function
```

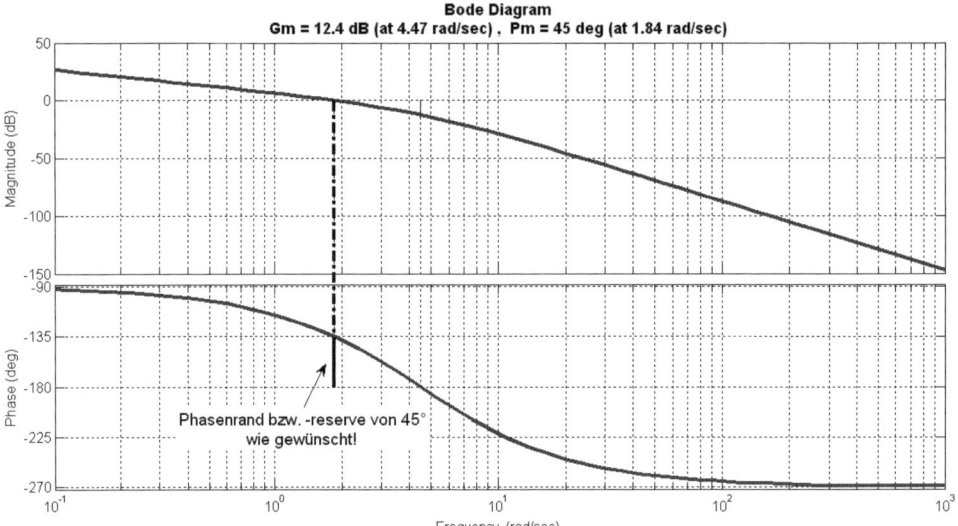

Bild 7.25 Das Bode-Diagramm von Go_2, erzeugt mittels `margin`-Befehls, zeigt, dass der Phasenrand an der Stelle 0 dB tatsächlich 45° beträgt. Die Regleroptimierung in Bezug auf den vorgegebenen Phasenrand war also erfolgreich

```
>> step(Gw,Gw_1,Gw_2), grid, legend('Gw - Ausgangsfunktion','Gw_1 -
kritischer Regler','Gw_2 - optimierter Regler')
```

Die Führungssprungantworten in Bild 7.26 zeigen, dass der auf den Phasenrand von 45° optimierte Regler (Gw_2) zwar nicht schlecht ist, aber die Ausgangsfunktion Gw, die bereits einen Phasenrand von rund 62° aufweist, rein zufällig der bessere Regler ist, da die Funktion Gw_1 weniger überschwingt als Gw_2 und auch etwas schneller den stationären Endwert erreicht. Da die Berechnung des Verstärkungsfaktors mit MATLAB sehr schnell und einfach geht, vor allem, wenn die notwendigen Befehle in ein MATLAB-Programm geschrieben werden, sodass sie jederzeit abgerufen werden können, könnte ein weiterer Optimierungsversuch mit einem größeren Phasenrand, z. B. 70°, unternommen werden.

Allerdings ist vielleicht auch der PI-Regler nicht der ideale Regler, vielleicht sollte ein PID-Regler gewählt werden. Mit dem MATLAB-Programm aus Anhang C, `Regler_Bode.m` ist die Berechnung des optimierten Reglers bzw. des Verstärkungsfaktors zur Optimierung des Reglers einfach und auf einen relativ standardisierten Ablauf gebracht. Vorgegeben muss die Regelstrecke Gs sein sowie ein beliebiger Regler, der entsprechend der Regelstrecke ausgewählt sein sollte. Der Frequenzbereich w, der bei dem `margin`-Befehl eingesetzt wird, sollte eventuell angepasst werden, da sonst falsche Ergebnisse erhalten werden. Außerdem sollte der Phasengang des offenen Regelkreises Go den Phasenwinkel −180° + Phasenrand schneiden, um überhaupt ein Ergebnis erhalten zu können. Das bedeutet, dass das Verfahren nicht bei allen Regelstrecken angewendet werden kann.

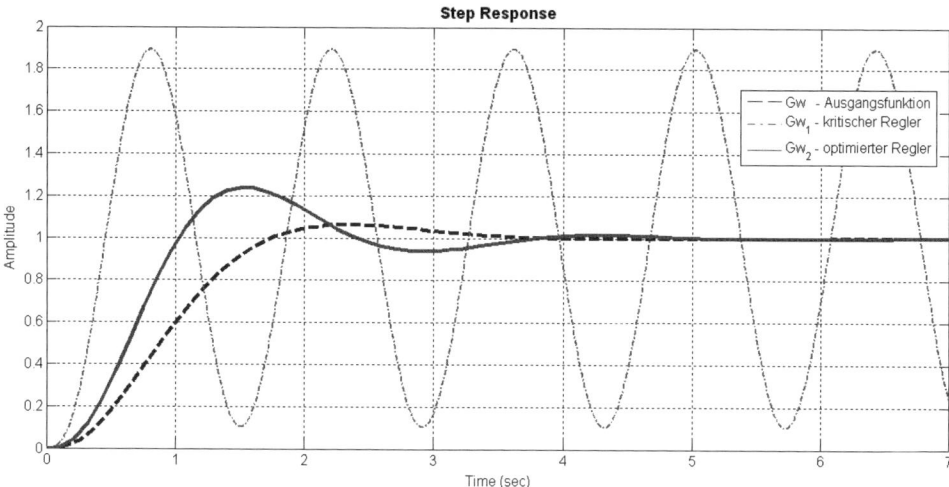

Bild 7.26 Führungssprungantworten der Ausgangsfunktionen Go und Gw, der Funktion mit dem kritischen Regler Gw_2 sowie der Funktion mit dem auf den Phasenrand 45° „optimierten" Regler Gw_2

Beispiel 7.19 Anwendung des MATLAB-Programms Regler_Bode.m zur weiteren Optimierung des Reglerentwurfs der bekannten Regelstrecke Gs[10]

```
>> Gs
    Gs =
                 24
         -----------------------
         s^3 + 12 s^2 + 47 s + 60
    Continuous-time transfer function.
>> Gr
    Gr =
    s + 3
    -----
      s
    Continuous-time transfer function.
>> Regler_Bode            % Aufruf des Programms Regler_Bode.m
Prand = 70
    Go =
              24 s + 72
         ---------------------------
         s^4 + 12 s^3 + 47 s^2 + 60 s
```

Aus dem Bode-Diagramm wurden als Grenzen für den Wertebereich −1 für den unteren Wert (min_Potenz) und 3 für den oberen Wert (max_Potenz) eingelesen und bei Abruf ein-

---

[10] Das MATLAB-Programm Regler_Bode.m findet sich zum Nachlesen im Anhang C oder kann heruntergeladen werden von der Internetseite der Autorin unter *www.angelikabosl.de/Matlab/*.

gegeben. Der ermittelte Verstärkungsfaktor Kv, um eine Phasenreserve von 70° zu erhalten, beträgt Kv = 0,6739.

Das MATLAB-Programm öffnet drei Grafikfenster, erstens das Bode-Diagramm zum Auslesen der Frequenzgrenzwerte und zum Überprüfen, ob es überhaupt möglich ist, die gewünschte Phasenreserve zu erreichen, zweitens das Bode-Diagramm, erzeugt mit dem `margin`-Befehl, zum Nachweis, dass die Phasenreserve bei Multiplikation mit dem ermittelten Kv tatsächlich 70° beträgt, siehe Bild 7.27 und drittens das Diagramm der unter-

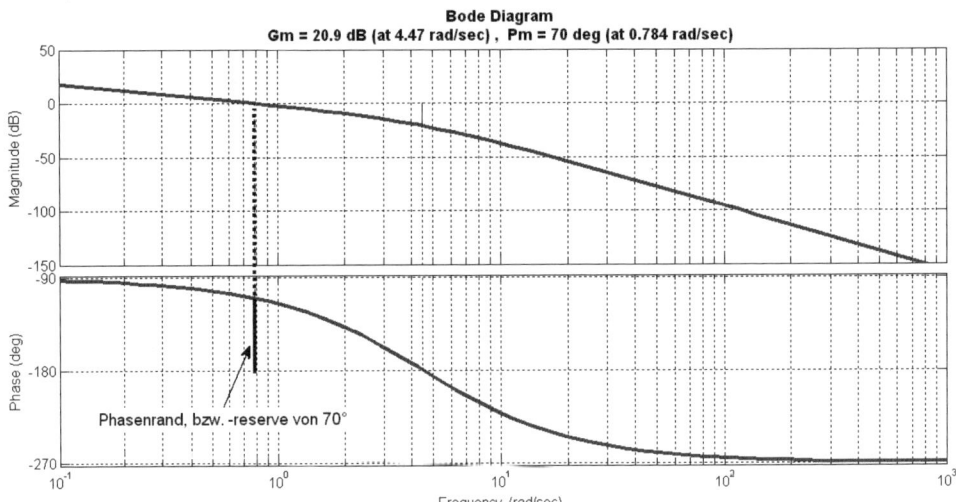

Bild 7.27 Bode-Diagramm, erzeugt mit `margin`, zum Nachweis der Phasenreserve von 70° nach der Regleroptimierung

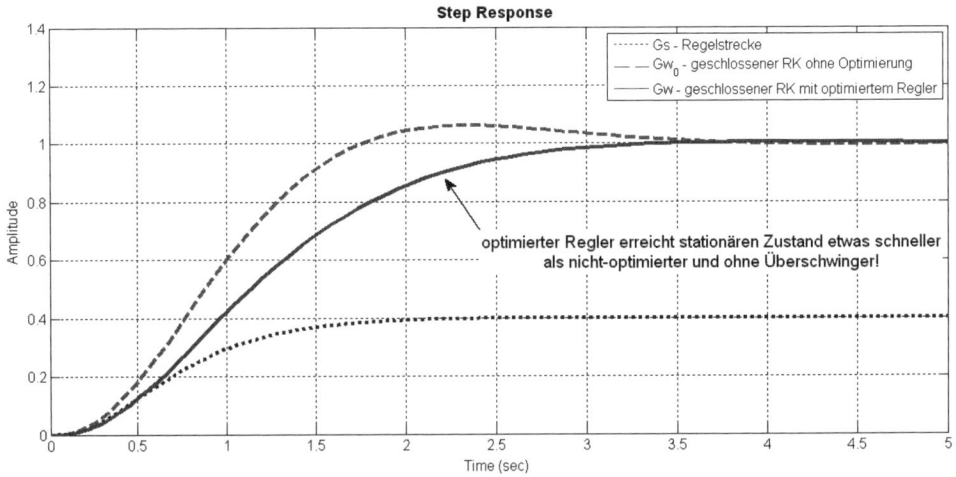

Bild 7.28 Sprungantwort der Regelstrecke Gs im Vergleich zu den Führungssprungantworten des geschlossenen Regelkreis mit noch nicht optimiertem und mit auf eine Phasenreserve von 70° optimiertem Regler

schiedlichen Sprungantworten der Regelstrecke, des noch nicht optimierten Reglers und des auf eine Phasenreserve von 70° optimierten Reglers, siehe Bild 7.28.

Zum Vergleich der Güte dieses optimierten PI-Reglers, könnte ein PID-Regler vorgegeben werden. Mit dem PID-Regler sollen die beiden Polstellen der Regelstrecke, die am nächsten an der Imaginärachse bzw. am Nullpunkt liegen, kompensiert werden, weshalb diese die Nullstellen des Reglers bilden:

```
>> zpk(Gs)
   Gs =
            24
       ----------------
       (s+5) (s+4) (s+3)
   Continuous-time zero/pole/gain model
```

Die beiden am nächsten am Nullpunkt liegenden Polstellen sind −3 und −4. Der PID-Regler kann darum wie folgt erstellt werden:

```
>> Gr=tf(conv([1 4],[1 3]),[1 0])
   Gr =
   s^2 + 7 s + 12
   --------------
         s
   Continuous-time transfer function
>> zpk(Gr*Gs)
   ans =
      24 (s+4) (s+3)
   -------------------
   s (s+5) (s+4) (s+3)
   Continuous-time zero/pole/gain model
```

Der Grundregler für den Reglerentwurf ist damit definiert und somit könnte das MATLAB-Programm `Regler_Bode.m` gestartet werden. Um einen Vergleich mit den bisher berechneten Führungsübertragungsfunktionen des PI-Reglers anstellen zu können, werden die Funktionen des PI-Reglers unter eigenen Namen abgespeichert, bevor `Regler_Bode.m` gestartet wird:

```
>> Gw_PI=Gw; Gw_0_PI=Gw_0;
>> Regler_Bode
Prand = 70

Go =
       24 s^2 + 168 s + 288
   ---------------------------
   s^4 + 12 s^3 + 47 s^2 + 60 s
   Continuous-time transfer function

Untere Grenze, also niedrigste Potenz des Wertebereichs w: -1
   min_Potenz = -1

Obere Grenze, also höchste Potenz des Wertebereichs w: 2
   max_Potenz = 2
```

Als Ergebnis für den Verstärkungsfaktor Kv berechnet mithilfe des `margin`-Befehls. Für einen Phasenrand von 70° erhält man:

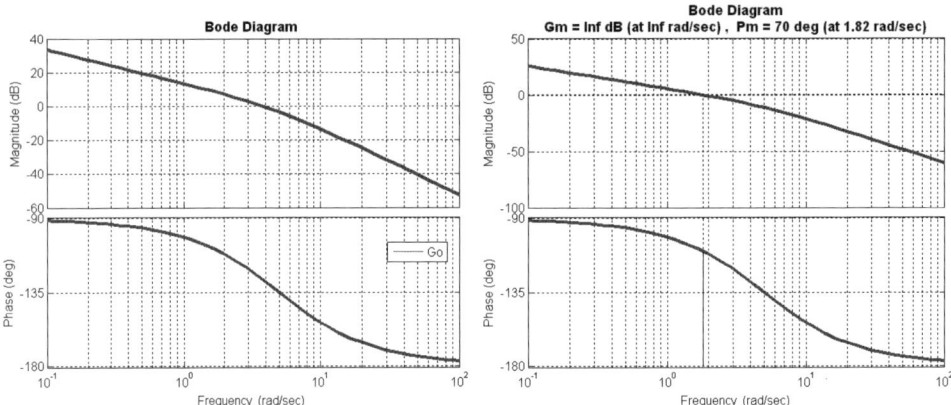

Bild 7.29 Bode-Diagramm des offenen Regelkreises mit PID-Regler (links) und das Bode-Diagramm, erstellt mittels `margin`-Befehl, des offenen Regelkreises mit PID-Regler optimiert auf eine Phasenreserve von 70°

```
Kv =    0.4035
Pm =  -17.3492
wa =    1.8199
wp =    3.8158
```

Folgende Führungsübertragungsfunktionen wurden für den PID-Regler ermittelt, ohne und mit Optimierung:

```
Gw_0 =
            24 s^2 + 168 s + 288
    -----------------------------------
    s^4 + 12 s^3 + 71 s^2 + 228 s + 288
    Continuous-time transfer function

Gw =
          9.683 s^2 + 67.78 s + 116.2
    -------------------------------------------
    s^4 + 12 s^3 + 56.68 s^2 + 127.8 s + 116.2
    Continuous-time transfer function
```

Um die vorher berechneten Führungssprungantworten des PI-Reglers zum Vergleich in die Sprungantwort aufzunehmen, wird der Befehl `hold` zum Halten der aktuellen Grafik benutzt. Anschließend kann der `step`-Befehl für die weiteren Funktionen ausgeführt werden:

```
>> hold
    Current plot held
>> step(Gw_0_PI,Gw_PI)
>> legend('Gs - Regelstrecke', 'Gw_0 - geschlosserer RK ohne
    Optimierung des PID"=Reglers', 'Gw - geschlosserer RK mit
    optimiertem PID"=Regler','Gw_0 - geschlosserer RK ohne
    Optimierung des PI-Reglers', 'Gw - geschlosserer RK mit
    optimiertem PI-Regler')
```

Anschließend werden auch die Führungsübertragungsfunktionen des PID-Reglers unter eigenen Namen abgespeichert, falls noch ein Versuch gestartet werden soll, den PID-Regler z. B. mit einem Phasenrand von 45° zu berechnen:

```
>> Gw_0_PID=Gw_0;Gw_PID_70=Gw;
```

Das MATLAB-Programm `Regler_Bode.m` wird noch einmal für einen PID-Regler bei 45° und bei 60° Phasenreserve ausgeführt. Die jeweiligen Führungssprungantworten werden unter eigenen Namen abgespeichert. Anschließend kann aus allen Ergebnissen ein Diagramm mit den berechneten Führungssprungantworten erstellt werden, welches erlaubt,

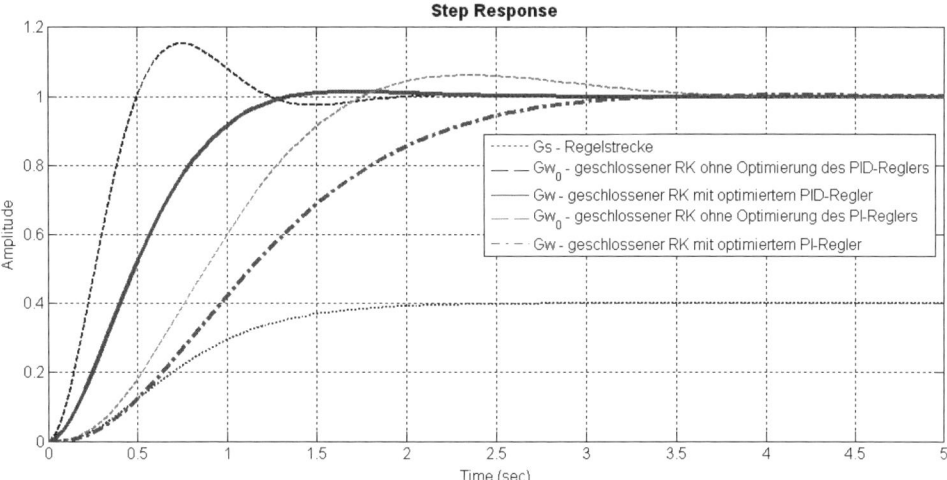

Bild 7.30 Führungssprungantworten der durchgeführten Versuche zum Reglerentwurf im Vergleich. Deutlich ist zu sehen, dass der optimierte PID-Regler im Vergleich zum optimierten PI-Regler ein sehr schnelles Reglerverhalten fast ohne Überschwingen zeigt, während der noch nicht optimierte PID-Grundregler zwar ebenfalls sehr schnell ist, aber deutliches Überschwingen aufweist

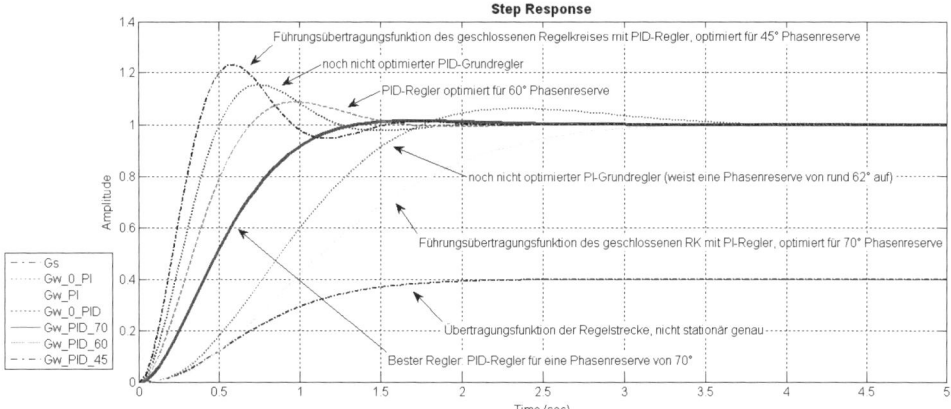

Bild 7.31 Zusammenfassung der Führungssprungantworten verschiedener Reglerentwürfe zu Optimierung eines Reglers für eine vorgegebene Regelstrecke

alle Ergebnisse qualitativ zu vergleichen. Der beste berechnete Regler ist zumindest das theoretisch beste Ergebnis für Reglereinstellungen des durchgeführten Reglerentwurfs.

Der beste Kompromiss eines gleichzeitig schnellen und stabilen Reglers ist der PID-Regler für einen Phasenrand von 70°, siehe Bild 7.31, mit durchgezogener Kurve in der Mitte. Die anderen Regler, z. B. PI-Regler, sind entweder zu langsam oder haben, wie der PID-Regler für einen Phasenrenrand von 45°, zu große Überschwinger, d. h., sie sind nicht stabil genug.

■

Der Reglerentwurf in Beispiel 7.19 wurde sehr ausführlich beschrieben und dokumentiert, um zu zeigen, wie einfach und verhältnismäßig schnell der Reglerentwurf für einfache, lineare Regelsysteme mithilfe von MATLAB durchgeführt werden kann. Die Verwendung von selbst programmiertem Code ist dabei von großem Nutzen, denn gerade wenn der Reglerentwurf für wechselnde Parameter durchgeführt werden soll, lohnt es sich, Zeit in ein immer wieder aufrufbares Programm mit allen notwendigen Befehlen zu investieren.

7.5.2 Bestimmung des Regel- oder Verstärkungsfaktors K_V mithilfe der Wurzelortskurve (WOK)

Das Bode-Verfahren ist nicht immer anwendbar, da es oft nicht möglich ist, den Phasengang um den vorgegebenen Phasenrand zu verschieben, sodass die $-180°$-Linie geschnitten wird. In diesem Fall bietet sich unter Umständen die Bestimmung des Verstärkungsfaktors K_V mithilfe der Wurzelortskurve an.

Das Wurzelortsverfahren hat den Vorteil, dass in der grafischen Darstellung das Stabilitätsverhalten der Strecke anschaulich dargelegt wird und die quantitativen Anforderungen an den Regelkreis einfach ermittelt werden können.

Die Bestimmung des Verstärkungsfaktors K_V basiert dabei auf der Führungssprungantwort, die als repräsentativ für das Zeitverhalten des Regelkreises angesehen wird. Um den Grundanforderungen an eine gleichermaßen stabile wie schnelle Regelung zu genügen, werden die Überschwingweite und die Übergangszeit begrenzt. Daraus ergibt sich, dass ein konjugiert komplexes Polpaar, das eine Überschwingweite von höchstens 5% und eine Übergangszeit von maximal 3 Sekunden verursacht, auf zwei vom Ursprung ausgehenden Strahlen liegt, die mit der negativ reellen Achse Winkel von 45° bilden.

Die Dämpfung d, die sich daraus ergibt, kann bestimmt werden aus $d = \cos(\varphi)$.

Für den optimalen Winkel $\varphi = 45°$ ergibt sich deshalb eine Dämpfung (engl. *damping*) von $d = \cos(45°) \approx 0{,}707$.

Der Verstärkungsfaktor K_V lässt sich anhand der Wurzelortskurve (WOK) mittels der MATLAB-Befehle rlocus und rlocfind relativ einfach bestimmen, was im Folgenden anhand eines Beispiels erklärt wird.

Mit dem Befehl rlocfind kann der Verstärkungsfaktor für einen bestimmten Pol, bzw. ein bestimmtes Polpaar, ausgegeben werden. Dazu sollte in einem Grafikfenster bereits die Wurzelortskurve des offenen Regelkreises angezeigt werden mit rlocus(Go). Hilfsweise kann bereits eine Winkelhalbierende manuell eingezeichnet werden mit *Insert → Line*. Diese Linie kann anhand der Gitternetzlinien relativ genau eingezeichnet werden. Wenn anschließend rlocfind(Go) eingegeben wird, wechselt MATLAB interaktiv in das Grafikfenster und das

„*Command Window*" gibt die Meldung aus, dass ein Punkt im Grafikfenster ausgewählt werden soll. Wird nun der Schnittpunkt der manuell eingezeichneten Winkelhalbierenden mit der WOK gewählt, erhält man als Ergebnis im „*Command Window*" die Koordinaten des ausgewählten Punktes und den Verstärkungsfaktor, mit dem die Funktion Go multipliziert werden muss, damit die Pole auf der Winkelhalbierenden liegen bzw. damit der Regelkreis eine Dämpfung von 45° aufweist.

Mit rlocfind wird der Verstärkungsfaktor der temporären Variable ans (für engl. *answer*) zugewiesen. Durch den Befehl [Kv,Pole]=rlocfind(Go) wird der Verstärkungsfaktor der Variablen Kv zugewiesen und zudem die Pole in der Variablen Pole ausgegeben. Es kann aber auch der Punkt bzw. ein Vektor mit Polen angegeben werden, für den der oder die Verstärkungsfaktoren ausgegeben werden sollen. Wenn z. B. aus der WOK herausgelesen werden kann, welcher Punkt der Schnittpunkt zwischen WOK und Winkelhalbierender ist, kann dieser Punkt in den Befehl eingefügt werden mit [Kv,Pole]=rlocfind(Go,-2.5+2.5i). Im folgenden Beispiel wird der Reglerentwurf mithilfe der WOK und des Befehls rlocfind ausführlich erläutert.

Beispiel 7.20 Reglerentwurf mithilfe der WOK und des Befehls rlocfind

Zuerst wird die Wurzelortskurve erzeugt und manuell die Winkelhalbierende eingezeichnet, dazu ist es hilfreich, die horizontalen und vertikalen Gitternetzlinien einzufügen:

```
>> rlocus(Go), set(gca,'XGrid','on'), set(gca,'YGrid','on')
>> [Kv,Pole]=rlocfind(Go)
Select a point in the graphics window
      selected_point = -2.5065 + 2.4660i
      Kv = 0.5138
      Pole = -2.5000 + 2.4660i
             -2.5000 - 2.4660i
             -4.0000
             -3.0000
```

Der Schnittpunkt mit der Winkelhalbierenden wurde nicht ganz genau getroffen, für den Reglerentwurf aber ausreichend genau. Trotzdem kann mit der Angabe des gesuchten Punktes der genaue Wert ermittelt werden:

```
>> [Kv,Pole]=rlocfind(Go,-2.5+2.5i)
      Kv = 0.5208
      Pole = -2.5000 + 2.5000i
             -2.5000 - 2.5000i
             -4.0000 + 0.0000i
             -3.0000 + 0.0000i
```

Anschließend kann die Übertragungsfunktion des offenen Regelkreises, Go, mit dem erhaltenen Verstärkungsfaktor multipliziert und die Führungssprungantwort ausgegeben werden.

```
>> Go_PID_d45=Go*Kv
   Go_PID_d45 =
      12.5 s^2 + 87.5 s + 150
      -------------------------
      s^4 + 12 s^3 + 47 s^2 + 60 s
   Continuous-time transfer function
```

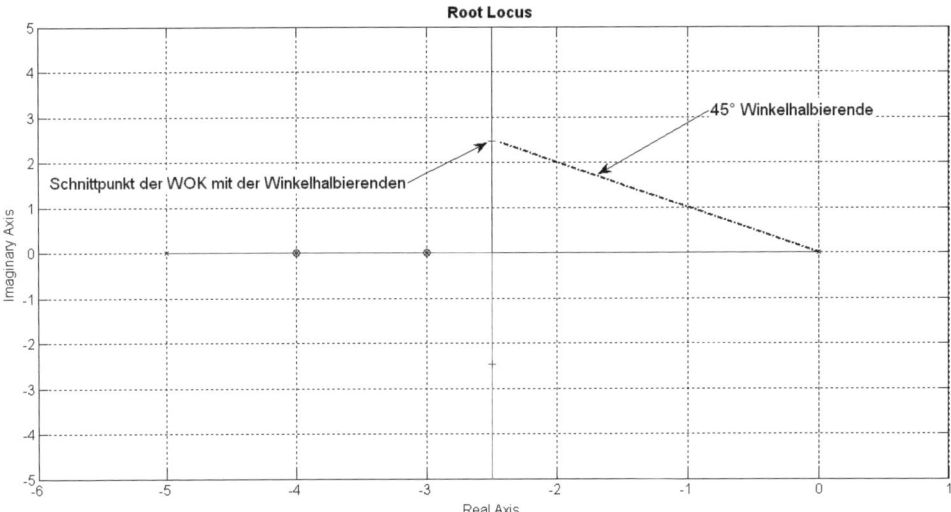

Bild 7.32 Reglerentwurf mithilfe der Wurzelortskurve (WOK) und `rlocfind(Go)`, um eine Dämpfung von 45° zu erhalten

```
>> Gw_PID_d45=feedback(Go_PID_d45,1)
   Gw_PID_d45 =
           12.5 s^2 + 87.5 s + 150
   ---------------------------------------
   s^4 + 12 s^3 + 59.5 s^2 + 147.5 s + 150
   Continuous-time transfer function
>> step(Gw_PID_70,Gw_PID_d45)
>> grid,legend('PID-Regler mit 70° Phasenrand','PID-Regler mit
      Dämpfung 45°')
>> [Gm,Pm,Wg,Wp]=margin(Go_PID_d45)
      Gm = Inf
      Pm = 65.5302
      Wg = Inf
      Wp = 2.2754
```

Der margin-Befehl zeigt, dass der Phasenrand (engl. *phase margin*) des offenen Regelkreises von Go_PID_d45 den Wert Pm = 65,5302 hat, damit also genau zwischen 60° und 70° liegt. Der Reglerentwurf mithilfe der Wurzelortskurve ist somit qualitativ dem Reglerentwurf mittels Bode-Diagramm gleichzusetzen.

In den vorangegangenen Beispielen zum Reglerentwurf wurde zuvor ein Grundregler bestimmt, entweder ein PI- oder ein PID-Regler, der manuell so eingegeben wurde, dass die Pole, die der imaginären Achse bzw. dem Nullpunkt am nächsten sind, durch den Regler kompensiert werden. Für den Reglerentwurf mithilfe der Wurzelortskurve hält MATLAB eine Toolbox bereit, mit der nicht nur der Verstärkungsfaktor ermittelt werden kann, sondern auch noch

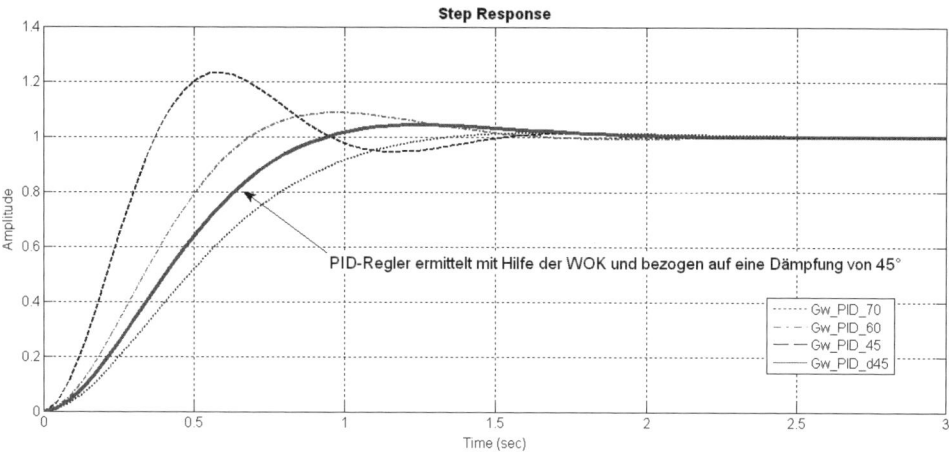

Bild 7.33 Ergebnis des Reglerentwurfs mithilfe der Wurzelortskurve im Vergleich zu den vorherigen Ergebnissen aus Abschn. 7.5.1. Der PID-Regler (durchgezogene Linie) hat tatsächlich nur eine Überschwingweite von 5% und ist nach weniger als 3 Sekunden eingeschwungen

die Null- und Polstellen des Reglers einfach festgelegt oder verändert werden können. Der folgende Abschnitt ist deshalb dieser Toolbox, dem „*SISO Design Tool*", gewidmet.

7.5.3 „Control System Designer" zum Reglerentwurf – sisotool

MATLAB bietet mit dem „Control System Designer", früher „SISO Design Tool"[11] genannt, eine äußerst komfortable Möglichkeit zur Bestimmung des Verstärkungsfaktors K_V mithilfe der WOK, des Bode-Diagramms und der Nichols-Ortskurve sowie zum Festlegen oder Ändern der Null- und Polstellen des gesuchten Reglers.

Nach Aufruf von sisotool auf der MATLAB-Oberfläche wird das Fenster „Control System Designer" geöffnet, siehe Bild 7.34.

In älteren Versionen von MATLAB (Version 6) wurde der „Control System Designer" bzw. damals noch das „SISO Design Tool" mit rltool aufgerufen. Der Befehl rltool funktioniert zwar auch noch bei den neueren MATLAB-Versionen, bei diesen wird aber nicht das komplette „Control System Designer"-Fenster mit Bode-Diagramm, Sprungantwort und WOK geöffnet, sondern nur mit WOK, der Wurzelortskurve. In der MATLAB „*Documentation*" ist der Befehl rltool nicht mehr zu finden, aber mit help rltool im „*Command Window*" wird der verfügbare Hilfetext angezeigt.

Der „Control System Designer" enthält viele und umfangreiche Funktionen, die im Rahmen dieser Einführung nicht komplett und ausführlich behandelt werden können. Dieses Kapitel soll aber den Einstieg in dieses hilfreiche Werkzeug erleichtern und zumindest die wesentlichen Funktionen erklären.

---

[11] SISO steht für *single input single output*, d. h. einfacher Regelkreis mit einer Eingangs- und Ausgangsgröße.

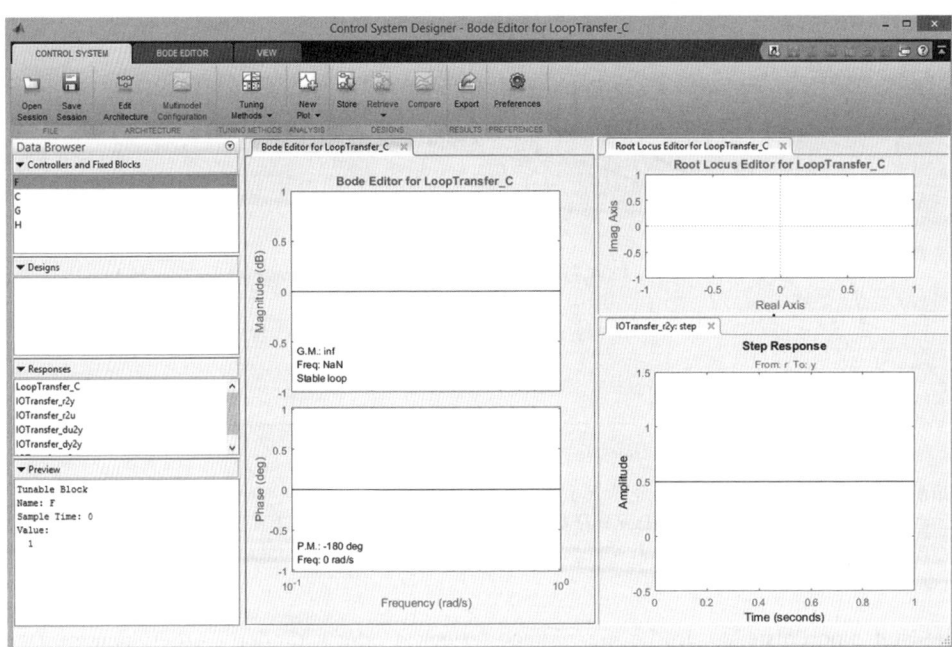

Bild 7.34 „Control System Designer" Startfenster nach Eingabe von sisotool im Command Window von MATLAB

Die MATLAB „*Documentation*" stellt im Kapitel „*Control System Designer*" unter „*Control System Designer Tuning Methods*" eine sehr empfehlenswerte, schnelle Hilfe für den Einstieg zur Verfügung.

Die Titelleiste des „*Control System Designer*" ist wie die von MATLAB selbst in verschiedene Tabs aufgeteilt. Um mit dem „*Control System Designer*" arbeiten zu können, werden die Tabs und die enthaltenen Funktionen im Folgenden kurz vorgestellt.

7.5.3.1 Tab „Control System"

Die wichtigsten Funktionen des „*Control System Designer*" sind im Tab „*Control System*" zusammengefasst. In Abschnitt 7.5.3.4 werden die wichtigsten Funktionen anhand eines Beispiels zum grafischen Reglerentwurf ausführlicher erklärt.

7.5.3.2 Tab „ROOT LOCUS EDITOR", „BODE EDITOR" bzw. „NICHOLS EDITOR"

Die Beschriftung des Tab ändert sich je nachdem, welches Diagramm im Grafikfenster gerade aktiv, d. h. angeklickt wurde, in „*ROOT LOCUS EDITOR*", „*BODE EDITOR*" oder „*NICHOLS EDITOR*", siehe Bild 7.36.

Die Optionen, die im jeweiligen „*EDITOR*" zur Verfügung stehen, sind identisch, egal ob das Bode-Diagramm, die Wurzelortskurve oder die Nichols-Ortskurve bearbeitet und modifiziert werden soll.

Tabelle 7.3 Funktionen des Tab „Control System"

Gruppe „FILE"	
Open Session	Öffnet einen bereits bearbeiteten Reglerentwurf
Save Session	Speichert einen Reglerentwurf, der mit dem „Control System Designer" bearbeitet wurde
Gruppe „ARCHITECTURE"	
Edit Architecture	In diesem Fenster kann die Architektur und das Aussehen des Regelkreises bestimmt und verändert werden, um dessen Reglerentwurf es geht. Auf der linken Seite, unter der Überschrift „*Select Control Architecture*" kann eine Variante eines Regelkreises ausgewählt werden, z. B. Regler im Rückwärtszweig, mit Störgröße oder ohne. Die Bezeichnung „C" steht für „Compensator", Regler. Mit „G" wird die Regelstrecke (engl. plant) bezeichnet. „F" soll einen Vorfilter (engl. prefilter) repräsentieren und „H" einen Sensor (engl. sensor). Die Bezeichnungen der einzelnen Blöcke können im Tab „*Blocks*" allerdings beliebig verändert werden, siehe Bild 7.38. Das Zeichen für die Rückführung kann im Tab „*Loop Signs*" von standardmäßig Minus, also negativ, auf Plus, d. h. positive Rückführung getauscht werden.
Multimodel Configuration	Mit dem „*Control System Designer*" kann der Reglerentwurf auch für verschiedene Regelstrecken durchgeführt werden, die sich z. B. in bestimmten Parameterwerten unterscheiden, sofern diese in einem Feld („*array*") zusammengefasst werden.
Gruppe „TUNING METHODS"	
Tuning Methods	Unter „*Tuning Methods*" werden verschiedene grafische und automatisierte Methoden zur Optimierung („Tuning") des Reglers zur Auswahl gestellt, siehe Bild 7.37. In Abschnitt 7.5.3.4 wird auf die grafische Regleroptimierung näher eingegangen, im darauffolgenden Abschnitt 7.5.3.5 auf das „automatisierte Tuning" anhand vorgegebener Parameter. Anhand von Beispielen werden diese wichtigen Funktionen anschaulich beschrieben.
Gruppe „ANALYSIS"	
New Plot	Eine zusätzliche Grafik kann zu den bestehenden Diagrammen hinzugefügt werden. Zur Auswahl stehen: Sprungantwort („New Step"), Bode-Diagramm („New Bode"), Impulsantwort („New Impulse"), Nyquist-Ortskurve („New Nyquist"), Nichols-Ortskurve („New Nichols"), Betrag der Frequenzantwort sigma („New Singular Value"), Pol-Nullstellen-Diagramm („New Pole/Zero Map") und Pol-Nullstellen-Diagramm für Input/Output-Paare („New I/O Pole/Zero Map"). Sobald ein Diagrammtyp ausgewählt ist, öffnet sich ein Fenster zur Auswahl des darzustellenden Systems. Mit „*Plot*" wird das gewählte Diagramm im aktiven Grafikfenster des „*Control System Designer*" geöffnet, das ursprüngliche Diagramm bleibt jedoch ebenfalls erhalten und mithilfe von Tabs kann zwischen den beiden Diagrammen gewechselt werden, siehe Bild 7.38, rechts oben ist entweder die Wurzelortskurve („*Root Locus Editor*") zu sehen oder die Nichols Ortskurve („*OpenLoop Nichols Editor*").
Gruppe „DESIGNS"	
Store	Ist man der Meinung, einen guten Regler gefunden zu haben, kann dieser mit „*Store*" als (Regler-)Design gespeichert werden. In der linken Spalte werden diese gespeicherten „Designs" mit verschiedenen Nummern dargestellt.

Tabelle 7.3 Funktionen des Tab „Control System" *(Fortsetzung)*

Retrieve	Ist der Versuch der weiteren Regleroptimierung nicht geglückt, kann mit „*Retrieve*" ein bereits abgespeicherter Reglerentwurf wiederhergestellt werden.
Compare	Mit „*Compare*" können aktuelle und gespeicherte Reglerentwürfe („*Designs*") miteinander verglichen werden. Vor allem mithilfe der Sprungantwort kann relativ schnell festgestellt werden, welcher Regler am schnellsten, am sichersten oder bestenfalls beides sein könnte.
Gruppe „RESULTS"	
Export	Der mithilfe des „*Control System Designer*" optimierte Reglerentwurf kann auf die MATLAB-*Workspace* exportiert werden, sodass der Regler für andere Anwendungen zur Verfügung steht. Was alles exportiert werden soll, wird im „*Export Model*" Fenster ausgewählt, siehe Bild 7.48.
Gruppe „PREFERENCES"	
Preferences	Bevorzugte Einstellungen können in dem sich öffnenden separaten Fenster „*Control System Designer Preferences*" getätigt werden, unter anderem die Schriftart und -größe der Grafikbeschriftungen, Farben, Einheiten der Achsen aber auch die Darstellung des Reglers, siehe Bild 7.35.

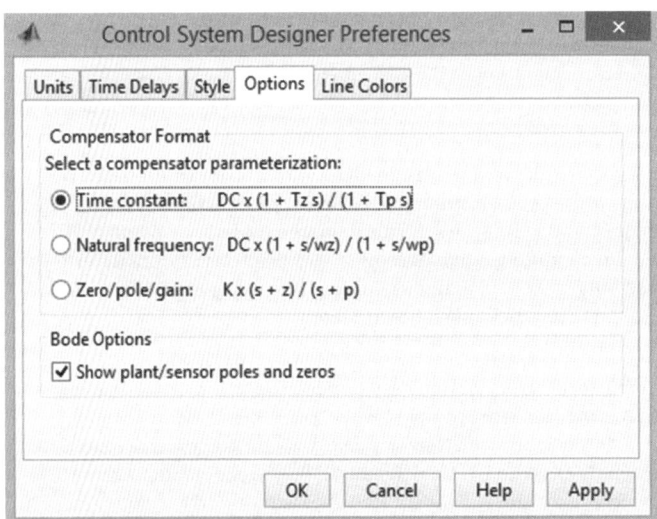

Bild 7.35 „*Control System Designer Preferences*" für personalisierte Einstellungen, z. B. das Format der Reglerdarstellung

In der Gruppe „*MODIFY POLES & ZEROS*" kann ausgewählt werden, ob einzelne Nullstellen bzw. komplexe Nullstellenpaare hinzugefügt werden sollen (markiert durch ○), oder aber einzelne Polstellen bzw. komplexe Polpaare (markiert durch ×), oder ob bereits gesetzte Null- oder Polstellen wieder gelöscht werden sollen (Radiergummi-Icon).

In der Gruppe „*ZOOM & PAN*" kann das Diagramm vergrößert (+) oder verkleinert (−) werden, mit dem Hand-Icon (✋) kann der Grafikausschnitt verschoben werden.

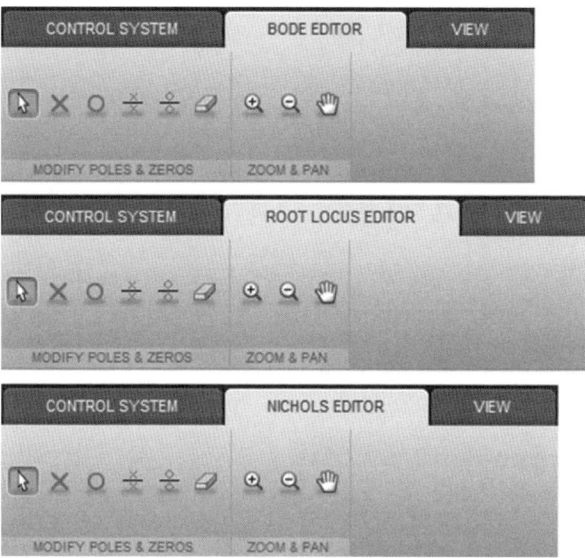

Bild 7.36 Die verschiedenen Varianten des *EDITORS* (Bode, Wurzelortskurve und Nichols) und die jeweils dazugehörigen Optionen und Funktionen

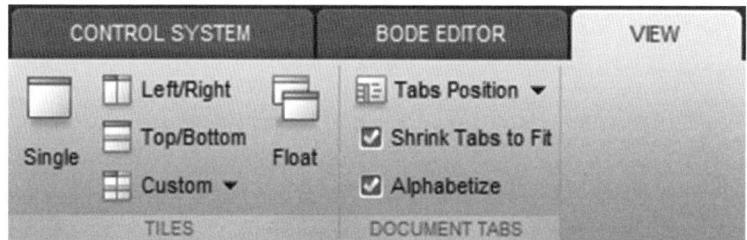

Bild 7.37 Die Anzeigeoptionen des Tabs „*VIEW*" sind identisch zu denen des MATLAB-„*Editors*" aus Abschnitt 6.1

7.5.3.3 Tab „VIEW"

Im Tab „*VIEW*" finden sich Befehle und Funktionen zur Anpassung der Anzeige der Grafiken, identisch zu den Anzeigeoptionen des MATLAB-Editors, wie sie bereits in Abschnitt 6.1 in Tabelle 6.3 beschrieben wurden.

Die Anordnung der Grafikfenster kann nach Belieben und praktischer Erwägung verändert werden. Es ist jedoch hilfreich, zumindest zwei der Diagramme immer im Blick zu haben, einmal das Diagramm zum Optimieren des Reglers, z. B. Bode, WOK oder Nichols Ortskurve, zum anderen die Sprungantwort des geschlossenen Regelkreises, an der man die Auswirkungen der Regleroptimierung sofort ablesen und bewerten kann.

7.5.3.4 „Graphical Tuning" – Grafische Methoden zur Regleroptimierung

Wie bereits in Tabelle 7.3 erwähnt, werden die „*Tuning Methods*" unterschieden nach „*Graphical Tuning*" und „*Automated Tuning*", siehe Bild 7.38.

7 „Control System Toolbox" – Alles was man für die Regelungstechnik braucht

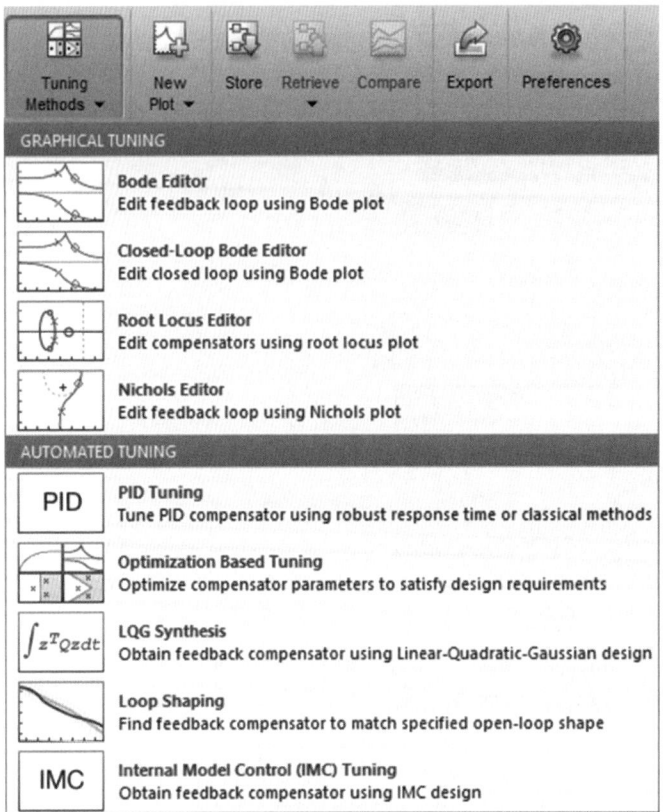

Bild 7.38 Auswahlfenster der verschiedenen „*Tuning*" Methoden für den optimierten Reglerentwurf

Zu den grafischen Methoden zählen der Reglerentwurf über das BODE-Diagramm (offener oder geschlossener Regelkreis), die Wurzelortskurve (WOK) oder die Nichols Ortskurve.

Wird das Bode-Diagramm ausgewählt, öffnet sich ein Fenster zur Auswahl des zu optimierenden Systems, vergleichbar mit der Funktion „New Plot", siehe Tabelle 7.3. Mit „*Plot*" wird das Bode-Diagramm im aktiven Grafikfenster des „*Control System Designer*" geöffnet, das vorherige Diagramm bleibt aber ebenfalls erhalten, und mithilfe von Tabs kann zwischen den beiden Fenstern gewechselt werden.

 Da standardmäßig bereits das Bode-Diagramm, die Wurzelortskurve und die Sprungantwort als Grafiken im „*Control System Designer*" angezeigt werden, macht es nur Sinn, wenn ein noch nicht angezeigtes Diagramm zusätzlich geöffnet werden soll, z. B. die Nichols-Ortskurve als Tab zur Wurzelortskurve.

Beispiel 7.21 Reglerentwurf mithilfe des „*Graphical Tuning*" im „*Control System Designer*"

Bevor mit dem eigentlichen Reglerentwurf begonnen werden kann, muss zuerst der Regelkreis definiert und die Regelstrecke und ein eventuell bereits vorhandener Grundregler in den "*Control System Designer*" eingelesen bzw. von der MATLAB-Oberfläche oder aus einer MAT-Datei (MATLAB Datei mit gespeicherten Daten und Variablen mit der Endung .mat) importiert werden.

Wie bereits in Abschnitt 7.5.3.1 beschrieben, wird über „*Edit Architecture*" ein Auswahlfenster geöffnet, mit dem der Regelkreis definiert werden kann, seine Zusammensetzung oder „Architektur" bestimmt wird, siehe Bild 7.39.

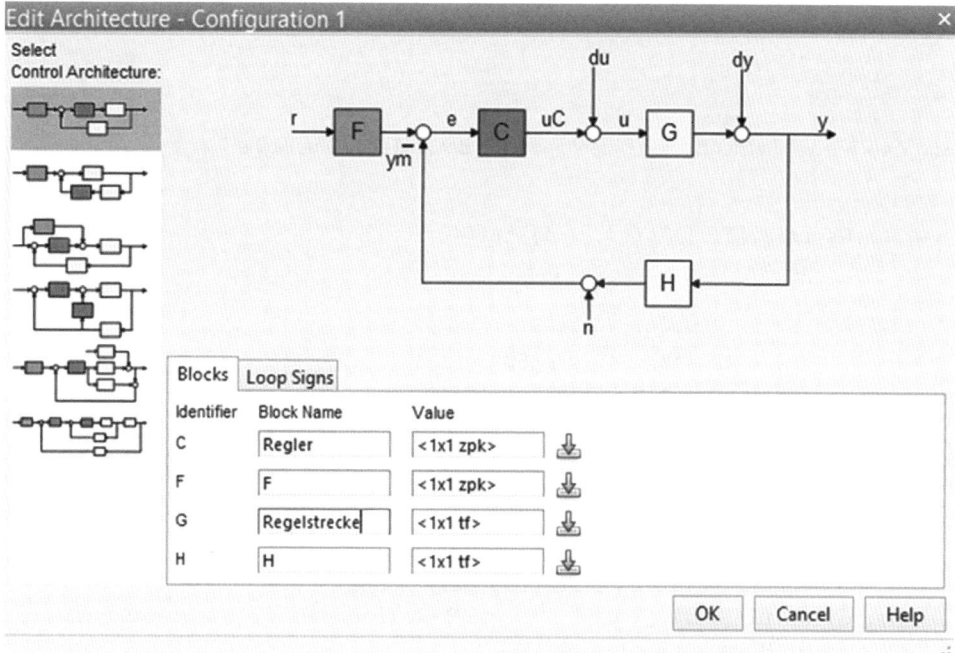

Bild 7.39 Auswahlfenster "*Edit Architecture – Configuration 1*" für die Zusammenstellung des Regelkreises. Zwei der Blöcke wurden umbenannt: Block „*C*" in Regler und Block „*G*" in Regelstrecke. Unter dem Tab „*Loop Signs*" kann das Vorzeichen der Rückführung geändert werden

Durch Klicken auf das Icon für Herunterladen, rechts von dem Feld „*Value*", öffnet sich ein weiteres Fenster zum Importieren von Daten von der MATLAB-Oberfläche oder aus einer MAT-Datei, z. B. für den Regler oder die Regelstrecke. Alle Übertragungsfunktionen die dem richtigen Typ entsprechen werden im Auswahlfenster angezeigt, siehe Bild 7.40.

Um den Reglerentwurf mithilfe des "*Control System Designer*" mit den bisherigen Regleroptimierungen vergleichen zu können, wird die Regelstrecke Gs vom Anfang des Abschnitts 7.5 als Regelstrecke ausgewählt und als Regler der PI-Regler Gr_PI, der die erste Polstelle kompensiert:

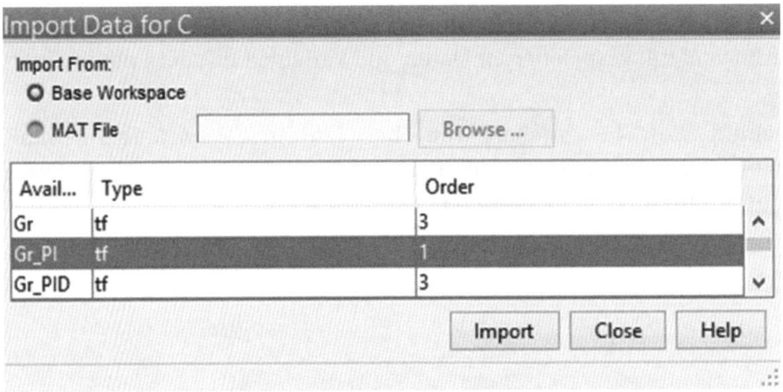

Bild 7.40 Auswahlfenster für den Datenimport von der MATLAB-Oberfläche

```
>> Gs=tf(2,[1 3])*tf(3,[1 4])*tf(4,[1 5])
   Gs =
                  24
        -----------------------
        s^3 + 12 s^2 + 47 s + 60
   Continuous-time transfer function
>> Gs_zpk=zpk(Gs)                      % Regelstrecke in Polform
   Gs_zpk =
                24
        ----------------
        (s+5) (s+4) (s+3)
   Continuous-time zero/pole/gain model
>> Gr_PI=tf([1 3],[1 0])      % PI-Regler, der Polstelle kompensiert
   Gr_PI =
        s + 3
        -----
          s
   Continuous-time transfer function
```

In Bild 7.41 ist in den abgebildeten Diagrammen, dem Bode-Diagramm (links), der Wurzelortskurve (WOK, rechts oben) und der Sprungantwort des geschlossenen Regelkreises (rechts unten) zu erkennen, dass die Regelstrecke und der Regler korrekt eingelesen wurden. In der WOK ist auch die durch die Nullstelle des PI-Reglers kompensierte Polstelle der Regelstrecke zu erkennen.

Anhand der Diagramme kann der Regler nun grafisch verändert werden. Sobald der Mauszeiger über einen der markierten Pole oder Nullstellen im Bode-Diagramm, in der Wurzelortskurve oder in der Nichols-Ortskurve fährt, ändert der Mauszeiger seine Form in eine Hand. Durch Drücken der linken Maustaste wird diese Hand geschlossen und die Null- bzw. Polstelle kann bei gedrückter Maustaste an eine andere Position verschoben werden. Die Vierecke, die entlang der Äste der Wurzelortskurve (WOK) zu finden sind, repräsentieren den Wert des Verstärkungsfaktors und können ebenfalls durch Ziehen bei gedrückter linker Maustaste entlang der WOK-Äste verändert werden.

7.5 Einfacher Reglerentwurf mit MATLAB

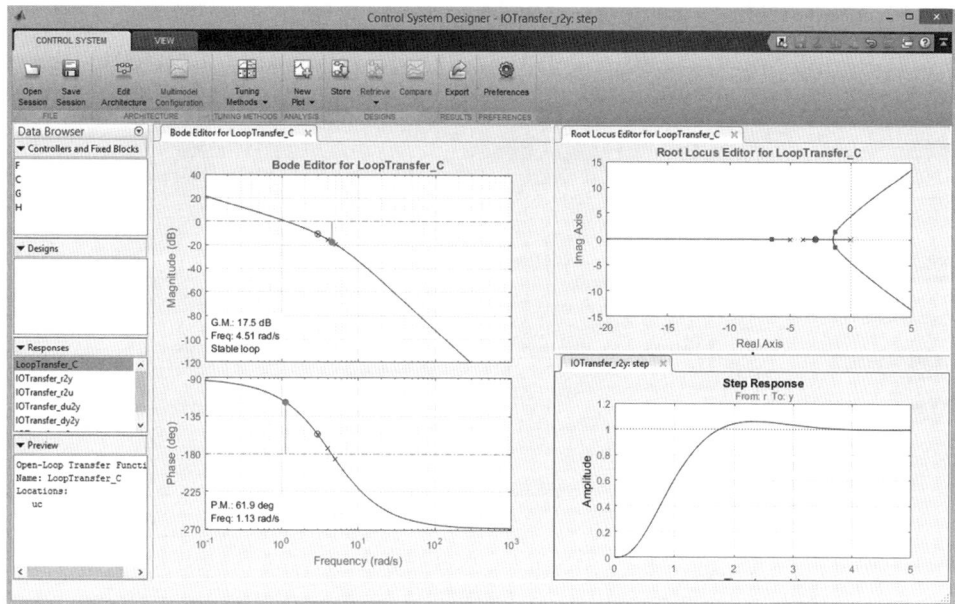

Bild 7.41 „Control System Designer" mit importierten Übertragungsfunktion für die Regelstrecke Gs und den Regler Gr_PI

In der Nichols-Ortskurve oder im Bode-Diagramm werden die Pol- oder Nullstellen des Reglers verschoben, die aktuelle Position der jeweiligen Null- oder Polstelle wird dabei unten rechts angezeigt. Außerdem kann der Amplitudengang oder die Nichols-Ortskurve an sich nach oben oder unten verschoben werden, bis z. B. ein gewünschter Phasenrand, angezeigt im Diagramm als PM für *phase margin*, erreicht ist. Die Nichols-Ortskurve und das Bode-Diagramm geben außerdem Auskunft darüber, ob das System stabil (*stable loop*) oder instabil (*unstable loop*) ist.

Grafisch können über den Tab „*ROOT LOCUS EDITOR*" weitere Pol- und Nullstellen zusätzlich eingefügt werden, reelle einzelne Werte (X für Pol-, O für Nullstelle) oder konjugiert-komplexe Paare (symbolisiert durch zwei übereinander stehende X oder O, getrennt durch einen Bruchstrich). Diese können in der WOK beliebig gesetzt werden. Bei der Nichols-Ortskurve und dem Bode-Diagramm muss die Kurve getroffen werden. Mit dem dargestellten Radiergummi können die gesetzten Pol- und Nullstellen des Reglers auch wieder gelöscht werden.

■

Im Beispiel wurde eine zusätzliche Nullstelle eingefügt, um eine weitere Polstelle des Reglers zu kompensieren. Aus dem PI-Regler wurde somit ein PID-Regler, siehe Bild 7.42.

Durch rechten Mausklick in das gewünschte Diagramm wird jeweils ein Untermenü geöffnet, siehe Bild 7.43. Zur Auswahl stehen das Hinzufügen oder Entfernen von Polen oder Nullstellen (*Add Pole/Zero* bzw. *Delete Pole/Zero*), das Ändern des Reglers (*Edit Compensator...*) durch Wechseln in das Fenster „*Compensator Editor*" und die Auswahl des *Gain Target*, also des

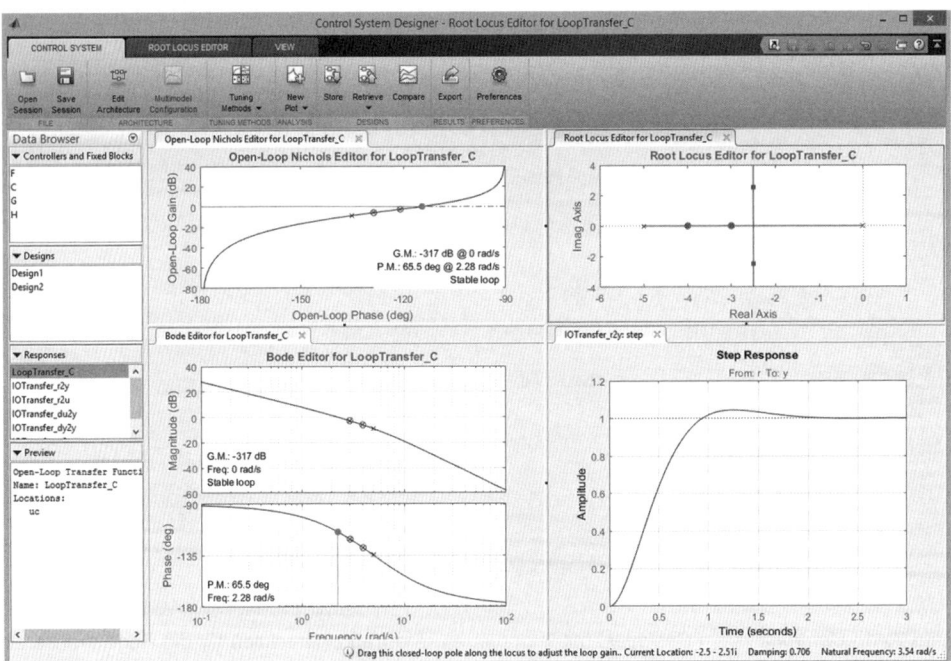

Bild 7.42 *„Control System Designer"* mit grafischer Regleroptimierung durch Hinzufügen einer weiteren Nullstelle für den Regler. Im Vergleich zu Bild 7.41 wurde außerdem die Nichols Ortskurve für die Regleroptimlerung links oben hinzugefügt. Unten rechts ist zu erkennen, dass die Dämpfung, bezogen auf das aktive Diagramm der Wurzelortskurve aktuell 0.706 beträgt, ein angestrebter Wert beim Reglerentwurf. Der Phasenrand im Bode-Diagramm beträgt 65.5°, ebenfalls ein empfohlener Wert. Zwei verschiedene Stadien des Regelentwurfs wurden bereits mithilfe von *„Store"* gespeichert, zu erkennen an den gespeicherten Designs, *Design1* und *Design2* (Spalte links, zweiter Kasten von oben)

Blocks, der durch den Verstärkungsfaktor verbessert werden soll. Meist stehen hier nur der Regler oder Block C zur Auswahl.

Im Fenster *„Compensator Editor"* kann ein gewünschter Verstärkungsfaktor auch manuell eingegeben werden. Außerdem können Pol- oder Nullstellen des Reglers, die grafisch platziert wurden, exakter bestimmt werden, wenn z. B. die zu kompensierenden Polstellen der Regelstrecke bekannt sind, siehe Bild 7.44. Auch das Löschen und Hinzufügen von Pol- oder Nullstellen ist im *„Compensator Editor"* leicht zu machen.

Mit *Grid* werden die Gitternetzlinien eingefügt. Bei der Wurzelortskurve und der Nichols-Ortskurve sind das aber leider wieder nur die dB-Linien, keine horizontalen und vertikalen Linien. *Properties* öffnet den „kleinen" *Property Editor* zur Auswahl der Achsenbezeichnungen und -begrenzungen.

Design Requirements Eine relativ unscheinbare, aber sehr interessante Auswahl findet sich unter *Design Requirements*, denn unter diesem Punkt können Vorgaben für den Reglerentwurf festgelegt (*New...*) oder geändert werden (*Edit...*). Die Vorgaben für den Reglerentwurf, die mit *Design Requirements* festgelegt werden können, sehen je nach Art des Diagramms, in dem die rechte Maustaste gedrückt wurde, unterschiedlich aus, siehe Bild 7.45.

7.5 Einfacher Reglerentwurf mit MATLAB

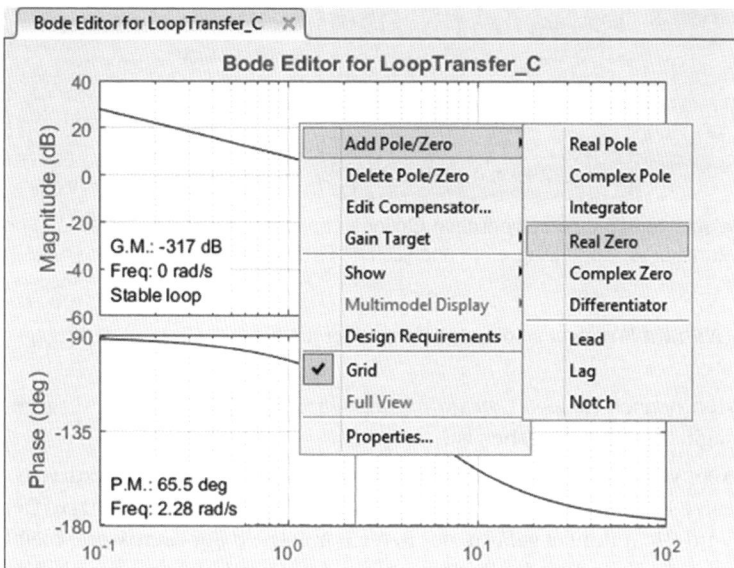

Bild 7.43 Untermenü mit der Auswahl an Optionen, die für das jeweilige Diagramm zur Verfügung stehen

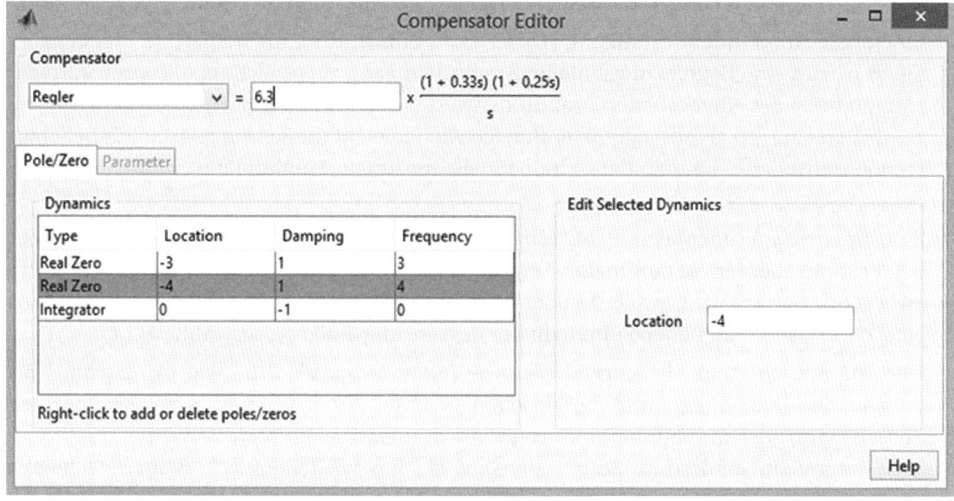

Bild 7.44 Fenster „*Compensator Editor*" zum Bearbeiten des Reglers („*Compensator*")

Für die Wurzelortskurve können Grenzwerte vorgegeben werden für:
- Die Einschwingzeit (*Settling Time*) in Sekunden.
- Die Überschwingweite (*Percent Overshoot*) in Prozent.
- Die Dämpfung (*Damping Ratio*) als numerischer Wert, wobei die Vorgabe bereits 0,707 ist, d. h. der Wert von $d = \cos 45° = 1/\sqrt{2}$ der bereits in Abschn. 7.5.2 angesprochenen Winkelhalbierenden von 45°.

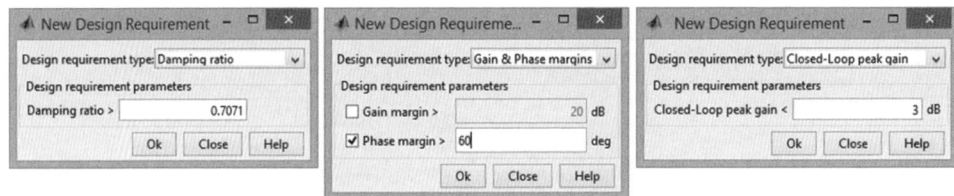

Bild 7.45 Jeweils ein Beispiel für die unterschiedlichen Optionen bei den *Design Requirements*, von links nach rechts: Wurzelortskurve, Bode-Diagramm und Nichols-Ortskurve

- Die Eigenfrequenz (*Natural Frequency*), die als oberer oder als unterer Grenzwert eingegeben werden kann.
- Einen eingeschränkten Bereich (*Region Constraint*), dessen Eckpunkte durch die vorgegebenen Real- und Imaginärwerte vorgegeben ist.

Sobald eine oder mehrere Vorgaben gemacht wurden, erscheinen in der Wurzelortskurve eine oder mehrere schwarze Linien, die den Grenzwertbereich darstellen bzw. begrenzen. Der ausgegrenzte Bereich wird leicht dunkel gefärbt, der Bereich innerhalb der Grenzwerte bleibt hell. Mit der Maus können die Polstellen des Reglers entlang der Wurzelortskurve verschoben werden, bis sie in dem markierten Bereich liegen, oder auch auf den Linien, wenn z. B. genau eine Dämpfung von 45° bzw. 0,707 gewünscht ist.

Beim Bode-Diagramm können die folgenden Grenzwerte bestimmt werden:

- Eine obere Amplitudenbegrenzung (*Upper Gain Limit*), d. h., für festgelegte Frequenzbereiche ω wird eine Begrenzungslinie im Amplitudengang eingezeichnet, die vom Startwert zum Endwert der eingegebenen Amplitudenwerte (in dB) geht. Der oberhalb der Linie liegende Bereich wird als ausgegrenzter Bereich wieder leicht dunkel eingefärbt. Für beliebige Frequenzabschnitte können damit individuelle maximale Amplitudenwerte definiert werden.
- Eine untere Amplitudenbegrenzung (*Lower Gain Limit*), ähnlich wie die obere Amplitudenbegrenzung, aber für die minimalen Amplitudenwerte. Der unterhalb der Begrenzungslinien liegende Bereich wird jeweils dunkler eingefärbt. Wird der Amplitudengang mit der Maus verschoben, kann ein Bereich oberhalb der Begrenzungslinien ausgewählt werden.
- Der Amplituden- und Phasenrand (*Gain & Phase Margins*), d. h., wie in Abschn. 7.5.1 anhand des Bode-Diagramms beschrieben, können Grenzwerte für den gewünschten Phasen- und/oder Amplitudenrand festgelegt werden. Die Grenzwerte werden nicht grafisch dargestellt, sondern im Amplitudengang als Text wiedergegeben. Beim Verschieben des Amplitudengangs werden die aktuellen Phasen- und Amplitudenrandwerte links in den Diagrammen angezeigt.

In der Nichols-Ortskurve können die folgenden Begrenzungswerte bestimmt werden:

- Der Phasenrand (*Phase Margin*) als Winkel.
- Der Amplitudenrand (*Gain Margin*) in dB.
- Der maximale Amplitudenwert im geschlossenen Regelkreis (*Closed-Loop Peak Gain*) in dB. Der Grenzwert orientiert sich an den dB-Gitternetzlinien, sodass es von Vorteil sein kann, die Gitternetzlinien anzuzeigen.
- Amplituden-Phasen-Wertepaare (*Gain-Phase Design Requirement*), d. h., für bestimmte Phasenwerte wird die Amplitude bestimmt bzw. umgekehrt. Damit können Begrenzungs-

punkte eines Bereichs definiert werden, innerhalb derer die Nichols-Ortskurve liegen sollte. Der außerhalb liegende Bereich wird dunkler eingefärbt.

In Bild 7.46 wurden in den Diagrammen des offenen Regelkreises jeweils verschiedene *Design Requirements* festgelegt, wie an den dickeren schwarzen Linien zu erkennen ist.

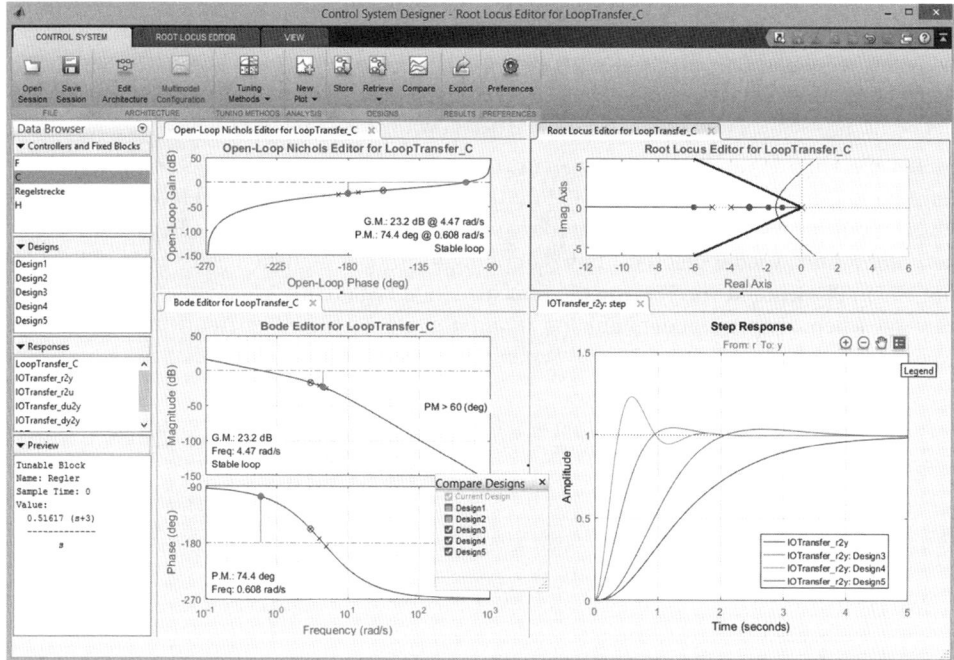

Bild 7.46 Nichols-Ortskurve, Wurzelortskurve und Bode-Diagramm mit angewandten *Design Requirements*, die jeweils deutlich markiert wurden. In der Sprungantwort sind die aus Abschnitt 7.3.2, Bild 7.7 bekannten Charakteristika markiert: Anstiegszeit („*Rise Time*"), maximaler Ausschlag („*Peak Response*"), Einschwingzeit („*Settling Time*") und stationärer Zustand („*Steady State*")

In der Wurzelortskurve wurde eine Dämpfung von 0.707 festgelegt und die Pole wurden so verschoben, dass dieser Wert relativ genau erreicht wurde. Im Bode-Diagramm des offenen Regelkreises wurde ein unterer Amplitudenbereich über den gesamten Frequenzbereich festgelegt und ein oberer Bereich für einen kleinen Frequenzbereich. Außerdem wurde ein Phasenrand von > 60° festgelegt. Der Amplitudengang verläuft innerhalb der Begrenzungen und der Phasenrand erfüllt mit 65.5° ebenfalls die vorgegebene Bedingung. In der Nichols-Ortskurve wurde ein Bereich aus – zu Demonstrationszwecken willkürlich gewählten – Phasen-Amplituden-Wertepaaren definiert, allerdings liegt die Kurve nicht komplett in diesem vorgegebenen Bereich. Zu bemerken ist, dass sowohl im Bode-Diagramm als auch in der Nichols-Ortskurve mit „*stable loop*" angezeigt wird, dass es sich um ein stabiles Regelsystem handelt.

 Durch rechten Mausklick in den markierten Grenzbereich können die Vorgaben gelöscht oder geändert werden.

Die interaktiven Möglichkeiten, den Reglerentwurf mithilfe des „*Graphical Tuning*" im „*Control System Designer*" zu optimieren, sind vielfältig und leicht nachvollziehbar. Durch die

Vorgaben, die für den Reglerentwurf mit den *Design Requirements* festgelegt werden können, werden die „manuellen" Methoden des Reglerentwurfs, wie sie in den Abschn. 7.5.1 und 7.5.2 beschrieben wurden, eigentlich hinfällig.

Die Auswirkungen der Veränderungen am Regler sind in den jeweiligen Diagrammen zu erkennen, z. B. anhand der Werte für den Phasen- und den Amplitudenrand im Bode-Diagramm oder anhand der Dämpfung, die für die Wurzelortskurve am unteren Bildschirmrand angegeben wird, siehe Bild 7.42. Aber natürlich sieht man die Veränderung des Reglers besonders gut in der Sprungantwort des geschlossenen Regelkreises, rechts unten. Im Idealfall schwingt sich der Regelkreis schnell und möglichst ohne Überschwinger auf den Wert 1 ein.

Im Beispiel wurden verschiedene Reglerentwürfe („*Designs*") mithilfe von „*Store*" gespeichert: Ein PID-Regler mit Phasenrand von 65° und einer Dämpfung von 0.707, ein PID-Regler mit Phasenrand von 45° und ein PI-Regler (dazu wurde eine der Nullstellen des Reglers im „*Compensator Editor*" wieder gelöscht) mit Dämpfung 0.707. Der aktuelle Regler ist ein PI-Regler mit einem Phasenrand von 75°. Um die verschiedenen Reglerentwürfe qualitativ miteinander zu vergleichen, können mit der Funktion „*Compare*" gespeicherte Reglerentwürfe ausgewählt werden, siehe Bild 7.47. Der „*Control System Designer*" stellt die Führungssprungantworten

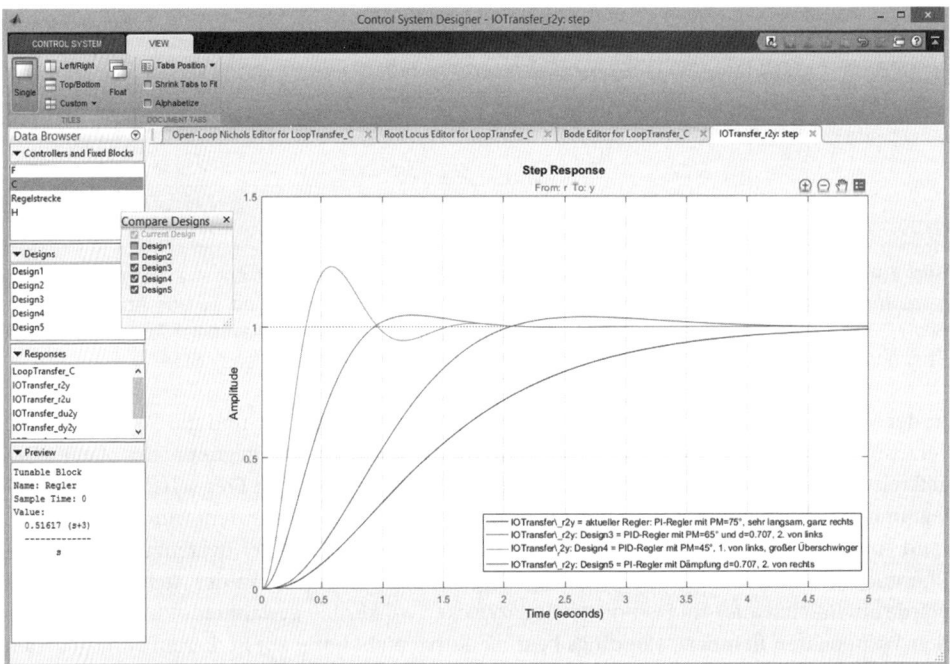

Bild 7.47 Vergleich der grafisch ermittelten und mithilfe von „*Store*" gespeicherten Reglerentwürfe („*Designs*") mithilfe der Funktion „*Compare*". Im Fenster „*Compare Designs*" (links neben der Sprungantwort) sind die zu vergleichenden Designs markiert, der aktuelle Regler („*Current Design*") wird standardmäßig immer mit angezeigt. Um eine bessere Übersichtlichkeit zu erhalten, wurde in diesem Fall mithilfe von „*View*" die Darstellung „*Single*" gewählt, d. h. die anderen Grafikfenster treten in den Hintergrund und sind über Tabs auswählbar. Für die Wiedergabe in Grautönen sind die fehlenden Formatierungsoptionen sehr von Nachteil. Deshalb wurde als einzig mögliche Option die Beschreibung der Kurven zum jeweiligen Legendeneintrag hinzugefügt.

der ausgewählten Reglerentwürfe in der Grafik „*Step Response*" zusammen dar. Eine Legende kann eingeblendet werden, wenn mit dem Mauszeiger über das rechte obere Eck der Grafik gefahren wird, siehe Bild 7.47, rechte Seite in der Mitte. Leider ist es nicht vorgesehen, die Kurvenlinien der verschiedenen Sprungantworten zu formatieren, die Formatierungsmöglichkeiten sind minimal. Es ist zwar möglich, die bereits genannten Charakteristika der Sprungantworten zu markieren, was aber bei mehreren Kurven eher zu Verwirrung führen dürfte.

Wenn es notwendig sein sollte, die verschiedenen Sprungantworten durch unterschiedliche Formatierung zu differenzieren, eventuell mit Textboxen zu beschriften, etc., müssen alle einzelnen Reglerentwürfe auf die MATLAB-Oberfläche exportiert und in separaten Übertragungsfunktionen gespeichert werden. Anschließend stehen alle Formatierungsoptionen der Funktion `step` zur Verfügung.

Exportieren der Ergebnisse aus dem „*Control System Designer*" auf die MATLAB-Oberfläche

Der „*Export*" von Daten des „*Control System Designer*" auf die MATLAB-Oberfläche ist interessant, wenn mit den neuen Reglerdaten weiter unter MATLAB gearbeitet werden soll, z. B. wenn, wie oben bereits erwähnt, Grafiken wie die Sprungantwort mit den Möglichkeiten von MATLAB formatiert und aufbereitet werden sollen.

Exportiert werden kann jeweils nur ein Reglerentwurf. Durch Doppelklick mit der Maus auf einen der gespeicherten Reglerentwürfe unter Designs (linke Spalte) erhält man die Übertragungsfunktion des Reglers in Polform im Fenster „*Design Summary*". Durch einfachen Mausklick auf einen der Reglerentwürfe wird die Übertragungsfunktion des Reglers, ebenfalls in Polform, bereits im „*Preview*"-Kasten in der linken Spalte, ganz unten, dargestellt, siehe Bild 7.48.

Mit Mausklick auf „*Export*" wird das Fenster „*Export Model*" geöffnet, siehe Bild 7.49. Alle Variablen und Parameter, die exportiert werden können, werden aufgelistet und können markiert werden. Unter „*Select Design*" kann der gewünschte Reglerentwurf ausgewählt werden, der exportiert werden soll. Standardmäßig ist das der aktuelle Regler, aber auch die gespeicherten „*Designs*" sind wählbar.

Wenn unterschiedliche „*Designs*" gespeichert wurden, und nicht mehr ganz klar ist, welcher Regler hinter einem „*Design*" steckt, ist es empfehlenswert, mithilfe von „*Retrieve*" ein in Frage kommendes „*Design*" auszuwählen, welches dann zum aktuellen Reglerentwurf wird. Anhand der Führungssprungantwort und der anderen Diagramme kann besser beurteilt werden, ob der Reglerentwurf für den „*Export*" in Frage kommt. Der vorherige aktuelle Reglerentwurf geht verloren, falls er nicht mit „*Store*" als „*Design*" gespeichert wurde.

Im Beispiel wurden die Reglerentwürfe „*Design3*", „*Design4*" und „*Design5*", sowie die Regelstrecke auf die MATLAB-Oberfläche exportiert. Die Übertragungsfunktionen erscheinen anschließend im „*Workspace*" und können über das „*Command Window*" aufgerufen werden:

7 „Control System Toolbox" – Alles was man für die Regelungstechnik braucht

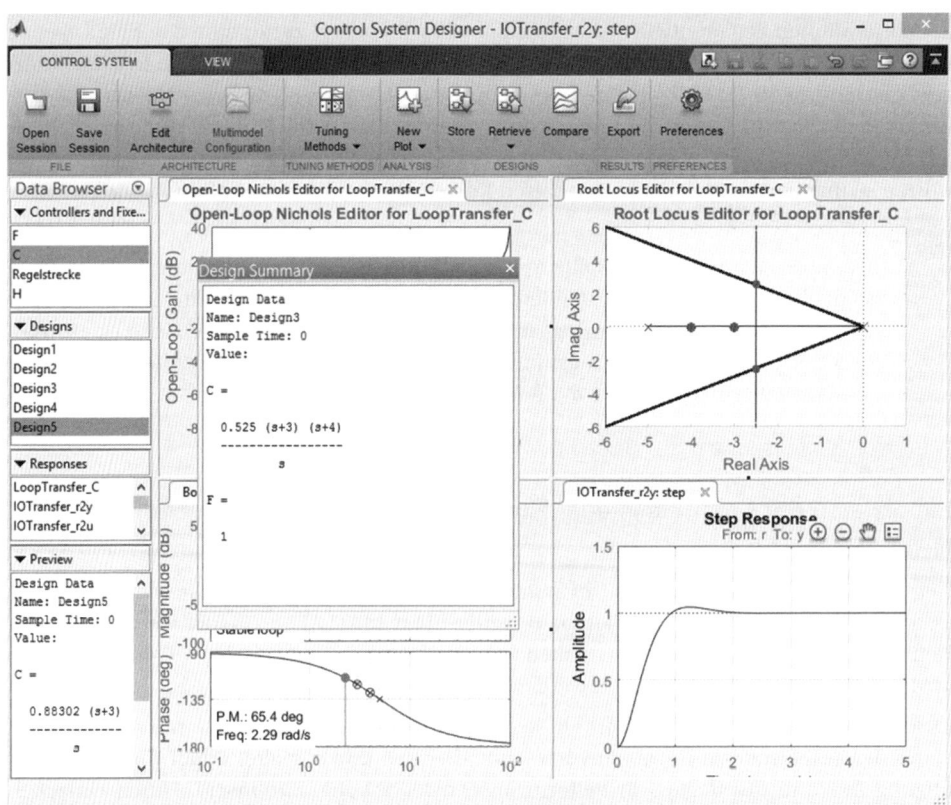

Bild 7.48 Wiederherstellen von gespeicherten Reglerentwürfen mithilfe von „Retrieve". Im Fenster „Design Summary" ist die Übertragungsfunktion des Reglers zu sehen, der unter „Design3" abgespeichert ist. Im „Preview"-Kasten, unten links, sind die Reglerdaten des PI-Reglers aus „Design5" abzulesen

```
>> C_Design3
    C_Design3 =
    0.525 (s+3) (s+4)
    -----------------
            s
    Name: Regler
    Continuous-time zero/pole/gain model
>> C_Design4
    C_Design4 =
    1.4571 (s+3) (s+4)
    ------------------
            s
    Name: Regler
    Continuous-time zero/pole/gain model
```

7.5 Einfacher Reglerentwurf mit MATLAB

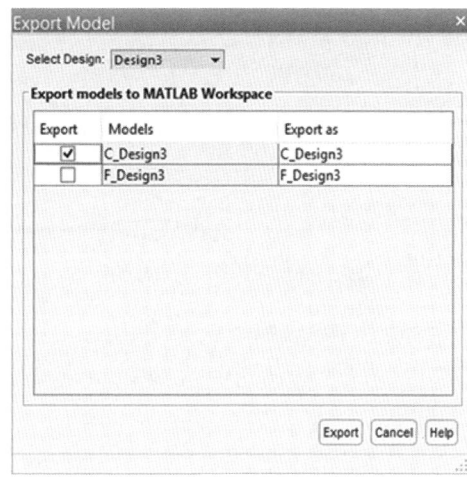

Bild 7.49 Fenster „*Export Model*" zum Exportieren von Reglerdaten auf die MATLAB-Oberfläche. Links die Daten, die vom aktuellen Reglerentwurf exportierbar sind, rechts die Reglerdaten, die in „*Design3*" gespeichert sind. Die Daten des aktuellen Reglerentwurfs enthalten unter anderem auch Zustandsraummodelle („State-space models"), die sich auf verschiedene Einfluss- bzw. Störgrößen beziehen, wie sie in Bild 7.39 eingezeichnet sind. IOTransfer_r2y beschreibt dabei den Zweig von der Eingangsgröße r zur Ausgangsgröße y, IOTransfer_du2y den Zweig von der Störgröße du zur Ausgangsgröße y. Für den einfachen Reglerentwurf ist jedoch zunächst nur der Export des Reglers interessant.

```
>> C_Design5
      C_Design5 =
      0.88302 (s+3)
      -------------
            s
      Name: Regler
      Continuous-time zero/pole/gain model
>> Regelstrecke
      Regelstrecke =
                24
      ------------------------
      s^3 + 12 s^2 + 47 s + 60
      Name: Regelstrecke
      Continuous-time transfer function
```

Um die Führungssprungantworten unter MATLAB darstellen zu können, siehe Bild 7.50, müssen die Regler jeweils mit der Regelstrecke zur Übertragungsfunktion des offenen Regelkreises multipliziert werden. Anschließend ist es notwendig, mit feedback die Führungsübertragungsfunktionen der geschlossenen Regelkreise zu berechnen.

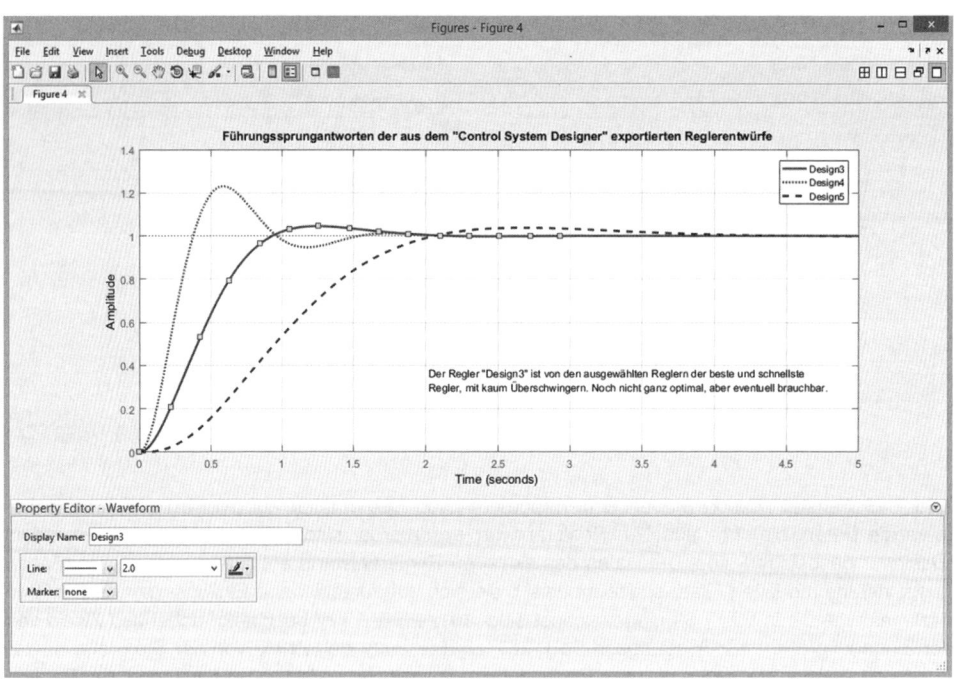

Bild 7.50 Führungssprungantworten der aus dem „Control System Designer" exportierten Reglerentwürfe. Mithilfe des „Property Editor" können die Kurven beliebig formatiert werden und auch das Einfügen von Textboxen mit Kommentaren ist möglich

```
>> Gw_Design3=feedback(Regelstrecke*C_Design3,1);
>> Gw_Design4=feedback(Regelstrecke*C_Design4,1);
>> Gw_Design5=feedback(Regelstrecke*C_Design5,1);
>> step(Gw_Design3,Gw_Design4,Gw_Design5),grid
>> legend('Design3','Design4','Design5')
>> title('Führungssprungantworten der aus dem "Control System Designer"
       exportierten Reglerentwürfe')
```

7.5.3.5 „Automated Tuning" – Automatisierte Regleroptimierung anhand vorgegebener Parameter

Zu den automatisierten „Tuning"-Methoden für den Reglerentwurf gehören die Folgenden, siehe auch Bild 7.38, untere Hälfte:

- PID Tuning,
- Optimization Based Tuning,
- LQG Synthesis,
- Loop Shaping und
- Internal Model Control (IMC) Tuning.

7.5 Einfacher Reglerentwurf mit MATLAB

In diesem Abschnitt wird ausschließlich auf das „*PID Tuning*" eingegangen, da hier der PID-Regler anhand einfacher Parameter in Bezug auf Schnelligkeit, Leistungsfähigkeit und Robustheit am einfachsten optimiert werden kann.

Die anderen „*Tuning*"-Methoden benötigen zum Teil andere MATLAB Toolboxen, die eventuell auch nicht immer zur Verfügung stehen. Das „*Optimization Based Tuning*" benötigt z. B. die *Simulink Design Optimization* Software und das *Loop Shaping* die *Robust Control Toolbox* Software. In der MATLAB „*Documentation*" wird im Kapitel „*Design Compensator Using Automated Tuning Methods*" auf alle Optimierungsmethoden ausführlich eingegangen, darum wird hier der Fokus nur auf die klassische Methode des „PID Tunings" eingegangen.

Beispiel 7.22 Reglerentwurf mithilfe des „*Automated Tuning*" im „*Control System Designer*": *PID-Tuning*

Die Regleroptimierung wird an dem bereits bekannten Beispiel durchgeführt. Dazu wurde in den „*Control System Designer*" die bereits bekannte Regelstrecke Gs und der bekannte PID-Regler Gr_PID importiert:

```
>> Gs
      Gs =
                  24
            -----------------------
            s^3 + 12 s^2 + 47 s + 60
      Continuous-time transfer function
>> Gr_PID=tf(conv([1 4],[1 3]),[1 0])
      Gr_PID =
            s^2 + 7 s + 12
            --------------
                  s
      Continuous-time transfer function
```

Die Diagramme, die in den Grafikfenstern des „*Control System Designer*" angezeigt werden, sind bereits aus Bild 7.41 bekannt.

Sobald unter „*Tuning Methods*" in der unteren Hälfte bei „*Automated Tuning*" „*PID Tuning*" ausgewählt wird, öffnet sich ein separates Fenster zum Eingeben der gewünschten Parameter, siehe Bild 7.51.

Bei „*Specifications*" kann zuerst die „*Tuning Method*" ausgewählt werden. Hier empfiehlt sich für den einfachen Reglerentwurf eine Optimierung anhand Robustheit und Reaktionszeit des Reglers, d. h. „*Robust response time*". Die Alternative ist „*Classical Design Formulas*", z. B. Ziegler-Nichols Frequenzantwort oder der Reglerentwurf nach Chien-Hrones-Reswick. Um diese richtig anzuwenden, empfiehlt es sich, die MATLAB „*Documentation*" zu Hilfe zu nehmen.

Nach Auswahl von „*Robust response time*" kann die Art des Reglers eingestellt werden: P-, I-, PI-, PD- oder PID-Regler. Je nach Art der Regelstrecke ist der eine oder andere Regler empfehlenswert. Die Reglerauswahl gestaltet sich so einfach, dass jederzeit der eine oder andere Regler versuchsweise getestet werden kann. In der Führungssprungantwort des „*Control System Designer*" ist das Ergebnis nach Mausklick auf „*Update Compensator*" sofort sichtbar.

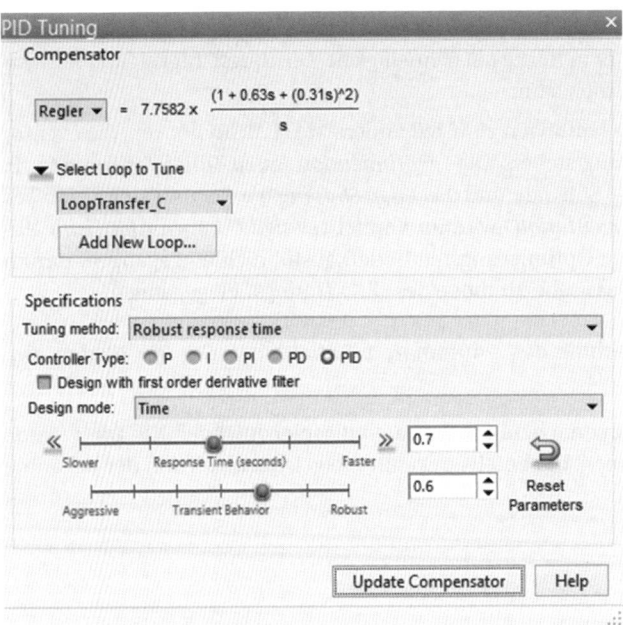

Bild 7.51 Fenster „*PID Tuning*" zum Einstellen verschiedener Parameter

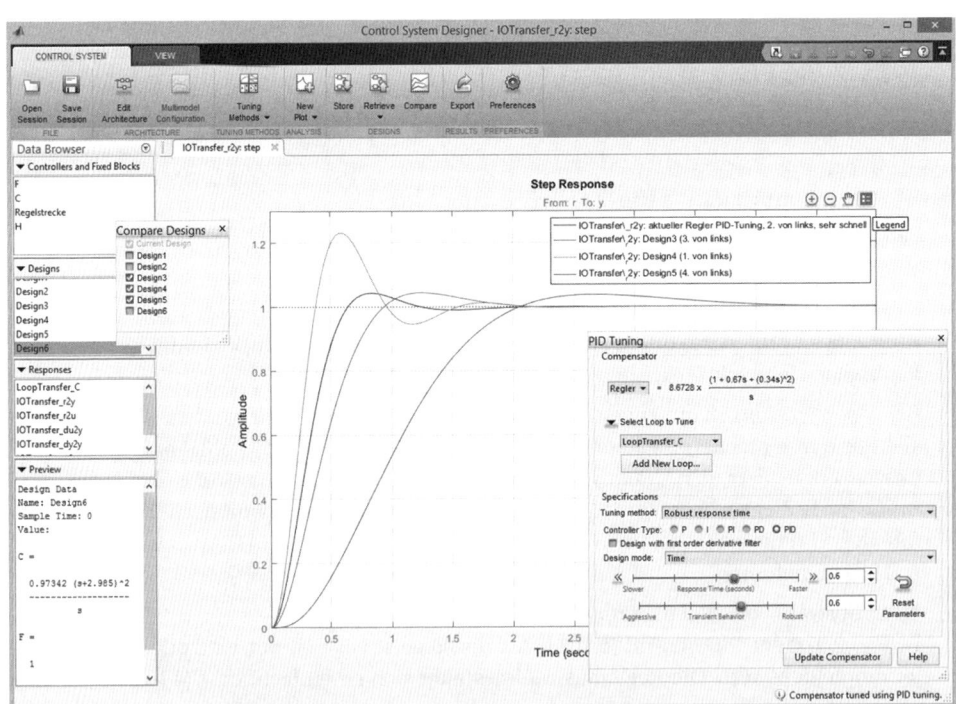

Bild 7.52 Ergebnisse der Regleroptimierung im Vergleich: Die in Abschnitt 7.5.3.4 gespeicherten Reglerentwürfe „*Design3*", „*Design4*" und „*Design5*" schneiden im Vergleich zu dem aktuellen Regler, der mithilfe von *PID Tuning* optimiert wurde, relativ schlecht ab.

Anschließend kann als „*Design mode*" entweder „*Frequency*" oder „*Time*" gewählt werden. Unter „*Frequency*" kann die Bandbreite („*Bandwidth*") und der gewünschte Phasenrand („*Phase Margin*") mithilfe eines Schiebereglers ausgewählt werden. Unter „*Time*" stehen Schieberegler zur Reaktionszeit („*Response Time*") und zur Robustheit („*Transient Behavior*") für die Anpassung des Reglers zur Verfügung.

Für den optimalen Regler müssen die Schieberegler nun so eingestellt werden, dass die Führungssprungantwort nach „*Update Compensator*" ein möglichst optimales Ergebnis zeigt. Sicherheitshalber empfiehlt es sich, bei vermeintlich guten Ergebnissen den Reglerentwurf mit „*Store*" zu sichern. Die Ergebnisse können dann zum Beispiel mit den Ergebnissen der grafischen Regleroptimierung verglichen werden, siehe Bild 7.52.

■

Selbstverständlich kann auch der auf diese Methode ermittelte Regler wie in Abschnitt 7.5.3.4 auf beschriebene Weise auf die MATLAB-Oberfläche exportiert werden.

 Da der „*Control System Designer*" ein Werkzeug mit vielen Möglichkeiten zum Reglerentwurf darstellt, werden hier nur einige der wichtigsten Funktionen beschrieben, die auch mit Grundlagenwissen der Regelungstechnik erfolgreich angewandt werden können. In der MATLAB „*Documentation*" wird der „*Control System Designer*" und seine Optionen ausführlicher beschrieben, als das hier möglich ist.

8 Einführung in die SIMULINK-Toolbox

SIMULINK ist eine spezielle – und wahrscheinlich die bekannteste – Toolbox von MATLAB, mit der Systeme, Schaltkreise oder das Verhalten von Regelkreisen simuliert werden können. Mit SIMULINK ist eine grafische Zusammenstellung von Modellen aus vorgefertigten oder selbst zu definierenden Blöcken, die aus MATLAB-Programmen bestehen, möglich.

Simulationen zu den verschiedensten Themenbereichen sind mit SIMULINK sehr einfach zu realisieren und darzustellen.

■ 8.1 Erste Schritte in SIMULINK

Der Aufruf von SIMULINK erfolgt auf der MATLAB-Oberfläche durch Eingabe von

```
>> simulink
```

Danach öffnet sich ein separates Fenster mit einer grafischen Oberfläche, der *„Simulink Start Page"*, wie in Bild 8.1 zu sehen, mit einer Übersicht über verfügbare Templates (Vorlagen) zu verschiedenen Themen, die mit SIMULINK verwirklicht werden können. Klickt man mit der Maus auf den Namen im grauen Feld am unteren Rand einer Vorlage, öffnet sich ein Hilfetext mit einer kurzen Erläuterung zu der Vorlage, siehe Bild 8.2.

Die Vorlage kann geöffnet werden durch Klicken in die Grafik oder durch Klicken auf das Feld *„Create Model"*. Ein typisches SIMULINK-Arbeitsblatt öffnet sich und in dem vorbereiteten Modell eines Feedback Controllers ist ein Regelkreis mit Regler u (*„Controller"*) und Regelstrecke (*„Plant"*) zu erkennen, siehe Bild 8.3.

Klickt man doppelt mit der Maus auf den *„Controller"*-Block, öffnet sich das darunterliegende Modell des PID-Controllers, ein *„Subsystem"*, siehe Bild 8.4. Durch Klicken auf *„untitled"*, den aktuellen Namen des SIMULINK-Arbeitsblatts bzw. SIMULINK *Models*, kommt man wieder eine Ebene höher zurück in den Regelkreis.

SIMULINK-Schaltungen, vor allem komplexere Schaltungen, bestehen häufig aus ineinander verschachtelten Systemen und Untersystemen (*„Subsystems"*), ähnlich eines Programms mit Unterprogrammen. Eine in sich abgeschlossene Simulation kann durch einen aufrufenden Block in einer übergeordneten Simulation eingebettet sein. Dadurch kann eine Simulation aus über- oder untergeordneten Systemen (engl. parent/subsystems) bestehen. Der Einsatz von Subsystems oder untergeordneten Systemen ist sinnvoll, um eine Simulation übersichtlich zu halten.

Durch weiteren Doppelklick mit der Maus auf den *„PID Controller"*-Block wird ein separates Fenster mit den Parametern zur Bestimmung des PID-Reglers geöffnet, siehe Bild 8.5.

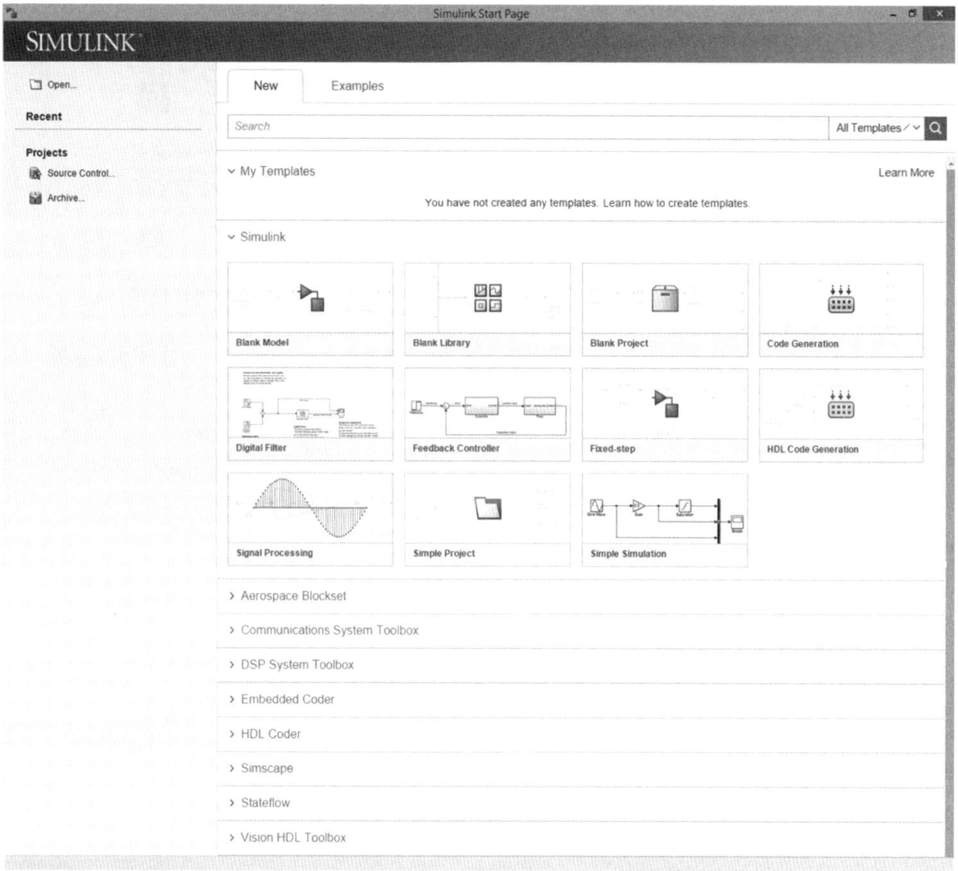

8.1 Erste Schritte in SIMULINK

Bild 8.1 *Simulink Start Page* mit der Auflistung verfügbarer Vorlagen und Toolboxen, für die weitere SIMULINK-Vorlagen zur Verfügung stehen

 Dies sollte nur einen kleinen Einblick in die Möglichkeiten von SIMULINK sowie die Struktur von SIMULINK-Schaltungen geben. Für den Einstieg in SIMULINK empfiehlt sich der schrittweise Aufbau einer einfachen Simulation auf Basis des *„Blank Model"*, d. h. eines leeren SIMULINK-Arbeitsblatts, wie es im Folgenden an einem einfachen Beispiel vorgeführt wird.

Beispiel 8.1 Einfache SIMULINK-Schaltung

Auf der *„Simulink Start Page"* wird durch Mausklick auf *„Blank Model"* ein leeres SIMULINK-Arbeitsblatt geöffnet. Ist bereits eine andere SIMULINK-Schaltung geöffnet, kann über die Menüleiste mit *„File"* → *„New"* → *„Blank Model"* ein neues Fenster mit einem leeren Arbeitsblatt geöffnet werden. In diesem Arbeitsblatt kann nun eine Simulation aus einer Vielzahl von verfügbaren Funktions-, Mathematik-, Anzeigeblöcken etc. mit nur wenigen Mausklicks zusammengestellt werden.

254 8 Einführung in die SIMULINK-Toolbox

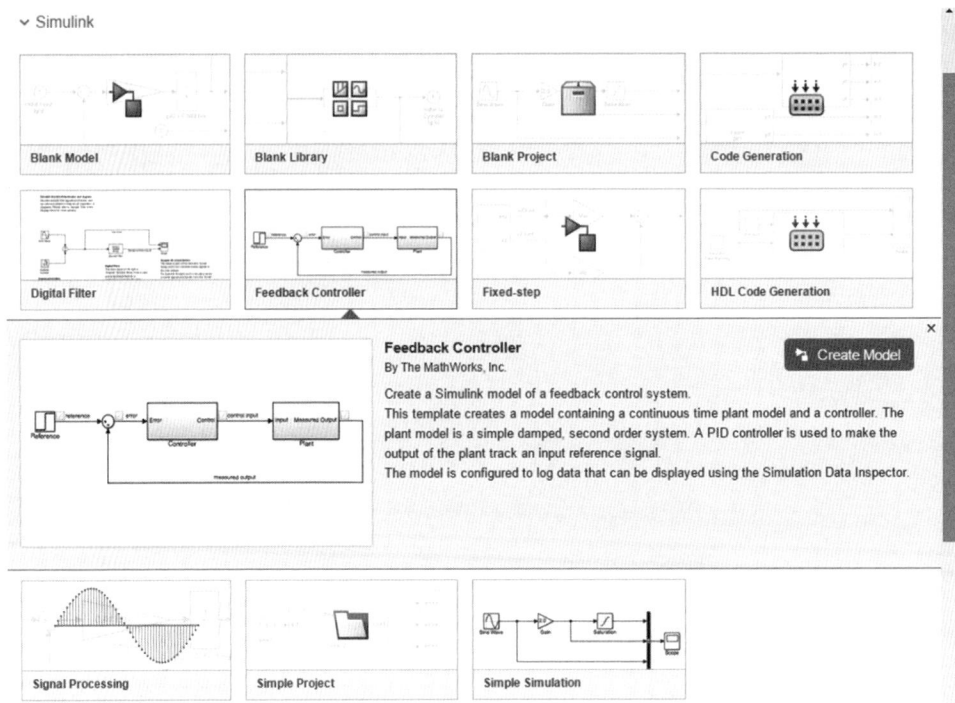

Bild 8.2 *Simulink Start Page* mit Erläuterungen zu der Vorlage „Feedback Controller" nachdem mit der Maus auf den Namen in dem grauen Feld am unteren Rand geklickt wurde

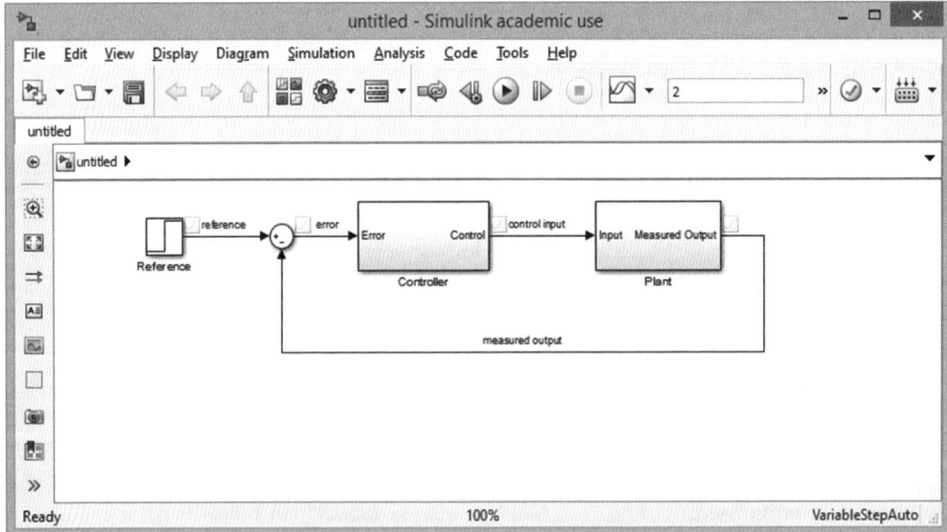

Bild 8.3 *„Feedback Controller"*, ein vorbereitetes SIMULINK-Modell eines Regelkreises, das weiterbearbeitet und an die eigenen Vorstellungen angepasst werden kann

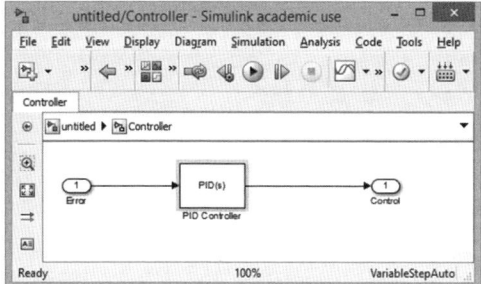

Bild 8.4 Unter dem Block „*Controller*", findet sich ein „*Subsystem*" mit PID-Controller

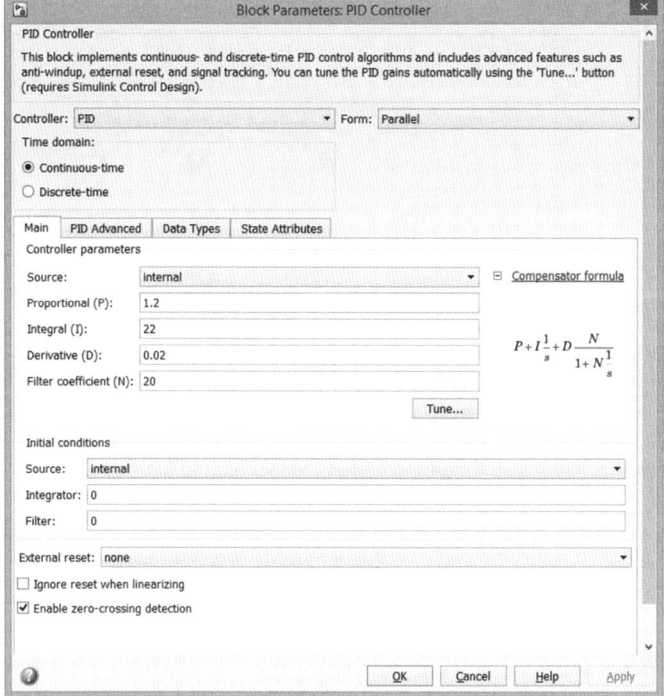

Bild 8.5 Fenster „*Block Parameters: PID-Controller*" zum Einstellen der Parameter, mit denen der PID-Regler definiert wird. Die Optionen zum Einstellen sind vielfältig und für den Einsteiger empfiehlt sich sicherlich der Mausklick auf den „*Help*"-Button rechts unten, um einen Überblick zu bekommen

 Über „*File*" → „*New*" → „*Model*" kommt man aus einer SIMULINK-Schaltung wieder zurück auf die „*Simulink Start Page*".

Eines der wichtigsten Werkzeuge bei der Erstellung einer SIMULINK-Schaltung ist der „*Library Browser*", der über die Menüleiste mit „*View*" → „*Library Browser*" oder über das entsprechende Icon in der darunterliegenden Titelleiste geöffnet werden kann, siehe Bild 8.6.

Der „*SIMULINK Library Browser*" enthält eine Menüleiste und Icons für die unterschiedlichen Blockbibliotheken, siehe Bild 8.7. Die wichtigsten Blöcke, wie z. B. die für die Rege-

8 Einführung in die SIMULINK-Toolbox

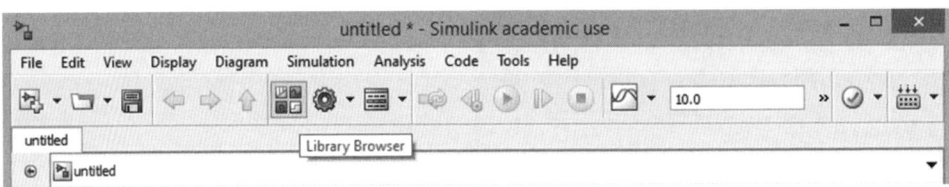

Bild 8.6 Icon in der Titelleiste eines SIMULINK *Model* zum Öffnen des „*Library Browser*". Alternativ kann der „*Library Browser*" über die Titelleiste mit „*View*" → „*Library Browser*" geöffnet werden

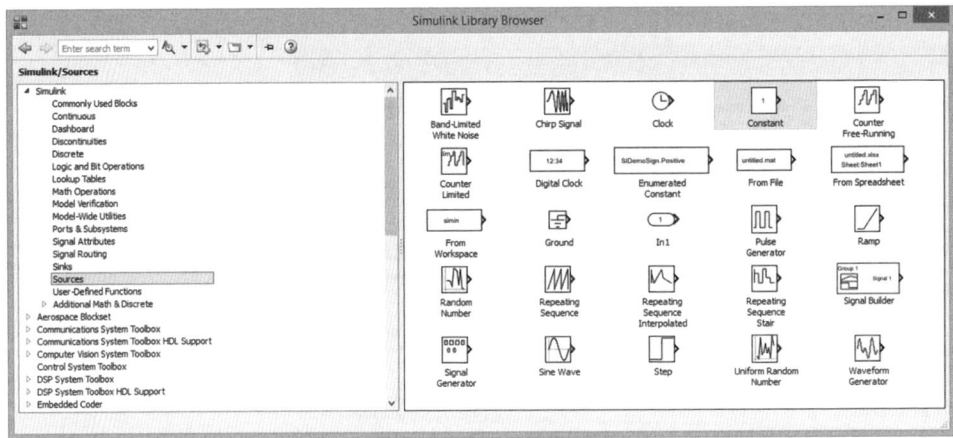

Bild 8.7 „*Library Browser*": Auf der linken Seite die Menüleiste mit einer kleinen Auswahl an Kategorien bzw. Toolboxen, für die es SIMULINK-Blöcke gibt; auf der rechten Seite die Blöcke, die in der ausgewählten Kategorie „Sources" (Quellen, also Eingangsgrößen) zur Verfügung stehen

lungstechnik relevanten Kategorien „*Simulink*", „*Control System Toolbox*" und „*Simulink Extras*", werden in Abschn. 8.4 beschrieben.

Durch Doppelklicken auf den gewünschten Block öffnet sich ein separates Fenster, das eine kurze Beschreibung des Blocks wiedergibt, vor allem aber die einstellbaren Parameter anzeigt.

Durch Ziehen mit der gedrückten linken Maustaste können die einzelnen Blöcke in das Arbeitsblatt eingefügt werden. Sobald der Block auf dem Arbeitsblatt platziert wurde, wird in einem farbigen Feld einer der Parameter des Blocks abgefragt, z. B. bei einer konstanten Eingangsgröße der Wert der Konstante, siehe Bild 8.8. Wird kein Wert eingegeben, bzw. wird ein weiterer Block hinzugefügt, verschwindet die Parameterabfrage wieder.

Durch Doppelklicken auf den Block können die Parameter des Blocks ebenfalls eingestellt und verändert werden, siehe Bild 8.9. Ein Block kann auch hinzugefügt werden, indem nach dem Namen gesucht wird, z. B. durch Eingeben der ersten Buchstaben des gewünschten Blocks. Allerdings sollte man in diesem Fall wissen, wie der Block heißt.

Im Beispiel wurden folgende Blöcke in das Arbeitsblatt eingefügt, die meisten über den Namen des Blocks:

---

[1] Die SIMULINK-Simulationen aus diesem Kapitel sind ebenfalls auf der Webseite der Autorin unter *www.angelikabosl.de/Matlab* zu finden.

8.1 Erste Schritte in SIMULINK

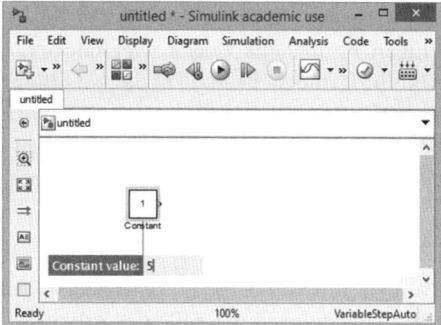

Bild 8.8 Beim Einfügen eines Blocks erscheint kurz danach eine Abfrage nach einem der einstellbaren Parameter dieses Blocks

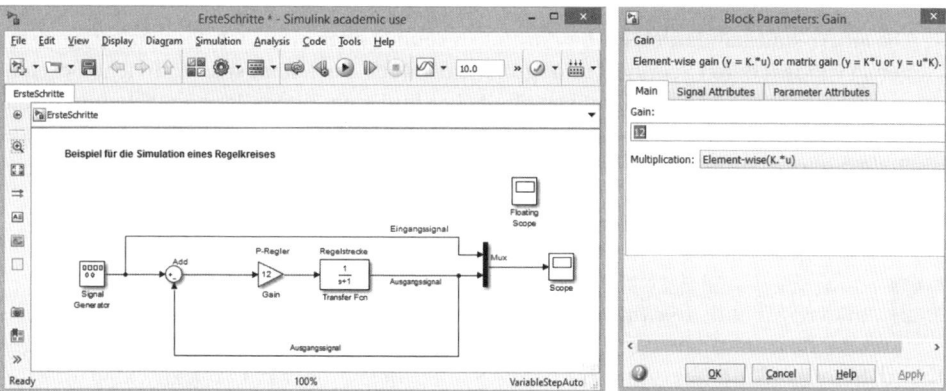

Bild 8.9 Erste Schritte zum Erstellen einer SIMULINK-Simulation. Nach Doppelklicken auf einen eingefügten Block, z. B. den P-Regler (bezeichnet mit „*Gain*"), werden die Kurzbeschreibung und die einstellbaren Parameter angezeigt[1]

- *Signal Generator*, ein Funktionsgenerator, unter *Simulink/Sources*,
- *Sum*, ein Summenblock zum Addieren bzw. Subtrahieren verschiedener Eingangssignale, unter *Simulink/Math Operations*,
- *Gain*, ein Verstärkerblock, hier als P-Regler eingesetzt, mit dem die eingehenden Signale um den eingestellten Faktor multipliziert werden, ebenfalls unter *Simulink/Math Operations*,
- *Transfer Function*, ein Block mit dem eine Übertragungsfunktion definiert werden kann, über die Koeffizienten des Zähler- und Nennerpolynoms, unter *Simulink/Continuous*,
- *Mux*, zum Zusammenführen (aber nicht Addieren) mehrerer Signale, unter *Simulink/Signal Routing*,
- *Scope*, ein Oszilloskop zum Abbilden beider mit dem *Mux*-Block zusammengeführter Signale, unter *Simulink/Sinks*,
- *Floating Scope*, ein weiteres Oszilloskop, das aber nicht über Signalleitungen verbunden ist, sodass über den *Signal Selector* die angezeigten Signale ausgewählt werden müssen, ebenfalls unter *Simulinks/Sinks*.

Verbunden werden die Blöcke entweder über direkte Verbindungslinien mit der linken Maustaste vom jeweils markierten Ausgang zum markierten Eingang des nächsten Blocks oder über die rechte Maustaste, die ein Aneinandersetzen einzelner Verbindungslinien, z. B. zum Erzeugen von rechtwinkligen Verbindungen, ermöglicht. Liegen zwei Blöcke nebeneinander und gibt es eigentlich nur eine Verbindungsmöglichkeit, d. h. der eine Block hat nur einen Ausgang, der andere nur einen Eingang, kann mit Mausklick der eine Block markiert werden und dann bei gedrückter <Strg>-Taste auf den anderen Block geklickt werden, und die Verbindungslinie zwischen den beiden Blöcken wird automatisch gezogen.

Hilfslinien zeigen an, wenn Blöcke sich auf gleicher horizontaler oder vertikaler Position befinden, sodass eine akkurate Ausrichtung leicht möglich ist.

Das Arbeitsblatt kann in der Größe angepasst werden, indem die rechte untere Ecke des Fensters mit der gedrückten linken Maustaste auf die gewünschte Größe des Arbeitsbereichs gezogen wird.

Die Blöcke sind standardmäßig beschriftet, es können aber zusätzliche Beschriftungen eingefügt werden, deren Schriftart und -größe individuell einstellbar sind. Hilfreiche Bezeichnungen können eine Simulation verständlicher für jeden Interessierten machen und sollten deshalb nicht zu sparsam eingesetzt werden. Auch längere Texte mit Erläuterungen zur Bedienung der Simulation sind möglich.

In der MATLAB „*Documentation*" findet sich im Kapitel „*Simulink*" ein sehr hilfreicher Abschnitt namens „*Getting Started with Simulink*" und hier wiederum einige hilfreiche Tutorials, wie z. B. „*Create Simple Model*" oder der Link zu Video Tutorials, wie z. B. „*Getting Started With the Simulink Environment*". Auf der Internetseite von MathWorks finden sich noch weitere hilfreiche Video Tutorials, z. B. „*Introduction: What is Simulink?*" oder „*Constructing and Running a Simple Model*", die den Einstieg in SIMULINK ebenfalls erleichtern können.[2]

8.2 Wichtige Funktionen in der Menüleiste einer SIMULINK-Simulation

Die meisten Funktionen in der Menüleiste einer SIMULINK-Simulation, siehe Bild 8.10, entsprechen den Befehlen, die in früheren Kapiteln bereits beschrieben wurden, oder sind selbsterklärend. Einige „Spezialitäten" wollen aber doch erklärt werden.

---

[2] Zu finden unter: *https://de.mathworks.com/products/simulink.html*

8.2 Wichtige Funktionen in der Menüleiste einer SIMULINK-Simulation   259

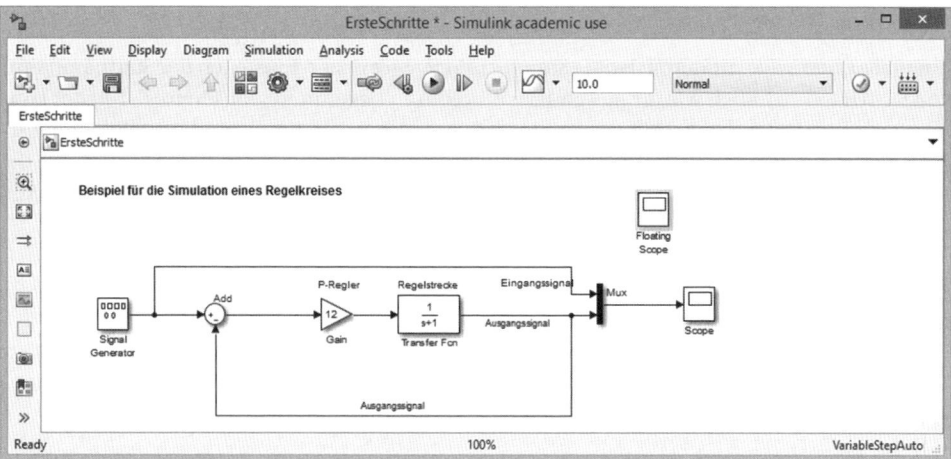

Bild 8.10 Menüleiste einer SIMULINK-Simulation. Der Stern (*) hinter dem Dateinamen zeigt an, dass die Datei seit den letzten Änderungen nicht wieder gespeichert wurde. Ein unauffälliger, aber hilfreicher Hinweis, mit der Maus auf das Diskettensymbol zu klicken, um die Datei zu speichern. In den neueren SIMULINK-Versionen gibt es nicht nur die Menüleiste oben, sondern auch eine Funktionsleiste an der linken Seite

8.2.1 Menüpunkt „File"

Speichern

Das Abspeichern der Simulation unter eigenem Dateinamen sollte natürlich nicht vergessen werden. Mit „*File*" → „*Save As...*" wird die Datei standardmäßig im eingestellten MATLAB-Homeverzeichnis abgespeichert und erhält die Endung .slx. In früheren Versionen wurde als Endung .mdl für „*model*" angefügt. Diese frühere Endung kann unter Dateityp immer noch ausgewählt werden. Der Dateiname muss die MATLAB-Konventionen für gültige Funktionsnamen einhalten und darf keine Leer- oder Sonderzeichen enthalten, sonst wird eine entsprechende Fehlermeldung angezeigt.

„*Model Properties*" – Eigenschaften der Simulation

Die „*Model Properties*", aufzurufen mit „*File*" → „*Model Properties*", sind deshalb interessant, weil bestimmte Parameter der Simulation voreingestellt werden können. Unter dem Punkt „*Callbacks*" des sich öffnenden Fensters können Funktionen definiert werden, die an einem bestimmten Zeitpunkt der Simulation gestartet werden sollen. Der Hilfetext unter „*Help*" gibt genaue Anweisungen, wie diese Funktionen eingefügt werden können.

Außerdem kann die Simulation, die Verwendung und das Endziel, genau beschrieben werden. Das Erstelldatum wird abgespeichert, ebenso der Zeitpunkt der letzten Änderung sowie eine Chronologie der letzten Änderungen.

„Simulink Preferences" – voreingestellte Parameter

Ebenfalls unter „*File*" finden sich die „*Simulink Preferences*" zum Einstellen der Startparameter von SIMULINK. Ähnlich wie die aus anderen Toolboxen bekannten „*Preferences*"-Fenster können auch für SIMULINK Schriftart, -größe und -farbe sowie andere Grundeinstellungen festgelegt werden. Interessant sind aber vor allem die Start- und Konfigurationsparameter, die die Simulation und einzelne Blöcke betreffen und unter der Überschrift „*Configuration Defaults*" eingegeben werden können.

 Über den Menüpunkt „*Model Configuration Parameters...*" des Menüs „*Simulation*" können die hier beschriebenen Parameter für jede Simulation speziell eingestellt werden. Bevorzugte Konfigurationen, die standardmäßig für jede Simulation geladen werden, sollten jedoch in den „*Preferences*" definiert werden.

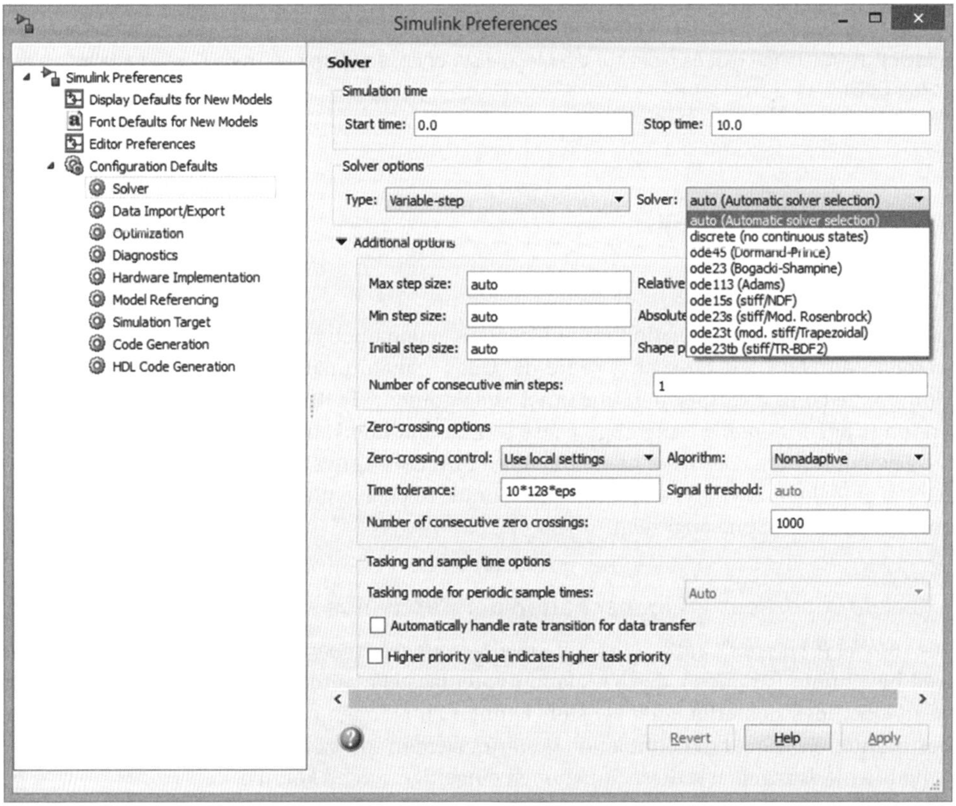

Bild 8.11 „*Simulink Preferences*", Unterkategorie „*Solver*", für die Start- und Endparameter einer Simulation sowie die Konfiguration der schrittweisen Abarbeitung der Simulation. Die Auswahl der „*Solver options*" ist relevant für das Ergebnis der Simulation

Solver

Unter den möglichen Einstellungen bei „*Preferences*" können die Parameter bei „*Solver*" das Ergebnis der Simulation erheblich beeinflussen, vor allem bei komplexeren Simulationen. Hier wird unter „Solver options" die Methode der Berechnung der Simulation festgelegt, siehe Bild 8.11.

Die voreingestellten Start- und Endzeiten spielen eine große Rolle für den Ablauf der Simulation. Normalerweise startet die Simulation bei 0, d. h., sobald auf den Startknopf geklickt wird, beginnt die Simulation abzulaufen. Unter bestimmten Voraussetzungen kann es wünschenswert sein, den Startzeitpunkt hinauszuzögern, indem bei „*Start time*" ein positiver Wert, Einheit in Sekunden, eingegeben wird.

Der Wert des Parameters „*Stop time*", nach dem die Simulation gestoppt wird, richtet sich nach der Art der Simulation. Wenn bei einer regelungstechnischen Simulation die Sprungantwort aufgenommen werden soll, können die voreingestellten 10 Sekunden bereits zuviel sein, um noch ein deutliches Ergebnis erkennen zu können. Bei der Simulation eines längerfristigen Verhaltens, z. B. der Entwicklung einer Motordrehzahl unter bestimmten Einflüssen, ist es ratsam die Stoppzeit auf quasi „unendlich" zu setzen, indem ein sehr großer Zahlenwert, z. B. 999999 eingegeben wird. Eine „unendlich" lang laufende Simulation kann trotzdem jederzeit manuell durch Mausklick gestoppt werden.

 Obwohl die Simulationszeiten in „Sekunden" angegeben werden, entspricht 1 Sekunde Simulationszeit nicht unbedingt 1 Sekunde Uhrzeit. Die Differenz ist abhängig von Rechnerleistung, Komplexität der Simulation und eingestellten Zeitschritten für die Berechnung der Simulation.

Die „*Solver Options*" definieren die Berechnungsmethode, nach der die Simulationsergebnisse berechnet werden. Bei einfachen Simulationen können die voreingestellten Werte, siehe Bild 8.11, beibehalten oder geändert werden, ohne dass sich die Ergebnisse merklich unterscheiden werden. Je komplexer die Simulation allerdings wird, desto größer ist der Unterschied zwischen den Berechnungsmethoden. Hauptunterscheidungsmerkmal für die Berechnungsarten ist der Typ der Schrittweite. SIMULINK unterscheidet zwischen „*fixed-step*" (feste Schrittweite) oder „*variable step*" (angepasste oder variable Schrittweite). Die feste Schrittweise kann manuell festgelegt werden (in Sekunden, siehe Hinweis oben) oder wird von SIMULINK im Falle der Einstellung „*auto*" automatisch gewählt. Eine große Schrittweite bedeutet einen schnelleren Durchlauf der Simulation, aber eine relativ grobe Auflösung des Ergebnisses und damit Ungenauigkeit. Wird die Schrittweite zu groß gewählt, kann es auch zu völlig unsinnigen Ergebnissen kommen, wie in Beispiel 8.2 gezeigt wird. Je kleiner die Schrittweite, also je kürzer das Zeitintervall für die einzelnen Berechnungsschritte gewählt ist, desto besser ist das Ergebnis, aber umso länger dauert auch die Berechnung.

Beispiel 8.2 Beispiel für unterschiedliche Simulationsergebnisse bei unterschiedlichen Berechnungsvarianten anhand der Berechnung einer Sinuskurve

Die SIMULINK-Simulation in Bild 8.12 besteht aus einem linear ansteigenden Signal (*ramp*-Block) als Eingangssignal (Kategorie: *sources*), dem mathematischen Block „*Trigonometric Function*" (Kategorie: *math operations*), d. h. dem Block zur Berechnung des

8 Einführung in die SIMULINK-Toolbox

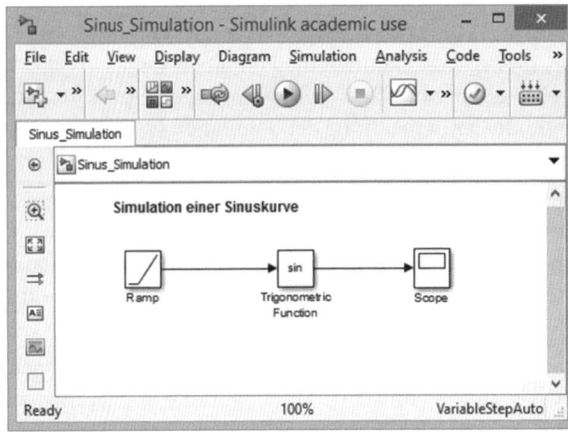

Bild 8.12 Simulation einer Sinuskurve mit SIMULINK

Sinuswertes, und einer Oszilloskopanzeige *scope* (Kategorie: *sinks*). Die standardmäßigen Einstellungen der Blöcke wurden nicht verändert, d. h., die Steigung (engl. *slope*) der Rampe bleibt 1.

In den Simulationsparametern (*Simulation* → *Model Configuration Parameters*) wird nun unter *Solver options* die Schrittweite auf „*fixed-step*" gesetzt und unter „*Additional options*" die Schrittweite (*fixed step size*) auf 0.1 festgelegt. Als Solver wird standardmäßig *ode3 (Bogacki-Shampine)* vorgegeben. Die Eingaben im „*Configuration Parameters*"-Fenster können mit „*Apply*" bestätigt werden und die Simulation kann gestartet werden, ohne dass das Fenster geschlossen werden muss. Somit ist es möglich, schnelle Änderungen an den *Model Configuration Parameters* vorzunehmen, ohne jedes Mal das Fenster erst öffnen zu müssen. Die Stoppzeit (*Stop time*) wird auf 10 gesetzt. Dann kann die Simulation gestartet werden („*Simulation*" → „*Run*" oder Mausklick auf ▶ in der Symbolleiste).

Das *Scope* kann durch doppelten Mausklick geöffnet werden und bleibt auch geöffnet. Wenn die berechnete Kurve nicht in das Fenster des Scopes passt, kann durch Klicken auf das Fernglas-Symbol die Darstellung, d. h. die Achsenbegrenzung von x- und y-Achse, automatisch angepasst werden.

■

Das Ergebnis von Beispiel 8.2 ist eine glatte Sinuskurve, siehe Bild 8.13, linke Seite. Wird jetzt die Schrittweite auf 0.5 heraufgesetzt, bekommt die glatte Form bereits Ecken, siehe Bild 8.13, Mitte. Bei einer Schrittweite von 1.0 ist der Sinus gerade noch zu erkennen, siehe Bild 8.13, rechte Seite. Bei 1.5 ist nur noch eine merkwürdige Dreiecksfunktion zu erkennen. Wird dagegen der Solver verändert, ändert sich bei dieser simplen Simulation nichts an den Ergebnissen. Bei den neueren MATLAB-Versionen ist es möglich, den „*Solver*" automatisch bestimmen zu lassen.

Im auto-Modus („*Automatic Solver Selection*") passt SIMULINK die Schrittweite während des Ablaufs an die Simulation an. Verändern sich die Zustände sehr schnell, wird die Schrittweite sehr klein gewählt, um eine hohe Genauigkeit zu erzielen. Sind die Zustandsänderungen aber sehr langsam, wird die Schrittweite relativ groß gewählt, um unnötige Rechenschritte zu vermeiden und damit Simulationszeit zu sparen. In der MATLAB „*Documentation*" werden im Abschnitt „*Use Auto Solver to Select a Solver*" unter → „*Simulink*" → „*Simulation*" → „*Confi-*

8.2 Wichtige Funktionen in der Menüleiste einer SIMULINK-Simulation

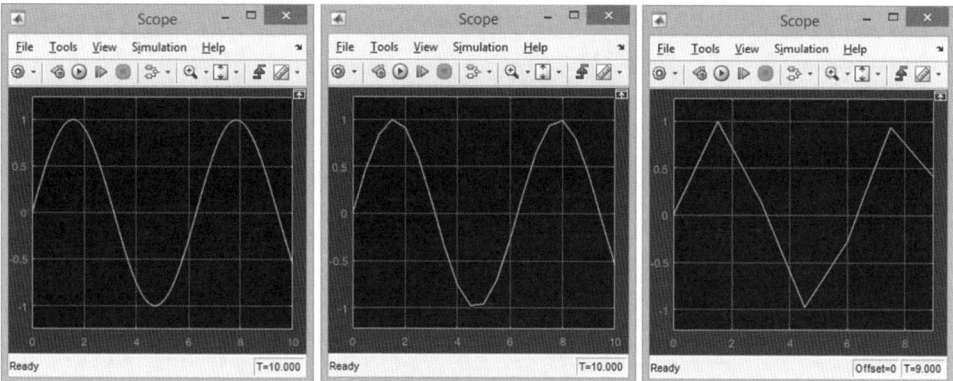

Bild 8.13 Ergebnisse der Sinusberechnung der SIMULINK-Simulation aus Bild 8.12 zur Demonstration unterschiedlicher Schrittweiten in der Einstellung von „*fixed-step*" unter *Solver options*

gure Simulation Conditions" die „*Auto Solver Heuristics*" beschrieben, nach denen SIMULINK den idealen Solver auswählt.

 Bei den SIMULINK-Beispielen in diesem Kapitel wurde die Standardeinstellung belassen. Das bedeutet, die Schrittweite wurde „variabel" oder angepasst gewählt und als *Solver*-Typ wurde „auto (Automatic solver selecton)" gewählt. Für die ersten Simulationsversuche werden diese Einstellungen im Normalfall gute Ergebnisse erzielen. Spezielle Probleme können jedoch spezielle Lösungen erfordern. Um in diesen Spezialfällen den richtigen „*Solver*", also Lösungsansatz zur Berechnung der Simulation, zu finden, hilft nur, die verschiedenen Kapitel der „*Documentation*"[3] zu diesem Thema zu studieren und eventuell auch die mathematische Fachliteratur zu Rate zu ziehen. Die Schaltfläche „*Help*" in jedem Fenster führt schnell zu den passenden Hilfeseiten.

Data Import/Export

Mit SIMULINK können Daten von der Simulation zum MATLAB-Workspace exportiert oder Daten von dort importiert werden. Die Grundeinstellungen, z. B. welche Daten importiert oder exportiert werden und unter welcher Bezeichnung, können in den „*Simulink Preferences*" im Fenster „*Data Import/Export*" festgelegt werden, siehe Bild 8.14.

Weitere Optionen unter „*Simulink Preferences*"

Im Fenster „*Optimization*" können Parameter für die Optimierung der Simulation und des Programmcodes, der hinter jeder Simulation steht, definiert werden[4].

---

[3] Unter → „*Simulink*" → „*Simulation*" → „*Configure Simulation Conditions*" → „*Concepts*" finden sich sehr ausführliche Kapitel, die sich nur mit „*Solvers*" und „*Choose a Solver*" etc. befassen.
[4] In Zusammenhang mit den beiden MATLAB-Toolboxen *Real-Time Workshop* und *Real-Time Workshop Embedded Coder* kann aus einer SIMULINK-Simulation Programmcode generiert werden, der z. B. als ausführbare Datei auf einem Echtzeitprozessor laufen kann.

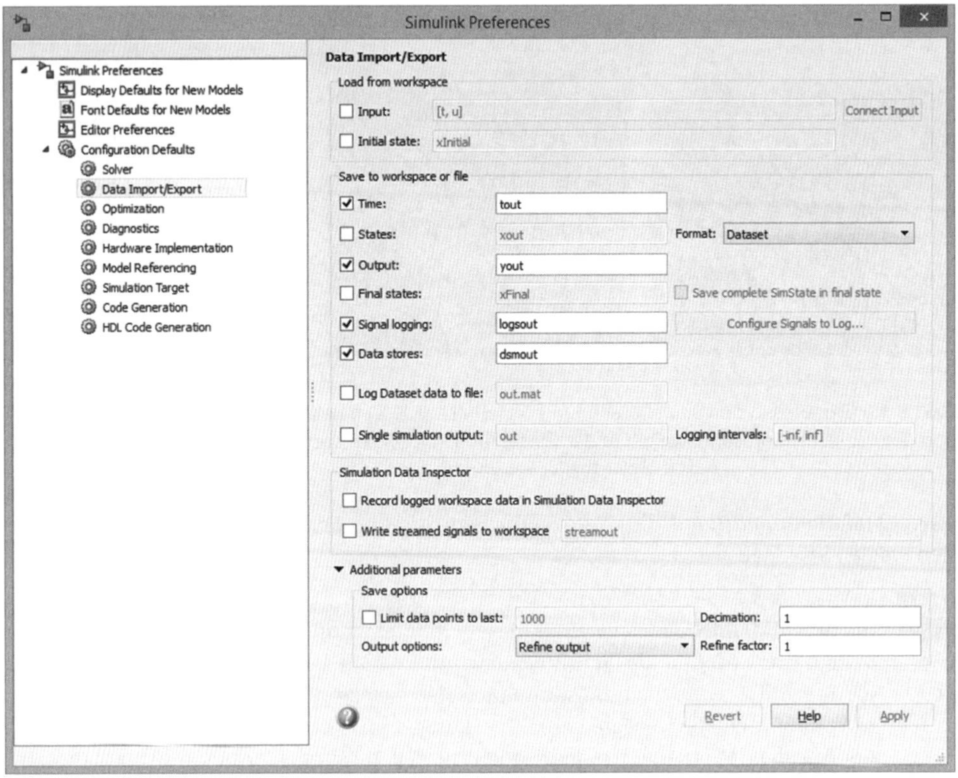

8 Einführung in die SIMULINK-Toolbox

Bild 8.14 „*Simulink Preferences*", Konfiguration der Daten, die durch die Simulation importiert oder exportiert werden können („*Data Import/Export*")

Unter „*Diagnostics*" wird festgelegt, welche Maßnahmen SIMULINK ergreift, wenn Unregelmäßigkeiten oder Fehler beim Ablauf der Simulation festgestellt werden. Je nach Vorgabe wird in einer aufgelisteten Situation entweder eine Warnmeldung („*warning*") ausgegeben, die Simulation bricht mit einer Fehlermeldung ab („*error*") oder es passiert nichts, d. h. die Simulation läuft kommentarlos weiter („*none*").

Die „*Diagnostics*"-Einstellungen sollten nur mit Bedacht geändert werden. Warnmeldungen in Fehlermeldungen mit Abbruchkriterium umzuwandeln, kann bedeuten, dass die Simulation häufiger abgebrochen wird als notwendig. Eine Fehlermeldung, die einen Abbruch der Simulation bedeutet, in eine einfache Warnung zu ändern, kann den Absturz von SIMULINK, von MATLAB oder sogar des Computers herbeiführen, wenn der Fehler zu gravierend und der Rechner zu alt ist. Deshalb ist Vorsicht bei diesen Parametern geboten!

Unter „*Hardware Implementation*" können Hardware-Eigenschaften des modellierten Systems festgelegt werden, einschließlich der Einstellungen für embedded und emulierter Hardware für Simulationen und Programmcode[5].

Mit den Einstellungen unter „*Model Referencing*" werden die Bedingungen festgelegt, um einerseits andere Simulationsmodelle in der aktuellen Simulation einzubinden und andererseits die aktuelle Simulation in andere Simulationen.

Bei „*Simulation Target*" können Parameter für Simulationen definiert werden, die spezielle MATLAB-Funktionen enthalten.

Bei den neueren MATLAB-Versionen sind noch die Einstellungen für die Erstellung von Code aus einer SIMULINK-Simulation hinzugekommen unter „*Code Generation*".

Die Option „*HDL Code Generation*" wird unter „*Preferences*" zwar aufgeführt, es werden aber (noch) keine generellen Einstellungen unterstützt, nur die für spezifische SIMULINK *Models*.

Drucken

Bei SIMULINK finden sich unter „*File*" verschiedene Möglichkeiten, die Simulation zu drucken, sodass die Unterschiede kurz erklärt werden sollten:

- „*Print...*"
  Der „normale" Druckbefehl zum Ausdrucken der Simulation. Die Arbeitsfläche wird so vergrößert oder verkleinert, dass die komplette Simulation auf ein Blatt Papier passt. Dies kann bei einer sehr komplexen, umfangreichen Simulation dazu führen, dass die einzelnen Blocks in Miniaturgröße dargestellt werden, sodass „*Enable Tiled Printing*" eventuell die bessere Lösung ist, siehe unten. Im Fall von größeren Simulationen, die aus über- und untergeordneten Systemen zusammengesetzt sind, kann unter „*Options*" ausgewählt werden, welche Teile oder ob alle Teile der Simulation gedruckt werden sollen.

- „*Print Details...*"
  Der ausführliche Druckbefehl druckt nicht nur die Simulation, mit oder ohne über- oder untergeordneten Systemen, sondern zusätzlich einen Bericht über den Aufbau der Simulation. Der komplette Bericht wird als HTML-Datei standardmäßig im aktuellen Verzeichnis abgespeichert und gleich nach Erzeugen im Standardbrowser dargestellt. Der Bericht enthält u. a. die Simulationsparameter, die Parameter der einzelnen Blöcke, Hinweise auf Schleifen (*loops*) und die Versionshistorie, siehe Bild 8.15.

- „*Print Setup...*"
  Mit „*Print Setup...*" werden die Druckoptionen, wie Drucker, Papierausrichtung oder -größe, festgelegt.

- „*Enable Tiled Printing*"
  Die Option „*Enable Tiled Printing*" kann an- oder abgewählt werden. Der gesetzte Haken bedeutet, dass die Simulation beim Ausdruck auf mehrere Seiten verteilt werden darf. Der Druck wird über den normalen „*Print...*"-Befehl gestartet. Unter „*Print Range*" kann die Anzahl der Seiten, auf die die Simulation verteilt wird, angegeben werden. Ist die Simulation so klein, dass sie auf ein Blatt Papier passt, ist ein Drucken auf mehrere Seiten nicht möglich.

---

[5] Dies betrifft wieder nur Echtzeitanwendungen und die MATLAB-Toolboxen *Real-Time Workshop* und *Real-Time Workshop Embedded Coder*.

266 8 Einführung in die SIMULINK-Toolbox

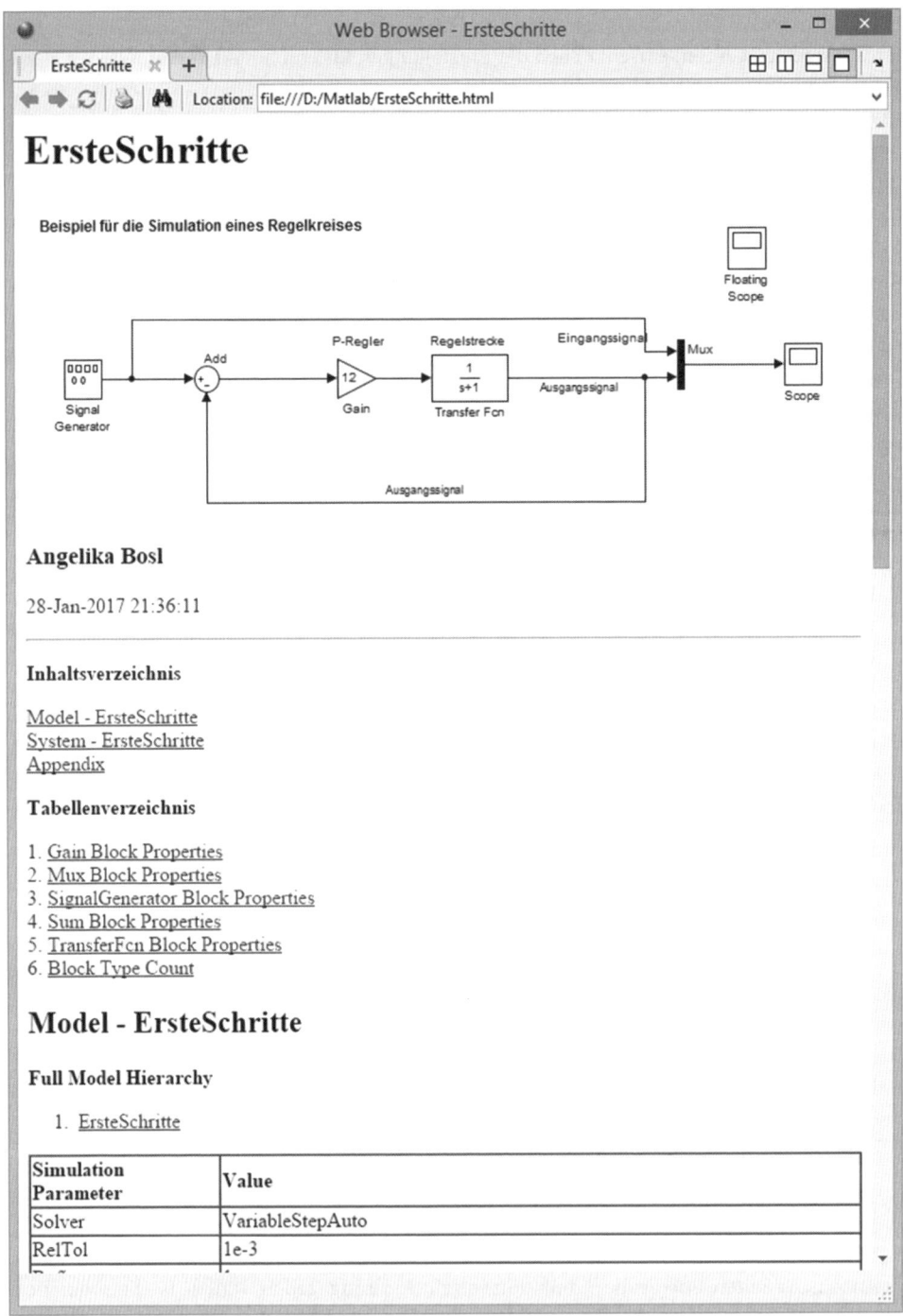

Bild 8.15 Ausschnitt aus dem Bericht, den SIMULINK mit dem Befehl „*Print Details*" erzeugt. Alle Informationen, die es zu der Simulation gibt, werden in dieser HTML-Datei gespeichert

8.2.2 Menüpunkt „Edit"

Unter „*Edit*" finden sich selbstverständlich die bekannten Funktionen zum Editieren, die in allen Toolboxen zur Verfügung stehen, wie Rückgängigmachen („*Undo*") oder Wiederherstellen („*Redo*"), Ausschneiden („*Cut*"), Kopieren („*Copy*"), Einfügen („*Paste*"), Alles auswählen („*Select All*"), Löschen („*Delete*") und Suchen („*Find*").

Mit „*Copy Model To Clipboard*" wird die komplette Simulation in den Zwischenspeicher kopiert und kann in anderen Programmen, z. B. auch in einer Textverarbeitung oder einem Grafikprogramm eingefügt werden.

Bus Editor

Mit dem „*Bus Editor*" können Bus-Objekte erzeugt, verschoben, geändert oder ineinander verschachtelt werden, oder von der MATLAB-Oberfläche bzw. einer MAT-Datei importiert oder dorthin exportiert werden. Der „*Bus Editor*" bietet also eine grafische Oberfläche für die Verwaltung von Bus-Objekten auf dem MATLAB-Workspace. Ein SIMULINK-Bus ist ein zusammengesetztes Signal, das eine spezifische hierarchische Struktur definiert. Ein Bus-Objekt, eine Instanz der Klasse *Simulink.Bus*, wird genutzt, um die Eigenschaften eines Bus-Signals zu spezifizieren.[6]

Für den Einstieg in SIMULINK ist der *Bus Editor* im Normalfall noch nicht notwendig.

Lookup Table Editor

Im SIMULINK *Library Browser* finden sich *Lookup Table*-Blöcke (*LUT*), die dazu dienen, mithilfe einer Wertetabelle Eingangswerten bestimmte Ausgangswerte zuzuordnen, indem eine mathematische Funktion angenähert wird. Mit dem „*Lookup-Table Editor*" können die Elemente der LUT betrachtet und ausgetauscht werden. Benutzerdefinierte LUT-Blöcke, die mit dem SIMULINK „*Mask Editor*" erstellt wurden, sind darin eingeschlossen, siehe Abschnitt 8.2.5. Mit dem *Lookup Table Editor* können Wertetabellen („*Lookup Tables*"), die mithilfe von „Lookup Table Block" in SIMULINK erzeugt wurden, bearbeitet werden.[7]

Auch in Bezug auf den *Lookup Table Editor* gilt, dass man sich für den Einstieg in SIMULINK noch nicht näher damit befassen braucht.

 Viele Optionen sind für den Einsteiger in SIMULINK noch nicht relevant. Deshalb werden einige der Befehle nur kurz beschrieben, um einen Anhaltspunkt zu geben, welche nahezu unbegrenzten Möglichkeiten sich bieten, sobald man tiefer in SIMULINK einsteigt.

---

[6] Mehr Informationen zu Bus-Objekten und ihre Verwendung in SIMULINK finden sich in der MATLAB „*Documentation*" unter „*Simulink*" → „*Component-Based Modeling*" → „*Model Architecture*" → „*Composite Signals*".

[7] Nähere Informationen zu „*Lookup Tables*" finden sich in der MATLAB „*Documentation*" unter „*Simulink*" → „Modeling" → „Block Libraries".

268 8 Einführung in die SIMULINK-Toolbox

8.2.3 Menüpunkt „View"

Unter „*View*" können verschiedene neue Fenster eingeblendet werden, die für die Bearbeitung von SIMULINK-Simulationen hilfreich oder notwendig sein können, siehe Bild 8.16.

Standardmäßig werden verschiedene *Toolbars* angezeigt („*Toolbars*", „*Status Bar*" und „*Explorer Bar*"). Bei Mausklick auf „*Configure Toolbars*" werden „Editor Preferences" im Fenster „Simulink Preferences" geöffnet, sodass die anzuzeigenden *Toolbars* bestimmt werden können. Allerdings ist es sinnvoll, die Standardeinstellung zu Beginn zu belassen, da die größtmögliche Auswahl an Optionen und Icons zum Bedienen von SIMULINK angezeigt wird.

Der „*Library Browser*", siehe Bild 8.13, wurde bereits in Beispiel 8.1 eingeblendet und kurz erläutert. Im „*Library Browser*" finden sich alle wichtigen Blöcke, die zum Aufbau einer SIMULINK-Schaltung verwendet werden können.

Der „*Model Explorer*" öffnet sich in einem eigenen Fenster, siehe Bild 8.17, und gibt eine Übersicht über alle Elemente und die Hierarchie einer SIMULINK-Simulation. Mit dem „*Model Explorer*" können Parameter von Blöcken verändert, Beschreibungen eingefügt oder Bezeichnungen eingesetzt werden, ohne dass direkt auf die einzelnen Blöcke der Simulation geklickt werden muss.[8] Bei komplexeren Simulationen ist die Möglichkeit, eine Simulation nach spezifischen Blöcken zu durchsuchen, hilfreich bei der Orientierung sowie der Fehlersuche.

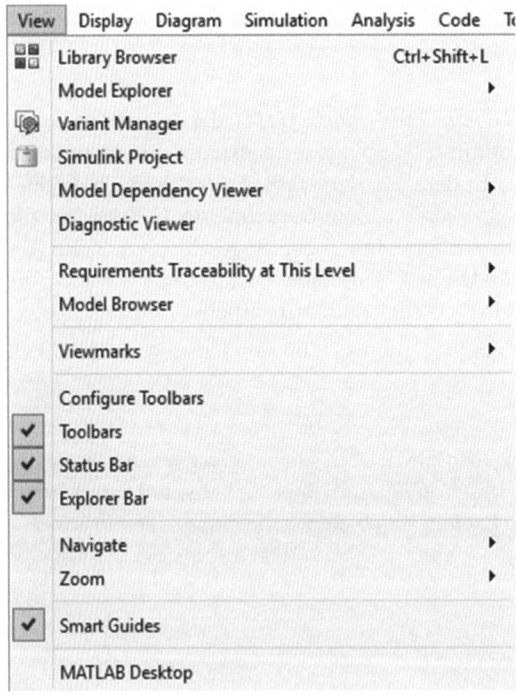

Bild 8.16 Mit dem Untermenü „*View*" können wichtige Fenster eingeblendet werden

---

[8] Nähere Informationen zum „*Model Explorer*" gibt es in der MATLAB „*Documentation*" unter „*Simulink*" → „*Component-Based Modeling*" → „*Project Management*" → „*Model Exploration*" → „*Model Explorer Overview*"

8.2 Wichtige Funktionen in der Menüleiste einer SIMULINK-Simulation

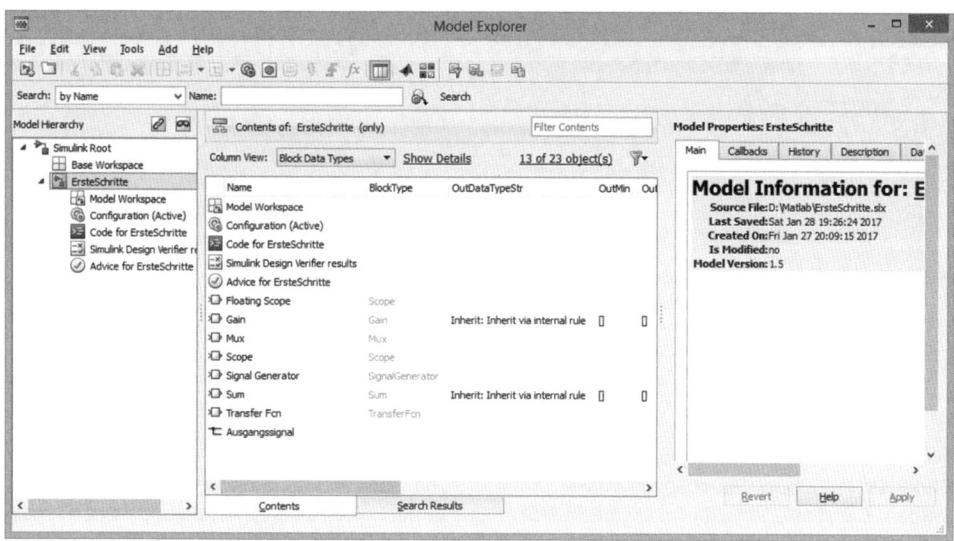

Bild 8.17 Der „*Model Explorer*" gibt eine Übersicht über alle Elemente einer SIMULINK-Simulation

Mit dem „*Variant Manager*" können unterschiedliche Varianten von SIMULINK-Schaltungen verwaltet werden. Verschiedene Konfigurationen werden in einem separaten Fenster angezeigt, neue Konfigurationen können definiert werden. In der MATLAB „*Documentation*" unter „*Simulink*" → „*Component-Based Modeling*" → „*Variant Systems*" wird näher auf die Möglichkeiten, die der „*Variant Manager*" bietet, eingegangen.

„*Simulink Project*" dient zum Verwalten unterschiedlicher SIMULINK-Schaltungen, unterschiedlicher Versionen und anderer Dateien, die in einem Projekt zusammengefasst werden können. In der MATLAB „*Documentation*" wird unter „*Simulink*" → „*Component-Based Modeling*" → „*Project Management*" ausführlich auf die Verwaltung größerer Projekte unter SIMULINK eingegangen.

Der „*Model Dependency Viewer*" ist Teil des „*Project Management*" unter SIMULINK und zeigt Abhängigkeiten von SIMULINK-Simulationen untereinander bzw. von Simulationen, die direkt oder indirekt referenziert werden, und wahlweise auch die Abhängigkeiten von Bibliotheken in einem separaten Fenster auf, siehe Bild 8.18.

Im „*Diagnostic Viewer*" werden erfolgreiche Simulationen inklusive der dafür benötigten Zeit, aber vor allem enthaltene Fehler in SIMULINK-Simulationen angezeigt und beschrieben, siehe Bild 8.19. Mit den Fehlern werden auch Vorschläge aufgelistet („*Suggested Actions*"), mit denen die Fehler behoben werden können[9].

---

[9] In der MATLAB „*Documentation*" wird unter „*Simulink*" → „*Simulation*" → „*Test and Debug Simulations*" im Abschnitt „*Diagnostics*" auf die systematische Diagnose von Fehlern und Warnungen eingegangen.

270   8 Einführung in die SIMULINK-Toolbox

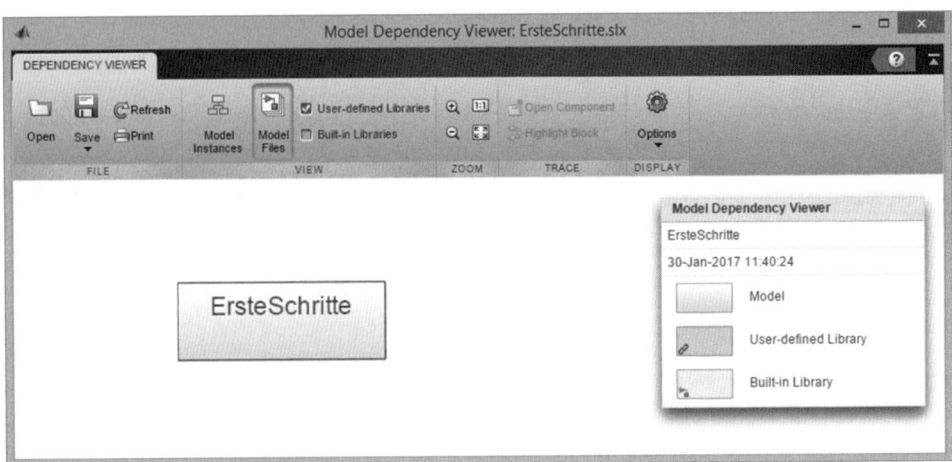

Bild 8.18 Im „*Model Dependency Viewer*" können Abhängigkeiten hierarchisch grafisch dargestellt werden. Die simple Beispielsimulation *ErsteSchritte.mdl* hat keine Abhängigkeiten und steht deshalb alleine da

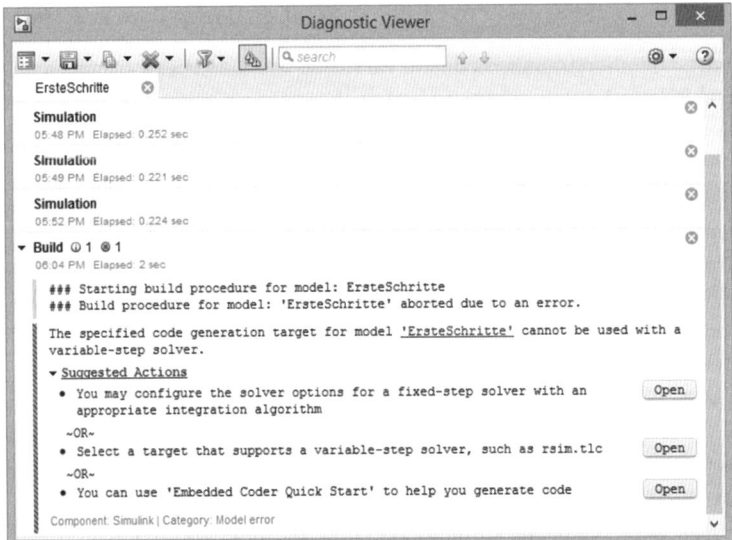

Bild 8.19 Im „*Diagnostic Viewer*" werden nicht nur erfolgreiche Simulationsdurchläufe, sondern vor allem Fehler angezeigt

Der „*Model Browser*" wird in einer Spalte auf der linken Seite der SIMULINK Schaltung eingeblendet. Optional können referenzierte *Models*, Verbindungen zu Block-Bibliotheken und Untersysteme mit verborgenen Parametern mit angezeigt werden. Der „*Model Browser*" erlaubt eine einfache Navigation durch die Hierarchien einer Simulation, indem die Blöcke und die unterschiedlichen Ebenen der Simulation aufgelistet werden. Die einzelnen Untersysteme („Subsystems") der Simulation können über den „*Model Browser*" geöffnet werden. Für komplexe Simulationen mit ineinander verschachtelten über- und untergeordneten Systemen ist dies eine hilfreiche Darstellung, um schnell und gezielt bestimmte Teile der Simulation öffnen und bearbeiten zu können.

Weitere Optionen

Mithilfe von „*Navigate*" kann mit „Back", „Forward" oder „Parent" innerhalb einer verschachtelten Simulation navigiert werden, um über- oder untergeordnete Systeme anzusteuern.

Unter „*Zoom*" kann die Ansicht des Simulationsfensters verändert werden, entweder durch Vergrößern („*Zoom In*"), Verkleinern („*Zoom Out*"), Normaldarstellung („*Normal View (100%)*") oder Anpassen der Simulation an die aktuelle Größe des Fensters („*Fit to View*").

Mit „*MATLAB Desktop*" wird zum MATLAB-Hauptprogramm gewechselt.

8.2.4 Menüpunkt „Display"

Interface

„*Interface*" ist eine relativ neue Funktion (seit R2014b) mit der es möglich ist, die Schnittstellen (eng. *Interfaces*), z. B. von Untersystemen deutlich farbig markiert hervorzuheben, siehe Bild 8.20, sodass es einfacher wird, in komplexeren Simulationen bestimmte Schnittstellen durch verschachtelte Untersysteme zu verfolgen.

Für den Einstieg sicherlich noch nicht notwendig, aber eine Funktion, von der man wissen sollte, dass es sie gibt.

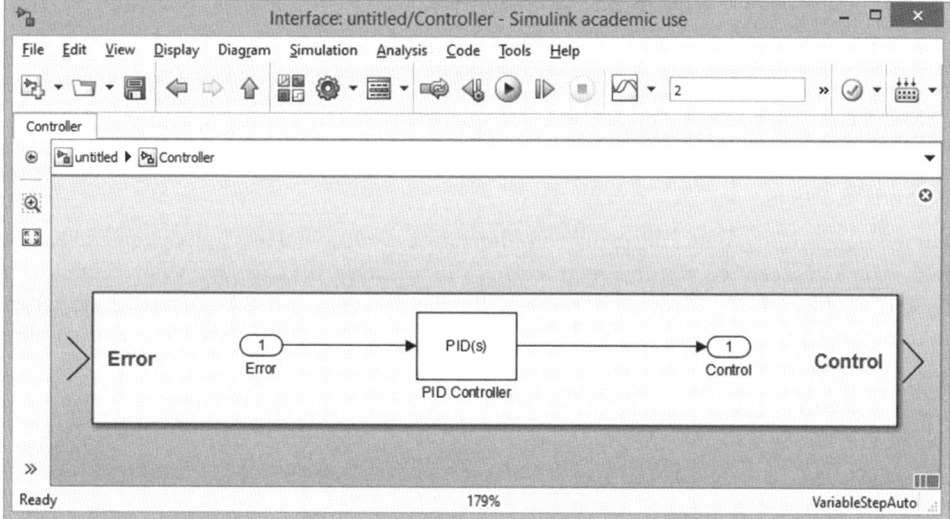

Bild 8.20 „Interface" ist aktiviert, die Ein- und Ausgangsgrößen des Blocks PID-Controller (aus der bereits bekannten SIMULINK Vorlage „*Feedback Controller*") sind deutlich und in blau markiert

Sample Time

In einer Simulation können unterschiedliche Abtastzeiten („*sample times*") vorkommen, die mithilfe von „*Sample Time*" mit unterschiedlichen Farben und/oder Kommentaren gekennzeichnet werden können, eine hilfreiche Funktion, vor allem, wenn es aufgrund von Problemen wegen unterschiedlicher Abtastzeiten zu Fehlern kommt.

Function Connectors

In SIMULINK können Funktionen von beliebiger Stelle einer Simulation von sogenannten „*Function Callers*" aufgerufen werden. Ist „*Function Connectors*" aktiviert, werden „*Function Caller*" mit den aufgerufenen Funktionen durch eine Linie miteinander verbunden. Dabei gilt, dass Verbindungslinien, die von der Unterseite in einen Blocks führen, zu einem „*Function Caller*" gehören, während die Verbbindungen, die von oben in einen Block führen zu einer Funktion oder einem „*Subsystem*" führen, das eine Funktion enthält. Auf diese Weise kann ermittelt werden, welche Funktion durch welchen „*Function Caller*" aufgerufen wird.[10]

Auch der „*Function Connector*" ist für den Einstieg sicherlich noch nicht notwendig, man sollte aber wissen, dass es diese Möglichkeit gibt.

Blocks

Über „*Blocks*" können verschiedene Informationen über die verwendeten Blöcke einer Simulation angezeigt werden:

- Fehler bei Ein-Oder Ausgängen von verwendeten Blöcken („*Block I/O Mismatch for Referenced Models*"),
- Versionsnummer eines Blocks,
- Reihenfolge, in der die Blöcke ausgeführt werden,
- Konditionen für die Ausführung von verschiedenen Varianten in „*Variant Systems*",
- „*Tool Tip Options*", wie Block Name, Parameterwerte oder Beschreibungen, sobald der Mauszeiger über den Block fährt, siehe Beispiel in Bild 8.21.

Signals & Ports

Für die Signalleitungen und die damit verbundenen Anschlüsse („*Ports*") gibt es ebenfalls eine Reihe von Eigenschaften, die angezeigt werden können, wie z. B. Datentypen von Anschlüssen (single, double, int8, int16, etc.) oder Anzahl der Signalkanäle (z. B. 2 Eingangssignale gehen in den Mux-Block, siehe Abschnitt 8.3, Tabelle 8.5, ein zweikanaliges Signal liegt am Ausgang an)[11], siehe Bild 8.21.

---

[10] In der MATLAB „*Documentation*" unter „*Simulink*" → „*Modeling*" → „*Design Models*" → „*Simulink Functions in Simulink Models*" werden Funktionen und „*Function Callers*" detaillierter beschrieben.

[11] Nähere Information zu den Signalleitungen sind in der MATLAB „*Documentation*" unter „*Simulink*" → „*Modeling*" → „*Configure Models*" → „*Signals*" → „*Display Signal Attributes*" zu finden.

8.2 Wichtige Funktionen in der Menüleiste einer SIMULINK-Simulation

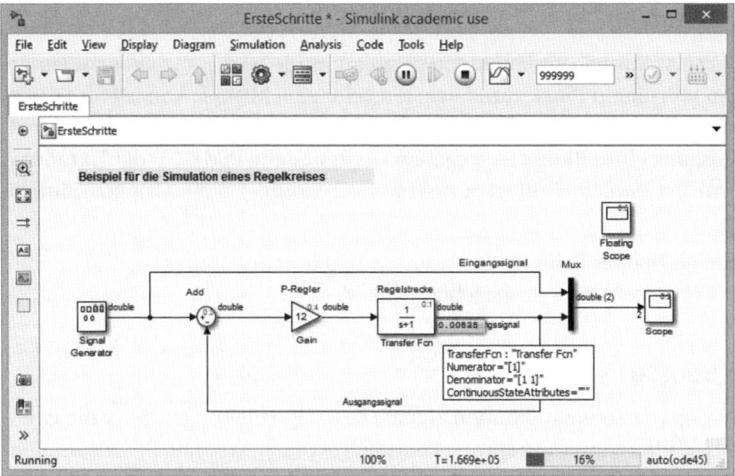

Bild 8.21 In der Beispielsimulation wurde bei „*Display*" → „*Signals & Ports*" → „*Signal Dimensions*" und „*Port Data Types*" jeweils der Haken gesetzt. Wenn bei „*Display*" → „*Blocks*" → „*Sorted Execution Order*" angewählt wird, erscheinen in der rechten oberen Ecke der Blöcke rote Zahlen, die allerdings auch in der Originalsimulation nur schwer zu lesen sind. Diese Ziffern im Format *s:z* geben die Reihenfolge an, in der die Blöcke ausgeführt werden, *s* steht dabei für das System, *z* für den Rang. Außerdem wurden alle „*Tool Tip Options*" aktiviert, sodass beim Überfahren mit dem Mauszeiger für den „*Transfer Function*"-Block alle Parameter und sonstigen Informationen angezeigt werden. Weiterhin wurde der momentane Wert am Ausgang des „*Transfer Function*"-Blocks ausgegeben, siehe „*Data Display in Simulation*"

Chart

Diese Funktion betrifft STATEFLOW Charts und die Verbindung zwischen SIMULINK und STATEFLOW. Da in diesem Kapitel nur auf den Einstieg in SIMULINK und SIMULINK-Simulationen eingegangen werden soll, wird diese Funktion nicht näher erläutert, ebenso wie die Funktion „*Stateflow Animation*", siehe unten.[12]

Stateflow Animation

Diese Funktion betrifft die Animation von STATEFLOW Charts für die Fehlersuche und wird aus oben genannten Gründen nicht näher erläutert.

Simscape

Simscape ist ein Werkzeug, um Modelle von physikalischen Systemen innerhalb einer SIMULINK-Simulation zu erstellen. Mithilfe dieser Funktion können Simscape „*Sparklines*" angezeigt oder ausgeblendet werden.[13]

---

[12] Der Verbindung zwischen STATEFLOW und SIMULINK ist in der MATLAB „*Documentation*" ein eigenes Kapitel gewidmet unter „*Stateflow*" → „*Interface with Simulink*".

[13] Beispiele und nähere Erläuterungen zu der Anzeige von Simscape „*Sparklines*" sind in der MATLAB „*Documentation*" unter „*Simscape*" → „*Desktop Simulation*" → „*Data Logging*" → „*View Sparkline Plots of Simulation Data*" nachzulesen.

Data Display in Simulation

Es kann sinnvoll sein, sich während der laufenden Simulation die Werte anzeigen zu lassen, die über Signalleitungen von einem Block zum nächsten gelangen. Mithilfe von „*Data Display in Simulation*" können die Daten als „*Tool Tip*" beim Überfahren mit dem Mauszeiger oder als ständige Anzeige am Ausgang eines Blocks ausgegeben werden, siehe Bild 8.21, der Datenwert 0.00835 rechts vom „*Transfer Function*"-Block, unterhalb von *double*, in der Original-Simulation gelb unterlegt.[14]

Diese Funktion ist hilfreich bei der Fehlersuche, wenn z. B. damit erkennbar wird, dass über einen Ausgang nicht der erwartete Wert ausgegeben wird.

Highlight Signal to Source

Mithilfe von „*Highlight Signal to Source*" können Signale bzw. Signalleitungen über die Grenzen von Untersystemen bis hin zu ihrem Ursprung kenntlich gemacht werden. Bei zusammengesetzten Signalen wird jede Quelle („*Source*") eines Kanals des Signals farbig hervorgehoben. Bei verschachtelten Systemen mit vielen Untersystemen können z. B. so leichter Fehler gesucht werden.[15]

Diese Option kann auch aktiviert werden, wenn mit der rechten Maustaste auf eine Signalleitung geklickt wird. In dem sich öffnenden Menü finden sich einige der hier aufgeführten Optionen, unter anderem auch „*Highlight Signal to Source*" und „*Highlight Signal to Destination*", siehe unten.

Highlight Signal to Destination

„*Highlight Signal to Destination*" ist das Gegenstück zu „*Highlight Signal to Source*" und hilft dabei, durch Hervorheben das Ziel bzw. das Ende eines Signal zu identifizieren. Bei zusammengesetzten Signalen wie am Ausgang eines *Mux*-Blocks, siehe Abschnitt 8.3, Tabelle 8.5, werden ebenfalls alle Endstationen des Signals farbig leuchtend hervorgehoben.

Remove Highlightning

Wurde der Ursprung oder das Ziel eines Signals in der oben beschriebenen Weise durch Hervorheben ermittelt, kann die farbliche Markierung mit dieser Funktion auch wieder entfernt werden.

Hide Markup/Show Markup

SIMULINK-Simulationen können mit verschiedenen Anmerkungen versehen werden, um Schaltungen z. B. verständlicher zu machen, oder wichtige Details zu erläutern. Standardmäßig werden alle Anmerkungen angezeigt. Es kann aber sinnvoll sein, nicht immer alle Anmerkungen anzeigen zu lassen. In diesem Fall kann eine Anmerkung als „*Markup Annotation*" markiert werden, indem mit der rechten Maustaste darauf geklickt wird und aus dem

---

[14] In der MATLAB „*Documentation*" wird diese Funktion unter „*Simulink*" → „*Modeling*" → „*Configure Models*" → „*Signals*" → „*Display Port Values for Debugging*" genau beschrieben.

[15] Beispiele für das Hervorheben von Signalleitungen gibt es in der MATLAB „*Documentation*" unter „*Simulink*" → „*Modeling*" → „*Configure Models*" → „*Signals*" → „*Display Signal Sources and Destinations*".

Kontextmenü „*Convert to Markup*" ausgewählt wird. Eine „*Markup*"-Anmerkung wird mit einem hellblauen Hintergrund hinterlegt, sodass sie im Unterschied zu anderen Anmerkungen zu erkennen ist. Über „*Hide Markup*" werden alle markierten Anmerkungen unsichtbar, mit „*Show Markup*" können verborgene Anmerkungen wieder sichtbar gemacht werden.

Dies ist eine sehr hilfreiche Funktion, wenn man Simulationen mit vielen Hintergrundinformationen anreichern möchte, diese aber beim Ausführen der Simulation nicht von der eigentlichen Simulation ablenken sollen.

In diesem Kapitel wird viel auf die MATLAB „*Documentation*" verwiesen. Zu jedem Unterpunkt könnten ausführliche Erläuterungen gegeben werden, die aber den Rahmen dieser Einführung in MATLAB/SIMULINK sprengen würden. Da es aber gar nicht so einfach ist, anhand der einzelnen Begriffe, die in den Menüs der Taskleiste von SIMULINK zu finden sind, auf das entsprechende Kapitel der MATLAB-Hilfe zu kommen, sollen diese Hinweise als Hilfe zur Selbsthilfe verstanden werden.

8.2.5 Menüpunkt „Diagram"

Refresh Blocks

Die Option „*Refresh Blocks*" wird dann interessant, wenn ein Block noch über einen „*Library Link*" mit dem referenzierten Block in der Block-Bibliothek verbunden ist. Wird der Referenz-Block in der Bibliothek so verändert, dass auch der verbundene Block beeinflusst wird, z. B. wenn sich die Schnittstellen (Anzahl Ein- oder Ausgänge) ändern, kann der Block über „*Refresh Blocks*" entsprechend aktualisiert werden, sodass er wieder dem referenzierten Block entspricht.

Subsystems & Model Reference

„*Create Subsystem*" ist eine interessante und hilfreiche Funktion, wenn eine Simulation immer weiter gewachsen ist und allmählich unübersichtlich zu werden droht, sodass es sinnvoll wäre, einen Teil der Simulation in ein Untersystem zu packen. Mit der Maus können aneinanderhängende Blöcke markiert werden, die in ein untergeordnetes System ausgelagert werden sollen. Durch Mausklick auf „*Create Subsystem from Selection*" ist nur noch der *Subsystem*-Block zu sehen und die markierten Blöcke befinden sich nun – ansonsten unverändert – ausgelagert in diesem Untersystem.

Mit der gegenteiligen Funktion „*Expand Subsystem*" werden die Blöcke eines Untersystems wieder in eine Schaltung integriert, das Untersystem wird allerdings weiter als solches markiert. Über „*Convert Subsystem to*" → „*Referenced Model ...*" bzw. „*Variant Subsystem*" können Untersysteme – sofern die Parameter das erlauben – in eine abhängige Simulation oder in ein Untersystem mit mehreren Varianten umgewandelt werden.[16]

---

[16] Im Kapitel „*Simulink*" → „*Component-Based Modeling*" der MATLAB „*Documentation*" finden sich verschiedene Abschnitte zu Untersystemen („*Subsystems*"), wie sie eingesetzt, erstellt oder umgewandelt werden.

Format

Unter „*Format*" finden sich die gewohnten Optionen zum Formatieren einer SIMULINK-Simulation, wie Schriftart oder -größe, Hintergrund- oder Vordergrundfarbe, etc.

Rotate & Flip

Die Standardausrichtung eines Blocks (Eingang links, Ausgang rechts) kann mit „Rotate & Flip" mit oder gegen den Uhrzeigersinn drehend geändert werden, bzw. mit „Flip" gespiegelt werden. Dadurch erhält man mehrere Variationsmöglichkeiten in der Anordnung von Blöcken.

Arrange

Mit „*Arrange*" können die Blöcke ordentlich vertikal oder horizontal ausgerichtet werden, gleichmäßig verteilt, mit gleichmäßigen Zwischenräumen.

Mask

SIMULINK ermöglicht es, einen Block nach eigenen Wünschen zu gestalten, d. h. zu „maskieren" und damit ein eigenes Benutzerinterface für einen Block zu kreieren. Mit dem „*Mask Editor*" kann diese „*Block Maske*" gestaltet werden.[17]

Der Mausklick auf „*Mask*" → „*Create Mask*" öffnet den „*Mask Editor*", mit dem benutzerdefinierte Masken für Untersysteme und eine Auswahl anderer Blöcke definiert werden können. Die Masken enthalten Vorgaben für das Aussehen, Bezeichnung der Ein- und Ausgänge, Parameter oder Initialisierung des „maskierten" Blocks. Mithilfe der Schaltfläche „*Unmask*", links unten im „*Mask Editor*", wird die Maske deaktiviert und der „*Mask Editor*" geschlossen, sodass die Einstellungen betreffs Aussehen etc. wieder rückgängig gemacht werden.

Solange die Simulation aber nicht geschlossen wird, bleiben die Einstellungen erhalten und können durch einen erneuten Aufruf des „*Mask Editors*" wieder aktiviert werden. Erst wenn die Simulation geschlossen wird, sind alle individuellen Einstellungen verloren und müssten im Bedarfsfall neu eingegeben werden.

Ein Untersystem kann mithilfe der Maske unsichtbar gemacht werden, indem im „*Mask Editor*" die Option „*Block Frame*" auf „*invisible*" gestellt wird und *Icon Transparency* auf „*transparent*". In diesem Fall kann es hilfreich sein, das Untersystem ansehen zu können, ohne die Maske zu deaktivieren. Mit „*Look Under Mask*" wird das Untersystem geöffnet, ohne dass die Maske verändert wird.

Library Link

Diese Funktion stellt eine Verbindung zu einer Bibliothek („*Library*") her. Über „*Locked Library Link*" → „*Go to Library Block*" kann ein gesperrter Block in der betreffenden Bibliothek gefunden werden.

---

[17] Die Erläuterungen zum Maskieren eines Blocks sind umfangreich und es werden diesem Thema mehrere Abschnitte in der MATLAB „*Documentation*" unter dem Kapitel „*Block Masks*" gewidmet.

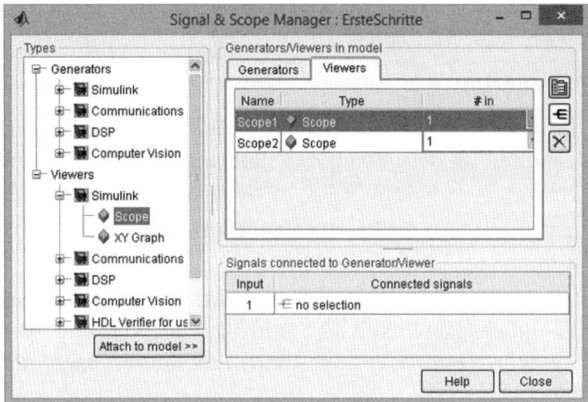

Bild 8.22 „*Signal & Scope Manager*" zum Verwalten von Signale erzeugenden („*Generators*") und Signale betrachtenden („*Viewers*") Blöcken

Signal & Ports

Der „*Signal & Scope Manager*", siehe Bild 8.22, ist eine Benutzeroberfläche, mit der die Signale erzeugenden (engl. „*Generators*") und Signale betrachtenden (engl. „*Viewers*") Objekte zentral verwaltet werden können. Diese Objekte sind nicht zu verwechseln mit den Generator- (engl. *source*) und Ansichtsblöcken (engl. *sinks*), sondern werden als kleine, normalerweise blau gefärbte Icons auf der Signalleitung dargestellt.[18]

Mit „*Input Signal Port Properties*" bzw. „*Output Signal Port Properties*" wird jeweils ein „*Signal Properties*"-Fenster für die Ein- bzw. Ausgänge eines markierten Blocks geöffnet. Damit kann der Signalleitung ein Name gegeben werden, die Daten können mithilfe der Funktion „*Log signal data*" mitprotokolliert und in einer Variablen auf der MATLAB-Oberfläche ausgegeben werden, das Generieren von Code kann definiert werden oder eine Beschreibung des Signals unter dem Tab „*Documentation*" eingegeben werden.

Block Parameters

Die Eigenschaften eines Blocks können über „*Block Parameters*" aufgerufen und verändert werden, oder indem doppelt mit der Maus auf den jeweiligen Block geklickt wird, siehe Bild 8.11 in Abschnitt 8.1.

Properties...

Für jeden Block in einer Simulation können allgemeine Eigenschaften („*Block Properties*") festgelegt werden, z. B. eine Beschreibung des Blocks, die Reihenfolge wann der Block ausgeführt wird, eine Anmerkung oder „*Callback functions*".

---

[18] Das Arbeiten mit Signaldaten mithilfe des „*Signal & Scope Managers*" wird im Kapitel „*Simulink*" → „*Simulation*" → „*View and Analyze Simulation Results*" → „*View Simulation Results*" ausführlich erläutert.

8.2.6 Menüpunkt „Simulation"

Funktionen zum Ablaufen der Simulation

Unter dem Punkt „*Simulation*" sind die meisten der Funktionen aufgeführt, die als Icon auch auf der Symbolleiste zu finden sind, da diese für den Ablauf der Simulation am wichtigsten sind, wie:

- „*Model Configuration Parameters*" zum Einstellen der Parameter der Simulation, wie bereits in Beispiel 8.2 erwähnt, siehe Bild 8.23.
- *Enable Fast Restart*, bedeutet, dass wenn der „*Fast Restart*"-Modus aktiviert wurde, die Simulation nicht bei jedem Start neu kompiliert und nach dem Durchlauf beendet wird, wodurch die Simulationszeit deutlich verkürzt wird; allerdings kann „*Fast Restart*" nicht bei jeder Simulation angewendet werden[19].
- „*Step back (uninitialized)*", schrittweises Rückwärtsdurchklicken durch eine Simulation, die Einstellungen müssen unbedingt in den „*Simulation Stepping Options*" (siehe unten) definiert werden, sonst ist die Option nicht verfügbar und als „*uninitialized*" ausgegraut,
- „*Run*", zum Starten bzw. „*Pause*" zum Pausieren der Simulation, sobald die Simulation läuft (▶ bzw. ∥),
- *Step Forward*", schrittweises Durchklicken durch eine Simulation, die Einstellungen werden in den „*Simulation Stepping Options*" definiert, siehe unten,
- „*Stop*", Stoppen der Simulation (■),
- „*Stepping Options*", ein Fenster, in dem die Zeit und die Art festgelegt werden, wie eine Simulation manuell schrittweise durchlaufen werden kann.

Update Diagram

Viele Attribute einer Simulation, wie z. B. Signaldatentypen und Abtastzeiten, müssen nicht spezifiziert werden. Diese Werte können von SIMULINK basierend auf den Daten, die festgelegt wurden, berechnet werden. Dieser Berechnungsprozess wird mit „*Update Diagram*" gestartet.

Simulink versucht rechnerisch, die am besten geeigneten Werte herzuleiten. Wenn die fehlenden Attribute nicht aus den spezifizierten Werten abgeleitet werden können, wird die Aktualisierung angehalten und ein Fehler angezeigt.

Mode

Eine Simulation kann in verschiedenen Modi gestartet werden. Für den Einstieg empfiehlt sich „*Normal*". Für Echtzeitsimulationen empfiehlt sich z. B. der „*Accelerator*"-Modus.

Data Display

Diese Funktion findet sich ebenfalls unter dem Menüpunkt „*Display*" als „*Data Display in Simulation*", siehe Abschnitt 8.2.4. Damit können während einer laufenden Simulation die Werte angezeigt werden, die über Signalleitungen von einem Block zum nächsten gelangen.

---

[19] Nähere Informationen zu den Bedingungen für „*Fast Restart*" gibt es in der MATLAB „*Documentation*" unter „*Simulink*" → „*Simulation*" → „*Run Simulation*" → „*How Fast Restart Improves Iterative Simulations*"

8.2 Wichtige Funktionen in der Menüleiste einer SIMULINK-Simulation

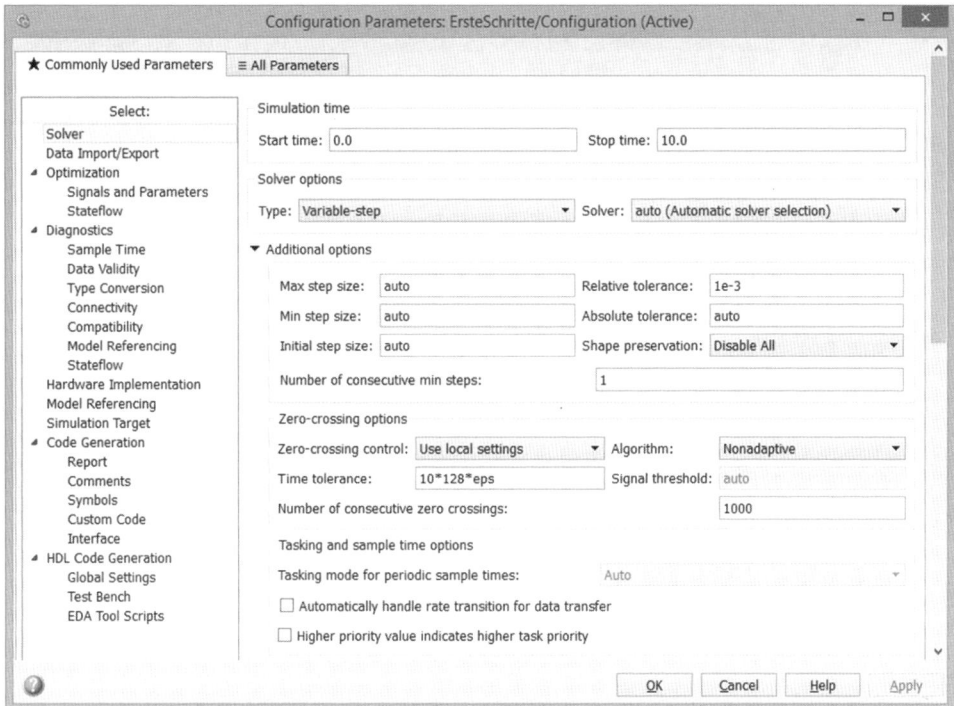

Bild 8.23 In den „*Model Configuration Parameters*" werden die Parameter bestimmt, die für die aktuelle Simulation gültig sind. Die Auswahl der Parameter ist gleich den „*Simulink Preferences*" Parametern, siehe Abschnitt 8.2.1

Stateflow Animation

Diese Funktion betrifft die Animation von STATEFLOW Charts für die Fehlersuche und wird aus den bereits in Abschnitt 8.2.4 bei „*Chart*" genannten Gründen nicht näher erläutert.

Output

Unter diesem Menüpunkt stehen verschiedene Optionen zur Verfügung, den „*Output*" einer Simulation mit dem „*Simulation Data Inspector*", siehe Bild 8.24, zu analysieren.

Ausgewählte Signale können direkt in den „*Simulation Data Inspector*" geleitet werden, es können aber auch Daten, die über die „*Logging*"-Funktion auf der MATLAB-Oberfläche in Variablen gespeichert wurden, eingelesen und analysiert werden.[20]

---

[20] Das Auswerten von Daten mithilfe des „*Simulation Data Inspectors*" wird in der MATLAB „*Documentation*" ausführlich im Kapitel „*Inspect and Analyze Simulation Results*" unter → „*Simulink*" → „*Simulation*" → „*View and Analyze Simulation Results*" beschrieben.

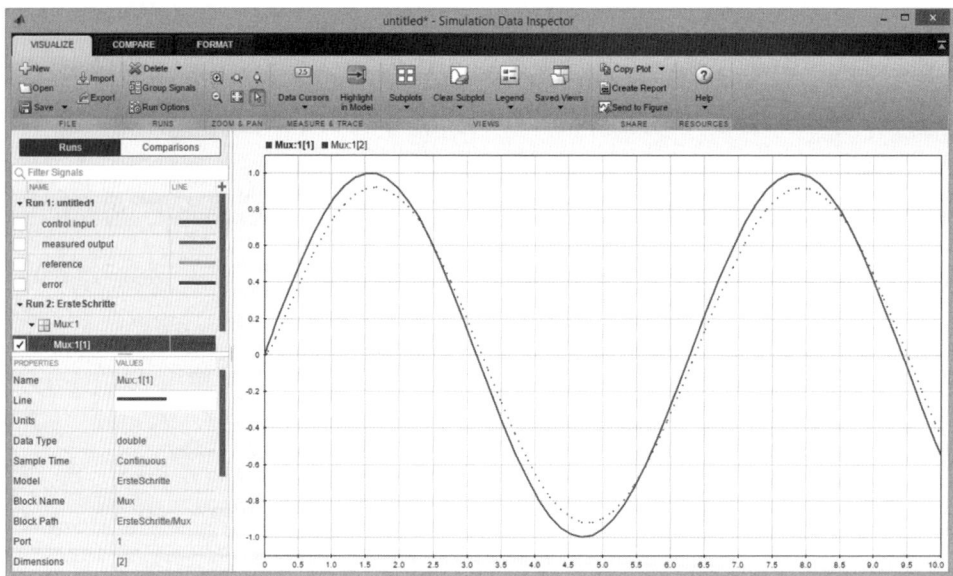

Bild 8.24 Auswertung von Signalen mithilfe des „*Simulation Data Inspector*"

Debug

Mit „*Debug*" → „*Debug model* ..." wird der „*Simulink Debugger*" geöffnet, siehe Bild 8.25. Der „*Simulink Debugger*"[21] kann bei der Fehlersuche und -bereinigung komplexer Simulationen helfen. Eine Simulation, die über den Debugger gestartet wird, wird mit dem Debugger schrittweise, also Block für Block, ausgeführt und Fehler- oder Warnmeldungen werden ausgegeben, siehe Bild 8.26.

Sobald der erste Fehler nach dem Start der Simulation durch Mausklick auf das Startzeichen („*Run*" oder ▶) gefunden wird, stoppt die Simulation und es wird eine Warnung oder Fehlermeldung ausgegeben. Durch erneutes Starten der Simulation läuft diese bis zur nächsten Meldung weiter.

8.2.7 Menüpunkt „Analysis"

Im Menü „*Analysis*" finden sich einige Werkzeuge zum Analysieren einer SIMULINK-Simulation, siehe Bild 8.27. Eine genaue Beschreibung aller Möglichkeiten würde den Rahmen sprengen, deshalb soll hier vor allem der „*Model Advisor*" und der bereits aus Abschnitt 6.1 bekannte „*Profiler*" erwähnt werden.

---

[21] Dem anspruchsvollen Werkzeug „Simulink Debugger" ist ein ganzes Kapitel in der MATLAB „*Documentation*" unter → „Simulink" → „Simulation" → „Test and Debug Simulations" gewidmet und die ausführliche Beschreibung würde den Rahmen dieses Buches sprengen.

8.2 Wichtige Funktionen in der Menüleiste einer SIMULINK-Simulation   281

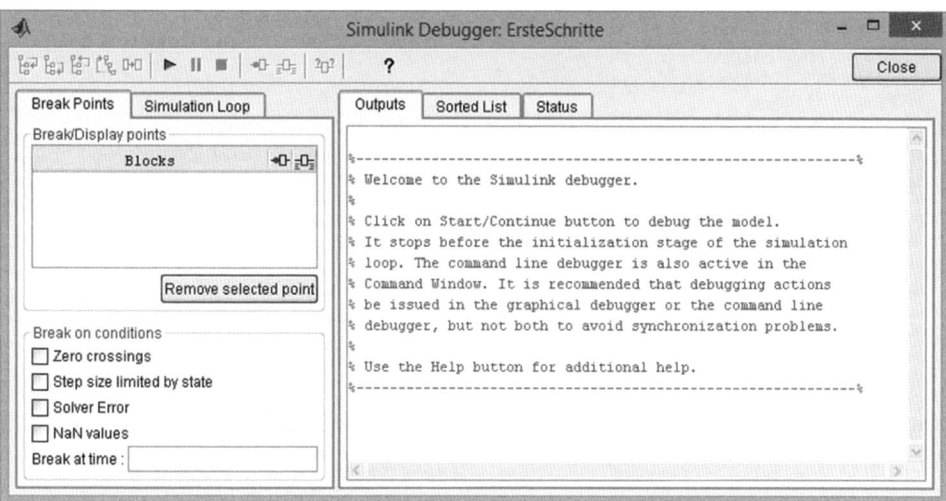

Bild 8.25 Fehlersuche leicht gemacht mithilfe des *„Simulation Debugger"*

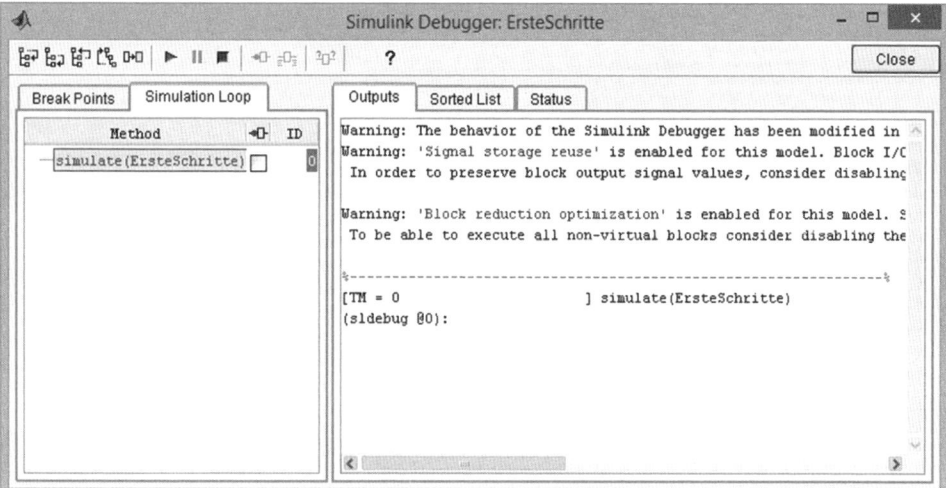

Bild 8.26 Warnmeldungen im *„Simulink Debugger"* nachdem die Simulation ganz durchgelaufen ist (eingestellte Stoppzeit: 10 Sek.). Die Warnung am Anfang gibt Informationen über die Simulation aus, spielt aber für das Ergebnis der Simulation in diesem Beispiel keine Rolle

„Model Advisor"

Mit dem *„Model Advisor"*, siehe Bild 8.28, kann eine Simulation in Bezug auf Simulationsbedingungen und Konfigurationseinstellungen überprüft werden, die eine ineffiziente oder gar falsche Wiedergabe des simulierten Systems zur Folge haben könnten.

Der *„Model Advisor"* stellt einen Bericht zusammen, in dem die suboptimalen Bedingungen oder Einstellungen, die gefunden wurden, aufgelistet werden, und macht Vorschläge für bessere Konfigurationseinstellungen, falls diese möglich sind. In manchen Fällen bietet der *„Model*

282   8 Einführung in die SIMULINK-Toolbox

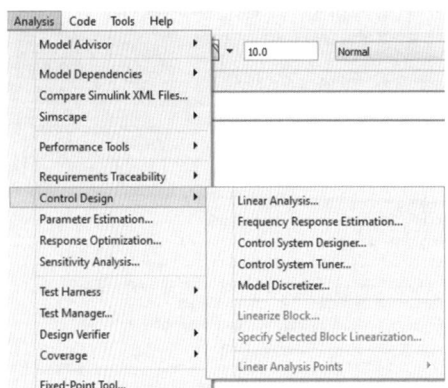

Bild 8.27 Die Optionen, eine SIMULINK-Simulation zu analysieren, die unter „*Analysis*" aufgeführt werden, sind zahlreich

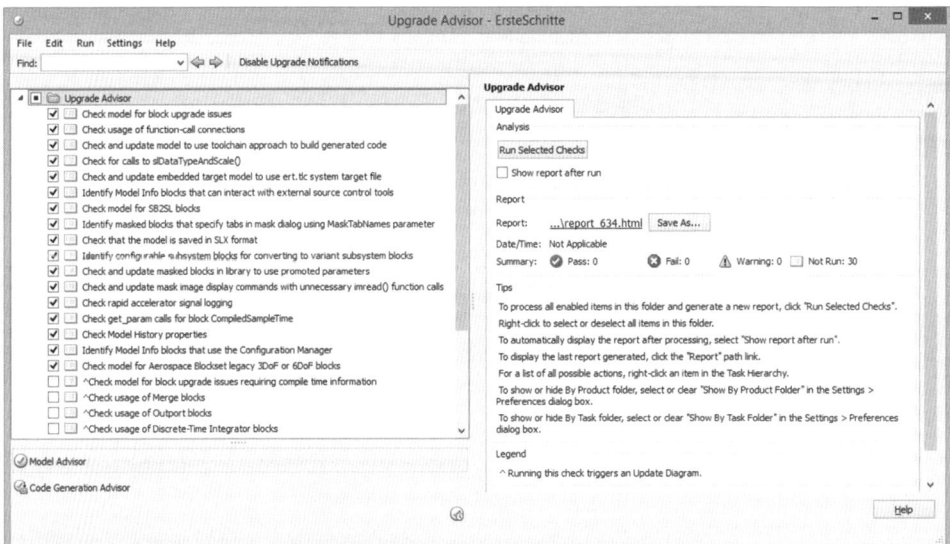

Bild 8.28 „*Model Advisor*" zur Überprüfung einer SIMULINK-Simulation auf bestimmte Bedingungen und Einstellungen. Verschiedene „*Checks*" werden vorgeschlagen die mit „*Run Selected Checks*" durchgeführt werden können

Advisor" Mechanismen für die automatische Berichtigung bei Warnungen und Fehlermeldungen an.

Sobald der „*Model Advisor*" gestartet wird, öffnet sich das Fenster des „*Model Advisors*", in dem die durchzuführenden „*Checks*" auszuwählen sind. Wurden alle durchzuführenden „Checks" per Mausklick ausgewählt, so kann der Testlauf mit „*Run Selected Checks*" gestartet werden.

Wurde der Testlauf durchgeführt, werden die Ergebnisse mittels farbiger Markierungen vor jeder Aufgabe dargestellt. Wird der Haken bei „Show report after run" gesetzt, öffnet sich ein zusätzliches Fenster, in dem der Ergebnisbericht als HTML-Seite aufgeführt ist.[22]

„Profiler Report"

Mit dem „Profiler" können Daten erfasst werden, während die Simulation läuft, um so die Bereiche der Simulation zu identifizieren, die die meiste Simulationszeit beanspruchen.

Aktiviert wird die Ausgabe der Zusammenfassung des „Profilers" („Simulink Profile Report: Summary"), siehe Bild 8.29, unter „Analysis" → „Performance Tools" → „Show Profiler Report", zu erkennen an einem Haken vor der Bezeichnung. Wird die Simulation nun gestartet, läuft der „Profiler" im Hintergrund mit, und sobald die Simulation stoppt, wird der Ablauf evaluiert und der Bericht über das Simulationsprofil öffnet sich im MATLAB Web Browser, siehe

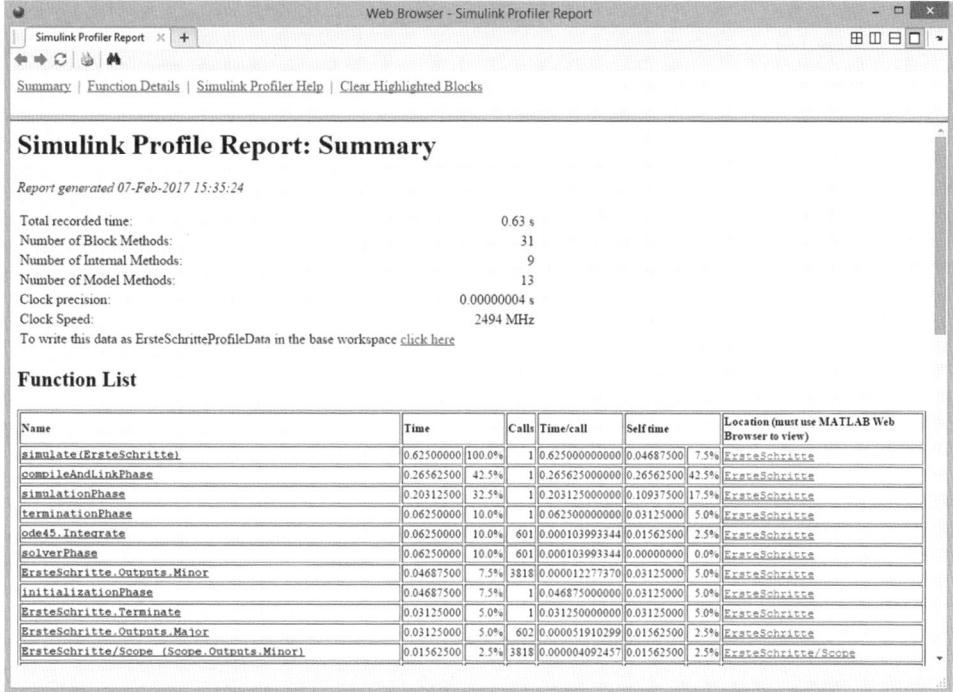

Bild 8.29 „Simulink Profile Report: Summary" listet die einzelnen Simulationsschritte inklusive der Zeit zur Ausführung auf und gibt zusätzlich den prozentualen Anteil an der Gesamtsimulationszeit aus, sodass schnell erkannt werden kann, bei welchem Schritt die meiste Zeit verloren geht. Durch Mausklick auf die einzelnen Funktionsnamen werden die Details dazu angezeigt. Analysiert wurde hier die Simulation „ErsteSchritte.slx" aus Beispiel 8.1

---

[22] Eine ausführliche Hilfe gibt es auch zu diesem Werkzeug in der MATLAB „Documentation" unter „Simulink" → „Modeling" → „Run Model Checks" → „Consulting the Model Advisor".

Bild 8.29. Anhand der Schwachstellen, die das Profil aufzeigt, kann die Simulation optimiert werden.[23]

Das Simulationsprofil kann durch Mausklick auf „click here" (oberhalb von „Function List") als DateinameProfileData.mat-Datei in der MATLAB-Workspace gespeichert werden.

„Performance Advisor"

Der „Performance Advisor" findet sich ebenfalls unter „Analysis" → „Performance Tools"[24], siehe Bild 8.30. Während mithilfe des „Simulink Profile Report" eine Simulation manuell nach Schwachstellen bezüglich Performance durchsucht werden kann, bietet der „Performance Ad-

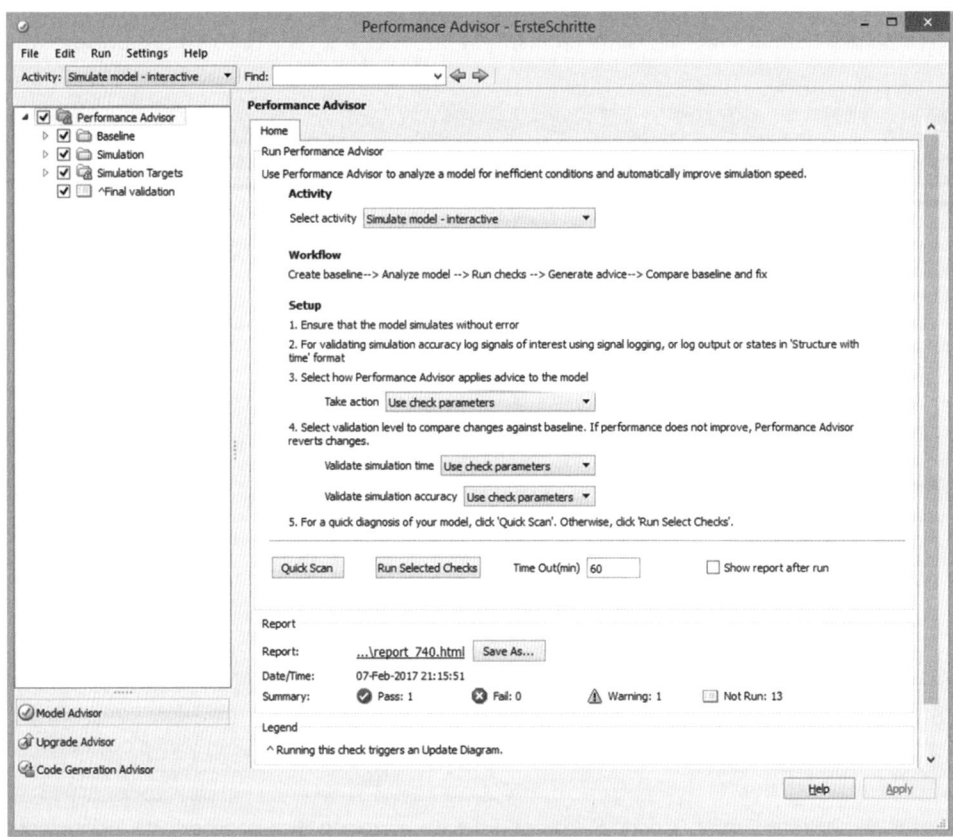

Bild 8.30 „Performance Advisor"-Fenster, ein Werkzeug, mit dem die Performance einer Simulation analysiert und automatisch Verbesserungen implementiert werden können

---

[23] Die MATLAB „Documentation" widmet ein ganzes Kapitel dem Problem bzw. der Problemlösung, wie Simulationen verbessert und schneller gemacht werden können unter „SIMULINK" → „Performance" → „Manual Performance Optimization" → „How Profiler Captures Performance Data".

[24] Eine Beschreibung des „Performance Advisor Windows" kann in der MATLAB „Documentation" direkt unter „Simulink" gefunden werden. Wie ein Simulationsmodell verbessert werden kann, findet sich unter „Simulink" → „Performance" → „Automated Performance Optimization" → „Improve Simulation Performance Using Performance Advisor".

visor" eine automatische Verbesserung der Simulationsgeschwindigkeit. Außerdem kann eine Simulation auf ineffiziente Konditionen und Einstellungen überprüft werden. Der *„Performance Advisor"* empfiehlt schließlich Optimierungsmaßnahmen, die auch automatisch umgesetzt werden können.

Über den *„Performance Advisor"* kann auch der oben beschriebene *„Model Advisor"* gestartet werden.

8.2.8 Menüpunkt „Code"

Mithilfe des *„Simulink Coder"*[25] kann Programmcode aus SIMULINK-Simulationen oder STATEFLOW-Diagrammen erzeugt werden. In der vorliegenden Einführung zu MATLAB/SIMULINK wird allerdings nicht näher darauf eingegangen, da es den Rahmen dieses Buches sprengen würde.

8.2.9 Menüpunkt „Tools"

Einige der unter *„Tools"* aufgeführten Werkzeuge wurden bereits in den vorherigen Abschnitten beschrieben, wie der *„Library Browser"* in Abschnitt 8.2.3, auf dessen Elemente später in Abschnitt 8.3 genauer eingegangen wird, oder der *„Model Explorer"* ebenfalls in Abschnitt 8.2.3.

„Report Generator"

Der *„Report Generator"* erlaubt das Entwerfen und Generieren von Berichten direkt aus MATLAB-Anwendungen. Der „Report Generator" erfasst automatisch Ergebnisse von mehreren MATLAB-Funktionen und fasst diese in einem Bericht zusammen.

„MPlay Video Viewer"

Der *„MPlay Video Viewer"* kann mit SIMULINK-Simulationen verbunden werden, Videos von der MATLAB-Oberfläche abspielen oder sonstige Multimedia Daten anzeigen.

„Robot Operating System"

„Robot Operating System" stellt die Verbindung bzw. das Interface zwischen SIMULINK und der *„Robotics System Toolbox"* dar.

---

[25] Dem *„Simulink Coder"* ist im Hauptverzeichnis der MATLAB *„Documentation"* ein eigenes Kapitel gewidmet.

„Simulink Real-Time"

Unter der Bezeichnung „*Simulink Real-Time*" verbirgt sich der „*Simulink Real-Time Explorer*", eine grafische Benutzeroberfläche (GUI) für die Konfiguration und die Interaktion mit Echtzeitanwendungen.[26]

„Run on Target Hardware"

„*Run on Target Hardware*" bezieht sich auf das Einbinden von „Target Hardware" von Echtzeitanwendungen und deren Konfiguration.

 Es gibt eine Vielzahl an Funktionen und Werkzeugen, die über die Menüleiste von SIMULINK aufgerufen werden können. SIMULINK kann mit anderen Toolboxen, z. B. „*STATEFLOW*" oder mit anderen SIMULINK-Anwendungen wie z. B. „*SIMULINK Real-Time*" verknüpft werden. Eine ausführliche Beschreibung aller Optionen ist nicht möglich und auch nur wenig sinnvoll. Mit diesem Kapitel soll aber zumindest ein Überblick über die Möglichkeiten, die SIMULINK bietet, gegeben werden.

■ 8.3 Kurzbeschreibung der Icons der Symbolleiste („*Toolbar*")

Die Symbolleiste bietet einen schnellen Zugriff auf häufig benötigte Funktionen, die alternativ über Menüs aufgerufen werden können und bereits in Abschn. 8.2 beschrieben wurden. Eine kurze Beschreibung wird durch Darüberfahren mit dem Mauszeiger angezeigt.

Die Symbole bedeuten von oben nach unten:

1. „*Hide/Show Explorer Bar*", blendet die Informationsleiste zu den Namen der SIMULINK-Simulation und Untersystemen unterhalb der „*Toolbar*" ein oder aus, siehe Abschnitt 8.2.3, „*View*"; in Bild 8.29 ist der Pfad zu dem PID-Regler einer nicht gespeicherten (*untitled*) Simulation der „*Feedback Controller*"-Vorlage aus Abschnitt 8.1 zu erkennen,
2. Zoom,
3. „*Fit to View*", d. h. die Simulation wird so vergrößert, dass sie in das SIMULINK-Fenster passt,
4. mit „*Sample Time*" werden die Signalleitungen farblich und mit Anmerkungen betreffend der Abtastzeit (diskret, kontinuierlich oder hybrid) zur besseren Kontrolle markiert; eine *Sample Time Legend* wird automatisch eingeblendet,
5. „*Annotation*", d. h. ein Textfeld wird in die Simulation eingefügt,
6. „*Image*" zum Einfügen eines Bildes in die Simulation,

---

[26] Unter „*Simulink Real-Time*" → „*System Configuration*" → „*Development and Target Computer Setup*" findet sich ein Kapitel über den „*Simulink Real-Time Explorer*".

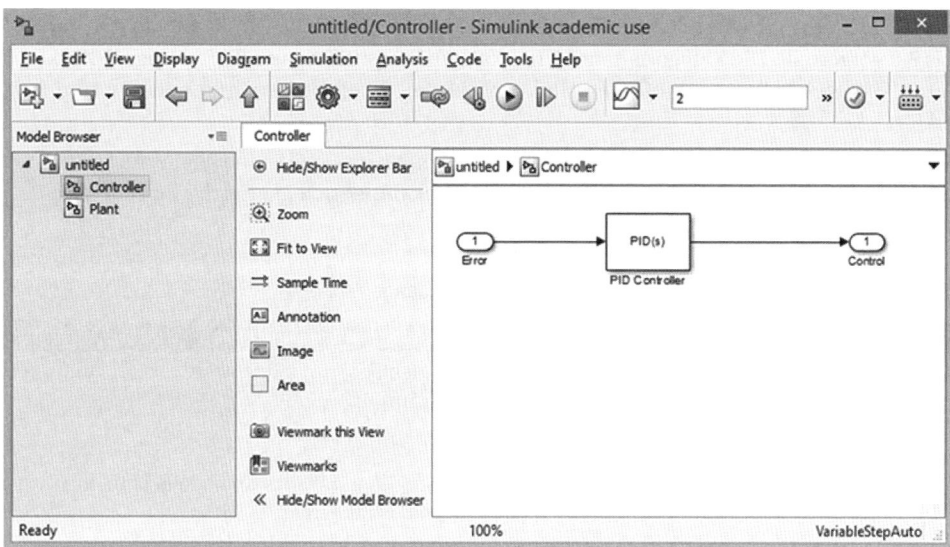

Bild 8.31 Symbolleiste einer SIMULINK-Simulation

7. „*Area*" dient zum Markieren einer Fläche, indem ein farbig hinterlegter Rahmen gezogen wird, hat allerdings erst dann einen Einfluss auf die Simulation, sobald in dem Menü, das sich mit der rechten Maustaste öffnet, „*Create Subsystem from Area*" ausgewählt wird, denn dann werden alle Elemente der Simulation, die sich innerhalb der Fläche befinden, zu einem Untersystem („*Subsystem*") zusammengefasst; mit „*Properties*" kann der Fläche auch ein Name gegeben werden, der dann auch die Bezeichnung des „*Subsystems*" wird,
8. „*Viewmark this View*" dient zum Markieren und Abspeichern einer bestimmten Sicht, was vor allem bei größeren, unübersichtlichen Simulationen mit mehreren Untersystemen hilfreich ist, um sich bestimmte Detail schnell vergegenwärtigen zu können,
9. „*Viewmarks*" öffnet eine Übersicht, in der alle unter „*Viewmark this View*" gespeicherten Sichten angesehen und verwaltet werden können; durch Mausklick auf eine der gespeicherten Ansichten wird in den betreffenden Abschnitt der Simulation gesprungen, sodass dort Änderungen durchgeführt werden können, was hilfreich bei der Überarbeitung kritischer Stellen in unübersichtlichen Simulationen ist,
10. „*Hide/Show Model Browser*" dient zum Ein- oder Ausblenden des „*Model Browser*", siehe Abschnitt 8.2.3, „*View*".

8.4 Kurzbeschreibung der wichtigsten SIMULINK-Blöcke

Am Anfang erscheint die Vielzahl der verfügbaren Blöcke, mit denen eine Simulation erstellt werden kann, riesig, und die Einteilung in die diversen Kategorien kann gewöhnungsbedürftig sein. Um den Einstieg in SIMULINK zu erleichtern, werden die wichtigsten Blöcke, vor allem diejenigen, die in der Regelungstechnik Anwendung finden, in diesem Kapitel in den Tab. 8.1 bis 8.8 vorgestellt. Die Kategorien und Unterkategorien, unter denen die jeweiligen Blöcke im *Simulink Library Browser* zu finden sind, sind in der Tabellenüberschrift genannt und kurz erklärt.

Jeder Block kann durch Ziehen bei gedrückter linker Maustaste in eine geöffnete Simulation eingefügt werden. Nach Doppelklicken auf den Block öffnet sich jeweils das Fenster zum Einstellen der Parameter und Eigenschaften.

Tabelle 8.1 → Simulink → Sources (dt.: „Quellen"): Eingangsblöcke

Symbol	Bezeichnung	Beschreibung und kurze Erläuterung
Step	Step	Sprung mit variabler Sprunghöhe („*Final Value*") und definierbarem Sprungbeginn („*Step Time*").
Constant	Constant	Konstanter einstellbarer Wert, während der laufenden Simulation nicht veränderbar.
Signal Generator	Signal Generator	Funktionsgenerator zum Erzeugen verschiedener Eingangssignale wie Sinus-, Sägezahn- oder Rechteckskurven mit einstellbarer Amplitude und Frequenz.
Clock	Clock	Uhr zum Darstellen der vergangenen Simulationszeit, kann z. B. verwendet werden, um einen Zeitvektor als Variable mitzuschreiben.
untitled.mat From File	From File	Zeit- und Ausgangsdaten werden der ersten in der genannten .mat-Datei gespeicherten Matrix entnommen. Die erste Reihe der Matrix muss Zeitdaten enthalten, Daten in weiteren Reihen entsprechen Ausgangswerten.
simin From Workspace	From Workspace	Daten werden aus einer im MATLAB-Workspace gespeicherten Variable, die angegeben sein muss, geholt, z.B simin.
Ground	Ground	Vermeidet Fehlermeldungen, wenn unbenutzte Eingänge nicht mit anderen Blöcken verbunden sind.

8.4 Kurzbeschreibung der wichtigsten SIMULINK-Blöcke

Tabelle 8.2 → Simulink → Sinks (dt.: „Senken"): Ausgangsblöcke

Symbol	Bezeichnung	Beschreibung und kurze Erläuterung
Scope / Floating Scope	Scope Floating Scope	Grafische Ausgabe von Werten auf einem Monitor, vergleichbar einem Oszilloskop. Messwerte können zusätzlich in einer Variablen auf der MATLAB--Oberfläche gespeichert werden. Der Variablenname kann unter „*Logging*" der „*Configuration Properties*" des „*Scope*" gewählt werden (Doppelklick auf das „*Scope*", erstes Icon links der Symbolleiste des geöffneten „*Scope*"). Das „*Floating Scope*" muss im Unterschied zum „*Scope*" nicht über eine Signalleitung angeschlossen werden. Dafür muss aber über die Eigenschaften definiert werden, welche Signale angezeigt werden sollen (Doppelklick auf das „*Floating Scope*", dann in der Taskleiste ° „*Simulation*" ° „*Signal Selector*").
Display	Display	Numerische Ausgabe von Werten.
simout / To Workspace	To Workspace	Ausgangswerte werden in eine wählbare Variable, z. B. simout, geschrieben, die von der MATLAB-Oberfläche aus bearbeitet werden kann, aber nicht dauerhaft gespeichert ist.
untitled.mat / To File	To File	Ausgangswerte werden in Form eines Zeilenvektors dauerhaft in einer .mat-Datei gespeichert.
Terminator	Terminator	Vergleichbar dem *Ground*-Block, zur Vermeidung von Fehlermeldungen, wenn unbenutzte Ausgänge nicht verbunden werden.

Tabelle 8.3 → Simulink → Continuous: Einfache Reglerblöcke bzw. Übertragungsfunktionen

Symbol	Bezeichnung	Beschreibung und kurze Erläuterung
du/dt Derivative	Derivative	D-Glied, Differenzierer, allerdings ohne weitere Parameter, sodass die Vorhaltezeit T_V mittels eines separaten *Gain*-Blocks (Verstärkungsfaktor, siehe nächste Tabelle) zusätzlich berücksichtigt werden muss.
1/s Integrator	Integrator	I-Glied, Integrierer, bei dem die Nachhaltezeit T_N ebenfalls separat berücksichtigt werden muss. Es können Begrenzungen definiert werden, sowie ein bestimmter Ausgangswert („*initial condition*").

Tabelle 8.3 → Simulink → Continuous: Einfache Reglerblöcke bzw. Übertragungsfunktionen *(Fortsetzung)*

Symbol	Bezeichnung	Beschreibung und kurze Erläuterung
Transfer Fcn ($\frac{1}{s+1}$)	*Transfer Function*	Übertragungsfunktion, deren Zähler (engl. *numerator*) und Nenner (engl. *denumerator*) als Zeilenvektor in absteigender Folge der Koeffizienten (vgl. MATLAB-Befehl `tf`) eingegeben werden können. Es können auch bereits auf der MATLAB-Oberfläche definierte Variablennamen für Zähler und Nenner eingesetzt werden. Zu beachten ist, dass die Ordnung des Zählers kleiner oder gleich der des Nenners sein muss, sonst gibt SIMULINK eine Fehlermeldung aus.
PID Controller (PID(s))	*PID-Controller*	Extra Block für PID-Regler in Abhängigkeit der Laplace-Variablen 's', bei dem die Parameter für jeweils P-, I- und D-Anteil separat eingegeben werden können in der Form: $P + I/s + D \cdot s$, d. h. als Verstärkungsfaktoren, nicht als Nachstell- und Vorhaltezeit.

Tabelle 8.4 → Simulink → Math Operations: Mathematische Verknüpfungen

Symbol	Bezeichnung	Beschreibung und kurze Erläuterung
Gain	*Gain*	Verstärkungsfaktor bzw. Multiplikator, auch als P-Glied einsetzbar. Standardmäßig auf elementweise Multiplikation eingestellt, wenn als Faktor ein Vektor eingegeben wird; andere Varianten der Multiplikation mit Matrizen können gewählt werden.
Slider Gain	*Slider Gain*	Verstärkungsfaktor oder Multiplikator, der während der laufenden Simulation innerhalb der vordefinierten Grenzen verändert werden kann. Im Unterschied zum *Gain*-Block können jedoch nur skalare Werte eingegeben werden. Vorteilhaft z. B., um einen Regelkreis durch stetiges Erhöhen des Verstärkungsfaktors an die Schwinggrenze zu bringen.
Add	*Sum*	Addition oder Subtraktion verschiedener Signale, benötigt für die negative Rückführung im Regelkreis oder die Zusammenführung verschiedener parallel geschalteter Blöcke (z. B. PID-Regler). Die Form (rund oder rechteckig) ist variabel, ebenso die Anzahl und die Anordnung der Plus- und/oder Minuszeichen.
Subtract	*Subtract*	Eine Sonderform der Addition, die es in älteren SIMULINK-Versionen auch noch nicht gab. In den Eigenschaften kann die Anzahl der positiven (Addition) und negativen (Subtraktion) Eingänge definiert werden.
Sign	*Sign*	Gibt das Vorzeichen (*signum*) des Signals aus: +1 für positive und −1 für negative Eingangssignale, 0 wenn kein Eingangssignal anliegt.

8.4 Kurzbeschreibung der wichtigsten SIMULINK-Blöcke

Tabelle 8.5 → Simulink → Signal Routing: Signalführung

Symbol	Bezeichnung	Beschreibung und kurze Erläuterung
Manual Switch	Manual Switch	Schalter, der durch Doppelklicken zwischen den beiden möglichen Zuständen wechselt, z. B. zum Zu- oder Abschalten einzelner Regelglieder. Nicht beschaltete Eingänge sollten mit dem *Ground*-Block abgeschlossen bzw. „geerdet" werden.
Multiport Switch	Multiport Switch	Schalter für mehr als zwei mögliche Zustände, die Anzahl der Eingänge ist dabei frei wählbar. Über den Steuereingang ganz oben (bzw. ganz links) können die Dateneingänge, nummeriert von oben nach unten, beginnend bei 1, ausgewählt werden.
	Mux	Führt mehrere Signale in ein Signal zusammen, z. B. um Eingangs- und Ausgangsgrößen eines Regelkreises direkt miteinander vergleichen zu können, siehe Bild 8.15.
	Demux	Spaltet mehrkanalige Vektorsignale in einzelne Skalare oder kleinere Vektoren, z. B. zum Trennen von Zeit- und Messwerten, die als gemeinsames Signal ankommen, in separate Variablen.

Tabelle 8.6 → Control System Toolbox

Symbol	Bezeichnung	Beschreibung und kurze Erläuterung
tf(1,[1 1]) LTI System	LTI Systems	Universell einsetzbarer Block für Übertragungsfunktionen oder komplette Systeme. LTI steht für „Linear, Time-Invariant", beschreibt also lineare, zeitunveränderliche Systeme. Anstelle der Übertragungsfunktion mit Zähler und Nenner als Zeilenvektoren der Koeffizienten in absteigender Reihenfolge können Variablennamen der Übertragungsfunktionen eingesetzt werden. Allerdings gilt für diesen Block, dass die Ordnung des Zählers kleiner gleich der des Nenners sein muss, d. h., die Anzahl der Nullstellen ist kleiner oder gleich der Anzahl der Polstellen.

Tabelle 8.7 Simulink → Ports & Subsystems

Symbol	Bezeichnung	Beschreibung und kurze Erläuterung
In1 Out1 Subsystem	Subsystem	Ein untergeordnetes System, *Subsystem*, wird durch diesen Block in die aktive Simulation eingefügt. Durch Doppelklick auf den Block öffnet sich ein neues Simulationsfester, in dem die vordefinierten Schnittstellen zum übergeordneten System vorgegeben sind.

Tabelle 8.7 Simulink → Ports & Subsystems *(Fortsetzung)*

Symbol	Bezeichnung	Beschreibung und kurze Erläuterung
Trigger	Trigger	Wird der Trigger[27]-Block in ein *Subsystem* eingefügt, erhält man ein getriggertes *Subsystem*. Die Alternative ist der „*Triggered Subsystem*"-Block, der außer Ein- und Ausgangsschnittstellen von vornherein einen Triggereingang besitzt.

Tabelle 8.8 Simulink → User-Defined Functions

Symbol	Bezeichnung	Beschreibung und kurze Erläuterung
Fcn	Fcn	Eine beliebige mathematische Funktion f(u) mit der Variable u kann als Eigenschaft dieses Blocks definiert werden, z. B. sin(u(1)*exp(2.3*(-u(2)))).
MATLAB Function	MATLAB Function	Eine MATLAB-Funktion kann als Eigenschaft des Block definiert werden, z. B. sin, cos, sqrt, etc.

Dies ist nur eine Auswahl der wichtigsten SIMULINK-Blöcke. Weitere Blöcke können durch Mausklick auf den jeweiligen Oberbegriff aufgelistet werden. Eine Beschreibung des jeweiligen Blocks erhält man durch Doppelklicken auf das gewünschte Symbol.

■ 8.5 Tipps & Tricks für Regelkreis-Simulationen

Eine SIMULINK-Simulation mithilfe der vorangegangenen Erklärungen zusammen zu stellen und ablaufen zu lassen, sollte nicht schwierig sein. Zur Unterstützung eines noch effektiveren Arbeitens werden in diesem Abschnitt anhand einfacher Beispiele ein paar Tipps & Tricks für die Regelkreis-Simulation mit unterschiedlichen Reglern gegeben.

Beispiel 8.3 SIMULINK-Simulation eines Regelkreises mit PI-Regler[28]

Anhand des Regelkreises aus Abschn. 7.5, schematisch dargestellt in Bild 7.19, soll die Umsetzung in eine SIMULINK-Simulation demonstriert werden:

---

[27] Trigger sind aus der Elektrotechnik bekannt und geben einer Schaltung z. B. auslösende Impulse.
[28] Proportional-Integral-Regler, bestehend aus einem Proportional- und einem Integralanteil, siehe auch Abschn. 7.2.2.

Die Regelstrecke besteht aus den folgenden drei PT_1-Gliedern:

$$G_S = \frac{2}{s+3} \cdot \frac{3}{s+4} \cdot \frac{4}{s+5}$$

Der Befehl zur Eingabe der Übertragungsfunktion dieser Regelstrecke in MATLAB lautet wie folgt (Wiederholung aus Abschn. 7.5):

```
>> Gs=tf(2,[1 3])*tf(3,[1 4])*tf(4,[1 5])
   Gs=
                    24
          -----------------------
          s^3 + 12 s^2 + 47 s + 60
   Continuous-time transfer function
```

Als Regler wird ein PI-Regler eingesetzt:

```
>> Gr=tf([1 3],[1 0])
   Gr=
        s + 3
        -----
          s
   Continuous-time transfer function
```

In Beispiel 7.19 in Abschn. 7.5.1 wurde ein optimierter Verstärkungsfaktor $K_V = 0.6739$ für einen Phasenrand von 70° ermittelt. Dieses theoretisch optimierte K_V wird als Ausgangswert für den Verstärkungsfaktor in den *Slider Gain*-Block eingesetzt. Die Simulation des Regelkreises mit SIMULINK soll zeigen, ob es eventuell einen besseren Wert für den Verstärkungsfaktor geben könnte.

In der Simulation in Bild 8.32 wurden zwei verschiedene Eingangsgrößen zur manuellen Auswahl mittels Schalter eingefügt. Der Grund dafür wird später noch erläutert.

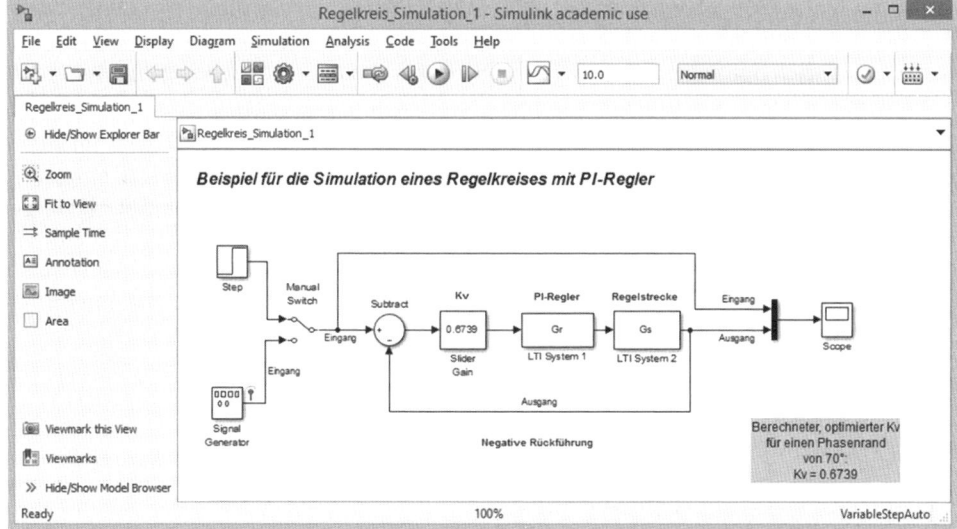

Bild 8.32 Umsetzung des Regelkreises aus Abschn. 7.5 in eine SIMULINK-Simulation

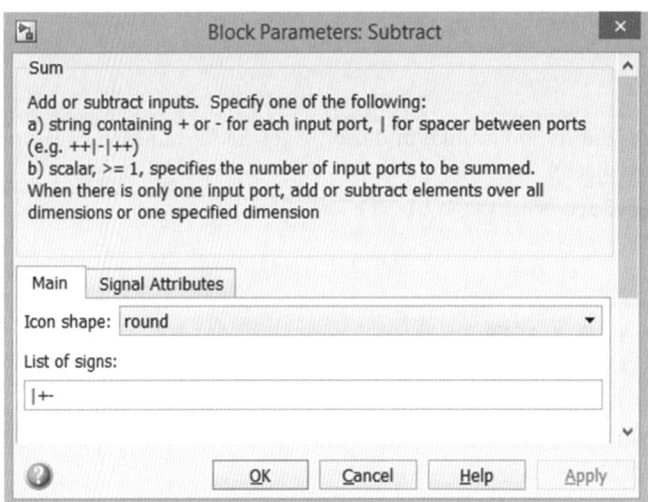

Bild 8.33 Die Parameter des Summen-Blocks (engl. *Add*). Das Symbol | (senkrechter Strich) ist ein Platzhalter zwischen unterschiedlichen Eingängen (engl. *Ports*). Als Form wurde die in der Regelungstechnik übliche runde Form gewählt, anstatt der standardmäßigen rechteckigen, die sich für mehr als 3 *Ports* besser eignet

Die Einstellungen, die das Summenzeichen (*Add*-Block) wie in Bild 8.32 aussehen lassen, d. h. mit Pluszeichen für den Eingang von links und mit Minuszeichen für die negative Rückführung von unten, sind in Bild 8.33 dargestellt.

Der Verstärkungsfaktor K_V ist als *Slider Gain*-Block eingefügt worden. Im Vergleich zu dem normalerweise verwendeten *Gain*-Block, der genau wie der *Slider Gain*-Block das Signal mit dem gewählten Wert multipliziert, ist der *Slider Gain* ein Schieberegler. Wenn der *Slider Gain* durch Mausklick geöffnet wird, kann ein oberer und unterer Begrenzungswert für den Schieberegler eingegeben werden, genauso wie ein Startwert, der innerhalb der Begrenzungswerte liegen muss. Der Schieberegler hat den Vorteil, dass er unabhängig von der Simulation bedient werden kann, also auch während die Simulation läuft, siehe Bild 8.36, sodass die Simulation im laufenden Betrieb durch Verändern des Schiebereglers positiv, aber auch negativ beeinflusst werden kann.

Die Simulation des Regelkreises kann sehr flexibel gehalten werden, wenn für den Regler und die Regelstrecke jeweils der Block *LTI Systems* der *Control Toolbox*, siehe Tab. 8.6, eingesetzt wird. Als *LTI System Variable* kann der Variablenname der jeweils gewünschten Übertragungsfunktion eingesetzt werden, z. B. Gr für den Regler und Gs für die Regelstrecke. So kann die Simulation für beliebige Kombinationen von Reglern und Regelstrecken verwendet werden, solange gültige Übertragungsfunktionen hinter den Bezeichnungen Gr und Gs auf der *MATLAB-Oberfläche* gespeichert sind.[29]

---

[29] Leider gilt diese Aussage nur für Übertragungsfunktionen, bei denen die Anzahl der Nullstellen kleiner oder gleich der Anzahl der Polstellen ist. Bei allen anderen Übertragungsfunktionen, z. B. auch bei PID-Reglern, gibt SIMULINK eine Fehlermeldung für den *LTI Systems*-Block aus. Auf PID-Regler wird deshalb in Beispiel 8.4 separat eingegangen.

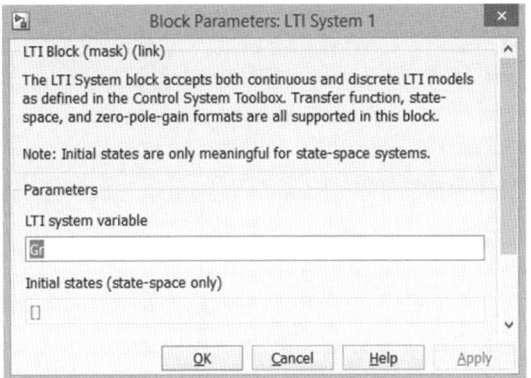

Bild 8.34 Die Parameter des Blocks *LTI System*. Als *LTI System Variable* wurde Gr eingesetzt, der Variablenname der Übertragungsfunktion des Reglers. Anstelle der Variablen kann eine Übertragungsfunktion auch direkt eingesetzt werden, z. B. tf([1 3],[1 0]) für den Regler

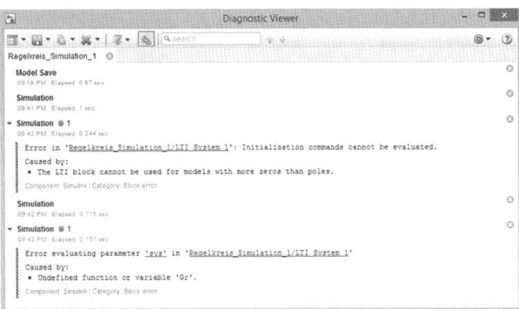

Bild 8.35 „*Diagnostic Viewer*" mit zwei Meldungen über Fehler in der Simulation: Die obere Fehlermeldung resultierte aus dem Versuch, einen PID-Regler (Gr=tf(conv([1 4],[1 3]),[1 0])) als Gr in dem LTI-System einzusetzen, die untere Fehlermeldung zeigt an, dass keine Übertragungsfunktion Gr auf der MATLAB-Oberfläche mehr gespeichert war (nach dem Löschen mit clear Gr)

 Die Funktionen Gs und Gr müssen bereits auf der MATLAB-Oberfläche definiert sein, bevor sie als Parameter eines „*LTI System*"-Blocks der SIMULINK-Simulation verwendet werden können, um eine Fehlermeldung zu vermeiden. Ansonsten zeigt SIMULINK mit „???" innerhalb des Blocks an, dass die Funktion fehlt, außerdem kann die Simulation nicht gestartet werden und der „*Diagnostic Viewer*" wird geöffnet, siehe Bild 8.35. Sobald Gr und Gs nachträglich erzeugt oder aus einer .mat-Datei geladen werden, verschwinden die Fragezeichen und der Variablennamen erscheint.

Die Signalleitungen wurden manuell mit „*Eingang*" und „*Ausgang*" beschriftet. Durch Doppelklick mit der Maus auf eine Leitung kann diese beschriftet werden. Weiterer Text kann durch Doppelklick in die Zeichnungsfläche eingefügt und mit „*Format*" bei Klicken mit der rechten Maustaste wunschgemäß formatiert werden.

Die Eingangs- und die Ausgangsgröße des Regelkreises werden in dem *Mux*-Block, siehe Tab. 8.5, zusammengeführt. Der Vorteil dieser Zusammenführung liegt darin, dass in einem *Scope* beide Signale angezeigt und verglichen werden können, sodass die Antwort des Regelkreises auf die Eingangsgröße deutlich wird, siehe Ergebnis in Bild 8.36, rechts unten.

Die negative Rückführung der Regelgröße darf nicht vergessen werden, dann ist die SIMULINK-Simulation des Regelkreises komplett.

Bevor die Simulation gestartet wird, sollten jedoch einige Parameter so eingestellt werden, dass die Regelung im Simulationsbetrieb beeinflusst werden kann. Deshalb wurde der *Signal*

8 Einführung in die SIMULINK-Toolbox

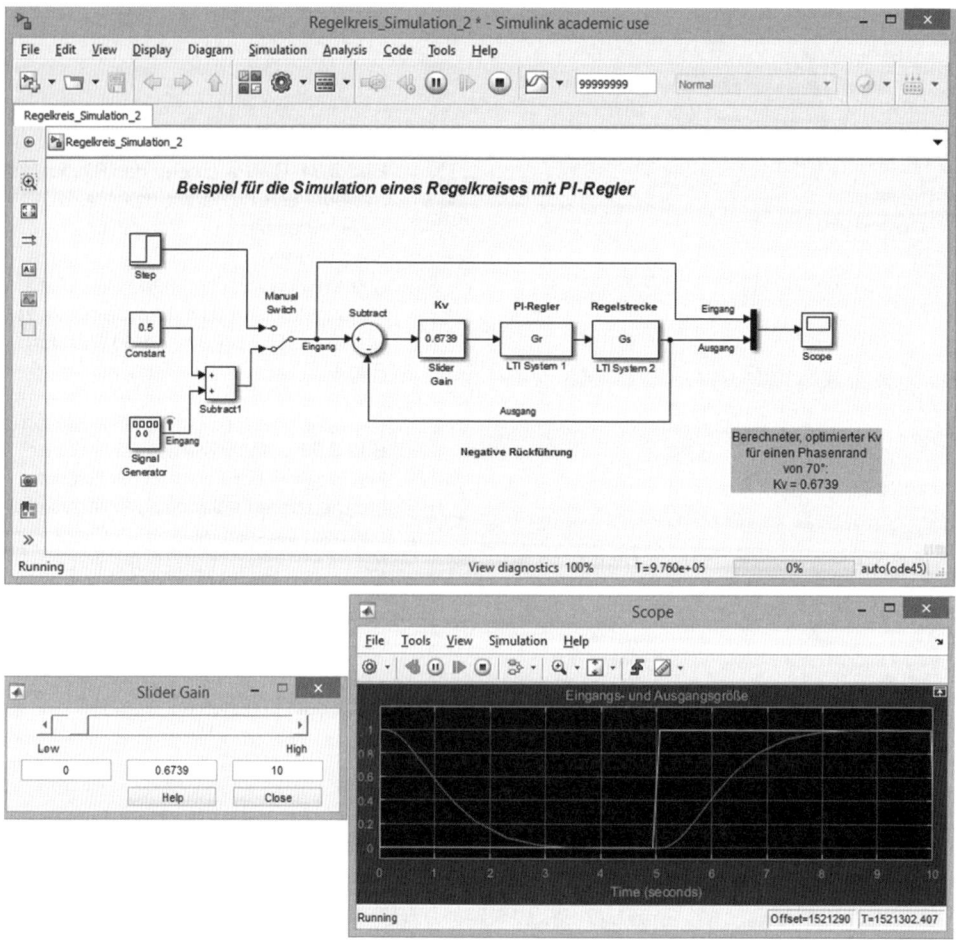

Bild 8.36 Die Regelkreissimulation mit Rechtecksignal aus dem „Signal Generator" als Eingangsgröße. Der Schieberegler (engl. Slider Gain), links unten, kann während der laufenden Simulation bedient werden. Im Scope, rechts unten, ist das Eingangssignal als helleres, rechteckiges Signal und das Ausgangssignal als etwa dunkleres Signal mit abgerundeten Ecken zu erkennen

Generator als Eingangsgröße eingesetzt, der nun entsprechend konfiguriert werden muss.[30] Würde nur eine Sprunggröße als Eingang verwendet, liefe die Simulation kurz durch und eine Sprungantwort des Regelkreises auf die eingestellten Regelparameter würde angezeigt. Eine Optimierung der Simulation im laufenden Betrieb wäre nicht möglich. Mit einem kontinuierlichen Rechtecksignal als Eingangsgröße kann eine sich wiederholende Sprunggröße simuliert werden. Das erfordert jedoch spezifische Einstellungen der Parameter unter *„Simulation"* → *„Simulation Parameters..."* des *Signal Generators* und des *Scopes*, die im Folgenden erläutert werden:

---

[30] Diese Vorgehensweise stammt aus der Vorlesung von Prof. Dr.-Ing. Hans-Jürgen Adermann: Vorlesung „Regelungstechnik", Hochschule Ravensburg-Weingarten, *www.hs-weingarten.de*.

1. Die „*Stop*"-Zeit der Simulation unter „*Simulation*" → „*Model Configuration Parameters* (< Strg > + E)" wird auf einen quasi unendlichen Wert eingestellt (z. B. 9999999), sodass die Simulation ausreichend lange läuft, um Veränderungen an den Regelparametern vorzunehmen und beobachten zu können.
2. Die Parameter des „*Signal Generator*"-Blocks werden auf Rechtecksignal (engl. *square*) gesetzt, die Amplitude kann bei „1" belassen werden, die Frequenz wird jedoch auf 0.1 Hz gesetzt (entspricht einer Periodendauer von 10 Sekunden).
3. Das *Scope* wird durch Doppelklick auf den Block in der Simulation geöffnet, die „*Configuration Parameters*" durch Klicken auf das Symbol ganz links. Der Zeitbereich bei „Time", der normalerweise auf „*auto*", d. h. automatische Anpassung eingestellt ist, wird mit 10 (Sekunden) festgelegt, entsprechend einer Periodendauer der am *Signal Generator* eingestellten Frequenz. Das *Scope*-Fenster bleibt geöffnet, sodass der Verlauf der Eingangs- und der Ausgangsgröße beobachtet werden kann. Die Skalierung der y-Achse wird bei „*Display*" eingestellt, Y-limits (Minimum) auf −1.2, Y-limits (Maximum) auf 1.2, sodass ein Rechtecksignal mit einer Amplitude von 1 gut zu erkennen ist.
4. Der Schieberegler für den Verstärkungsfaktor (engl. *slider gain*) wird durch doppelten Mausklick geöffnet. Das Fenster mit dem Schieberegler kann aus der Arbeitsfläche der Simulation geschoben werden, sodass weder die aktive Simulation, noch das geöffnete *Scope* den Schieberegler verdecken. Die untere Begrenzung des Schiebereglers wird auf 0 (*low*) gesetzt, die obere auf 10 (*high*)

Ist kein deutliches Ergebnis zu erkennen, weil die Antwort des Regelsystems entweder zu schnell oder zu langsam ist, um in den vordefinierten Bereich zu passen, so können die Darstellung des *Scopes* und die Frequenz des *Signal Generators* angepasst werden. Dabei ist zu beachten, dass der Anzeigebereich des Scopes immer der Periodendauer der eingestellten Frequenz am Frequenzgenerator (engl. *signal generator*) entsprechen sollte, sodass im *Scope* immer nur eine Periode des Rechtecksignals dargestellt wird. Wenn die Sprungantwort zu schnell ist, kann z. B. der Anzeigebereich des *Scope* auf 5 Sekunden halbiert werden. Die Frequenz des *Signal Generators* müsste dann entsprechend angepasst werden, d. h. auf $f = 1/T = 1/5\,\text{s}^{-1} = 0.2\,\text{Hz}$.

Sobald alle Einstellungen entsprechend geändert wurden, kann die Simulation gestartet werden. Dadurch, dass im *Scope* genau die Periodendauer des Rechtecksignals angezeigt wird, ist genau ein Sprung zu sehen. Allerdings schwingt das Signal im Bereich von −1 bis +1, was zwar keinen Einfluss auf die Regelung hat, aber eventuell den visuellen Eindruck stört. Um einen Sprung von 0 auf 1 zu bekommen, kann die Amplitude des *Signal Generators* auf 0.5 gesetzt und das Eingangssignal durch die Addition einer Konstante (engl. *constant*), siehe Tab. 8.1, um 0.5 nach oben verschoben werden.

Die Simulation kann nun über die Menüleiste mit „*Simulation*" → „*Start*" oder durch Mausklick auf das Startsymbol ▶ gestartet werden.

Die Darstellung der Eingangs- und Ausgangsgröße des *Scopes* flimmert je nach Grafik- und Rechenleistung des PCs mehr oder weniger heftig. Das Eingangssignal, standardmäßig in gelber Farbe, sollte einigermaßen einem Rechtecksignal bzw. einem Sprung ähneln, ganz senkrecht ist die vertikale Linie im Normalfall nicht. Das Ausgangssignal, standardmäßig in blauer Farbe, hat die gewünschte Ähnlichkeit mit der durchgezogenen Linie der Sprungantwort des optimierten PI-Reglers in Bild 7.28, d. h., die Reglerantwort zeigt einen gedämpften Verlauf und schwingt nicht über.

Die Simulation soll aber dazu dienen, einen besseren Regler zu finden, z. B. einen schnelleren, der trotzdem nicht überschwingt. Dazu kann nun der Schieberegler des Verstärkungsfaktors verändert werden. In Bild 8.37 wurden verschiedene Momentaufnahmen von eingestellten K_V-Werten und das Ergebnis im *Scope* neben- bzw. untereinander gesetzt. Außerdem wurden zur besseren Sichtbarkeit des Signals mithilfe von „*View*" (Taskleiste des *Scope*) → *Style*... die Eingangs- und Ausgangsgröße unterschiedlich leuchtend eingefärbt, die Liniendicke mit 2.0

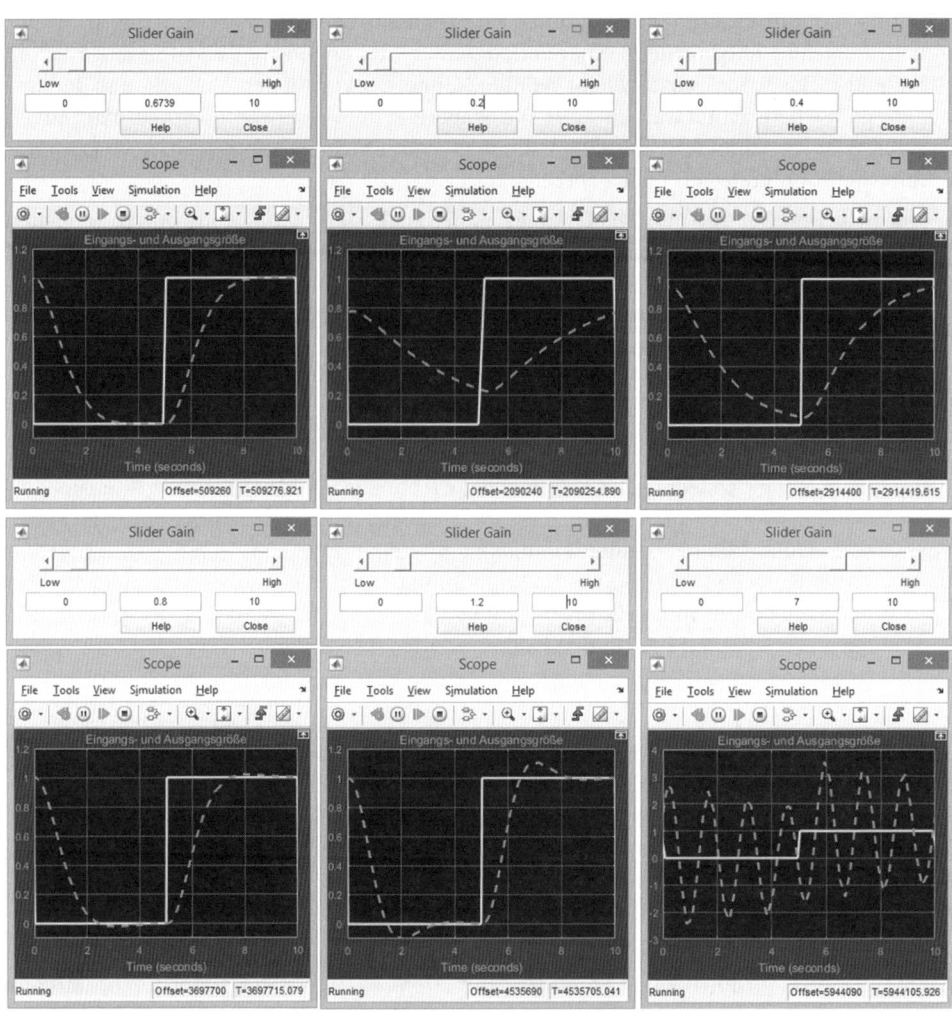

Bild 8.37 Ergebnisse der Simulation des Regelkreises bei unterschiedlichen Einstellungen für den Schieberegler, bzw. den Verstärkungsfaktor Kv. Der Schieberegler oberhalb des Scopes zeigt jeweils den Wert für Kv an, das Scope direkt darunter das Ergebnis der Sprungantwort. Für den stark schwingenden Regler $K_V = 7$ wurde die Skalierung der y-Achse auf Minimum −3 und Maximum +4 gesetzt, um die Auswirkungen des Reglers erkennen zu können

relativ dick gewählt und die Ausgangsgröße als gestrichelte Linie im Unterschied zur durchgezogenen Linie der Eingangsgröße formatiert.

Das *Scope* links oben in Bild 8.37 zeigt zum Vergleich den theoretisch optimierten Regler mit $K_V = 0.6739$ aus Beispiel 7.19 in Abschn. 7.5.1. Rechts daneben ein niedriger Wert mit $K_V = 0.2$, der eine deutlich flacher verlaufende Kurve zeigt, die den stationären Wert nach 5 Sekunden Simulationszeit noch gar nicht erreicht hat. Dies ist also ein deutlich langsamerer Regler. Der Wert von $K_V = 0.4$ oben rechts im Bild ist schon wieder besser, aber auch hier wurde der stationäre Endwert bis zum Ende der Periodendauer noch nicht erreicht, der Regler ist also langsamer als der Vergleichsregler.

Unten links im Bild ist das Ergebnis für einen Regler mit $K_V = 0.8$ zu sehen. Der Regler scheint minimal schneller zu sein als der optimierte Regler, weist aber bereits eine Tendenz zum Überschwingen auf. Bei einem $K_V = 1.2$, rechts daneben, ist das Überschwingen bereits deutlich zu erkennen. Rechts unten im Bild ist der Regler mit $K_V = 7.0$ bereits nahe an der Grenze zur harmonischen Schwingung. Die Überschwinger sind bereits so groß, dass die Skalierung der y-Achse angepasst werden muss. Über die „*Scope Configuration Properties*" wurden im Tab „*Display*" die „*Y-limits (Minimum)*" auf −3 und die „*Y-limits (Maximum)*" auf +4 gesetzt. Alternativ könnte die Skalierung der y-Achse auch automatisch eingestellt werden, über das dritte Icon von rechts in der Symbolleiste des *Scope*, siehe Symbolleiste in Bild 8.35. Abgesehen von der Skalierung der y-Achse, kann auch die x-Achse oder beide Achsen zusammen automatisch skaliert werden.

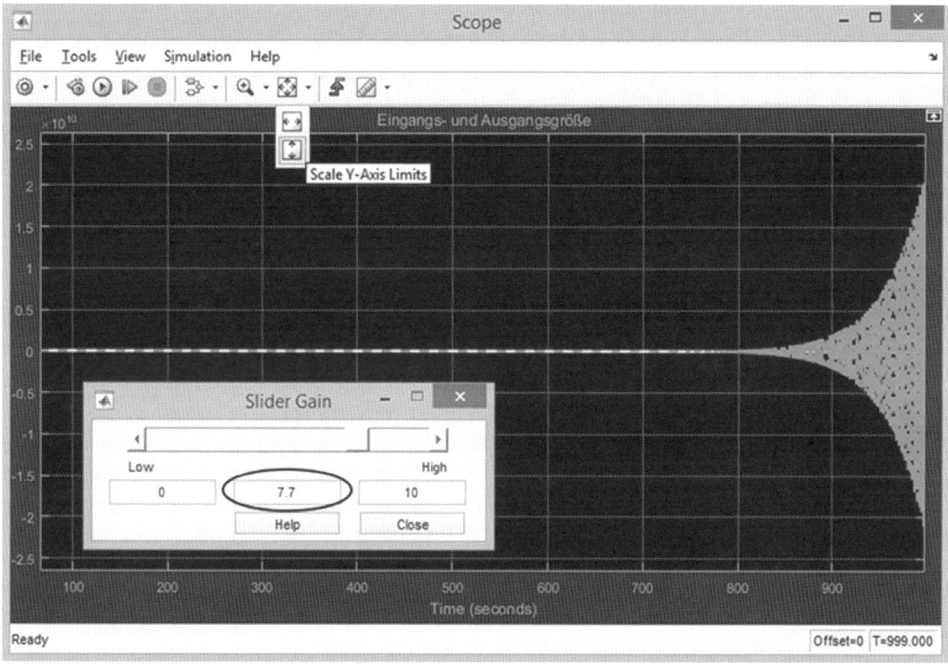

Bild 8.38 Wird der Schieberegler immer höher gestellt, kommt es zum Aufschwingen des Regelkreises und die Simulation wird mit einer Fehlermeldung im Diagnostic Viewer abgebrochen

Der kritische Wert für K_V, also der Wert, an dem das System harmonisch schwingen würde, wurde in Abschn. 7.5.1 mit $K_V = 7.5$ berechnet, siehe auch Bild 7.23. Mit $K_V = 7.7$ wurde der kritische Wert für K_V überschritten, siehe Bild 8.38. Es ist deutlich ein Aufschwingen des Regelkreises zu erkennen, die Skalierung der y-Achse musste bereits angepasst werden. Auch die Simulationszeit musste reduziert werden auf 999, da die Software sonst an ihre Grenzen stößt und das System schließlich mit einer Fehlermeldung im *„Diagnostic Viewer"* abbricht. Gleiches passiert, wenn der Wert von K_V weiter erhöht wird und das System noch stärker aufschwingt.

Üblicherweise kann die Simulation wieder normal gestartet werden, wenn sie aufgrund eines Fehlers abgebrochen wurde. Bei älteren, schwachen PCs oder in besonders gravierenden Fällen kann so ein Abbruch aber auch zum Absturz von MATLAB oder sogar des ganzen PCs führen, sodass entweder MATLAB oder der PC neu gestartet werden müssen. Ein Abspeichern der Simulation vor dem Start ist deshalb ratsam!

Beispiel 8.4 SIMULINK-Simulation eines Regelkreises mit PID-Regler[31]

Mit der SIMULINK-Simulation konnten die Ergebnisse für den PI-Regler aus Abschn. 7.5.1 gut nachvollzogen und bestätigt werden. Möchte man die gleiche Simulation mit einem PID-Regler als Gr laufen lassen, so erhält man eine Fehlermeldung, da der PID-Regler im Zähler eine höhere Ordnung hat als im Nenner, was für die *„LTI Systems"* nicht erlaubt ist, siehe Beschreibung in Tab. 8.6. Der *„LTI Systems"*-Block muss also durch einen passenden Block ersetzt werden.

Zur Definition des Gr als PID-Regler wurde zuvor auf der MATLAB-Oberfläche folgender Befehl eingegeben:

```
>> Gr=tf(conv([1 4],[1 3]),[1 0])
   Gr =
   s^2 + 7 s + 12
   --------------
         s
   Continuous-time transfer function
```

Der beste PID-Regler wurde für $K_V = 0.4035$ bei einer Phasenreserve von 70° ermittelt, siehe Bild 7.31 in Abschn. 7.5.1.

Um einen PID-Regler einzusetzen, kann die Simulation am einfachsten mit dem *PID Controller*-Block unter *„Simulink"* → *„Continuous"*, siehe Tab. 8.3, aufgebaut werden, siehe Bild 8.39.

Die Parameter des *PID Controller*-Blocks müssen in der folgenden Form eingegeben werden:

$$G_R = P + \frac{I}{s} + Ds$$

---

[31] Proportional-Integral-Differential-Regler, bestehend aus einem Proportional-, einem Integral- und einem Differentialanteil, siehe auch Abschn. 7.2.2.

8.5 Tipps & Tricks für Regelkreis-Simulationen

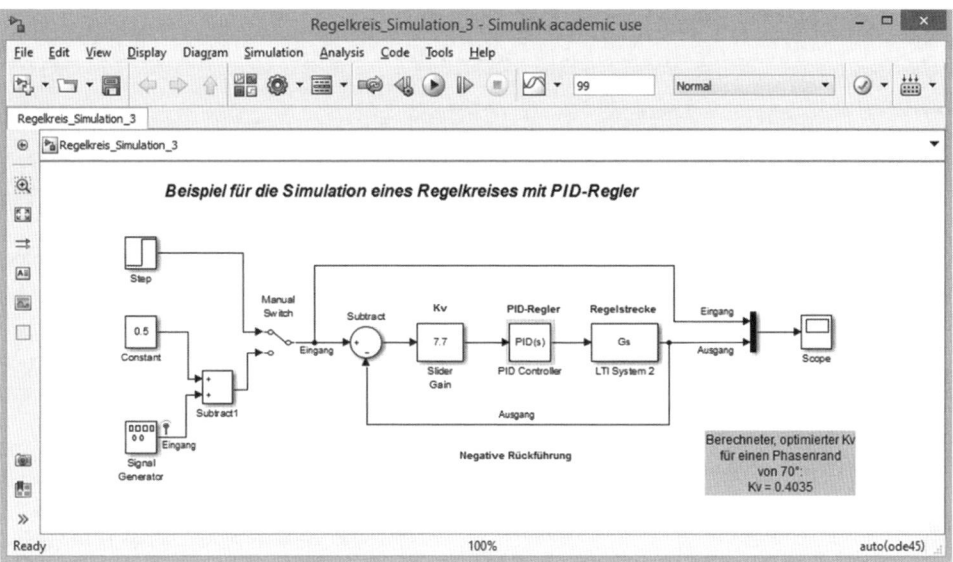

Bild 8.39 Regelkreis mit *PID Controller*-Block als Regler

Die *Proportional, Integral* und *Derivative Parameters* können nach Umformung der Gleichung aus der oben angegebenen Übertragungsfunktion des PID-Reglers ausgelesen werden:

$$G_R = \frac{s^2 + 7s + 12}{s} = 1s + 7 + \frac{12}{s} \quad \text{mit } P = 7, \quad I = 12, \quad \text{und } D = 1.$$

Durch Doppelklick auf den *PID Controller*-Block wird das *Parameter*-Fenster geöffnet, siehe Bild 8.40.

Wird die Simulation erneut gestartet, ergibt sich ein ähnliches Bild wie bei den vorherigen Versuchen mit dem PI-Regler. Allerdings bricht die Simulation bei einer Simulationsdauer von 9999 erst ab einem Verstärkungsfaktor $K_V > 20$ mit einer Fehlermeldung ab. Bis $K_V = 10$ ist der Regler noch sehr stabil und die Simulation zeigt keine Probleme. Für eine bessere qualitative Aussage über die Güte des Reglers, wenn am Schieberegler der Verstärkungsfaktor K_V verändert wird, empfiehlt es sich jedoch, die obere Grenze des Schiebereglers auf 1 zu setzen, da das beste Ergebnis bei $K_V < 1$ erzielt wird.

In Bild 8.41 sind Ergebnisse mit verschiedenen Verstärkungsfaktoren zu sehen. Links oben der rechnerisch optimierte Regler mit $K_V = 0.4035$, rechts daneben das Ergebnis für $K_V = 0.2$, ohne erkennbaren Überschwinger, aber bereits deutlich langsamer. Ganz rechts oben ein sehr langsamer Regler mit $K_V = 0.1$, der nach 5 Sekunden noch nicht den stationären Zustand erreicht hat. Links unten ein Regler mit $K_V = 0.8$, etwas schneller als der optimierte Regler darüber, aber dafür mit deutlichem Überschwingen. Rechts bereits deutliches Überschwingen mit $K_V = 8$ und ganz rechts unten ein extrem schwingender Regler mit $K_V = 20$, der aber trotzdem noch weit von der kritischen harmonischen Schwingung ist.

Eine eindeutige und scharf abgegrenzte Sprungantwort wird angezeigt, wenn statt des *Signal Generators* der Schalter („*Manual Switch*"-Block) durch Mausklick auf den Eingangs-

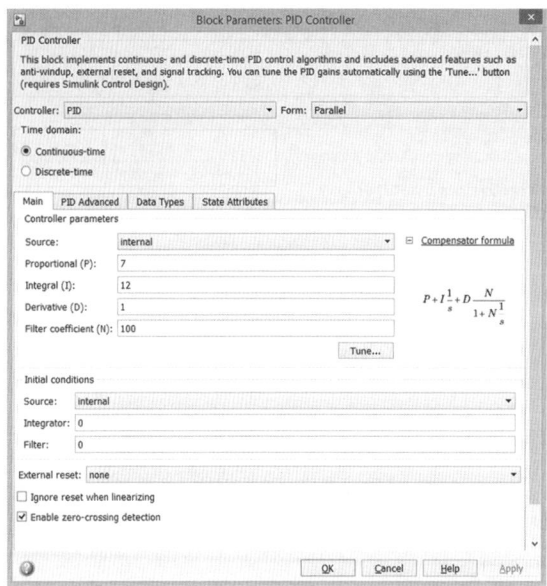

Bild 8.40 Eingabe der PID-Parameter nach Doppelklick auf den PID-Controller-Block. In früheren MATLAB-Versionen beschränkten sich die Optionen auf den Proportional-, den Integral und den Differentialanteil. Inzwischen kann aus einer Vielzahl an Optionen ausgewählt werden, für den Einstieg genügt aber immer noch die Eingabe der oben genannten Werte, alle anderen Parameter wurden belassen

sprung (*Step (Block)*) umgeschaltet wird. Allerdings darf dann nicht vergessen werden, die *Stop Time* auf z. B. 10 Sekunden herunterzusetzen.

Wird die Simulation gestartet, ergibt sich ein ähnliches Bild wie in der theoretisch berechneten Sprungantwort in Bild 7.31, mit leichtem Überschwinger aber relativ schneller Reaktion.

Beispiel 8.5 SIMULINK-Simulation eines Regelkreises mit PID-Regler aus Einzelblöcken

Der PID-Regler kann auch als Parallelschaltung aus den einzelnen Komponenten P-, I-, und D-Anteil zusammengestellt werden. Ein Regler kann durch den Einsatz von Schaltern als beliebige Kombination der einzelnen Komponenten zusammengestellt werden, siehe Bild 8.42.

Auch die Regelstrecke kann als Reihenschaltung von drei PT_1-Gliedern aus *Transfer Fcn*-Blöcken, siehe Tab. 8.3, abgebildet werden. Die Parameter der einzelnen PT_1-Glieder können anhand der Übertragungsfunktion, mit der die Regelstrecke berechnet wurde, leicht ermittelt und als Parameter in die jeweiligen *Transfer Fcn*-Blöcke eingegeben werden.

```
>> Gs=tf(2,[1 3])*tf(3,[1 4])*tf(4,[1 5]);
```

Die drei PT_1-Glieder wurden bereits in Abschn. 7.5 vorgestellt:

$$G_S = \frac{2}{s+3} \cdot \frac{3}{s+4} \cdot \frac{4}{s+5}$$

Obwohl die Simulation das erwartete Ergebnis anzeigt, wird in der Statusleiste unterhalb der Schaltung auf zwei Warnungen hingewiesen, die im *„Diagnostic Viewer"* angezeigt werden, siehe Bild 8.40.

8.5 Tipps & Tricks für Regelkreis-Simulationen

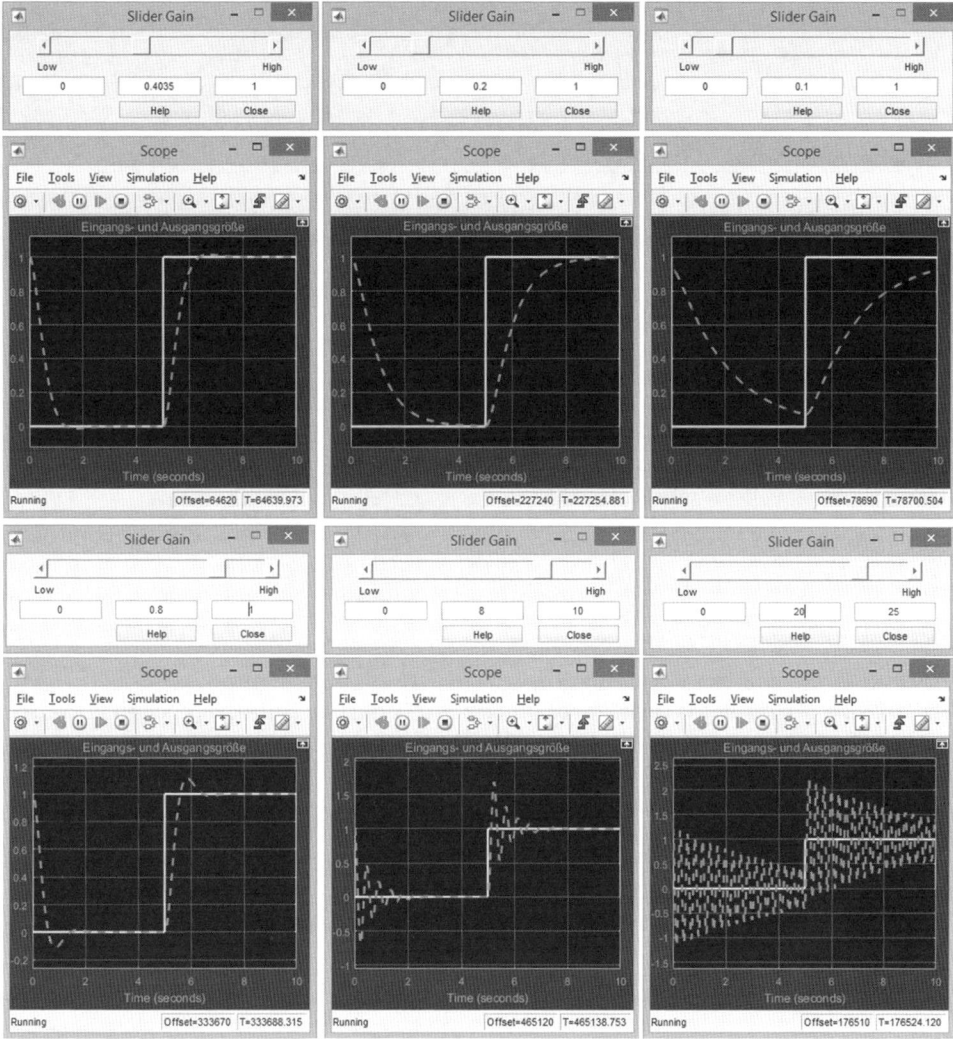

Bild 8.41 Ergebnisse der Simulation des Regelkreises mit PID-Regler für unterschiedliche Verstärkungsfaktoren K_V

Die Simulation wird zugegebenermaßen eher unübersichtlicher, wenn der PID-Regler aus zuschaltbaren Einzelkomponenten gestaltet wird. Es ist doch erheblich einfacher und überschaubarer, den *PID Controller*-Block in die Schaltung einzusetzen, wie in Beispiel 8.4 bereits gezeigt. Für Demonstrationszwecke der Ergebnisse von verschiedenen Reglertypen ist diese Schaltung allerdings gut geeignet, da die einzelnen Reglerkomponenten unterschiedlich zusammengeschaltet werden können und die Ergebnisse verglichen werden können, z. B. P-, I- oder D-Regler einzeln, dann die Kombinationen PI- oder PD-Regler, oder alle zusammen als PID-Regler.

304   8 Einführung in die SIMULINK-Toolbox

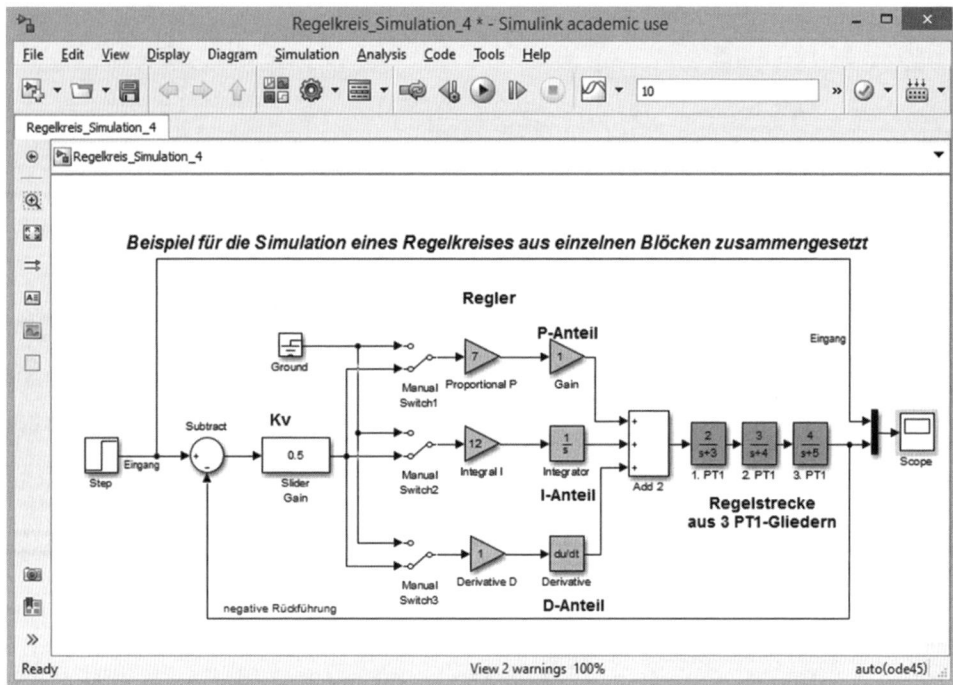

Bild 8.42 Die Simulation des Regelkreises mit dem PID-Regler aus Einzelkomponenten in Parallelschaltung zusammengesetzt und einzeln zu- oder wegschaltbar

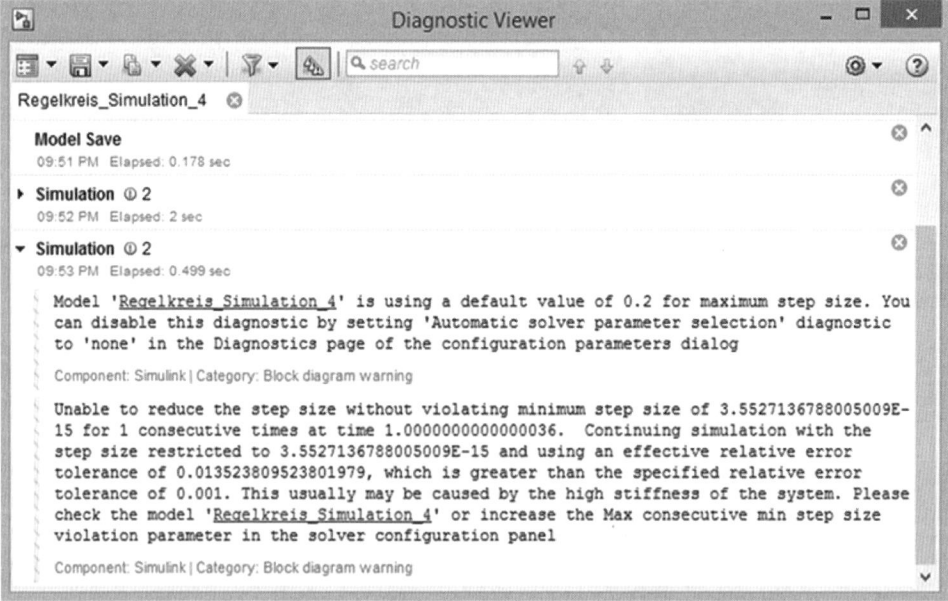

Bild 8.43 Zwei Warnungen werden im „*Diagnostic Viewer*" angezeigt, die auf eine suboptimale Simulation hinweisen. Die untere Warnung empfiehlt eindeutig, die Schaltung zu überprüfen. Der Regelkreis mit PID-Regler aus Beispiel 8.4 ist eher zu empfehlen

Der D-Anteil kann Fehlermeldungen bezüglich der minimalen Zeitintervalle der Simulationsberechnungen verursachen. Oft ist es in diesem Fall empfehlenswerter, den „*PID Controller*"-Block unter „*Simulink*" → „*Continuous*" zu verwenden. Ansonsten kann versucht werden, über die *Model Configuration Parameters* der Simulation einen passenderen Solver oder bessere Einstellungen für die Schrittweite der Zeitintervalle zur Berechnung zu finden, z. B. durch Wechseln von der variablen Schrittweite (*variable-step*) auf eine vorgegebene Schrittweite (*fixed-step*).

Die Möglichkeiten von SIMULINK sind vielfältig und oftmals führen mehrere Wege zum Ziel. Andererseits kann der eine Weg sinnvoller sein als der andere, da z. B. die Berechnung der Simulation einer intelligenteren Berechnungsmethode folgt. Es lohnt sich durchaus, mehrere Optionen auszutesten, bevor eine endgültige Entscheidung für ein Ergebnis getroffen wird.

■ 8.6 Tipps zur Auswertung grafischer Ergebnisse des *Scope*

Die Ergebnisse im *Scope* werden immer mit schwarzem Hintergrund dargestellt und diese Farbe lässt sich nicht so leicht ändern. Um den Verbrauch schwarzer Farbe beim Ausdruck mehrerer Ergebnisse zu reduzieren sowie den Kontrast der dargestellten Kurven vor dem dunklen Hintergrund zu erhöhen, bieten sich zwei Möglichkeiten an, um den Hintergrund der grafischen Ausgabe in Weiß zu ändern, eine sehr einfache und eine elegantere, die beide im Folgenden vorgestellt werden.

8.6.1 Ändern der grafischen Darstellung im Bildbearbeitungsprogramm

Bei der einfachen Variante wird der ganze Bildschirminhalt über die Tastenkombination <Alt> + <Druck> (für Windows-Anwender) in den Zwischenspeicher geladen und dann in einem beliebigen Grafikprogramm als neues Bild eingefügt. Sobald das *Scope*-Fenster als Bild abgespeichert ist, kann die Hintergrundfarbe mithilfe des jeweiligen Grafikprogramms geändert werden, z. B. indem die Farben Weiß und Schwarz vertauscht werden. Außerdem kann zusätzlicher Text eingefügt werden. Sehr viel mehr Änderungen oder Verbesserungen lassen sich an der Grafik aber nicht durchführen.

8.6.2 Konfigurierbare Darstellung des *Scope*-Fensters über MATLAB

Da die grafischen Möglichkeiten des *Scope*-Fensters sehr begrenzt sind, bietet sich an, für Auswertungen und repräsentative Ausdrucke die grafischen Möglichkeiten von MATLAB zu nutzen.

Bevor die Simulation abläuft, wird dazu in den *Scope Configuration Properties* zu „*Logging*" gewechselt und „*Log data to workspace*" markiert. Wenn gewünscht kann ein eigener Variablenname vergeben werden, wichtig ist aber, dass das Format auf „*Array*" eingestellt ist, damit die Daten in einem weiterverarbeitbaren Format abgespeichert werden.

Nachdem die Simulation gestartet wird, werden die Daten, die im *Scope* angezeigt werden bzw. in der Variable, die eingegeben wurde, auf der MATLAB-Oberfläche gespeichert, und zwar als zweispaltige Matrix, falls das *Scope* nur ein Signal darstellt. Die erste Spalte enthält die Zeitdaten, die zweite Spalte die des dargestellten Signals, falls das *Scope* nur ein Signal darstellt. Damit können die Daten mithilfe des plot-Befehls grafisch dargestellt werden und die Grafik auch nach Belieben und den Möglichkeiten von MATLAB verändert werden, wie in Abschn. 5.1 bereits ausführlich beschrieben wurde:

```
>> plot(ScopeData(:,1),ScopeData(:,2)); grid; title('Simulink Scope')
```

Da in den Beispielsimulationen von Abschn. 8.5 jeweils die Eingangs- und Ausgangsgrößen über den *Mux*-Block zusammengeführt werden, enthält die Matrix *ScopeData* drei Spalten, die Zeitdaten in der ersten Spalte, die Eingangsgröße in der zweiten Spalte (Signalkanal 1) und die Ausgangsgröße in der dritten Spalte (Signalkanal 2). Werden z. B. über den *Mux*-Block n Signale zusammengeführt, enthält die Variable *ScopeData* $n + 1$ Spalten. Bei jeweils einer Eingangs- und Ausgangsgröße lautet der plot-Befehl wie folgt:

```
>> plot(ScopeData(:,1),ScopeData(:,2),ScopeData(:,1), ScopeData(:,3));
   grid;
>> legend('Eingang','Ausgang')
>> title('Eingangs- und Ausgangsgröße einer Sprungantwort')
```

Dem Diagramm kann über den title-Befehl eine Titelzeile und mit legend eine Legende hinzugefügt werden. Alle Farben des Hintergrunds oder der Kurven können frei gewählt werden,

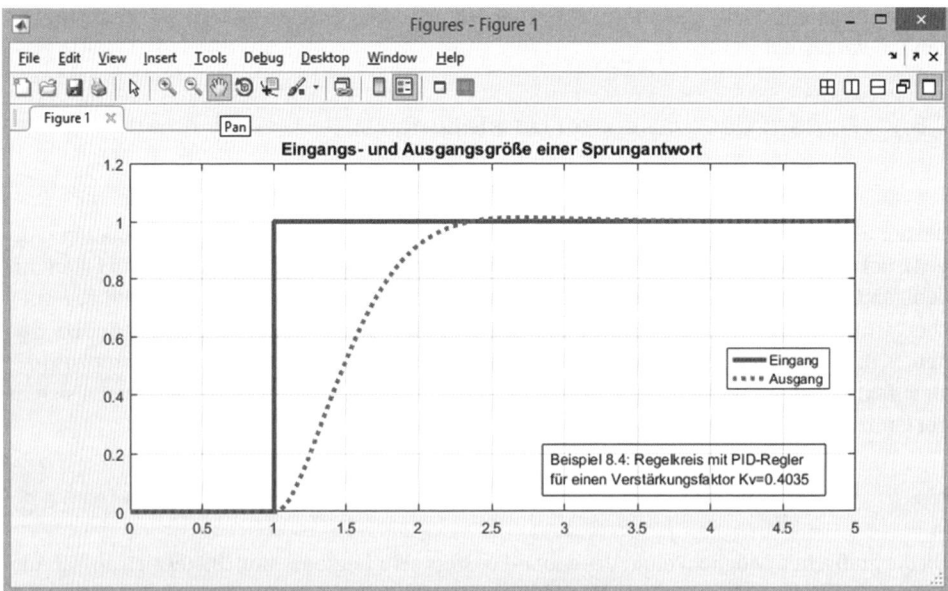

Bild 8.44 Die grafische Darstellung von SIMULINK-Messdaten aus der *ScopeData*-Variablen mit dem plot-Befehl bietet deutlich mehr optische Gestaltungsmöglichkeiten als die Darstellung mit dem *Scope*

8.6 Tipps zur Auswertung grafischer Ergebnisse des *Scope*

die Strichstärke und -art kann beliebig angepasst werden, sodass die Kurven auch z. B. bei monochromer Abbildung wie in Bild 8.44 noch leicht unterscheidbar sind.

Ein weiterer Vorteil, die Simulationsdaten in einer Variablen, z. B. *ScopeData* mitzuschreiben, ist die Möglichkeit der dauerhaften Speicherung von Messdaten in `.mat`-Dateien. Außerdem können die Ergebnisse unterschiedlicher Simulationsversuche leichter grafisch miteinander verglichen werden, wenn vor dem Start einer Simulation ein anderer Variablennamen vergeben wird. Mit dem `plot`-Befehl können die Messdaten verschiedener Variablen in einer Grafik dargestellt und miteinander verglichen werden.

Die Möglichkeiten, die sich durch den Messdaten-Export auf die MATLAB-Oberfläche bieten, sind vielfältig. Die Darstellung der Daten mit dem `plot`-Befehl erlaubt optisch vorteilhaftere Präsentationen von Messergebnissen durch die bereits in Abschn. 5.1 ausführlich beschriebenen Optionen, wobei der Aufwand verhältnismäßig gering ist. Unter Umständen bietet es sich an, die Umsetzung in ein `plot`-Diagramm in einem kurzen MATLAB-Programm zusammenzufassen.

A MATLAB-Befehlsliste für die Abbildungen der zweidimensionalen Grafikbeispiele in Abschnitt 5.4

In Abschn. 5.4 werden in Bild 5.10, 5.11 und Bild 5.12 einige Beispielgrafiken für die beschriebenen MATLAB-Befehle dargestellt. Da die Syntax, mit der die Bilder erzeugt wurden, nicht uninteressant ist, sind im Folgenden die Befehle, die als MATLAB-Programm gespeichert wurden, aufgeführt. Begonnen wird mit einer Definition der verwendeten Variablen, die als Parameter in die verschiedenen Funktionsgleichungen eingesetzt wurden. Anschließend wird jedes einzelne Unterdiagramm (subplot-Befehl) der drei Grafiken definiert. Das Programm wurde deshalb mithilfe doppelter Prozentzeichen %% in 4 Abschnitte („Sections") unterteilt, so dass auch einzelne Abschnitte separat aufgerufen werden können.

Auf der Internetseite der Autorin steht das Programm auch zum Herunterladen zur Verfügung: *www.angelikabosl.de/MATLAB*

```
% Grafik 2D
% Grafikbeispiele im zweidimensionalen Bereich
% aufgeteilt in 4 Abschnitte (Sections):
% Definition, 1., 2. und 3. Grafikfenster
%%
% Definition der verwendeten Vektoren und Matrizen
w=logspace(-1,1,100);                    % logarithmische Verteilung
t=0:0.1:2*pi;                            % lineare Verteilung von 0 bis 2Pi
y1=exp(w);                               % Exponentialfunktion
y2=sin(t);                               % Sinusfunktion
y3=peaks(10);                % peaks-Funktion (Gauss'sche Verteilung)
Y4=randi(6,12,3);            % Zufallsverteilung 3 Würfel à 12 Würfe
e=randi(2,63,1);                   % Vektor der Fehlerabschätzung
x5=randi(6,6,1);y5=randi(6,6,1);c5=randi(6,6,1);
% Vektoren mit je 6 Zufallszahlen von 1 bis 6
Y6=randi(10,20,20);
% Quadratische Matrix von Zufallszahlen von 1 bis 10
x7=rand(100,1);y7=rand(100,1);
s7=rand(100,1)*100;c7=rand(100,1)*10;
Y8=round(rand(20,20));
```

```matlab
%
% Grafische Darstellungen:
%%
% Teil 1:
subplot(3,3,1)                          % Unterdiagramm Nr.1 von 1/9
loglog(w,y1),grid on
title('loglog-Diagramm, beide Achsen logarithmisch')
legend('Exponentialfunktion')
subplot(3,3,2)                          % Unterdiagramm Nr.2 von 1/9
semilogx(w,y1),grid on
title('semilogx-Diagramm, x-Achse logarithmisch')
legend('Exponentialfunktion')
subplot(3,3,3)                          % Unterdiagramm Nr.3 von 1/9
semilogy(w,y1),grid on
title('semilogy-Diagramm, y-Achse logarithmisch')
legend('Exponentialfunktion')
subplot(3,3,4)                          % Unterdiagramm Nr.4 von 1/9
stairs(t,y2),grid on, legend('Sinus')
title('stairs - Sinusfunktion als Stufendiagramm')
subplot(3,3,5)                          % Unterdiagramm Nr.5 von 1/9
contour(y3,10),grid on
title('contour - Isolinien der Funktion peaks')
subplot(3,3,6)                          % Unterdiagramm Nr.6 von 1/9
ezcontour('sqrt(x^2 + y^2)+sin(x)+sin(y)')
legend('"ez"-Funktion ezcontour')
subplot(3,3,7)                          % Unterdiagramm Nr.7 von 1/9
bar(Y4),grid on
legend('Würfel 1', 'Würfel 2', 'Würfel 3')
title('Balkendiagramm (senkrecht) der gewürfelten Zahlen 3er Würfel')
subplot(3,3,8)                          % Unterdiagramm Nr.8 von 1/9
barh(Y4),grid on
legend('Würfel 1', 'Würfel 2', 'Würfel 3')
title('Balkendiagramm (waagrecht) der gewürfelten Zahlen 3er Würfel')
subplot(3,3,9)                          % Unterdiagramm Nr.9 von 1/9
bar(Y4,'stacked'),grid on,
legend('Würfel 1','Würfel 2','Würfel 3')
title('Balkendiagramm mit aufsummierten Werten')
%%
% Teil 2:
figure                                  % Neues Grafikfenster
subplot(3,3,1)                          % Unterdiagramm Nr.1 von 2/9
hist(Y4),grid on,legend('Würfel 1','Würfel 2','Würfel 3')
title('hist - Histogramm der Würfelzahlenverteilung')
subplot(3,3,2)                          % Unterdiagramm Nr.2 von 2/9
pareto(Y4(:,1)),grid on
title('pareto - sortiertes Balkendiagramm')
legend('Würfelergebnisse')
```

```
subplot(3,3,3)                           % Unterdiagramm Nr.3 von 2/9
e=randi(2,1,63);
errorbar(y2,e),grid on
title('errorbar - Fehlerbalken markieren Konfidenzintervalle')
subplot(3,3,3)                           % Unterdiagramm Nr.3 von 2/9
stem(Y4(:,1),'fill'),grid on
title('stem - "Stamm mit Blatt" markiert die Würfelzahlen')
subplot(3,3,4)                           % Unterdiagramm Nr.4 von 2/9
area(Y4),grid on, legend('Würfel 1','Würfel 2','Würfel 3')
title('area - plot-Befehl mit ausgefüllten Flächen unter den Kurven')
subplot(3,3,5)                           % Unterdiagramm Nr.5 von 2/9
explode=[0 0 0 1 0 0];
pie([1 2 3 4 5 6],explode),grid on
title('pie - Kuchendiagramm mit herausgeschnittenem Stück')
subplot(3,3,6)                           % Unterdiagramm Nr.6 von 2/9
fill(x5,y5,c5),grid on
title('fill - farbig ausgefüllte Polygone')
subplot(3,3,7)                           % Unterdiagramm Nr.7 von 2/9
contourf(y3,10),grid on
title('contourf - Isolinien mit ausgefüllten Flächen der Funktion peaks')
subplot(3,3,8)                           % Unterdiagramm Nr.8 von 2/9
foto=imread('Hund.jpg');
% Einlesen eines Fotos, unbedingt Semikolon!
image(foto)
title('image - farbige Wiedergabe einer Matrix, z. B. eines Fotos')
subplot(3,3,9)                           % Unterdiagramm Nr.9 von 2/9
pcolor(Y6),grid on,
colormap bone                            % Grautöne mit Blaustich
shading flat                % Keine schwarzen Linien zwischen Feldern
% Tipp:
% shading interp ausprobieren, d. h. fließende Farbübergänge
title('pcolor - Schachbrettmuster der Daten einer 20x20-Matrix')
colormap hsv
%%
%Teil 3:
figure                                   % Neues Grafikfenster
subplot(3,3,1)                           % Unterdiagramm Nr.1 von 3/9
feather(t,y2);grid on
title('feather - Sinusfunktion durch Richtungspfeile dargestellt')
subplot(3,3,2)                           % Unterdiagramm Nr.2 von 3/9
quiver(t,y2,y2,y2,0);grid on
title('quiver - 3-fach enthaltene Sinusfunktion mit Richtungspfeilen')
% Unterdiagramm Nr.3 von 3/9 folgt am Ende
subplot(3,3,4)                           % Unterdiagramm Nr.4 von 3/9
polar(t,y2)
title('polar - Sinus in Polarkoordinaten')
subplot(3,3,5)                           % Unterdiagramm Nr.5 von 3/9
```

```
rose(Y4(:,1))
title('rose - Würfelwerte als Winkel ihrer Häufigkeit')
subplot(3,3,6)                          % Unterdiagramm Nr.6 von 3/9
compass(Y4(:,1),Y4(:,2))
title('compass - Polarkoordinatensystem')
subplot(3,3,7)                          % Unterdiagramm Nr.7 von 3/9
scatter(x7,y7,s7,c7),grid on
title('scatter - Darstellung der Verteilung von Zufallszahlenpaaren in
   der x-y-Ebene')
subplot(3,3,8)                          % Unterdiagramm Nr.8 von 3/9
Y8=round(rand(20,20));
spy(Y8)
title('spy - Darstellung dünnbesetzter Matrizen')
subplot(3,3,9)                          % Unterdiagramm Nr.9 von 3/9
X9=randi(10,4,3);Y9=randi(10,4,3);
plotmatrix(X9,Y9)
title('plotmatrix - Zufallsverteilung')
% Das Unterdiagramm mit dem comet-Befehl kommt an letzter
% Stelle, da sonst die Kometenbahn überschrieben würde ...
subplot(3,3,3)                          % Unterdiagramm Nr.3 von 3/9
comet(y2);grid on
title('comet - "Komet" folgt einer Sinuskurve')
% Ende
```

B MATLAB-Befehlsliste für die Abbildungen der dreidimensionalen Grafikbeispiele in Abschnitt 5.5

In Abschn. 5.5 werden in Bild 5.13, 5.14 und 5.15 Beispiele für die dreidimensionalen Grafikbefehle dargestellt. Analog zu Anhang A werden im Folgenden die Variablendefinitionen und die Grafikbefehle der einzelnen Unterdiagramme, die zu den drei Grafiken führen, als MATLAB-Programm aufgeführt. Vergleichbar mit dem Programm in Anhang A wurde das Programm zur besseren Übersichtlichkeit mithilfe doppelter Prozentzeichen %% in 4 Abschnitte („Sections") unterteilt, sodass auch einzelne Abschnitte separat aufgerufen werden können.

Auf der Internetseite der Autorin steht das Programm auch zum Herunterladen zur Verfügung: *www.angelikabosl.de/MATLAB*

```
% Grafik 3D
% Grafikbeispiele im dreidimensionalen Bereich
%
%%
% Definition der verwendeten Vektoren und Matrizen
x1=linspace(0,10,100);y1=sin(x1);z1=x1.^2;
Z2=peaks(20);
Y3=randi(6,12,5);
x4=randi(10,5,5);y4=randi(10,5,5);z4=randi(10,5,5);c4=randi(10,5,5);
x5=rand(20,1);y5=rand(20,1);z5=rand(20,1);
s5=100*rand(20,1);c5=10*rand(20,1);
%
% Grafische Darstellungen:
%% Grafiken - Teil 1
subplot(3,3,1)                          % Unterdiagramm Nr.1 von 1/9
plot3(x1,y1,z1),grid on
title('plot3 - dreidimensionale Kurve')
subplot(3,3,2)                          % Unterdiagramm Nr.2 von 1/9
contour3(Z2,20),grid on
title('contour3 - 3D-Diagramm von Isolinien der Funktion peaks')
subplot(3,3,3)                          % Unterdiagramm Nr.3 von 1/9
waterfall(Z2),grid on
```

```
title('waterfall - "Wasserfalldiagramm der Funktion peaks')
subplot(3,3,4)                          % Unterdiagramm Nr.4 von 1/9
mesh(Z2),grid on
title('mesh - 3D-Maschengitternetzlinien der Funktion peaks')
subplot(3,3,5)                          % Unterdiagramm Nr.5 von 1/9
meshc(Z2),grid on
title('meshc - 3D-Maschengitternetzlinien + Isolinien')
subplot(3,3,6)                          % Unterdiagramm Nr.6 von 1/9
meshz(Z2),grid on
title('meshz - 3D-Maschengitternetzlinien + Schnittebenen')
subplot(3,3,7)                          % Unterdiagramm Nr.7 von 1/9
bar3(Y3),grid on
title('bar3 - Balkendiagramm (senkrecht) der gewürfelten Zahlen
    v. 5 Würfeln')
subplot(3,3,8)                          % Unterdiagramm Nr.8 von 1/9
bar3h(Y3),grid on
title('bar3h - Balkendiagramm (waagrecht) der gewürfelten Zahlen
    v. 5 Würfeln')
subplot(3,3,9)                          % Unterdiagramm Nr.9 von 1/9
bar(Y3,'stacked'),grid on
title('bar ("stacked") - Balkendiagramm mit aufsummierten Werten')
%
%% Grafiken - Teil 2
figure                                  % Neues Grafikfenster
subplot(3,3,1)                          % Unterdiagramm Nr.1 von 2/9
stem3(x1,y1,z1),grid on
title('stem3 - 3D-"Stieldiagramm", gleiche Funktion wie plot3')
subplot(3,3,2)                          % Unterdiagramm Nr.2 von 2/9
explode=[0 0 0 1 0 0];
pie3([1 2 3 4 5 6],explode),grid on
title('pie3 - 3D-Kuchendiagramm')
subplot(3,3,3)                          % Unterdiagramm Nr.3 von 2/9
e=randi(2,1,63);
fill3(x4,y4,z4,c4),grid on
title('fill3 - Ausgefüllte Polygone im 3D-Bereich')
subplot(3,3,3)                          % Unterdiagramm Nr.3 von 2/9
patch(x4,y4,c4),grid on
title('patch - Ausgefüllte Polygone, ähnlich zu fill3')
subplot(3,3,4)                          % Unterdiagramm Nr.4 von 2/9
cylinder(5),grid on
title('cylinder - Zylinder mit Radius r=5')
subplot(3,3,5)                          % Unterdiagramm Nr.5 von 2/9
ellipsoid (5,5,5,4,3,2,30),grid on,axis equal
title('ellipsoid - Ellipsoid aus 30x30 Teilflächen')
subplot(3,3,6)                          % Unterdiagramm Nr.6 von 2/9
sphere(30), axis equal
title('sphere - Kugel aus 30x30 Teilflächen')
```

```
subplot(3,3,7)                          % Unterdiagramm Nr.7 von 2/9
surf(Z2),grid on
title('surf - Oberfläche der Funktion peaks')
subplot(3,3,8)                          % Unterdiagramm Nr.8 von 2/9
surfl(Z2),grid on
colormap gray,shading interp
% Grautöne, weiche Farbübergänge
title('surfl - Oberfläche mit Lichteffekten')
subplot(3,3,9)                          % Unterdiagramm Nr.9 von 2/9
surfc(Z2),grid on,shading flat          % keine Farbübergänge
colormap hsv
title('surfc - Oberfläche mit darunterliegenden Isolinien')
colormap hsv
%
%% Grafiken - Teil 3
figure                                  % Neues Grafikfenster
subplot(3,3,1)                          % Unterdiagramm Nr.1 von 3/9
quiver3(x4,y4,z4,x4,y4,z4),grid on,box on,axis tight
title('quiver3 - zufällig verteilte Pfeile im 3D-Bereich')
% Das Unterprogramm Nr.2 von 3/9 ist am Schluß
subplot(3,3,3)                          % Unterdiagramm Nr.3 von 3/9
scatter3(x5,y5,z5,s5,c5),grid on,box on
title('scatter3 - Darstellung der Verteilung von Zufallszahlen')
subplot(3,3,4)                          % Unterdiagramm Nr.4 von 3/9
load wind          % von MATLAB gespeicherte Winddaten werden geladen
geschwind = sqrt(u.*u + v.*v + w.*w);
daspect([1 1 1]);          % Besser erst DataAspectRatio definieren
[A kreuz] = reducepatch(isosurface(x,y,z,geschwind,30),.2);
% Anzahl der Teilflächen A und Kreuzungspunkte kreuz wird reduziert
h=coneplot(x,y,z,u,v,w,kreuz(:,1),kreuz(:,2),kreuz(:,3),2);
grid on, view(3)           % 3D-Ansicht des Diagramms wird aktiviert
axis tight; box on
% Achsen werden auf Minmum begrenzt, Kasten um Diagramm
title('coneplot - Kegel, die Windrichtung und -stärke verdeutlichen')
% Tipp: Documentation liefert besseres farbenfrohes Beispiel
subplot(3,3,5)                          % Unterdiagramm Nr.5 von 3/9
% Voraussetzung: Daten von wind.mat wurden bereits geladen!
[sx,sy,sz] = meshgrid(80,20:10:50,0:5:15);
h = streamline(x,y,z,u,v,w,sx,sy,sz);
grid on, view(3), axis tight, box on
title('streamline - Strömungslinien z. B. von Winddaten')
subplot(3,3,6)                          % Unterdiagramm Nr.6 von 3/9
daspect([1 1 1])           % Besser erst DataAspectRatio definieren
streamribbon(x,y,z,u,v,w,sx,sy,sz);
view(3)                                 % 3D-Ansicht aktivieren
grid on,box on,axis tight               % Achsen begrenzen
shading interp;                         % Fliessende Farbübergänge
```

```
title('streamribbon - Strömungen in Form von Bändern')
subplot(3,3,7)                          % Unterdiagramm Nr.7 von 3/9
daspect([1 1 1])            % Besser erst DataAspectRatio definieren
streamtube(x,y,z,u,v,w,sx,sy,sz);
view(3)                                 % 3D-Ansicht aktivieren
grid on,box on,axis tight               % Achsen begrenzen
shading interp;                         % Fliessende Farbübergänge
title('streamtube - Strömungen in Form von Röhren')
subplot(3,3,8)                          % Unterdiagramm Nr.8 von 3/9
daspect([1 1 1])            % Besser erst DataAspectRatio definieren
streamslice(x,y,z,u,v,w,[],[],[5])
axis tight
title('streamslice - Strömungen in Schnittebenen')
% Tipp: Documentation liefert eindrucksvolleres, komplexes Beispiel
% Das Unterdiagramm mit dem comet-Befehl kommt an letzter
% Stelle, da sonst die Kometenbahn überschrieben würde ...
subplot(3,3,2)                          % Unterdiagramm Nr.2 von 3/9
comet3(x1,y1,z1,0.9); grid
title('comet3 - "Komet" folgt eine Sinus-Kurve')
% Ende
```

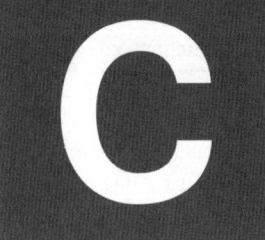

MATLAB-Programm zur Berechnung eines optimierten Reglers mithilfe des Bode-Diagramms und des margin-Befehls

In Abschn. 7.5.1, „Bestimmung des Verstärkungsfaktors K_V mit dem Bode-Diagramm", wird auf ein MATLAB-Programm verwiesen, in dem die Befehle um einen einfachen Reglerentwurf mithilfe des Bode-Diagramms durchzuführen, zusammengefasst sind. Nachfolgend ist das Programm Regler_Bode.m inklusive aller Kommentare als Referenz aufgeführt und kann für die eigene Verwendung abgetippt, erweitert oder verkürzt und den eigenen Bedürfnissen angepasst werden.

Auf der Internetseite der Autorin steht das Programm auch zum Herunterladen zur Verfügung: *www.angelikabosl.de/MATLAB*

```
% Regler_Bode ist ein simples MATLAB"=Programm zur Berechnung des
% Verstärkungsfaktors eines optimierten Reglers zu gegebenen
% Übertragungsfunktionen von Strecke (Gs) und Regler (Gr).
% Der Phasenrand Prand kann beliebig verändert werden, sollte aber
% aus Stabilitätsgründen im Bereich von 30° bis 70° liegen.
% Definieren der Phasenreserve bzw. des Phasenrands Prand:
Prand=70                                                  %#ok<*NOPTS>
% Berechnen der Übertragungsfunktion des offenen Regelkreis Go:
Go=Gr*Gs
% BODE-Diagramm grafisch ausgeben, um zu sehen, in welchem
% Frequenzbereich die Phase von -180°+Phasenrand liegt
bode(Go), grid, legend('Go')
% Eventl. Anpassen an richtigen Bereich => vgl. dazu BODE-Diagramm
% Werden keine Werte fü die niedrigste und die höchste Potenz angegeben
% wird der Wertebereich von 10^-2 bis 10^2 definiert.
min_Potenz=input('Untere Grenze, also niedrigste Potenz des
   Wertebereichs w: ')
max_Potenz=input('Obere Grenze, also höchste Potenz des Wertebereichs
   w: ')
if isempty(min_Potenz)    % liefert "true" bzw. 1 wenn min_Potenz leer
                                                               % ist
```

```
            display('Kein unterer Wert eingegeben, Default: -2'),min_Potenz=-2
        if isempty(max_Potenz)
            display('Kein oberer Wert eingegeben, Default: 2'),max_Potenz=2
        else
            if max_Potenz<=min_Potenz
                display('Oberer Wert kleiner als unterer Wert, Default: 2'),
                max_Potenz=2
            end
        end
else
    if isempty(max_Potenz)
        display('Kein oberer Wert eingegeben, Default: '),max_Potenz=
        min_Potenz+4
    else
        if max_Potenz<=min_Potenz
            display('Oberer Wert kleiner als unterer Wert, Default: '),
            max_Potenz=
   min_Potenz+4
        end
    end
end
% Definieren von Frequenzwertebereich w:
% (Semikolon NICHT vergessen, sonst Auflistung von 10.000 Zeilen!)
w=logspace(min_Potenz,max_Potenz,10000);
% Zuordnen von Phasen- (p) und Amplitudenwerten (a):
[a,p,w]=bode(Go,w);                          % Semikolon NICHT vergessen!
% Berechnen des Verstärkungsparameters Kv:
[Kv,Pm,wa,wp]=margin(a,p-Prand,w)
% Darstellung der Verschiebung von Go um Phasenrand von 60°:
figure; margin(Kv*Go), grid
% Berechnung des geschlossenen Regelkreises
% (Führungsübertragungsfunktion) für die Regelstrecke ohne und mit
% optimiertem Regler (Verstärkungsfaktor Kr):
Gw_0=feedback(Go,1)
Gw =feedback(Go*Kv,1)
% Führungssprungantwort des geschlossenen Regelkreises im Vergleich zur
% Sprungantworten der Regelstrecke ohne Regler und des offenen
% Regelkreises
figure;step(Gs,Gw_0,Gw), grid
legend('Gs - Regelstrecke', 'Gw_0 - geschlossener RK ohne Optimierung',
   'Gw - geschlossener RK mit optimiertem Regler')
```

Literatur

Referenzierte Literatur

Ulrich Stein: „Einstieg in das Programmieren mit MATLAB", Taschenbuch, Fachbuchverlag Leipzig im Carl Hanser Verlag, 2009, ISBN 978-3-446-41594-2

Heinz Mann, Horst Schiffelgen, Rainer Froriep: „Einführung in die Regelungstechnik", Taschenbuch, Fachbuchverlag Leipzig im Carl Hanser Verlag, 2009, ISBN 978-3-446-41765-6

Ludwig Merz, Hilmar Jaschek: „Grundkurs der Regelungstechnik – Einführung in die praktischen und theoretischen Methoden", Taschenbuch, Oldenbourg Verlag München Wien, 2000, ISBN 3-486-21603-1

Prof. Dr.-Ing. Hans-Jürgen Adermann: Vorlesung „Regelungstechnik", Hochschule Ravensburg-Weingarten, 2000, www.hs-weingarten.de

Weiterführende Literatur

Stephen Lynch: „Dynamical Systems with Applications using MATLAB®" (englisch), Taschenbuch, Birkhäuser Verlag Boston, 2004, ISBN 0-8176-4321-4

Anne Angermann, Michael Beuschel, Martin Rau, Ulrich Wohlfarth: „Matlab – Simulink – Stateflow: Grundlagen, Toolboxen, Beispiele", Taschenbuch, Oldenbourg Verlag München Wien, 2004, ISBN 3-486-27602-6

Daniel Ch. von Grünigen: „Digitale Signalverarbeitung – Grundlagen und Anwendungen – Beispiele und Übungen mit MATLAB", AT Verlag / vde-Verlag, 1993, ISBN 3-905214-16-4 (AT Verlag) / ISBN 3-8007-1971-1 (vde-Verlag)

Karl Dirk Kammeyer, Volker Kühn: „MATLAB in der Nachrichtentechnik", J. Schlembach Fachverlag, 2001, ISBN 3-935340-05-2

Frieder Grupp, Florian Grupp: „MATLAB 6 für Ingenieure. Grundlagen und Programmierbeispiele", Taschenbuch, Oldenbourg Verlag München Wien, 2002, ISBN 3-486-25957-1

Wolfgang Schweizer: „MATLAB kompakt", Taschenbuch mit CD-ROM, Oldenbourg Verlag München Wien, 2007, ISBN 3-486-58082-5

Josef Hoffmann: „MATLAB und SIMULINK – Beispielorientierte Einführung in die Simulation dynamischer Systeme", mit CD-ROM, Addison-Wesley Verlag, 1998, ISBN 3-8273-1077-6

Eva Pärt-Enander, Anders Sjöberg, Bo Melin, Pernilla Isaksson: „The MATLAB Handbook" (englisch), Taschenbuch, Addison.Wesley Verlag, 1996, ISBN 0-201-87757-0

Josef Hoffmann, Urban Brunner: „MATLAB und Tools – Für die Simulation dynamischer Systeme", Addison-Wesley Verlag, 2002, ISBN 3-8273-1895-5

Wolfgang Brauch, Hans-Joachim Dreyer, Wolfhart Haacke: „Mathematik für Ingenieure des Maschinenbaus und der Elektrotechnik", B.G. Teubner Verlag Stuttgart, 1985, ISBN 3-519-26500-1

Friedrich Barth, Paul Mühlbauer, Friedrich Nikol, Karl Wörle: „Mathematische Formeln und Definitionen", Taschenbuch, Bayerischer Schulbuch-Verlag München / J. Lindauer Verlag (Schaefer) München, 1985, ISBN 3-7627-3271-x (Bayerischer Schulbuch-Verlag) / ISBN 3-87488-271-3 (J. Lindauer Verlag)

Hans-Jochen Bartsch: „Taschenbuch Mathematischer Formeln", Taschenbuch, Verlag Harri Deutsch Thun und Frankfurt/Main, 1988, ISBN 3-87144-774-9

Wolfgang Georgi, Ergun Metin: „Einführung in LabVIEW", Taschenbuch, Fachbuchverlag Leipzig im Carl Hanser Verlag, 2006, ISBN 3-446-40400-7

Index

2D-Grafik 119, 121
3D-Grafik 130
3D-Objekt 135

A

abs 74
Absolutwert 74
Abszisse 101
Achsen
– Achsenbegrenzung 109, 139
– Achsenbeschriftung 105, 110
– Achsenskalierung 105
acos 77
– acosd 77
– acosh 77
Addition 71
– Unäre Addition 71
Add-Ons 34
Add-Ons Explorer 35
Aktivierung 19
all 79
Alles auswählen 267
Amplitude
– Amplitudengang 194, 211, 217
– Amplitudenrand 211, 217, 220
– Amplitudenverstärkung 194
– Amplitudenwerte 198, 199, 211
Analyze Code 33
and 79
angle 74
ans 52
any 79
APPS 35
Arbeitsspeicher 25
Arbeitsverzeichnis 24
area 123
Argument 194
Array multiply 97

arrow 110
asin 77
– asind 77
– asinh 77
atan 77
– atand 77
– atanh 77
attributes 177
Ausgangsblöcke 289
Ausschneiden 117, 267
Axes Properties 109
axis 105, 139

B

Balkendiagramme 122, 134, 141
bar 122, 141
– barh 122
bar3 135, 141
– bar3h 135
base2dec 49
base2dec(str,basis) 49
Basic Fitting 111, 113, 114
Befehlsfenster 23
Beobachtungspunkt 139
Betrag 74, 195, 217
Betragskennlinien 194
bin2dec 49
bin2dec(str) 49
bitand 80
bitcmp 80
bitget 80
bitor 80
bitset 80
bitshift 80
Bitweise Operatoren 80
bitxor 80
Blank M-File 154
Blockschaltbild 182

bode 194
Bode-Diagramm 188, 194, 195, 210, 211, 215, 216, 221, 222, 226
Boole'sche Algebra 79
box 140
break 166
Brush 111

C

Camera Toolbar 109, 113
Campuslizenz 18
ceil 51, 75
cell 50
char 50
Charakteristika einer Übertragungsfunktion 202
clabel 121
classdef 177
clc 170
clear 28, 170
clear all 170
Clear Commands 33
Clear Workspace 33
Clock (Block) 288
Close 22
Color 117
colormap 103
ColorOrder 104
comet 124
comet3 137
Command History 29
Command Window 23
Community 34
Compare 32
compass 125
coneplot 138
Configuration Defaults 260
Configuration Parameters 297
conj 75
Constant (Block) 288
continue 167
contour 121, 141
contour3 133, 141
contourf 123
contourslice 133

Control System Toolbox 179
conv 181
convolution 181
Copy 117, 267
– Copy Figure 109
– Copy Model To Clipboard 267
– Copy Options 109
corrcoef 68
cos 77
– cosd 77
– cosh 77
cov 68
Cramer'sche Regel 86
Current Directory 24
Cut 117, 267
cylinder 135

D

Dämpfung 228
daspect 140
data aspect ratio 140
Data Cursor 110
Data Import/Export 263
Data Statistics 111, 113, 114
dB 194, 212, 217
dec2base 49
dec2base(a,basis) 49
dec2bin 49
dec2bin(a) 49
dec2hex 49
dec2hex(a) 49
delay time 208
Delete 117, 267
Demux (Block) 291
denominator 180
Derivative (Block) 289
Desktop 21, 111
det 86
Determinante 86
diag 64, 96
Diagnostics 264
Diagramme 101
– Diagrammeigenschaften 109
– Diagrammtitel 105, 110, 211
– Diagrammtyp 120

`diary` 170
`diff` 95
Differenz zwischen Elementen einer Matrix 95
Dirac-Impuls 189
`disp` 171
Display (Block) 289
Division 72
Dock 22
Documentation 37
Doppelpfeil 110
`double` 50
double arrow 110
Drahtgitternetze 134
Drehen 110
dreidimensionale Grafiktypen 130, 133
dreidimensionale Objekte 135
Drucken 265
Dynamisches System 194

E

`echo` 170
Edit 109, 267
Edit Plot 110
Editiermodus 110
Editor 144
`eig` 62
Eigenschaften einer Grafik 105
Eigenschaften einer Übertragungsfunktion 203, 207
Eigenvektoren 62
Eigenwert 62
Einfügen 267
Eingabe des Benutzers 171
Eingangsblöcke 288
Eingangsgröße 296
Einheitsmatrix 58
Einschwingzeit 189
Elementweise Verknüpfung 97
– Elementweise Division 98
– Elementweise Multiplikation 97
– Elementweises Potenzieren 99
Ellipse 110
`ellipsoid` 136
ENTWEDER-ODER 79

`eq` 78
`error` 264
`errorbar` 122
`events` 177
`exp` 74
`explode` 135
Exponentialfunktion 74
`eye` 58
`ez` 120
`ezcontour` 122
`ezcontourf` 123
`ezmesh` 134
`ezplot` 120, 121
`ezplot3` 133
`ezpolar` 125
`ezsurfc` 137

F

Faktorisierte Form 186
Faltung 181
Farben
– Farbenwerte 106
– Farbpalette 103
– Farbschattierungen 140
– Farbtafel 117
– Farbübergänge 140
`feather` 124
`feedback` 187
Fehlerbalkendiagramme 122
Fehlermeldung 264
Feldoperationen 97
Feste Schrittweite 261
`figure` 102, 189
Figure Properties 103, 108, 109
File 108
`fill` 123
`fill3` 135
Find 267
Find Files 32
`fix` 51
fixed-step 261
Flächendiagramme 123, 135
`flintmax` 80
float 49
Floating Scope (Block) 289

floor 51
format 47
format + 47
format bank 47
format compact 48
format hex 47
format long 47
format longe 47
format longeng 47
format longg 47
format loose 48
format rat 47
format short 47
format shorte 47
format shorteng 47
format shortg 47
for-Schleife 157, 166
frequency response 204
Frequenzantwort 194, 204
Frequenzbereich 197
Frequenzgang 194
Frequenzliniendiagramm 194
From File (Block) 288
From Workspace (Block) 288
Führungssprungantwort 194, 219, 223, 227
Führungsübertragungsfunktion 187
function 174
Function (Block) 292
Function Browser 41
Function M-File 174
Funktion 174
Funktionsgleichung einer Kurve 111

G

gain 198
Gain (Block) 290
gain margin 211
Gauß'scher Algorithmus 93
ge 78
Generate Code 108
Geschlossener Regelkreis 187
get 203
Gewichtsfunktion 189
Gitternetzlinien 105
Gleich 78

Grafiken 101
– Grafikbefehle 190
– Grafikeigenschaften 103, 109, 190
– Grafikfenster 189
– Grafiktitel 105
– Grafiktypen 119, 130
grid 105, 190, 198, 200, 201
Größe eines Vektors 64
Größer als... 78
Größer als oder gleich... 78
Ground (Block) 288
Grundrechenarten 70
gt 78
gtext 105

H

Harmonische Schwingung 219
Help 111
help 43
hex2dec 49
hex2dec(str) 49
hex2num 49
hex2num(str) 49
Hilfe 37
Histogramme 122
Höhenprofile 136
hold 118
– hold off 102
– hold on 102
HOME 32
HSV-Farbraum 104

I

if-elseif-else-Verzweigung 161
imag 75
image 123
imagesc 123
Imaginärwert 75, 198
Import Data 32, 108
Impulsantwort 188, 189
impulse 189, 191
imread 123
Inf 46
input 171

InputDelay 207
Insert 110
Installation 18
int8 50
int16 50
int32 50
int64 50
Integrator (Block) 289
interp 137
intersect 81
intmax 80
inv 61
Inverse Matrix 61, 85
Invertieren 61, 84
ismember 81
Isolinien 121, 133

K

Kartesisches Koordinatensystem 196
Kegel 138
Kettenschaltung 182
Kleiner als... 78
Kleiner als oder gleich... 78
Kommentare 23, 155
Kompensation 186
Komplexe Zahlen 47
Komplexe Zahlenebene 196
Konjugiert Komplexe 75, 186
Kontrollstrukturen 156
Koordinaten 110
Kopfzeile einer Funktion 175
Kopieren 117
Korrelationskoeffizient 68
Kosinus 77
Kovarianz 68
Kritischer Betragswert 194
Kritischer Phasenwert 194
Kritischer Punkt 196, 215, 217
Kuchendiagramme 123, 135
Kugelobjekte 136
Kurveneigenschaften 109

L

Laden 28

Länge eines Vektors 65
Laplace-Variable 185
lasterr 166
Laufzeit 208
Layout 33
ldivide 72, 99
le 78
legend 105, 110, 190, 306
Legende 105, 110
length 65
Lichtquelle 137
line 110, 121
Line Style 117
Line Width 117
Lineares Gleichungssystem 86
LineWidth 107
Linien 110
– Linienart 117
– Liniendicke 107, 117
– Linientypen 106
Liniendiagramme 121, 133, 141
Link 111
Linke Matrixdivision 93
Linke-Hand-Regel 196
linspace 54
listeners 177
load 28
log 74
log10 74
Logarithmus 74
logical 50
Logische Operatoren 78
loglog 121
logspace 54, 195
Löschen 117
lt 78
LTI Systems 294
LTI Systems (Block) 291

M

magic 63
Magisches Quadrat 63
magnitude 195
Manual Switch (Block) 291, 301
margin 211, 212, 217, 218, 220–222, 224, 226

Marker   107, 117
- Marker Size   117
- MarkerEdgeColor   107
- MarkerFaceColor   107
- Markerfüllungen   107
- Markergröße   107, 117
- MarkerSize   107
- Markerumrandungen   107
Maschennetzdiagramme   134
Math Operations   290
Mathematische Funktionen   74
Mathematische Verknüpfungen   290
MATLAB Function (Block)   292
MATLAB-Programm   222
Matrix multiply   98
Matrixdivision   72
Matrixmultiplikation   72, 88
Matrizen   55
max   65
Maximalwerte   65
Maximize   21
mean   67
median   67
Mengenoperatoren   81
mesh   134
meshc   134
meshz   134
methods   177
min   65
Minimalwerte   65
Minimize   21
Minimum Stability Margins   197
minus   71
Mittelwert   67
mldivide   72, 93
mod   76
Model
- Model Properties   259
Modulo   76
mpower   73
mrdivide   72, 94
mtimes   72, 98
Multiplikation   72
Multiport Switch (Block)   291
Mux (Block)   291, 295

N

ne   78
Nenner   180
nested functions   176
New   32
New Script   32
New Variable   32
nichols   198
Nichols-Ortskurve   188, 198, 199
NICHT   79
not   79
Nullmatrix   58
Nullstellen   203
num2hex   49
num2hex(a)   49
numerator   180
nyquist   196
Nyquist-Ortskurve   188, 196, 215, 216
Nyquist-Stabilitätskriterium   196, 197

O

Oberflächendiagramme   136
object properties   203
Object-oriented Programming   177
objects   177
Objektklasse   177
Objektklassendefinition   177
Objektorientiertes Programmieren   144, 177
ODER   79
ones   59
Open   32
Open Variable   33
Optimization   263
or   79
Ordinate   101
Ortskurve   196
OutputDelay   207

P

Package App   35
packages   177
Pan   110
Parallel   34
parallel   183

Parallelschaltung 183
pareto 122
Passcode 19
Paste 267
patch 135
pcolor 124
Peak Response 189, 197
peaks 121, 136
Pfeil 110
Pfeildiagramme 124
Phase
 – Phasengang 211
 – Phasenkennlinien 194
 – Phasenrand 211, 217, 220
 – Phasenreserve 217
 – Phasenverschiebung 194, 195
 – Phasenwert 198, 199, 211
 – Phasenwinkel 74
phase 198
phase margin 211
PID-Regler 184, 225, 226
pie 123
pie3 135
PI-Regler 184, 214
plot 101, 121, 141, 306
Plot Browser 109, 113
Plot Edit Toolbar 109
Plot Selector 140
plot3 133, 141
plotmatrix 126
PLOTS 34
plotyy 121
plus 71
Pol- und Nullstellendiagramm 199
polar 125
Polargitternetzlinien 125
Polarkoordinaten 125, 196
pole 202
Pole einer Übertragungsfunktion 202
Polform 181, 186
Polstellen 203
Polygone 123, 134
Polygonnetz 134
Polygonnetzdiagramme 134
Polynom 181
Polynommultiplikation 181
Potenzieren 73

Potenzieren einer Matrix 92
power 73
Preferences 34, 109
prod 95
Produkt der Elemente einer Matrix 95
Programmieren 144
Properties 105, 177
Property Editor 109, 113, 117, 126, 193, 197, 198, 217
PT_1-Glied 180
PT_2-Glied 215
Punkttypen 106
pzmap 199

Q

Quadratwurzel 74
Quick Access Toolbar 37
quiver 124
quiver3 137

R

Radialdiagramme 125
rand 59
 – randi 61
 – randn 60
randi 59
Rang einer Matrix 85
rank 85
rdivide 72, 99
real 75
Realwert 75, 198
Rechte Matrixdivision 94
Rechteck 110
rectangle 110
Redo 267
Regelgröße 187
Regelkreis 180, 213
Regelstrecke 180, 213
Regelungstechnik 179
Regelverhalten 220
Regler 180
Reglerentwurf 213, 229, 230
Regleroptimierung 224
Reihen-, Serien- oder Kettenschaltung 182

Reihenschaltung 182, 216
Relationale Operatoren 77
rem 76
Remainder 76
Request Support 34
Reset View 111
Restore 22
return 167
RGB-Farbraum 104
Richtungsdiagramme 124, 137
rlocfind 228
rlocus 201, 228
root locus 201
rose 125
Rotate 3D 110
Rotieren 110
round 51, 75
Rückführung 187, 188
Rückgängigmachen 267
Run and Time 33
Runden 51

S

Save
– Save As… 108, 259
– Save Workspace As… 27, 109
save 27
Save Workspace 32
scatter 125
scatter3 138
Schachbrettmuster-Diagramme 124
Schleifen 156
Schnittfläche 137
Schwingen 215
Scope 295
Scope (Block) 289
Seitenverhältnis 140
Select All 267
semilogx 121
semilogy 121
Serienschaltung 182
series 182
set 197, 198, 200, 201, 207
Set Path 22, 34
setdiff 81

Set-Operatoren 81
Settling Time 189
setxor 81
shading 137, 140
Shortcuts 31
Show Code 117
Show Property Editor 117
sign 74
Sign (Block) 290
Signal Generator 296
Signal Generator (Block) 288
Signal Routing 291
Signalflussplan-Algebra 182
Signalführung 291
signum 74
Simulation Parameters 297
SIMULINK 252
– Simulink Preferences 260
– Simulink Start Page 252, 253
simulink 252
sin 77
– sind 77
– sinh 77
single 50
single input single output 213
Sinks 289
Sinus 77
SISO-System 213
size 64
slice plane 137
Slider Gain (Block) 290, 294
Solver 260, 261
Sources 288
Spaltenvektoren 53
Speichern 259
sphere 136
Sprungantwort 188, 191, 192, 210, 215, 216, 224
spy 126
sqrt 74
stabil 196
Stabiles System 215
Stabilität 214
– Stabilitätsgrenze 197, 219
– Stabilitätsgüte 217, 220
– Stabilitätsverhalten 228
stairs 121

Standardabweichung 68
state space 204
Statistik 66, 111
std 68
steam 123
stem 123
stem3 134
step 191
Step (Block) 288, 302
Stochastik 66
Stop Time 302
streamline 138, 141
streamribbon 138, 141
streamslice 137
streamtube 139, 141
Streudiagramme 125
Strömungsdiagramme 141
Strömungslinien-Diagramme 137, 138
Strömungsröhren-Diagramme 139
struct 50
Stufendiagramme 121
subclasses 177
subfunctions 176
subplot 118, 202, 215
Subsystem (Block) 291
Subtract (Block) 290
Subtraktion 71
– Unäre Subtraktion 71
Suchen 267
sum 64, 95
Sum (Block) 290
Summe der Elemente einer Matrix 95
superclasses 177
surf 136
surface 136
surfc 137
surfl 137
switch-case-otherwise-Verzweigung 163
System 180

T

tan 77
– tand 77
– tanh 77
Tangens 77

Terminator (Block) 289
text arrow 110
text box 110
Textfeld 110
Textpfeil 110
tf 180
times 72, 98
title 105, 110, 190, 211, 306
To File (Block) 289
To Workspace (Block) 289
Tools 110
Toolstrip 31
Totzeit 208
transfer function 180
Transfer Function (Block) 290
Transponieren 83
Transportzeit 208
Trigger (Block) 292
Trigonometrische Funktionen 76
tril 97
triu 96
try-catch-Fehlerkontrolle 165
tzero 203

U

Übergangsfunktion 191
Übergangszeit 228
Überschwingweite 228
Übertragungsfunktion 180
Übertragungsverhalten 194
uint8 50
uint16 50
uint32 50
uint64 50
uminus 71
UND 79
Undo 267
Undock 22
Ungleich 78
union 81
unique 81
Unterdiagramme 118
Unterfunktionen 176
Unterklassen 177
uplus 71

V

Value 25
var 67
Variable Editor 26
Variable Schrittweite 261
variable step 261
Variablennamen 26
Varianz 67
Vektoraddition 83
Vektorendiagramme 124
Vektor-Matrix-Produkt 92
Vektorsubtraktion 83
ver 24
Verschachtelte Funktionen 176
Verschieben der Kurve 110
Verstärkungsfaktor 203, 216, 220, 228
Verstärkungsrand 217
Verzugszeit 208
View 109
view 139
Virtuelle Kamera 109
Volumetrische Diagramme 138
Vorzeichen 74

W

warning 264
Warnmeldung 264
Wasserfall-Diagramme 133
waterfall 133
while-Schleife 159, 166
who 29
whos 29

Wiederherstellen 267
Window 111
Winkelhalbierende 229
WOK 201
Workspace 25
Wurzelortskurve 188, 201, 215, 216, 228, 230

X

xlabel 105, 110
xor 79

Y

ylabel 105, 110

Z

Zahlen 46
Zahlenklassen 49
Zähler 180
Zeilenvektoren 53
zero 203
Zero-Pole-Gain 186
zeros 58
Zoom 110
zpk 186
Zufallswerte 59
Zufallszahlen 59
Zurücksetzen der Ansicht 111
Zusammenschaltung von Modellen 182
Zustandsgleichung 204
zweidimensionale Grafiktypen 119, 121
Zylinderobjekte 135

HANSER

Programmieren lernen mit MATLAB

Stein

Programmieren mit MATLAB
Programmiersprache, Grafische Benutzeroberflächen, Anwendungen
5., neu bearbeitete Auflage
351 Seiten. 156 Abb.
€ 29,99. ISBN 978-3-446-44299-3

Auch als E-Book erhältlich
€ 23,99. E-Book-ISBN 978-3-446-44391-4

Schwerpunkt dieses Lehrbuchs für Studierende der Ingenieurwissenschaften im Grundstudium ist das Programmieren mit MATLAB. Der Autor zeigt Ihnen, wie Sie ingenieurwissenschaftliche Probleme mit MATLAB-Programmen lösen können. Dabei helfen zahlreiche anschauliche Beispiele, Abbildungen und Übungsaufgaben. Programmierkenntnisse anderer Programmiersprachen sind nützlich, werden aber nicht vorausgesetzt.

Die 5. Auflage wurde komplett überarbeitet, aktualisiert und um Beispiele aus der Praxis ergänzt.

Mehr Informationen finden Sie unter **www.hanser-fachbuch.de**

HANSER

Vom Sensor bis zum Rechner

Beier, Mederer
Messdatenverarbeitung mit LabVIEW
259 Seiten. 265 Abb. 27 Tab.
€ 29,99. ISBN 978-3-446-44265-8

Auch als E-Book erhältlich
€ 23,99. E-Book-ISBN 978-3-446-44540-6

Dieses praxisorientierte Lehrbuch behandelt die wichtigsten Themen der Messdatenverarbeitung. Die gesamte Messkette vom Sensor über die Signalkonditionierung, die Abtastung und Digitalisierung bis zum Rechner wird beschrieben.

Darüber hinaus wird der Weg vom digitalen zum analogen Signal behandelt. Die Verarbeitung der Signale im Rechner wird anhand von einfachen Filterentwürfen erläutert. Im Rahmen der PC-Messtechnik wird die Programmierung verschiedenster Messaufgaben unter Einsatz von Messgeräten und USB-Messmodulen mit LabVIEW gezeigt. Das Buch enthält zahlreiche Übungen und Beispiele. Es werden keine mathematischen Kenntnisse vorausgesetzt.

Mehr Informationen finden Sie unter **www.hanser-fachbuch.de**

HANSER

0100100000111110000

von Grünigen
**Digitale Signalverarbeitung
mit einer Einführung in die kontinuierlichen
Signale und Systeme**
5., neu bearbeitete Auflage
372 Seiten. 249 Abb.
€ 34,99. ISBN 978-3-446-44079-1

Auch als E-Book erhältlich
€ 27,99. E-Book-ISBN 978-3-446-43991-7

Das Buch bietet Ihnen eine Einführung in die kontinuierlichen Signale und Systeme und vermittelt die Grundlagen der digitalen Signalverarbeitung.
Es richtet sich an Studierende und Ingenieure. Der Stoff wird anschaulich dargestellt. Viele Anwendungsbeispiele, Zeichnungen und Übungen mit Lösungen ermöglichen ein spannendes Einarbeiten in die anspruchsvolle Materie.

MATLAB ist ein Programm, das in der digitalen Signalverarbeitung häufig eingesetzt wird. Viele Übungen sind mit diesem Programm ausgeführt und im Internet verfügbar.

Mehr Informationen finden Sie unter www.hanser-fachbuch.de

HANSER

Automatisierung mit System

Tilo Heimbold
Einführung in die Automatisierungstechnik
Automatisierungssysteme, Komponenten,
Projektierung und Planung
229 Seiten. 181 Abb. 43 Tab.
€ 29,99. ISBN 978-3-446-42675-7

Auch als E-Book erhältlich
€ 23,99. E-Book-ISBN 978-3-446-43135-5

Dieses Lehrbuch liefert eine fundierte und kompakte Einführung in das breite Gebiet der Automatisierungstechnik. Angefangen bei den Grundlagen des Fachgebiets und der Klärung wichtiger Grundbegriffe und technischer Prozesse werden Aufbau und Struktur von Automatisierungssystemen näher erläutert. Schritt für Schritt lernen Leser so die Schnittstellen zum Prozess kennen und anwenden.

Die Projektierung und Planung von Automatisierungsanlagen stellt dabei einen Schwerpunkt dar und zeigt den Weg von der Automatisierungsaufgabe bis hin zu den notwendigen Planungsunterlagen zur Errichtung einer Anlage. Ein durchgängiges Beispiel verdeutlicht dabei die einzelnen Bearbeitungsstufen. Zahlreiche Beispiele, Bilder und Übungen runden das Lehrbuch ab.

Mehr Informationen finden Sie unter **www.hanser-fachbuch.de**